Hans-Georg Unger · Elektromagnetische Theorie für die Hochfrequenztechnik

ELTEX

Studientexte Elektrotechnik

Herausgegeben von
Dr.-Ing. Reinhold Pregla
Professor an der Fernuniversität, Hagen

Elektromagnetische Theorie für die Hochfrequenztechnik

Teil II: Kugelwellen, Feldentwicklungen, Störungs- und Variationsverfahren, Mikrowellenkreise und Resonatoren, Wellenkopplung, magnetisierte Plasmen und Ferrite

von
Hans-Georg Unger
Professor an der Technischen Universität, Braunschweig

unter Mitarbeit von
Johann Heyen Hinken
Professor an der Technischen Universität, Braunschweig

2. Auflage

Dr. Alfred Hüthig Verlag Heidelberg

Hans-Georg Unger, 1946–1951 Studium der Elektrotechnik an der Technischen Hochschule Braunschweig. 1951–1955 Entwicklungsingenieur und Leiter der Mikrowellenforschung bei Siemens A.G. München. 1954 Promotion. 1956–1960 Mitglied des technischen Stabes und Abteilungsleiter in den Bell Laboratories USA. Seit 1960 Professor und Leiter des Institutes für Hochfrequenztechnik an der Technischen Hochschule Braunschweig, jetzt Technische Universität. Arbeitsgebiete: Elektromagnetische Theorie, Mikrowellentechnik, Optische Nachrichtentechnik.

CIP-Titelaufnahme der Deutschen Bibliothek

Unger, Hans-Georg:
Elektromagnetische Theorie für die Hochfrequenztechnik / von Hans-Georg Unger. Unter Mitarb. von Johann Heyen Hinken.
– Heidelberg : Hüthig.
(ELTEX)

Teil 2: Kugelwellen, Feldentwicklungen, Störungs- und Variationsverfahren, Mikrowellenkreise und Resonatoren, Wellenkopplung, magnetisierte Plasmen und Ferrite. –
2. Aufl. – 1989
ISBN 3-7785-1574-8

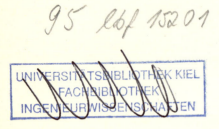

VORWORT

Dieser zweite Band der *elektromagnetischen Theorie für die Hochfrequenztechnik* baut auf den Grundlagen des ersten Bandes auf und vervollständigt mit weiteren Lösungen der Feldgleichungen sowie mit fortgeschrittenen Berechnungsmethoden das theoretische Rüstzeug des Hochfrequenztechnikers. Der erste Band enthält die Lösungen der Wellengleichung in kartesichen Koordinaten und in den Koordinaten des Kreiszylinders. Sie werden hier durch die Lösungen in *Kugelkoordinaten* ergänzt. Damit können dann die Strahlung, Ausbreitung und Beugung von Wellen auch in Anordnungen behandelt werden, für die - wie z.B. bei der Erdkugel - die Kugelkoordinaten passen.

Bei der Darstellung von Strahlungs- und Beugungsfeldern kommt man längst nicht immer mit einzelnen Partikularlösungen der Wellengleichungen in dem jeweiligen Koordinatensystem aus. Man muß vielmehr oft je nach Form der Antennen oder Beugungskörper im Raum oder im Wellenleiter allgemeinere Lösungen als Reihenentwicklung nach den Partikularlösungen ansetzen und aus Randbedingungen die Entwicklungskoeffizienten bestimmen. Es werden hier *Feldentwicklungen* sowohl nach den ebenen Wellenfunktionen in kartesischen Koordinaten als auch nach den zylindrischen Wellenfunktionen in Kreiszylinder-Koordinaten durchgeführt.

Wenn für eine Anordnung keines der Koordinatensysteme paßt, für die sich die Wellengleichung lösen läßt, kommt man meist nur mit Näherungsverfahren zum Ziel. Verfahren der *Störungsrechnung* ebenso wie *Variationsverfahren* bewähren sich hier für elektromagnetische Felder und Wellen ähnlich gut wie auch bei anderen physikalischen und technischen Problemen. Die Darstellung der Störungs- und Variationsrechnung ist in diesem Buch aber ganz auf die besonderen Belange hochfrequenztechnischer Probleme abgestimmt. Auf die Entwicklung allgemeiner Störungs- und Variationsverfahren und ihre Anwendungen wird dementsprechend hier verzichtet.

In weiteren Kapiteln dieses zweiten Bandes werden allgemeine Theorien der *Mikrowellenkreise*, der *inhomogenen und gekoppelten Wellenleiter* sowie der *Hohlraumresonatoren* entwickelt. Auch diese Darstellungen tragen den praktischen Bedürfnissen insbesondere der Mikrowellentechnik Rechnung und lassen sich darum unmittelbar auf die Wellenleiter und Schaltungen für den Mikrowellenbereich anwenden.

Die Stoffe, aus denen hochfrequenztechnische Anordnungen bestehen oder in denen sich Wellen ausbreiten, verhalten sich normalerweise isotrop für die elektromagnetischen Felder. Ausnahmen sind in dieser Beziehung aber das *magnetisierte Plasma* und *magnetisierte Ferrite*. Ein magnetisiertes Plasma bilden beispielsweise die Schichten der Ionosphäre im erdmagnetischen Feld. Mit magnetisierten Ferriten lassen sich Hochfrequenz-Schaltelemente mit ausgeprägt nicht-reziprokem Verhalten bauen. Die besondere Art von Anisotropie, welche magnetisierte Plasmen und Ferrite für Wechselfelder zeigen, spielt darum in der Hochfrequenztechnik eine besondere Rolle. Sie wird im letzten Kapitel behandelt, wobei die Wellenausbreitung in der Ionosphäre und Mikrowellen-Schaltungselemente mit Ferriten als Beispiele dienen.

Die elektromagnetische Theorie, welches das Buch mit den zum Teil schon etwas fortgeschrittenenen Themen dieses zweiten Bandes bietet, sollte dem Hochfrequenztechniker als allgemeine Grundlage genügen. Was immer er zur Lösung praktischer Probleme an speziellen Methoden der Analyse und Synthese darüber hinaus benötigt, sollte er von Fall zu Fall der Spezialliteratur entnehmen. Nach dem Studium dieses Buches wird der Leser auch die Spezialliteratur verstehen und mit ihr arbeiten können.

Inhaltsverzeichnis

LERNZYKLUS 9A

LERNZIELE

Nach dem Durcharbeiten des Lernzyklus 9A sollen Sie in der Lage sein,

- zwei mögliche Verfahren in ihrem Prinzip zu beschreiben, um in kugelsymmetrischen Stoff- und Quellenverteilungen elektromagnetische Felder zu berechnen;
- die skalare Wellengleichung, so wie sie für Kugelkoordinaten gilt, hinzuschreiben;
- eine allgemeine sphärische Wellenfunktion hinzuschreiben und die charakteristischen Eigenschaften der einzelnen Funktionen, aus der sie besteht, zu erläutern.

6 SPHÄRISCHE WELLENFUNKTIONEN

Bei kugelsymmetrischen Stoff- und Quellenverteilungen, oder wenn die Grenzschichten Koordinatenflächen von Kugelkoordinaten sind, lassen sich auch die Felder am einfachsten in *Kugelkoordinaten* beschreiben. Für diese Darstellung muß zunächst die Wellengleichung in Kugelkoordinaten gelöst werden.

6.1 DIE LÖSUNG DER WELLENGLEICHUNG IN KUGELKOORDINATEN

Um das Feld wieder aus Wellenpotentialen $\vec{\underline{A}}$ und $\vec{\underline{F}}$ abzuleiten, deren Komponenten Lösungen der skalaren Wellengleichung sind, müssen diese Komponenten *kartesisch* sein. Nun ist aber keine der Kugelkoordinaten r, ϑ, φ in Bild 6.1 kartesisch, d.h. keine von ihnen hat überall im Raum die gleiche Richtung.

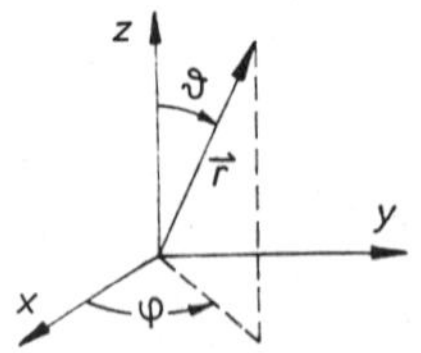

Bild 6.1
Kugelkoordinaten

Um trotzdem mit Lösungen der skalaren Wellengleichung arbeiten zu können, die ja durch Trennung der Veränderlichen auch in Kugelkoordinaten erhalten werden können,

1. Möglichkeit

müßte man das Feld z.B. aus den z-Komponenten der Wellenpotentiale ableiten. Die sphärischen Komponenten dieser Potentiale wären dann

$$\vec{\underline{A}} = \begin{cases} \underline{A}_r = \underline{A}_z \cos\vartheta \\ \underline{A}_\vartheta = -\underline{A}_z \sin\vartheta \\ \underline{A}_\varphi = 0 \end{cases} \qquad \vec{\underline{F}} = \begin{cases} \underline{F}_r = \underline{F}_z \cos\vartheta \\ \underline{F}_\vartheta = -\underline{F}_z \sin\vartheta \\ \underline{F}_\varphi = 0 \, . \end{cases}$$

Diese Methode ist offensichtlich etwas umständlich. Einfacher ist es, das allgemeine Feld aus Wellenpotentialen abzuleiten, die nur Komponenten $\underline{A}_r$ und $\underline{F}_r$ in r-Richtung haben. Für diese Komponenten gilt dann allerdings nicht mehr die skalare Wellengleichung, denn sie sind ja keine kartesischen Komponenten. Durch eine andere Verfügung über den Skalar $\underline{\Phi}$ in Gl.(1.24) bzw. (1.27) werden wir aber auch hier skalare Wellengleichungen erhalten.

2. Möglichkeit

Wir nehmen also an, daß $\underline{\vec{A}}$ nur aus $\underline{A}_r$ besteht. Für *quellenfreie Gebiete* mit $\underline{\vec{J}} = \underline{\vec{M}} = 0$ lauten dann die ϑ- und φ-Komponenten von Gl.(1.24)

$$\frac{\partial^2 \underline{A}_r}{\partial r\,\partial\vartheta} = -j\omega\varepsilon\cdot\frac{\partial\underline{\Phi}}{\partial\vartheta}\;;\quad \frac{\partial^2 \underline{A}_r}{\partial r\,\partial\varphi} = -j\omega\varepsilon\frac{\partial\underline{\Phi}}{\partial\varphi}. \tag{6.1}$$

Über die noch frei wählbare skalare Größe $\underline{\Phi}$ verfügen wir nun gemäß

$$-j\omega\varepsilon\,\underline{\Phi} = \frac{\partial \underline{A}_r}{\partial r}\;. \tag{6.2}$$

Damit ist den beiden Gleichungen (6.1) entsprochen, und es bleibt nur noch die r-Komponente von Gl.(1.24) zu erfüllen. Sie lautet

$$\frac{\partial^2\underline{A}_r}{\partial r^2} + \frac{1}{r^2\sin\vartheta}\frac{\partial}{\partial\vartheta}\left(\sin\vartheta\frac{\partial\underline{A}_r}{\partial\vartheta}\right) + \frac{1}{r^2\sin^2\vartheta}\frac{\partial^2\underline{A}_r}{\partial\varphi^2} + k^2\underline{A}_r = 0 \tag{6.3}$$

Mit dem *Laplace-Operator in Kugelkoordinaten*

$$\Delta = \frac{1}{r^2}\frac{\partial}{\partial r}\left(r^2\frac{\partial}{\partial r}\right) + \frac{1}{r^2\sin^2\vartheta}\left[\sin\vartheta\frac{\partial}{\partial\vartheta}\left(\sin\vartheta\frac{\partial}{\partial\vartheta}\right) + \frac{\partial^2}{\partial\varphi^2}\right]$$

ist diese Gleichung aber einfach

$$(\Delta + k^2)\frac{\underline{A}_r}{r} = 0 \tag{6.4}$$

also die skalare Wellengleichung für $\underline{A}_r/r$. In *dualer Weise* ergibt sich für ein $\vec{\underline{F}}$, das nur aus $\underline{F}_r$ besteht, die skalare Wellengleichung

$$(\Delta + k^2)\frac{\underline{F}_r}{r} = 0 \tag{6.5}$$

für $\underline{F}_r/r$.

Wir brauchen hier aber nicht diese Wellengleichungen zu lösen, sondern können gleich die partielle Differentialgleichung (6.3) durch *Trennung der Veränderlichen* lösen. Dazu setzen wir an

Ansatz

$$\underline{A}_r = \hat{R}(r)\cdot\Theta(\vartheta)\cdot\Phi(\varphi) \tag{6.6}$$

und erhalten, indem wir Gl.(6.6) in Gl.(6.3) einsetzen und Gl.(6.3) mit $\frac{r^2\sin^2\vartheta}{\underline{A}_r}$ multiplizieren

$$\frac{r^2}{\hat{R}}\sin^2\vartheta\,\frac{d^2\hat{R}}{dr^2} + \frac{\sin\vartheta}{\Theta}\frac{d}{d\vartheta}\left(\sin\vartheta\,\frac{d\Theta}{d\vartheta}\right) + \frac{1}{\Phi}\frac{d^2\Phi}{d\varphi^2} + k^2r^2\sin^2\vartheta = 0. \tag{6.7}$$

Das dritte Glied hängt nur von φ ab, während die anderen von φ unabhängig sind. Es muß also konstant sein:

$$\frac{d^2\Phi}{d\varphi^2} + w^2\Phi = 0 \tag{6.8}$$

Aus Gl.(6.7) wird damit, wenn wir noch durch $\sin^2\vartheta$ teilen,

$$\frac{r^2}{\hat{R}}\,\frac{d^2\hat{R}}{dr^2} + k^2r^2 + \frac{1}{\Theta\sin\vartheta}\,\frac{d}{d\vartheta}\left(\sin\vartheta\,\frac{d\Theta}{d\vartheta}\right) - \frac{w^2}{\sin^2\vartheta} = 0\ .$$

Die ersten beiden Glieder hängen nur von r ab und die beiden letzten nur von ϑ. Es muß also jedes Paar für sich konstant sein. Mit

$$\frac{1}{\sin\vartheta}\frac{d}{d\vartheta}\left(\sin\vartheta\,\frac{d\Theta}{d\vartheta}\right) + \left[v(v+1) - \frac{w^2}{\sin^2\vartheta}\right]\Theta = 0 \qquad (6.9)$$

Wahl von v ist so üblich

muß darum

$$\frac{d^2\hat{R}}{dr^2} + \left(k^2 - \frac{v(v+1)}{r^2}\right)\hat{R} = 0 \qquad (6.10)$$

sein. Damit ist die *partielle* Differentialgleichung (6.3) in die *gewöhnlichen* Differentialgleichungen (6.8), (6.9) und (6.10) separiert. Für $\Phi(\varphi)$ gilt mit (6.8) wieder die einfache *Differentialgleichung des harmonischen Oszillators*. Ihre Lösungen sind *harmonische Funktionen* $h(w\varphi)$ der Art (3.6). Für $\hat{R}$ und Θ gelten *Differentialgleichungen zweiter Ordnung mit nichtkonstanten Koeffizienten.*

Wir betrachten zunächst Gleichung (6.10) für $\hat{R}$. Mit $kr = x$ lautet sie

$$\frac{d^2\hat{R}}{dx^2} + \left(1 - \frac{v(v+1)}{x^2}\right)\hat{R} = 0\,. \qquad (6.11)$$

Abhängigkeit von r

Setzen wir

$$\hat{R}(x) = \sqrt{\frac{\pi x}{2}}\,R(x)\,, \qquad (6.12)$$

dann ergibt sich aus Gl.(6.11) für $R(x)$ die Differentialgleichung

$$x\,\frac{d}{dx}\left(x\,\frac{dR}{dx}\right) + \left[x^2 - \left(v+\frac{1}{2}\right)^2\right]R = 0\,.$$

Das ist aber die *Besselsche Differentialgleichung* (4.8) mit $v + 1/2$ an Stelle von v. Ihre Lösungen sind Zylinderfunktionen $R_{v+1/2}(x)$ der Ordnung $v + 1/2$. Mit Gl.(6.12) läßt sich also die allgemeine Lösung der Differentialgleichung (6.11) gemäß

$$\hat{R}_v(x) = \sqrt{\frac{\pi x}{2}}\, R_{v+1/2}(x)$$

aus Zylinderfunktionen bilden. Bei ganzen Zahlen $v = n$ haben die Zylinderfunktionen der Ordnung $n + 1/2$ sogar eine einfachere Form als die Zylinderfunktionen ganzzahliger Ordnung. Es gilt

$$\begin{aligned}
\hat{J}_n(x) &= C_n(x)\ \sin(x - \tfrac{n\pi}{2}) + D_n(x)\ \cos(x - \tfrac{n\pi}{2}) \\
\hat{N}_n(x) &= D_n(x)\ \sin(x - \tfrac{n\pi}{2}) - C_n(x)\ \cos(x - \tfrac{n\pi}{2}) \\
\hat{H}_n^{(1)}(x) &= \mathrm{j}^{-n} \left[D_n(x) - \mathrm{j}C_n(x)\right] \mathrm{e}^{\mathrm{j}x} \\
\hat{H}_n^{(2)}(x) &= \mathrm{j}^{n} \left[D_n(x) + \mathrm{j}C_n(x)\right] \mathrm{e}^{-\mathrm{j}x} .
\end{aligned} \tag{6.13}$$

Dabei sind

$$C_n(x) = \sum_{m=0}^{2m\leq n} \frac{(-1)^m\ (n+2m)!}{(2m)!\ (n-2m)!\ (2x)^{2m}}$$

$$D_n(x) = \sum_{m=0}^{2m\leq n-1} \frac{(-1)^m\ (m+2\ \ +1)!}{(2m+1)!\ (n-2m-1)!\ (2x)^{2m+1}} ,$$

also endliche Reihen. Für $n = 0$ ist einfach

$$\begin{aligned}
\hat{J}_0(x) &= \sin x \qquad & \hat{H}_0^{(1)}(x) &= -\mathrm{j}\ \mathrm{e}^{\mathrm{j}x} \\
\hat{N}_0(x) &= -\cos x \qquad & \hat{H}_0^{(2)}(x) &= \mathrm{j}\ \mathrm{e}^{-\mathrm{j}x} .
\end{aligned} \tag{6.14}$$

Abhängigkeit von ϑ

Legendre [l~~esch~~andre]

Die Differentialgleichung (6.9) für Θ ist als *zugeordnete Legendresche Differentialgleichung* bekannt. Ihre Lösungen sind die zugeordneten Legendrefunktionen oder zugeordnete Kugelfunktionen $L_v^w(\cos\vartheta)$. Sie werden im nächsten Abschnitt näher besprochen.

Partikularlösungen der Differentialgleichung (6.3) können jetzt entsprechend

$$\underline{A}_r = \underline{\psi}_{wv} = \hat{R}_v(kr)\ L_v^w(\cos\vartheta)\ h(w\varphi) \qquad (6.15)$$

Formale Lösung

gebildet werden. Man nennt dieses Produkt eine sphärische Wellenfunktion. Die *allgemeine Lösung* von (6.3) erhält man durch Überlagerung sphärischer Wellenfunktionen mit verschiedenen Werten von w und v. Auch für das Wellenpotential $\underline{F}_r$ gilt die Differentialgleichung (6.3). Die allgemeine Lösung für $\underline{F}_r$ wird darum in gleicher Weise gebildet.

Die zugehörigen Feldkomponenten werden aus den allgemeinen Beziehungen (1.43) gebildet. Da $\underline{\vec{A}}$ und $\underline{\vec{F}}$ hier nur aus den Komponenten $\underline{A}_r$ und $\underline{F}_r$ bestehen, ist

$$\underline{E}_r = \frac{1}{j\omega\varepsilon}\left(\frac{\partial^2}{\partial r^2} + k^2\right)\underline{A}_r$$

$$\underline{E}_\vartheta = \frac{-1}{r\sin\vartheta}\frac{\partial \underline{F}_r}{\partial\varphi} + \frac{1}{j\omega\varepsilon r}\frac{\partial^2\underline{A}_r}{\partial r\partial\vartheta}$$

$$\underline{E}_\varphi = \frac{1}{r}\frac{\partial \underline{F}_r}{\partial\vartheta} \quad \frac{1}{j\omega\varepsilon r\sin\vartheta}\frac{\partial^2\underline{A}_r}{\partial r\partial\varphi}$$

$$\underline{H}_r = \frac{1}{j\omega\mu}\left(\frac{\partial^2}{\partial r^2} + k^2\right)\underline{F}_r \qquad (6.16)$$

Feldkomponenten

$$\underline{H}_\vartheta = \frac{1}{r\sin\vartheta}\frac{\partial \underline{A}_r}{\partial\varphi} + \frac{1}{j\omega\mu r}\frac{\partial^2\underline{F}_r}{\partial r\partial\vartheta}$$

$$\underline{H}_\varphi = \frac{-1}{r}\frac{\partial \underline{A}_r}{\partial\vartheta} + \frac{1}{j\omega\mu r\sin\vartheta}\frac{\partial^2\underline{F}_r}{\partial r\partial\varphi}\ .$$

Wenn das Feld nur aus $\underline{A}_r$ abgeleitet wird, also $\underline{F}_r = 0$ ist, ist auch $\underline{H}_r = 0$; das Feld ist TM bezüglich r. Felder aus $\underline{F}_r$ sind TE bezüglich r.

Man kann $\underline{A}_r$ und $\underline{F}_r$ immer so wählen, daß sich mit Gl.(6.16) jedes Feld darstellen läßt.

6.2 Die Kugelfunktionen

Die sphärischen Wellenfunktionen bestehen aus *harmonischen Funktionen* $h(w\varphi)$, *Zylinderfunktionen* $R_{v+1/2}(kr)$ und *Kugelfunktionen* $L_v^w(\cos\vartheta)$. Um bei der Lösung von Feldproblemen jeweils die richtigen Bestandteile für die sphärischen Wellenfunktionen wählen zu können, müssen wir die wichtigsten Eigenschaften dieser Funktionen kennen. Harmonische Funktionen und Zylinderfunktionen haben wir schon früher kennengelernt. Die Kugelfunktionen sollen hier näher besprochen werden.

Die zugeordnete Legendresche Differentialgleichung (6.9) geht mit der Substitution

$$u = \cos\vartheta$$

in die *bekanntere Form*

Normalform

$$(1-u^2)\frac{d^2\Theta}{du^2} - 2u\frac{d\Theta}{du} + \left[v(v+1) - \frac{w^2}{1-u^2}\right]\Theta = 0 \qquad (6.17)$$

über. Mit $w = 0$ erhält man die gewöhnliche Legendresche Differentialgleichung:

1.) $w = 0$

$$(1-u^2)\frac{d^2\Theta}{du^2} - 2u\frac{d\Theta}{du} + v(v+1)\Theta = 0 \qquad (6.18)$$

a) v ganzzahlig

Wir wollen zunächst Lösungen dieser *einfacheren Gleichung* untersuchen, wenn $v = n$ eine ganze Zahl ist. Dazu machen wir folgenden *Potenzreihenansatz*

Ansatz

$$\Theta = u^p \sum_{q=0}^{\infty} a_q u^q = \sum_{q=0}^{\infty} a_q u^{p+q}. \qquad (6.19)$$

Diesen Ansatz führen wir in die Differentialgleichung (6.18) für $v = n$ ein. Um sie zu erfüllen, muß der Koeffizient einer jeden Potenz von u für sich verschwinden. Für den Koeffizienten der Potenz u^{p+q-2} erhalten wir

$$(p+q)(p+q-1)a_q + (n-p-q+2)(n+p+q-1)a_{q-2} = 0. \qquad (6.20)$$

Koeffizientenvergleich

Da alle Koeffizienten a_q mit negativem Index null sind, ist für $q = 0$

$$p(p-1)a_0 = 0 \qquad (6.21)$$

und für $q = 1$

$$p(p+1)a_1 = 0 \,. \qquad (6.22)$$

Gl.(6.21) wird bei beliebigem a_0 sowohl von $p = 0$ als auch von $p = 1$ erfüllt. Für $p = 0$ wird aber auch Gl.(6.22) bei beliebigem a_1 erfüllt. Wir fahren also mit $p = 0$ fort und erhalten dafür aus Gl.(6.20) zur Bestimmung der Koeffizienten folgende *Rekursionsformel*

$$a_q = -\frac{(n-q+2)(n+q-1)}{q(q-1)}\,a_{q-2} \,. \qquad (6.23)$$

Aus a_0 ergeben sich daraus alle Koeffizienten mit geradem Index, aus a_1 alle Koeffizienten mit ungeradem Index. Der Potenzreihenansatz führt so auf folgende Lösung der Differentialgleichung

$$\Theta = a_0\left[1 - \frac{n(n+1)}{2!}u^2 + \frac{n(n-2)(n+1)(n+3)}{4!}u^4 - \ldots\right]$$
$$+ a_1\left[u - \frac{(n-1)(n+2)}{3!}u^3 + \frac{(n-1)(n-3)(n+2)(n+4)}{5!}u^5 - \ldots\right] \qquad (6.24)$$

Lösung

Jede dieser Reihen ist für sich eine Lösung der Differentialgleichung. Sie sind beide voneinander *linear unabhängig*. *Zusammen* bilden sie die *allgemeine Lösung* mit den beiden unbestimmten Integrationskonstanten a_0 und a_1.

Für gerades n ist die erste Reihe in Gl.(6.24) endlich, und zwar hat sie $1 + n/2$ Glieder. Für ungerades n ist die zweite Reihe endlich mit $(1+n)/2$ Gliedern. Jeweils eine der Reihen in Gl.(6.24) ist also ein *Polynom*. Wenn ihre unbekannten Faktoren so festgelegt sind, daß sie für $u = 1$ den Wert eins haben, werden sie Legendresche Polynome $P_n(u)$ des Grades n genannt. Einige der Legendreschen Polynome niedrigen Grades lauten

Endliche Reihe

$$P_0(u) = 1 \qquad P_1(u) = u$$

$$P_2(u) = \frac{1}{2}(3u^2-1) \qquad P_3(u) = \frac{1}{2}(5u^3 - 3u) \tag{6.25}$$

$$P_4(u) = \frac{1}{8}(35u^4 - 30u^2 + 3) \ .$$

Als Funktion der Winkelkoordinate ϑ sind sie

$$P_0(\cos\vartheta) = 1 \qquad P_1(\cos\vartheta) = \cos\vartheta$$

$$P_2(\cos\vartheta) = \frac{1}{4}(3\cos 2\vartheta + 1)$$

$$P_3(\cos\vartheta) = \frac{1}{8}(5\cos 3\vartheta + 3\cos\vartheta) \tag{6.26}$$

$$P_4(\cos\vartheta) = \frac{1}{64}(35\cos 4\vartheta + 20\cos 2\vartheta + 9) \ .$$

In Bild 6.2 sind diese Polynome als Funktion der Winkelkoordinate aufgetragen.

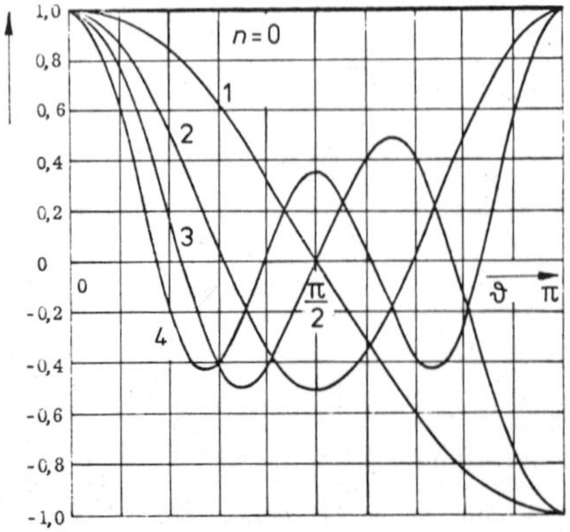

Bild 6.2
Kugelfunktionen erster Art (Legendrepolynome) des Grades $n = 0,1,2,3,4$

Allgemein können die Legendreschen Polynome auch in folgender Form geschrieben werden:

$$P_n(u) = \sum_{q=0}^{M} \frac{(-1)^q \, (2n-2q)!}{2^n \, q! \, (n-q)! \, (n-2q)!} \, u^{n-2q} . \tag{6.27}$$

Dabei ist $M = n/2$ oder $(n-1)/2$ je nachdem, ob n gerade oder ungerade ist.

Eine andere Darstellung der Legendreschen Polynome ergibt sich mit der Funktion

$$y = (u^2 - 1)^n .$$

Mit ihrer Ableitung

$$\frac{dy}{du} = 2nu(u^2 - 1)^{n-1}$$

gilt

$$(1 - u^2)\frac{dy}{du} + 2nuy = 0 .$$

Wird diese Differentialgleichung $(n+1)$ mal nach u differenziert, so ergibt sich

$$(1 - u^2)\frac{d^2}{du^2}\left(\frac{d^ny}{du^n}\right) - 2u\frac{d}{du}\left(\frac{d^ny}{du^n}\right) + (n+1)n\frac{d^ny}{du^n} = 0.$$

Das ist aber gerade die Legendresche Differentialgleichung (6.18) mit $v = n$ für d^ny/du^n. Sie wird also auch durch die Funktion

$$\frac{d^ny}{du^n} = \frac{d^n}{du^n}(u^2 - 1)^n \tag{6.28}$$

gelöst. Tatsächlich ist Gl. (6.28) ein *Polynom n-ten Grades*. Als Lösung von Gl. (6.18) kann es sich von dem Legendre-Polynom $P_n(x)$ höchstens um einen konstanten Faktor unterscheiden. Durch Vergleich von Gl. (6.28) mit Gl. (6.27) läßt sich dieser Faktor bestimmen. Es ergibt sich damit die sogenannte *Rodriguezsche Darstellung der Legendre-Polynome:*

$$P_n(u) = \frac{1}{2^n\, n!} \frac{d^n}{du^n}(u^2 - 1)^n \,. \tag{6.29}$$

Sie ist für manche Aufgaben zweckmäßiger als die Gl.(6.27).

Die *allgemeine Lösung der Legendreschen Differentialgleichung* läßt sich auf Grund der Gl.(6.24) folgendermaßen schreiben

$$\Theta(u) = A\, P_n(u) + B\, Q_n(u) \,. \tag{6.30}$$

Unendliche Reihe

Dabei sind A und B noch unbestimmte Integrationskonstanten. $P_n(u)$ ist von den beiden Reihen in Gl.(6.24) das jeweils *endliche Polynom*. Mit $Q_n(u)$ ist die andere jeweils *unendliche Reihe* abgekürzt. Für gerades n bezeichnet also $Q_n(u)$ die zweite Reihe in Gl.(6.24) und für ungerade n die erste Reihe. $P_n(u)$ wird in diesem Zusammenhang auch Legendre- oder Kugelfunktion erster Art genannt; $Q_n(u)$ Legendre- oder Kugelfunktion zweiter Art. Durch die jeweils unendlichen Reihen in Gl.(6.24) sind die Kugelfunktionen zweiter Art nur bis auf einen konstanten Faktor definiert. In der folgenden Darstellung von $Q_n(u)$ ist dieser Faktor in der allgemein üblichen Weise festgelegt worden:

$$Q_n(u) = \frac{1}{2} P_n(u) \ln\frac{1+u}{1-u} - \sum_{q=1}^{n} \frac{1}{q} P_{n-1}(u)\, P_{n-q}(u) \,. \tag{6.31}$$

Diese Darstellung wird hier ohne Ableitung gebracht, wie wir uns überhaupt in dem Rest dieses Abschnittes damit begnügen wollen, einige Beziehungen zu notieren, ohne sie abzuleiten.

Einige der Kugelfunktionen zweiter Art von niedrigem Grade sind

$$\begin{aligned} Q_0(u) &= \frac{1}{2} \ln\frac{1+u}{1-u} \\ Q_1(u) &= \frac{u}{2} \ln\frac{1+u}{1-u} - 1 \\ Q_2(u) &= \frac{3u^2-1}{4} \ln\frac{1+u}{1-u} - \frac{3u}{2} \,. \end{aligned} \tag{6.32}$$

Als Funktion der Winkelkoordinate ϑ lauten sie

$$Q_0(\cos\vartheta) = \ln \cot\frac{\vartheta}{2}$$

$$Q_1(\cos\vartheta) = \cos\vartheta \ln \cot\frac{\vartheta}{2} - 1 \qquad (6.33)$$

$$Q_2(\cos\vartheta) = \frac{1}{4}(3\cos 2\vartheta + 1) \ln \cot\frac{\vartheta}{2} - \frac{3}{2}\cos\vartheta .$$

Diese Funktionen sind in Bild 6.3 als Funktion von ϑ aufgetragen.

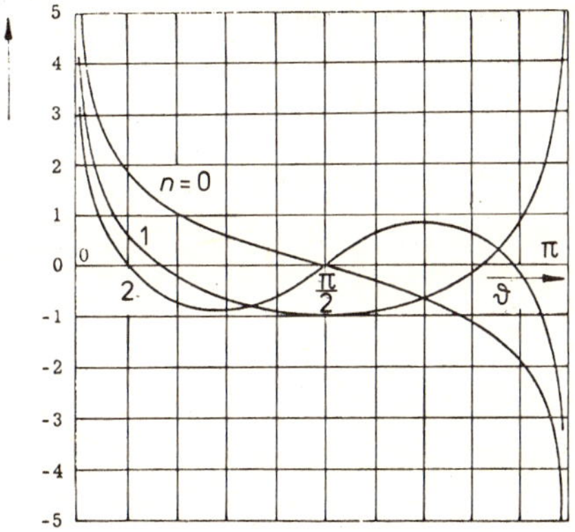

Bild 6.3

Kugelfunktionen zweiter Art des Grades $n = 0,1,2$

Während die *Kugelfunktionen erster Art* vom ganzzahligen Grade n im ganzen Bereich $0 \leqq \vartheta \leqq \pi$ endlich sind und sich *regulär* verhalten, wachsen die *Kugelfunktionen zweiter Art* bei $\vartheta = 0$ und $\vartheta = \pi$ *über alle Grenzen*. Sie kommen also für die Lösungen der Wellengleichung nur in Frage, wenn weder $\vartheta = 0$ noch $\vartheta = \pi$ im Bereich enthalten sind. Auswahlkriterien

Wenn der Bereich des jeweiligen Feldproblems sowohl $\vartheta = 0$ als auch $\vartheta = \pi$, also eine ganze Kugelschale einschließlich der Koordinatenachse enthält, und außerdem mit $w = 0$ die Felder nicht von φ abhängen, kommen für die Lösung der Wellengleichung nur die Legendre-Polynome $P_n(\cos\vartheta)$ in Frage.

Es ist dann auch die zugrundliegende Legendresche Differentialgleichung von ganzem Grade n. Wenn aber $\vartheta = 0$ oder $\vartheta = \pi$ oder beide z.B. durch Kegel aus dem Bereich ausgeschlossen sind, ist der Grad v der Legendreschen Differentialgleichung zunächst unbestimmt und im allgemeinen keine ganze Zahl.

b) v nicht ganzzahlig

Auch unter diesen Bedingungen führt der Potenzreihenansatz auf Lösungen. Folgende Darstellung dieser Lösung ist einfach und für viele Anwendungen zweckmäßig

$$P_v(\cos\vartheta) = \sum_{q=0}^{\infty} \frac{(-1)^q \ (v+q)!}{(v-q)! \ (q!)^2} \sin^{2q}(\frac{\vartheta}{2}). \tag{6.34}$$

Sie geht bei $v \to n$ in die Legendre-Polynome über und ist darum als Legendre- oder Kugelfunktion erster Art zu bezeichnen. Eine zweite davon *linear unabhängige Lösung* wird durch $P_v(-\cos\vartheta)$ gebildet. Linearkombinationen von $P_v(\cos\vartheta)$ und $P_v(-\cos\vartheta)$ sind darum allgemeine Lösungen der Legendreschen Differentialgleichung, wenn v keine ganze Zahl ist. Nur bei $v = n$ ist

$$P_n(-u) = (-1)^n \ P_n(u) \ , \tag{6.35}$$

und man muß für eine allgemeine Lösung auch die Kugelfunktionen zweiter Art heranziehen.

Diese Kugelfunktionen zweiter Art sind aber auch definiert, wenn v keine ganze Zahl ist. Diese Definition erfolgt ähnlich wie bei der Lösung der Besselschen Differentialgleichung aus $P_v(u)$ und $P_v(-u)$.

Sie lautet

$$Q_v(u) = \frac{\pi}{2} \frac{P_v(u) \cos v\pi - P_v(-u)}{\sin v\pi} \quad . \tag{6.36}$$

Für $v = n$ ist dies zunächst ein unbestimmter Ausdruck, der aber letzten Endes in Q_n entsprechend Gl.(6.31) übergeht.

Auswahlkriterien

$P_v(\cos\vartheta)$ hat, wenn v nicht gerade eine ganze Zahl ist, bei $\vartheta = \pi$ eine logarithmische Singularität. Es kommt deshalb für Bereiche mit $\vartheta = \pi$ nicht in Frage. Entsprechend hat $P_v(-\cos\vartheta)$ bei $\vartheta = 0$ diese Singularität. $Q_v(\cos\vartheta)$ hat sowohl bei $\vartheta = 0$ als auch bei $\vartheta = \pi$ Singularitäten. Es darf in der Lösung nur vorkommen, wenn der Bereich die Koordinatenachse überhaupt nicht enthält. Der Grad v der Differentialgleichung und ihrer Lösungen wird im einzelnen erst durch die speziellen Randbedingungen des jeweiligen Problems bestimmt.

2.) $w = m$

Wir wenden uns nun der zugeordneten Legendreschen Differentialgleichung (6.17) zu, die immer dann gelöst werden muß, wenn mit $w \neq 0$ die Felder von φ abhängen. Bei Problemen, die den ganzen Winkelbereich $0 \leq \varphi \leq 2\pi$ enthalten, muß für eindeutige Lösungen $w = m$ also eine ganze Zahl sein.

Um unter diesen Bedingungen eine Lösung für die zugeordnete Differentialgleichung (6.17) zu erhalten, differenzieren wir die einfache Gleichung (6.18) m-mal nach u:

$$\left[(1-u^2)\frac{d^2}{du^2} - 2u(m+1)\frac{d}{du} + (v-m)(v+m+1)\right]\frac{d^m\Theta}{du^m} = 0. \qquad (6.37)$$

Wenn wir hier die durch $\Theta_m = (1-u^2)^{m/2}\cdot d^m\Theta/du^m$ definierte Funktion einführen, so geht diese Differentialgleichung über in

$$(1-u^2)\frac{d^2\Theta_m}{du^2} - 2u\frac{d\Theta_m}{du} + \left[v(v+1) - \frac{m^2}{1-u^2}\right]\Theta_m = 0\ . \qquad (6.38)$$

Das ist aber die *zugeordnete Legendresche Differentialgleichung*. Wenn also Θ eine Lösung der gewöhnlichen Legendreschen Gleichung ist, dann ist Θ_m eine Lösung der zugeordneten Gleichung. Zugeordnete Kugelfunktionen ganzzahliger Ordnung m lassen sich darum entsprechend

$$P_v^m(u) = (-1)^m (1-u^2)^{m/2}\cdot\frac{d^m P_v(u)}{du^m}$$
$$Q_v^m(u) = (-1)^m (1-u^2)^{m/2}\cdot\frac{d^m Q_v(u)}{du^m} \qquad (6.39)$$

aus den gewöhnlichen Kugelfunktionen ableiten. Der Faktor $(-1)^m$ erweist sich dabei für viele Anwendungen als zweckmäßig.

Wenn $v = n$ eine ganze Zahl ist, dann ist $P_n^m(u) = 0$ für alle $m > n$. Einige der zugeordneten Legendre-Polynome niedrigen Grades und niedriger Ordnung sind

$$P_1^1(u) = -(1-u^2)^{1/2} \qquad P_3^1(u) = \frac{3}{2}(1-u^2)^{1/2}\cdot(1-5u^2)$$
$$P_2^1(u) = -3(1-u^2)^{1/2}\cdot u \qquad P_3^2(u) = 15(1-u^2)\,u \qquad (6.40)$$
$$P_2^2(u) = 3(1-u^2) \qquad P_3^3(u) = -15(1-u^2)^{3/2}\ .$$

Einige der zugeordneten Kugelfunktionen zweiter Art von niedrigem Grade und niedriger Ordnung lauten

$$
\begin{aligned}
Q_1^1 &= -\,(1-u^2)^{1/2}\left[\frac{1}{2}\ln\frac{1+u}{1-u}+\frac{u}{1-u^2}\right]\\
Q_2^1 &= -\,(1-u^2)^{1/2}\left[\frac{3}{2}u\ln\frac{1+u}{1-u}+\frac{3u^2-2}{1-u}\right]\\
Q_2^2 &= (1-u^2)^{1/2}\left[\frac{3}{2}\ln\frac{1+u}{1-u}+\frac{5u-3u^2}{(1-u^2)^2}\right] .
\end{aligned}
\tag{6.41}
$$

3.) w nicht ganzzahlig

Für zugeordnete Kugelfunktionen, deren Ordnung nicht ganzzahlig ist, sollen hier nur allgemeine Formeln angegeben werden. Funktionen erster Art ergeben sich aus

$$P_v^w(u) = \frac{\sin w\pi}{\pi}\,(w-1)!\,\left(\frac{u+1}{u-1}\right)^{w/2}\cdot F\left(-v,v+1,1-w,\frac{1-u}{2}\right) . \tag{6.42}$$

Dabei ist F die hypergeometrische Funktion

$$F(\alpha,\beta,\gamma,z) = 1 + \frac{(\gamma-1)!}{(\alpha-1)!\,(\beta-1)!}\sum_{m=0}^{\infty}\frac{(\alpha+m)!\,(\beta+m)!}{(1+m)!\,(\gamma+m)!}\,z^{m+1}. \tag{6.43}$$

Zugeordnete Kugelfunktionen zweiter Art erhält man für reelle Argumente aus

$$Q_v^w(u) = \frac{\pi}{2}\,\frac{P_v^w(u)\,\cos(v+w)\pi - P_v^w(-u)}{\sin(v+w)\pi} \tag{6.44}$$

$P_v^w(u)$ und $P_v^w(-u)$ sind voneinander unabhängig, und ihre Linearkombination bildet die allgemeine Lösung von Gl.(6.17). Nur wenn $v+w$ eine ganze Zahl ist, trifft das nicht mehr zu. Dann erhält man eine zweite unabhängige Lösung aus Gl.(6.44) mit dem Grenzübergang $v+w \to n$.

Nach dieser Besprechung der verschiedenen Kugelfunktionen können wir entscheiden, welche Funktionen für $R_v(kr)$, $L_v^w(\cos\vartheta)$ und $h(w\varphi)$ in verschiedenen Koordinatenbereichen zur Bildung der allgemeinen Lösung aus Gl.(6.15) verwandt werden müssen. Diese Entscheidungen sind im folgenden zusammengestellt.

Koordinatenbereich mit	Spezialisierung der allgemeinen Lösungen entsprechend	
$r = 0$	$\hat{R}_v(kr) = \hat{\mathcal{J}}_v(kr) = \sqrt{\frac{\pi kr}{2}}\, J_{v+1/2}(kr)$	(6.45)
$r \to \infty$	$\hat{R}_v(kr) = \hat{H}_v^{(2)}(kr) = \sqrt{\frac{\pi kr}{2}}\, H_{v+1/2}^{(2)}(kr)$	(6.46)
$0 \leqslant \varphi \leqslant 2\pi$	$w = m$ (ganze Zahl)	(6.47)
$0 \leqslant \vartheta \leqslant \pi$	$L_v^w(\cos\vartheta) = P_n^w(\cos\vartheta)$	(6.48)
$\vartheta = 0$	$L_v^w(\cos\vartheta) = P_v^w(\cos\vartheta)$	(6.49)

Übungsaufgaben zum Lernzyklus 9A

Ohne Unterlagen

1 Beschreiben Sie im Prinzip und mit Worten, wie man, ausgehend von den Maxwellschen Gleichungen, zu der skalaren Wellengleichung in Kugelkoordinaten kommt.

2 Schreiben Sie die skalare Wellengleichung in Kugelkoordinaten hin, sowie eine sphärische Wellenfunktion als Lösung dieser Gleichung! Mit welchen Differentialoperationen lassen sich daraus die Feldkomponenten berechnen?

3 Wie hängt die Funktion für die r-Abhängigkeit in einer sphärischen Wellenfunktion mit den Zylinderfunktionen zusammen?

4 Wie heißen die Funktionen, die die ϑ-Abhängigkeit in einer sphärischen Wellenfunktion beschreiben?

5 Welche der Kugelfunktionen sind Polynome?

6 Wie ist in einer sphärischen Wellenfunktion die Kugelfunktion $L_v^w(\cos\vartheta)$ zu spezialisieren, wenn der betrachtete Koordinatenbereich

a) $\vartheta = 0$

b) $0 \leqq \vartheta \leqq \pi$

c) $0 \leqq \varphi \leqq 2\pi$

enthält?

7 Welche Linearkombinationen von Funktionen sind im allgemeinen für $L_v^w(\cos\vartheta)$ möglich?

Unterlagen gestattet

8 Hohlkugel als Resonator
Ein sphärischer Resonator sei gebildet durch eine leitende Wand an der Stelle $r = a$. Ermitteln Sie die Wellenfunktionen, durch die die Eigenschwingungen in diesem Resonator beschrieben werden!

Für die Eigenschwingungen sind allgemein die Resonanzfrequenzen zu bestimmen. Für einen Resonator mit $a = 5$ cm sind die Eigenfrequenzen der niedrigsten H- und E-Schwingungen zu berechnen.

Die Eigenschwingungen sind im allgemeinen im höheren Grade entartet. Von welchem Grad ist die Entartung bei den niedrigsten H- und E-Eigenschwingungen?

Die ersten Nullstellen der Funktion $\hat{J}_n(u)$, die mit u_{np} bezeichnet werden, sind

$$u_{11} = 4{,}493; \quad u_{12} = 7{,}725; \quad u_{21} = 5{,}763; \quad u_{22} = 9{,}025 \quad .$$

Die ersten Nullstellen der Ableitung der sphärischen Besselfunktion $(\hat{J}'_n(u))$, die mit u'_{np} bezeichnet werden, sind

$$u'_{11} = 2{,}744; \quad u'_{12} = 6{,}117; \quad u'_{21} = 3{,}870 \quad u'_{22} = 7{,}443 \quad .$$

Lernzyklus 9B

LERNZIELE

Nach dem Durcharbeiten des Lernzyklus 9B sollen Sie in der Lage sein,

- den Aufbau einiger Wellenleiter für Kugelwellen zu skizzieren;
- Gleichungen abzuleiten, aus denen sich mit Rechenautomaten die charakteristischen Größen der Eigenwellen dieser Wellenleiter berechnen lassen.

6.3 Wellenleiter für Kugelwellen

Als einfachster Wellenleiter für Kugelwellen kann der *freie Raum* angesehen werden. In einer vollständigen Kugelschale muß entsprechend Gl.(6.47) und Gl.(6.48) die allgemeine Lösung für das Feld aus

Vollständige Kugelschale

$$\underline{\psi}_{mn} = \left\{ \begin{matrix} \hat{H}_n^{(1)}(kr) \\ \hat{H}_n^{(2)}(kr) \end{matrix} \right\} P_n^m(\cos\vartheta) \left\{ \begin{matrix} \sin m\varphi \\ \cos m\varphi \end{matrix} \right\} \quad \text{mit} \quad \begin{matrix} m = 0,1,2,\ldots \\ n = 1,2,3,\ldots \end{matrix} \qquad (6.50)$$

abgeleitet werden. Jede dieser *sphärischen Wellenfunktionen* ist Eigenwelle der vollständigen Kugelschale bzw. kann als Eigenwelle des freien Raumes angesehen werden. Die zugehörigen Feldkomponenten lassen sich aus Gl.(6.16) berechnen. Aus $\underline{A}_r = \underline{\psi}_{mn}$ ergeben sich Eigenwellen, die TM bezüglich r sind. Man bezeichnet sie als TM_{mn}- oder E_{mn}-Wellen. Aus $\underline{F}_r = \underline{\psi}_{mn}$ werden Eigenwellen abgeleitet, die TE bezüglich r sind. Sie werden als TE_{mn}- oder H_{mn}-Wellen bezeichnet. Nach innen laufende Wellen werden mit $\hat{H}_n^{(1)}(kr)$ dargestellt und nach außen laufende Wellen mit $\hat{H}_n^{(2)}(kr)$. Durch Überlagerung dieser E- und H-Wellen kann jede Feldverteilung in einem quellenfreien Gebiet dargestellt werden. In diesem Sinne bilden sie ein *vollständiges System*.

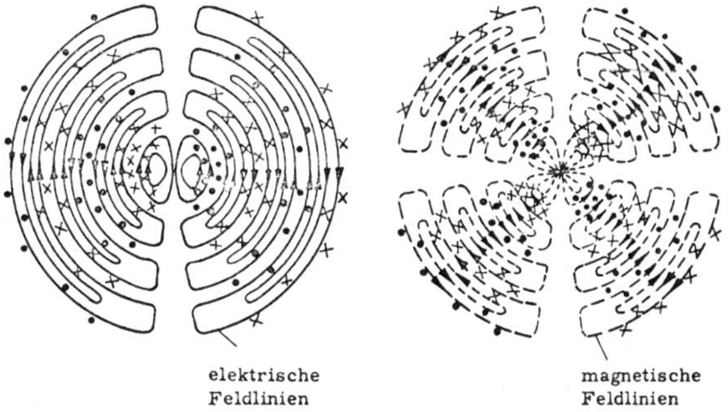

Bild 6.4
Feldbilder der E_{01}- und der H_{02}-Welle des freien Raumes

In Bild 6.4 sind Feldverteilungen der E_{01}- und der H_{02}-Wellen skizziert. Die *E_{01}-Welle* identifizieren wir sofort als *Strahlungsfeld des Hertzschen Dipoles*. Diese Welle wird also auf einfachste Weise durch einen Dipol im Koordinatenursprung angeregt. Höhere Eigenwellen des freien Raumes werden durch entsprechende *Multipole* angeregt. Zwischen der E- und H-Welle des freien Raumes besteht vollständige *Dualität*.

Wenn also in Bild 6.4 $\vec{\underline{E}}$ durch $\vec{\underline{H}}$ ersetzt wird und $\vec{\underline{H}}$ durch $-\vec{\underline{E}}$, ergeben sich die Feldverteilungen der H_{01}- und E_{02}-Wellen. Die *H_{01}-Welle* wird auf einfachste Weise durch einen *magnetischen Dipol* im Koordinatenursprung angeregt.

Hinsichtlich ihres *Durchlaß- und Sperrbereiches* verhalten sich die Kugelwellen des freien Raumes ähnlich wie die Zylinderwellen radialer Wellenleiter. Es gibt auch bei ihnen *keine Grenzfrequenz*, oberhalb der die Wellen bei einem bestimmten Radius ausbreitungsfähig werden. Vielmehr gehen diese Kugelwellen *allmählich* vom Sperrbereich in den Durchlaßbereich über. Wir erkennen das wieder am besten durch Vergleich von *Wirk- und Blindkomponenten* der Wellenwiderstände in radialer Richtung. Für *E-Wellen* ist

$$Z_{mn}^{(E+)} = \frac{\underline{E}_\vartheta^+}{\underline{H}_\varphi^+} = -\frac{\underline{E}_\varphi^+}{\underline{H}_\vartheta^+} = j\,\eta\,\frac{\hat{H}_n^{(2)\prime}(kr)}{\hat{H}_n^{(2)}(kr)}$$

$$Z_{mn}^{(E-)} = -\frac{E_\vartheta^-}{H_\varphi^-} = \frac{E_\varphi^-}{H_\vartheta^-} = -j\,\eta\,\frac{\hat{H}_n^{(1)\prime}(kr)}{\hat{H}_n^{(1)}(kr)}\,. \qquad (6.51)$$

Die + bzw. -Zeichen bezeichnen nach außen bzw. nach innen laufende Wellen. Für *H-Wellen* ist

$$Z_{mn}^{(H+)} = -j\,\eta\,\frac{\hat{H}_n^{(2)}(kr)}{\hat{H}_n^{(2)\prime}(kr)}$$

$$Z_{mn}^{(H-)} = j\,\eta\,\frac{\hat{H}_n^{(1)}(kr)}{\hat{H}_n^{(1)\prime}(kr)}\,. \qquad (6.52)$$

In *verlustfreien* Stoffen sind η und k reell. Dann ist $Z^- = (Z^+)^*$. Ähnlich wie bei den Zylinderwellen radialer Wellenleiter in Abschnitt 5.4 sind die Wellenwiderstände nach den Gln. (6.51) und (6.52) für $kr < n$ immer mehr imaginär. Für $kr > n$ werden es immer reinere *Wirkwiderstände*. Durch $kr = n$ wird also eine Art von Grenzradius definiert. Innerhalb ihres Grenzradius führen die Wellen überwiegend *Blindenergie*, die *im Nahfeld gespeichert* wird. Außerhalb des Grenzradius führen sie überwiegend *Wirkenergie*, die vom Fernfeld *ausgestrahlt* bzw. *empfangen* wird. Sie sind darum hier ausbreitungsfähig. Der Grenzradius hängt nicht von der Ordnung m der Kugelwelle ab.

Leitender Kegel

In Bild 6.5 sind eine Reihe von Wellenleitern skizziert, in denen sich auch Kugelwellen ausbreiten können. Sie werden aus Leitern in Koordinatenflächen ϑ = konstant oder φ = konstant gebildet. Die einfachste Form ist der leitende Kegel in Bild 6.5a und b.

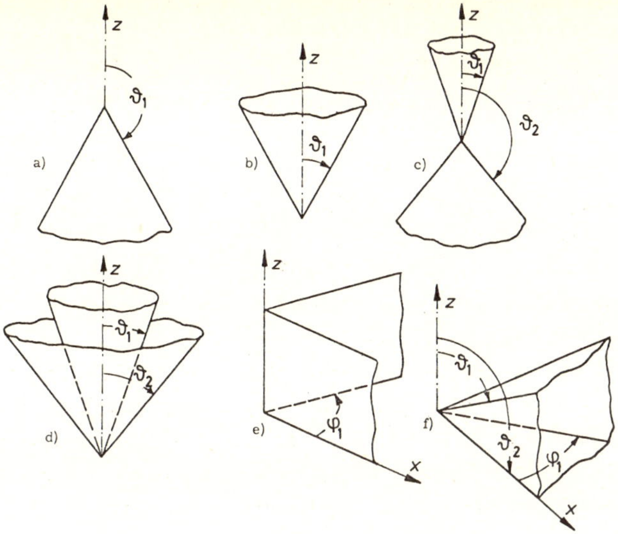

Bild 6.5

Einige Wellenleiter für Kugelwellen
a), b) leitender Kegel e) leitender Winkel
c), d) Doppelkonusleitung f) Doppelkegelsektor

Das Feld ist in φ *periodisch* mit der Periode 2π. Damit ein bei $\vartheta = 0$ *reguläres* Feld erhalten wird, setzen wir entsprechend Gl.(6.49) an

$$\underline{\psi}_{m\nu} = P_\nu^m(\cos\vartheta)\begin{Bmatrix}\cos m\varphi\\ \\ \sin m\varphi\end{Bmatrix}\begin{Bmatrix}\hat{H}_\nu^{(1)}(kr)\\ \\ \hat{H}_\nu^{(2)}(kr)\end{Bmatrix} \quad \text{mit } m = 0,1,2.. \tag{6.53}$$

Mit $\underline{A}_r = \underline{\psi}_{m\nu}$ kann daraus ein Feld abgeleitet werden, das TM bezüglich r ist. Damit es die Randbedingungen $\underline{E}_r = \underline{E}_\varphi = 0$ bei $\vartheta = \vartheta_1$ erfüllt, muß

$$P_\nu^m(\cos\vartheta_1) = 0 \tag{6.54}$$

sein. Diese Gleichung bestimmt den im allgemeinen nicht ganzzahligen Grad ν der Kugelfunktionen. Jeder Lösung ν dieser Gleichung entspricht eine *Eigenwelle* des Kegelhohlleiters, die TM bezüglich r ist. Es gibt unendlich viele solcher Lösungen.

Die *Grenzradien* dieser Eigenwellen für den allmählichen Übergang vom aperiodischen Feld zur wandernden Welle nehmen mit wachsendem Lösungswert v zu.

Eigenwellen, die TE bezüglich r sind, ergeben sich, wenn das Feld aus $\underline{F}_r = \underline{\psi}_{mv}$ abgeleitet wird. Zur Erfüllung der Randbedingung $\underline{E}_\varphi = 0$ bei $\vartheta = \vartheta_1$, muß v eine Lösung von

$$\left[\frac{\mathrm{d}}{\mathrm{d}\vartheta} P_v^m(\cos\vartheta)\right]_{\vartheta=\vartheta_1} = 0 \tag{6.55}$$

sein. Auch hier gibt es unendlich viele Lösungen.

Doppelkonusleitung

In den Doppelkonusleitungen in Bild 6.5c und d muß, damit das Feld in φ mit 2π periodisch wird, auch wieder $w = m$ eine ganze Zahl sein. Es sind aber weder $\vartheta = 0$ noch $\vartheta = \pi$ im Feldbereich enthalten. Man muß also die allgemeine Lösung der Legendreschen Gleichung mit einer *Linearkombination* entweder von $P_v^m(\cos\vartheta)$ und $Q_v^m(\cos\vartheta)$ oder von $P_v^m(\cos\vartheta)$ und $P_v^m(-\cos\vartheta)$ ansetzen. Um auch gleich die Randbedingung bei $\vartheta = \vartheta_1$ zu erfüllen, wählen wir

$$\underline{A}_r = \left[P_v^m(\cos\vartheta)\, P_v^m(-\cos\vartheta_1) - P_v^m(\cos\vartheta_1)\, P_v^m(-\cos\vartheta)\right] \begin{Bmatrix}\cos m\varphi \\ \sin m\varphi\end{Bmatrix} \begin{Bmatrix}H_v^{(1)}(kr) \\ H_v^{(2)}(kr)\end{Bmatrix} \tag{6.56}$$

$$\text{mit } m = 0,1,2\ldots$$

Werte für v ergeben sich dann aus der Randbedingung bei $\vartheta = \vartheta_2$ als Lösungen von

$$P_v^m(\cos\vartheta_2)\, P_v^m(-\cos\vartheta_1) - P_v^m(-\cos\vartheta_2)\, P_v^m(\cos\vartheta_1) = 0. \tag{6.57}$$

Diesen Werten v entsprechen Eigenwellen der Doppelkonusleitung, die TM bezüglich r sind. Für Eigenwellen, die TE bezüglich r sind, setzt man

$$\underline{F}_r = \left[P_v^m(\cos\vartheta) \left.\frac{\mathrm{d}P_v^m(-\cos\vartheta)}{\mathrm{d}\vartheta}\right|_{\vartheta_1} - P_v^m(-\cos\vartheta) \left.\frac{\mathrm{d}P_v^m(\cos\vartheta)}{\mathrm{d}\vartheta}\right|_{\vartheta_1}\right] \begin{Bmatrix}\cos m\varphi \\ \sin m\varphi\end{Bmatrix} \begin{Bmatrix}H_v^{(1)}(kr) \\ H_v^{(2)}(kr)\end{Bmatrix} \tag{6.58}$$

an, mit $m = 0,1,2\ldots$ Damit ist $\underline{E}_\varphi = 0$ bei $\vartheta = \vartheta_1$.

Werte für v ergeben sich aus der Randbedingung $\underline{E}_\varphi = 0$ bei $\vartheta = \vartheta_2$ als Lösungen von

$$\left.\frac{dP_v^m(\cos\vartheta)}{d\vartheta}\right|_{\vartheta_2} \cdot \left.\frac{dP_v^m(-\cos\vartheta)}{d\vartheta}\right|_{\vartheta_1} - \left.\frac{dP_v^m(-\cos\vartheta)}{d\vartheta}\right|_{\vartheta_2} \cdot \left.\frac{dP_v^m(\cos\vartheta)}{d\vartheta}\right|_{\vartheta_1} = 0. \qquad (6.59)$$

Beide Gruppen von Eigenwellen bilden zusammen mit einer in Gl.(6.56) und Gl.(6.58) nicht enthaltetenen TEM- oder Leitungswelle ein vollständiges System. Es ist nun noch diese TEM- oder Leitungswelle abzuleiten.

TEM-Welle

Bei radialen Wellenleitern wird die Eigenwelle mit kleinstem Grenzradius als Grundwelle bezeichnet. Mit der Definition $kr = v$ für den Grenzradius ist die Eigenwelle mit kleinstem Eigenwert v die Grundwelle des jeweiligen radialen Wellenleiters. Aus den charakteristischen Gleichungen (6.57) und (6.59) würde sich $v = 0$ mit $m = 0$ als Eigenwert der Grundwelle ergeben. Dafür verschwinden aber entsprechend den Gln.(6.56) und (6.58) beide Wellenpotentiale $\underline{A}_r$ und $\underline{F}_r$. Die Grundwelle der Doppelkonusleitung ist tatsächlich in diesen Ansätzen nicht enthalten. Wir finden sie als E_{00}-Welle aus

$$\underline{A}_r = Q_0(\cos\vartheta)\begin{Bmatrix}\hat{H}_0^{(1)}(kr)\\ \hat{H}_0^{(2)}(kr)\end{Bmatrix} = \ln\cot\frac{\vartheta}{2}\,(\mp j)\;e^{\pm jkr}. \qquad (6.60)$$

Die Feldkomponenten dieser Welle ergeben sich aus Gl.(6.16):

$$\underline{E}_\vartheta^\mp = \frac{jk}{\omega\varepsilon r\sin\vartheta}\,e^{\pm jkr}$$
$$\underline{H}_\varphi^\mp = \mp\frac{j}{r\sin\vartheta}\,e^{\pm jkr}. \qquad (6.61)$$

Die oberen Vorzeichen bezeichnen die nach innen laufende Welle und die unteren die nach außen laufende Welle. Die Grundwelle der Doppelkonusleitung hat keine Feldkomponente in Ausbreitungsrichtung, es ist eine TEM- (transversalelektromagnetische) oder Leitungswelle. Sie entspricht den Leitungswellen auf zylindrischen Doppelleitungen. Die Wellenwiderstände in Ausbreitungsrichtung sind für diese TEM-Welle

Feldwellenwiderstände

$$Z^+ = \frac{\underline{E}_\vartheta^+}{\underline{H}_\varphi^+} = \eta \qquad Z^- = \frac{-\underline{E}_\vartheta^-}{\underline{H}_\varphi^-} = \eta\,. \qquad (6.62)$$

Für die Grundwelle der Doppelkonusleitung kann aber auch wie bei allen Doppelleitungswellen ein *Wellenwiderstand aus Strom und Spannung* eindeutig definiert werden. Die Spannung zwischen beiden Kegeln ist

$$\underline{U}^{\pm} = \int_{\vartheta_1}^{\vartheta_2} \underline{E}_{\vartheta}\, r\, d\vartheta = j\,\eta\,\ln\frac{\cot(\vartheta_1/2)}{\cot(\vartheta_2/2)}\; e^{\mp jkr} \;. \qquad (6.63)$$

Der Strom auf jedem der Kegel ist

$$\underline{I}^{\pm} = \int_{0}^{2\pi} \underline{H}_{\varphi}\, r\, \sin\vartheta\, d\varphi = \pm\, 2\pi j\; e^{\mp jkr} \;. \qquad (6.64)$$

Daraus ergibt sich ein Wellenwiderstand zu

Wellenwiderstand aus $\underline{U}$ und $\underline{I}$

$$Z_0 = \frac{\underline{U}^{+}}{\underline{I}^{+}} = \frac{-\underline{U}^{-}}{\underline{I}^{-}} = \frac{\eta}{2\pi}\,\ln\frac{\cot(\vartheta_1/2)}{\cot(\vartheta_2/2)} \;. \qquad (6.65)$$

Um deutlich zu machen, daß dieser Wellenwiderstand vom Wellenwiderstand in Gl.(6.62) verschieden ist, nennt man ihn auch den Leitungswellenwiderstand, während der Wellenwiderstand aus den Feldkomponenten in Gl.(6.62) als Feldwellenwiderstand bezeichnet wird.

Leitender Winkel

Der leitende Winkel in Bild 6.5e hat nicht nur die *zylindrischen* Eigenwellen, die in Abschnitt 4.4 berechnet wurden, sondern auch *sphärische* Eigenwellen. *Zylinderwellen* werden im leitenden Winkel durch *axiale Linienquellen* angeregt, *Kugelwellen* werden durch *Punktquellen in der Achse* angeregt. Der leitende Winkel enthält den ganzen Winkelbereich $0 \leqq \vartheta \leqq \pi$, aber nur einen begrenzten Bereich von φ. Die Eigenwellen enthalten darum nur Kugelfunktionen $P_n^w(\cos\vartheta)$ ganzzahligen Grades n. E-Wellen werden aus

$$\underline{A}_r = P_n^w(\cos\vartheta)\,\sin w\varphi \begin{Bmatrix} \hat{H}_n^{(1)}(kr) \\ \hat{H}_n^{(2)}(kr) \end{Bmatrix} \text{ mit } n = 1,2,3.. \qquad (6.66)$$

abgeleitet. Zur Erfüllung der Randbedingung muß

$$w = \frac{p\pi}{\varphi_1} \quad \text{mit } p = 1,2,3... \qquad (6.67)$$

sein. H-Wellen werden aus

$$\underline{F}_r = P_n^w(\cos\vartheta)\,\cos w\varphi \begin{Bmatrix} \hat{H}_n^{(1)}(kr) \\ \hat{H}_n^{(2)}(kr) \end{Bmatrix} \text{ mit } n = 1,2,3\ldots \qquad (6.68)$$

abgeleitet. Für w gilt wieder Gl.(6.67), aber mit $p = 0,1,2\ldots$

Es gibt im leitenden Winkel keine Kugelwelle, die TEM (transversalelektromagnetisch) bezüglich r ist. Die Leitungswelle des leitenden Winkels ist eine Zylinderwelle, die TEM bezüglich ρ ist.

Doppelkegelsektor

Der Doppelkegelsektor in Bild 6.5f dient unter anderem als Modell zur Annäherung von pyramidenförmigen Hörnern mit rechteckiger Apertur. Bei ihnen müssen zur Berechnung der Eigenwellen *Linearkombinationen* von Kugelfunktionen des allgemeinen Grades v und der allgemeinen Ordnung w angesetzt werden. E-Wellen können aus den Gln.(6.56) und (6.57) abgeleitet werden, wenn dabei m durch w ersetzt und nur $\sin w\varphi$ angenommen wird. Die Eigenwerte von w ergeben sich dabei aus Gl.(6.67). Ensprechend können H-Wellen aus den Gln.(6.58) und (6.59) abgeleitet werden, wenn wieder m durch w ersetzt und hier nur $\cos w\varphi$ genommen wird. Die Eigenwerte von w ergeben sich auch hier aus Gl.(6.67).

Alle diese radialen Wellenleiter spielen u.a. als *Antennenspeiseleitungen* und *Strahlerelemente* eine praktische Rolle.

Übungsaufgaben zum Lernzyklus 9B

Ohne Unterlagen

1 Welches ist die Grundwelle der Doppelkonusleitung? Nennen Sie die Definitionen für zwei verschiedene Wellenwiderstände dieser Welle!

2 Was versteht man unter dem Grenzradius von Kugelwellen?

3 Wie müssen die Quellenverteilungen angeordnet sein, damit sie am leitenden Winkel

a) Zylinderwellen

b) Kugelwellen

anregen?

4 Schreiben Sie für die Doppelkonusleitung solche Ansätze der Wellenpotentiale auf, daß die aus ihnen abgeleiteten Felder die Randbedingungen erfüllen! Geben Sie dabei für die H- und die E-Wellen Gleichungen an, aus denen sich die Grade der Kugelfunktionen bestimmen lassen!

5 Wie hängen die Feldwellenwiderstände der Eigenwellen in der vollständigen Kugelschale von der Ordnung in Umfangsrichtung, d.h. von m ab?

Unterlagen gestattet

6 Wellenwiderstand und Grenzradius

Bei den radialen Wellenleitern für Zylinderwellen und bei den Wellenleitern für Kugelwellen werden ausgehend von der Phase der Wellenwiderstände Grenzradien definiert, die den allmählichen Übergang vom Sperr- zum Durchlaßbereich kennzeichnen. Zeigen Sie mit der Definition des komplexen Poyntingvektors, daß diese Definitionen für die Grenzradien sinnvoll sind!

7 Bemerkung zur Grundwelle der Doppelkonusleitung

Der Ansatz in Gl.(6.60) für das Wellenpotential $\underline{A}_r$ der Grundwelle der Doppelkonusleitung enthält für die ϑ-Abhängigkeit nur die Kugelfunktionen *zweiter* Art $Q_0(\cos\vartheta)$. Warum ist an dieser Stelle eine Linearkombination gemäß $\underline{A}\,P_0(\cos\vartheta) + \underline{B}\,Q_0(\cos\vartheta)$ mit noch zu bestimmenden Phasoren $\underline{A}$ und $\underline{B}$ nicht nötig?

8 Wellenwiderstände der Kugelwellen im freien Raum

Zeigen Sie, daß die Wellenwiderstände der E_r-Kugelwellen, die sich im freien Raum in $(+r)$-Richtung ausbreiten, für $kr \to \infty$ gleich η und für $kr \to 0$ gleich $-jn\eta/(kr)$ werden! Bestimmen Sie für $kr \to 0$ und $kr \to \infty$ auch die Wellenwiderstände der H_r-Kugelwellen, die sich in $(+r)$-Richtung ausbreiten! Zeigen Sie außerdem, daß $Z_{mn}^{(E^+)} \cdot Z_{mn}^{(H^+)} = \eta^2$ ist!

Lernzyklus 10A

LERNZIELE

Nach dem Durcharbeiten des Lernzyklus 10A sollen Sie in der Lage sein,

- Rechenverfahren zu beschreiben, nach denen sich die Eigenwellenanregung an einer Stoßstelle zwischen zwei Rechteckhohlleitern verschiedener Querschnittsform näherungsweise und genau berechnen läßt;
- die Amplituden von Eigenwellen zu berechnen, die durch vorgegebene Stromverteilungen im Rechteckhohlleiter angeregt werden;
- neben dem Feldwellenleitwert für die Grundwelle im Rechteckhohlleiter einen weiteren, gebräuchlichen Wellenleitwert zu erläutern.

7 Feldentwicklungen mit ebenen Wellenfunktionen

Rückblick

In Kapitel 3 haben wir die ebenen Wellenfunktionen als Lösungen der Wellengleichung in kartesischen Koordinaten kennengelernt. Mit diesen ebenen Wellenfunktionen haben wir ebene Wellen im freien Raum und die Eigenwellen von Rechteckhohlleitern, dielektrischen Platten und Oberflächen-Wellenleitern dargestellt. Es handelt sich bei diesen Wellen um Lösungen der quellenfreien Feldgleichungen. Wie diese Wellen durch Quellen angeregt werden, haben wir noch nicht untersucht. Auch haben wir angenommen, daß die Wellenleiter in Längsrichtung ihre Eigenschaften nicht ändern, also gleichförmig oder homogen sind. In solchen *homogenen* Wellenleitern bildet jede Eigenwelle für sich eine Lösung der quellenfreien Feldgleichungen, die sich unabhängig von allen anderen Eigenwellen im Wellenleiter ausbreitet.

Anwendungen der Feldentwicklungen

Inhomogenitäten im Zuge eines Wellenleiters verändern die Randbedingungen, und eine einzelne Eigenwelle, die sich im Wellenleiter in der einen oder der anderen Richtung ausbreitet, erfüllt diese veränderten Randbedingungen nicht mehr. Es müssen zur Lösung der Feldgleichungen unter den Randbedingungen des Wellenleiters mit seiner Inhomogenität mehrere Eigenwellen angesetzt werden, im allgemeinen sogar das *vollständige System* aller Eigenwellen. Die Felder im Wellenleiter mit Inhomogenität werden auf diese Weise nach den Eigenwellen, d.h. nach ebenen Wellenfunktionen entwickelt.

Ähnlich liegen die Verhältnisse, wenn *Quellen* elektrischen oder magnetischen Stromes entweder direkt im Wellenleiter eingeprägt sind oder als äquivalente Quellen vorkommen. Solche Quellen regen im allgemeinen nicht nur eine Eigenwelle sondern mehrere, oft sogar alle Eigenwellen des Wellenleiters an. Auch hier sind dann die Felder dieser Quellen im Wellenleiter nach seinen Eigenwellen d.h. wieder nach ebenen Wellenfunktionen zu entwickeln.

Feldentwicklungen nach ebenen Wellenfunktionen braucht man aber nicht nur für Inhomogenitäten und Quellen in Wellenleitern, deren Eigenwellen ebene Wellenfunktionen sind. Man entwickelt mitunter auch Strahlungs- oder Beugungsfelder im *freien Raum* nach ebenen Wellenfunktionen, immer dann nämlich, wenn die Quellen der Strahlungsfelder oder die Beugungskörper eine Verteilung oder Geometrie haben, die in kartesischen Koordinaten am einfachsten darzustellen ist.

7.1 EIGENWELLEN-ENTWICKLUNGEN IM RECHTECKHOHLLEITER

Mit den Eigenwellen des homogen gefüllten Rechteckhohlleiters können alle Feldprobleme behandelt werden, bei denen der Hohlleiter auch in axialer Richtung homogen ist. Die Eigenwellen breiten sich dann unabhängig voneinander aus. Selbst wenn die homogene Stoffüllung, wie in Bild 7.1, sich in einer Querschnittsebene in axialer Richtung ändert, bleiben die Eigenwellen unabhängig voneinander.

Sprung in Stoffeigenschaften

Es wird an solch einem Sprung in den Stoffeigenschaften nur ein Teil jeder Eigenwelle in jeweils dieselbe Eigenwelle reflektiert.

Solche Probleme lassen sich also ebenso behandeln wie Wellenwiderstandsänderungen bei TEM-Leitungen.

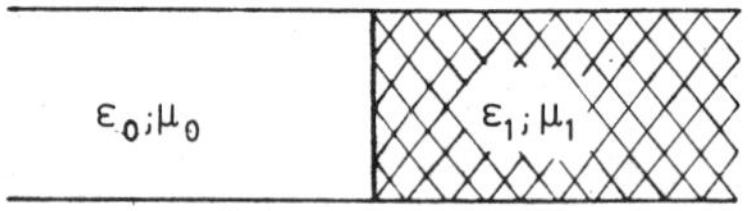

Bild 7.1
Änderung des homogenen Stoffes in Querschnittsebenen eines Hohlleiters bedingt Reflexion und Brechung jeder Eigenwelle für sich

Querschnittssprung

Quellen

Schwieriger wird es erst, wenn der Hohlleiter seinen Querschnitt ändert, wenn für bestimmte Schaltungsaufgaben Blenden im Hohlleiter angebracht werden oder wenn mit Dipolantennen und Schleifen oder durch Öffnungen bestimmte Eigenwellen angeregt werden sollen. Die Felder um solche Anordnungen bestehen immer aus sehr vielen Eigenwellen. Zur Lösung des Feldproblemes ist dann jeweils festzustellen, wie stark die einzelnen Eigenwellen angeregt werden. Dazu muß das Feld um solche Anordnungen nach den Feldern der Eigenwellen des Hohlleiters *entwickelt* werden. Außerhalb der eigentlichen Störungen oder Quellen, also im homogenen Hohlleiter, ist solch eine *Entwicklung* immer in *vollständiger* Weise möglich, denn die Eigenwellen bilden zusammen ein *vollständiges System* zur Darstellung jeder quellenfreien Feldverteilung.

Besonders einfach sind Eigenwellen-Entwicklungen, wenn entweder Feldverteilungen oder Quellenverteilungen über *Querschnittsebenen* vorgegeben sind. Die Feldentwicklung gibt dann an, welche Eigenwellen von diesen Verteilungen angeregt werden.

Es soll zuerst das Feld nach seinen Eigenwellen entwickelt werden, das von Quellenverteilungen über eine Querschnittsebene im Hohlleiter angeregt wird. Quellenverteilungen dieser Art ergeben sich, wenn man nach dem Huygensschen Prinzip oder mit der Methode der effektiven Quellen Leiterstäbe oder Schleifen im Hohlleiter durch ihre Oberflächenströme als äquivalente Quellen ersetzt. Durch solche Flächenströme in Querschnittsebenen werden *Diskontinuitäten der tangentialen Feldkomponenten* vorgeschrieben.

1. Quellenverteilungen vorgegeben

Als genügend allgemeines Problem wird im Querschnitt $z = 0$ des Rechteckhohlleiters in Bild 3.3 ein elektrischer Strombelag angenommen, der in x-Richtung fließt: $\underline{J}_{Ax} = f(x,y)$. Der Hohlleiter soll nach beiden Seiten reflexionsfrei abgeschlossen sein; es sollen also nur Wellen von dem Strombelag fortlaufen. Die Quellenverteilung $\underline{J}_{Ax}$ und alle ihre Spiegelbilder bezüglich der Hohlleiterwände haben nur x-Komponenten. Darum muß das Feld aus einem Wellenpotential $\underline{\vec{A}}$ abgeleitet werden können, das auch nur eine x-Komponente hat. Das Feld muß sich also durch Überlagerung von E_x-Wellen darstellen lassen. Mit Gl.(3.67) setzen wir an:

Bildtheorie

$$\underline{\psi}^+ = \sum_{m=0}^{\infty} \sum_{n=1}^{\infty} \underline{B}^+_{mn} \cos\frac{m\pi x}{a} \sin\frac{n\pi y}{b} e^{-\gamma_{mn} z} \quad ; z>0$$

$$\underline{\psi}^- = \sum_{m=0}^{\infty} \sum_{n=1}^{\infty} \underline{B}^-_{mn} \cos\frac{m\pi x}{a} \sin\frac{n\pi y}{b} e^{+\gamma_{mn} z} \quad z<0.$$

Die Feldkomponenten werden aus den Gln.(3.64) berechnet. $\underline{E}_x$ und $\underline{E}_y$ müssen bei $z = 0$ stetig sein. Daraus folgt:

$$\underline{B}^+_{mn} = \underline{B}^-_{mn} = \underline{B}_{mn} \ .$$

Der Strombelag bei $z = 0$ bedingt einen Sprung in der magnetischen Feldstärke um

$$\underline{J}_{Ax} = \underline{H}^-_y - \underline{H}^+_y = \sum_{m=0}^{\infty} \sum_{n=1}^{\infty} 2\, \gamma_{mn} \underline{B}_{mn} \cos\frac{m\pi x}{a} \sin\frac{n\pi y}{b} \ . \qquad (7.1)$$

Dieses ist eine *doppelte Fourierreihe* für $\underline{J}_{Ax}$.

Ihre *Fourierkoeffizienten* sind $2\gamma_{mn} \underline{B}_{mn}$.

Kern des Verfahrens!

Zu ihrer Berechnung wird die darzustellende Funktion $\underline{J}_{Ax}(x,y)$ mit $\cos\frac{m\pi x}{a}$ und $\sin\frac{n\pi y}{b}$ multipliziert und das Produkt über den Querschnitt des Hohlleiters integriert. Es ergibt sich

$$2\,\gamma_{mn}\,\underline{B}_{mn} = \underline{J}_{mn} = \frac{2\varepsilon_m}{ab}\int_0^a dx \int_0^b dy\; \underline{J}_{Ax}\cos\frac{m\pi x}{a}\sin\frac{n\pi y}{b} \qquad (7.2)$$

mit der Neumannschen Zahl

$$\varepsilon_m = \begin{cases} 1 \text{ für } m = 0 \\ 2 \text{ für } m > 0\,. \end{cases}$$

Damit sind die Amplituden der Eigenwellen und somit das Feld bestimmt.

Verallgemeinerung

Für einen Flächenstrom, der in y-Richtung fließt, ergibt sich das Feld durch Drehung des Koordinatensystems. Für $\underline{J}_{Ax}$ *und* $\underline{J}_{Ay}$ müssen beide Felder überlagert werden. Bei einem magnetischen Flächenstrom ergibt sich das Feld in *dualer* Weise. Ein elektrischer bzw. magnetischer Strom in z-Richtung kann durch eine magnetische bzw. elektrische Stromschleife im Querschnitt ersetzt werden. Es kann also das Feld aller überhaupt möglichen Stromverteilungen im Rechteckhohlleiter durch Entwicklung nach den Eigenwellen berechnet werden.

Diese Reihenentwicklungen sind möglich, weil die Eigenwellenfunktionen bezüglich des Querschnittes orthogonal zueinander sind und darum bei der Berechnung der Eigenwellenamplituden alle Integrale bis auf eines verschwinden. Diese Orthogonalität ist auch sehr nützlich bei der Berechnung der Scheinleistung, die von Stromverteilungen in Querschnittsebenen geliefert wird. Allgemein ist die komplexe Leistung, die ein Flächenstrom $\underline{\vec{J}}_A$ liefert:

$$P = -\iint_A \underline{\vec{E}}\cdot\underline{\vec{J}}_A^*\,dA\,. \qquad (7.3)$$

Wenn der Flächenstrom nur aus $\underline{J}_{Ax}$ im Querschnitt $z = 0$ besteht, ist

$$P = -\int_0^a\int_0^b \underline{J}_{Ax}^*\underline{E}_x\,dy\,dx\,. \qquad (7.4)$$

Wird die Reihe (7.1) für $\underline{J}_{\mathrm{Ax}}$ und $\underline{E}_{\mathrm{x}}$ aus den Gln.(3.64) eingesetzt, dann ist

$$P = -\int_0^a \int_0^b \left[\sum_{m=0}^{\infty} \sum_{n=1}^{\infty} 2\, \gamma_{mn}^{*}\, \underline{B}_{mn}^{*} \cos\frac{m\pi x}{a} \sin\frac{n\pi y}{b} \right] \cdot \left[\sum_{p=0}^{\infty} \sum_{q=1}^{\infty} \frac{k^2 - (\frac{p\pi}{a})^2}{\mathrm{j}\omega\varepsilon}\, \underline{B}_{pq} \cos\frac{p\pi x}{a} \sin\frac{q\pi y}{b} \right] \mathrm{d}y\, \mathrm{d}x .$$

Wenn hier gliedweise integriert wird, verschwinden wegen der *Orthogonalität* der sin- und cos-Funktionen alle Produkte, für die nicht $m = p$ und $n = q$ ist. Es ergibt sich einfach

$$P = \sum_{m=0}^{\infty} \sum_{n=1}^{\infty} Z_{mn} \left| \underline{J}_{\mathrm{mn}} \right|^2 \frac{ab}{4\varepsilon_{\mathrm{m}}} \qquad (7.5)$$

Von $\underline{J}_{\mathrm{Ax}}$ **gelieferte** Leistung

mit den <u>Wellenwiderständen</u>

$$Z_{mn} = (Z_{\mathbf{xy}}^{+})_{mn}^{(\mathrm{E}_{\mathbf{x}})} = \mathrm{j}\, \frac{k^2 - (\frac{m\pi}{a})^2}{\omega\varepsilon\, \gamma_{mn}}$$

der E_{x}-Wellen.

Die resultierende Leistung ist also einfach die Summe aller Leistungen, die jedes $\underline{J}_{mn}$ allein liefern würde.

Als Anwendung berechnen wir das Feld des Übergangs von einer Koaxialleitung auf den Rechteckhohlleiter nach Bild 7.2a.

Praktisches Problem

Bild 7.2

a) Übergang von einer Koaxialleitung zum Rechteckhohlleiter
b) Äquivalenter Stromfaden für den durchgehenden Innenleiter

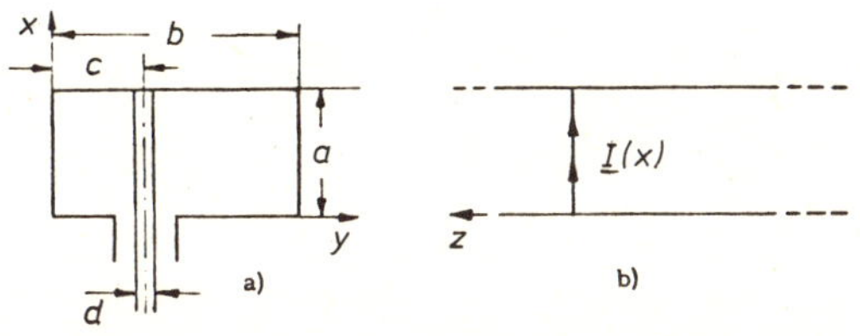

Der Innenleiter der Koaxialleitung ist im Rechteckhohlleiter fortgesetzt und endet auf der gegenüberliegenden Wand. Der Strom auf der Innenleiterfortsetzung verläuft ähnlich wie auf einer kurzgeschlossenen Leitung, etwa wie

$\beta \approx k$ auf TEM-Leitungen

$$\underline{I}(x) \approx \cos k(a-x).$$

Ein dünner Innenleiter kann nach dem Huygensschen Prinzip durch einen *Stromfaden* mit dieser x-Verteilung ersetzt werden, der ohne den Innenleiter im Hohlleiter strahlt. Der äquivalente Flächenstrom dieser Anordnung ist dann:

$$\underline{J}_{Ax} = \underline{I}(x)\ \delta(y-c). \tag{7.6}$$

Dabei ist $\delta(y-c)$ die Deltafunktion, welche definiert wird durch

$$\delta(y-c) = 0 \qquad \text{für } y \gtrless c$$

$$\int_{-\infty}^{+\infty} \delta(y-c)\ dy = 1 .$$

Es gilt also für jede Funktion $f(y)$, die bei $y = c$ regulär ist

$$\int_{-\infty}^{+\infty} f(y)\ \delta(y-c)\ dy = f(c).$$

Aus Gl.(7.2) ergeben sich die *Fourierkoeffizienten* für diesen Flächenstrom

Anregung

$$J_{mn} = \frac{2\ \varepsilon_m\ ka\ \sin ka\ \sin\frac{n\pi c}{b}}{b\ \left[(ka)^2 - (m\pi)^2\right]} .$$

Die Amplituden der Eigenwellen, die durch den Stromfaden angeregt werden, sind damit bestimmt.

Abschlußwiderstand der Leitung

Von besonderem Interesse ist der Widerstand, der am Ende der Koaxialleitung bei $x = 0$ entsteht. Die Leistung, die von der Stromverteilung geliefert wird, ist durch Gl.(7.5) gegeben. Der Strom bei $x = 0$ ist

$$\underline{I}_e = \cos ka \;.$$

Damit ist der Widerstand

$$Z_e = R_e + j\, X_e = \frac{P}{|\underline{I}_e|^2} \;.$$

Nur die Wellen, die sich ausbreiten, liefern mit ihrem reellen Wellenwiderstand nach Gl.(7.5) einen Beitrag zum *Wirkwiderstand*. Unter normalen Bedingungen breitet sich nur die H_{01}-Welle aus. Dann ist

$$R_e = \frac{a}{b}\, Z_{01} \left(\frac{\tan ka}{ka}\right)^2 \sin^2\left(\frac{\pi c}{b}\right). \tag{7.7}$$

Einschränkungen

Alle anderen Wellen tragen nur zum *Blindwiderstand* bei. Um diesen Blindwiderstand zu berechnen, dürfen wir aber nicht den Innenleiter durch einen unendlich dünnen Stromfaden ersetzen. Das bedeutet nämlich *unendlich hohe Induktivität*. In Gl.(7.5) *divergiert* unter diesen Bedingungen die Summe der Beiträge aller aperiodisch gedämpften Eigenwellen.

Man kann den endlichen Durchmesser d aber berücksichtigen, indem man den komplexen Eingangswiderstand dieser Antenne aus Gl.(2.35) berechnet und dabei über die Oberfläche des Innenleiters integriert. Es wird angenommen, daß der Strom $\underline{I}(x)$ sich gleichmäßig über den Umfang verteilt, und daß auch $\underline{E}_x$ über den Umfang des Innenleiters konstant ist. Um unter diesen Annahmen Gl.(2.35) auszuwerten, kann man wieder dasselbe $\underline{J}_{Ax}$ nach Gl.(7.6) einsetzen. Für $\underline{E}_x$ nimmt man aber nicht den Wert bei $y = c$, sondern bei $y = c + \frac{d}{2}$, also auf der Oberfläche des Innenleiters. Nach dieser Rechnung ergibt sich eine *konvergierende Reihe* für die Blindleistung, aus der der Blindwiderstand berechnet werden kann.

Der Wirkwiderstand nach Gl.(7.7) wird bei $ka = \pi/2$, also bei $a = \lambda/4$, unendlich groß. Tatsächlich ist der Wirkwiderstand natürlich immer endlich. Die Diskrepanz beruht auf unserer Annahme über die Stromverteilung. Diese Näherung ist in der Umgebung der Resonanzstelle $a = \lambda/4$ nicht mehr ausreichend.

2. Feldverteilungen vorgegeben

Wir wollen nun auch die Felder nach Eigenwellen entwickeln, die angeregt werden, wenn tangentiale Felder über eine Querschnittsebene des Hohlleiters vorgegeben sind. Solche Feldverteilungen sind in praktischen Anordnungen wenigstens näherungsweise vorgegeben, wenn am Anfang des Hohlleiters Eigenwellen durch Öffnungen erzeugt werden.

Im Querschnitt $z = 0$ des Rechteckhohlleiters in Bild 3.3 soll die Verteilung des elektrischen Transversalfeldes mit $\underline{E}_x = 0$ und $\underline{E}_y = f(x,y)$ vorgegeben sein und das Feld für $z > 0$ bestimmt werden, wenn der Hohlleiter unendlich lang bzw. reflexionsfrei abgeschlossen ist. Für $z > 0$ laufen dann nur Wellen in positiver z-Richtung. Die H_x-Wellen nach Abschnitt 3.5 haben kein $\underline{E}_x$. Darum wählen wir als Ansatz Gl.(3.65) mit

$$\underline{\psi} = \sum_{m=1}^{\infty} \sum_{n=0}^{\infty} \underline{B}_{mn} \sin\frac{m\pi x}{a} \cos\frac{n\pi y}{b} e^{-\gamma_{mn} z}, \tag{7.8}$$

also eine Überlagerung aller H_x-Wellen mit noch unbestimmten Amplituden $\underline{B}_{mn}$. Für die Ausbreitungskonstante γ_{mn} gilt Gl.(3.32). Die Feldkomponenten werden aus den Gln. (3.66) berechnet. Insbesondere ist bei $z = 0$

$$\underline{E}_y = \sum_{m=1}^{\infty} \sum_{n=0}^{\infty} \gamma_{mn} \underline{B}_{mn} \sin\frac{m\pi x}{a} \cos\frac{n\pi y}{b}.$$

Dieses ist eine doppelte Fourierreihe, nämlich eine sin-Reihe für die x-Abhängigkeit und eine cos-Reihe für die y-Abhängigkeit. Die Fourierkoeffizienten dieser Reihe werden durch $\gamma_{mn} \cdot \underline{B}_{mn}$ gebildet. Man berechnet sie durch Multiplikation der darzustellenden Funktion $\underline{E}_y$ mit $\sin\frac{m\pi x}{a}$ und $\cos\frac{n\pi y}{b}$ und Integration über den Bereich der Funktion

$$\gamma_{mn} \underline{B}_{mn} = \underline{E}_{mn} = \frac{2\varepsilon_n}{ab} \int_0^a \int_0^b \underline{E}_y \sin\frac{m\pi x}{a} \cos\frac{n\pi y}{b} \, dy \, dx. \tag{7.9}$$

Damit sind die Amplituden der Eigenwellen und somit das Feld für $z > 0$ bestimmt.

Wenn anstelle von $\underline{E}_y$ für $z = 0$ die Komponente $\underline{E}_x = f(x,y)$ vorgegeben ist, kann das Feld für $z > 0$ durch Drehung des Koordinantensystems aus der vorliegenden Lösung abgeleitet werden und mit $\underline{H}_y$-Wellen dargestellt werden. Wenn sowohl $\underline{E}_x$ als auch $\underline{E}_y$ für $z = 0$ von Null verschieden vorgeschrieben sind, erhält man eine Überlagerung von H_x- und H_y-Wellen. Wenn $\underline{H}_x$ und $\underline{H}_y$ über $z = 0$ vorgegeben sind, gelten *duale* Regeln. Es lassen sich also mit diesen Reihenentwicklungen die Eigenwellen berechnen, welche durch eine beliebige Feldverteilung über Querschnittsebenen angeregt werden.

Diese Reihenentwicklungen sind wieder möglich, weil die Eigenwellenfunktionen bezüglich des Querschnittes *orthogonal* zueinander sind und darum bei der Koeffizientenberechnung alle Integrale bis auf eines verschwinden. Diese Orthogonalität ist auch sehr nützlich bei der Berechnung der Scheinleistung P, die von einem Feld im Hohlleiter in z-Richtung geführt wird. Es gilt allgemein

$$P = \iint_A (\underline{\vec{E}} \times \underline{\vec{H}}^*)_z \, dA$$

und insbesondere für das Feld der $\underline{H}_x$-Wellen nach Gl.(7.8) und (3.66)

$$P = -\int_0^a \int_0^b \underline{E}_y \, \underline{H}_x^* \, dy \, dx$$

$$= \int_0^a \int_0^b \left[\sum_{m,n}^{\infty} \underline{E}_{mn} \sin\frac{m\pi x}{a} \cos\frac{n\pi y}{b} \right] \left[\sum_{p,q}^{\infty} \frac{k^2 - (\frac{p\pi}{a})^2}{j\omega\mu\gamma_{pq}^*} \underline{E}_{pq}^* \sin\frac{p\pi x}{a} \cos\frac{q\pi y}{b} \right] dy \, dx \, .$$

Bei der Integration verschwinden wegen der Orthogonalität der sin- und cos-Funktionen alle Produkte, für die nicht $m = p$ und $n = q$ ist. Es ergibt sich einfach:

$$P = \sum_{m=1}^{\infty} \sum_{n=0}^{\infty} Y_{mn}^* \, |\underline{E}_{mn}|^2 \, \frac{ab}{2\varepsilon_n} \qquad (7.10)$$

$$\text{mit } Y_{mn} = \frac{1}{\left[Z_{yx}^+\right]_{mn}^{(TE_x)}} = j \, \frac{k^2 - (\frac{m\pi}{a})^2}{\omega\mu \, \gamma_{mn}}$$

als Wellenleitwert der $(H_x)_{mn}$-Welle. Die resultierende komplexe Leistung ist also gleich der Summe der komplexen Leistungen jeder Eigenwelle. Jede Welle führt also Leistung, als wenn sie allein bestehen würde.

Im verlustlosen Hohlleiter führen Eigenwellen oberhalb der Grenzfrequenz im Durchlaßbereich Wirkleistung, unterhalb der Grenzfrequenz führen sie nur Blindleistung.

Praktisches Problem

Als Anwendung dieser Eigenwellen-Entwicklung berechnen wir das Feld an der Verbindung zweier Hohlleiter verschiedener Höhe in Bild 7.3.

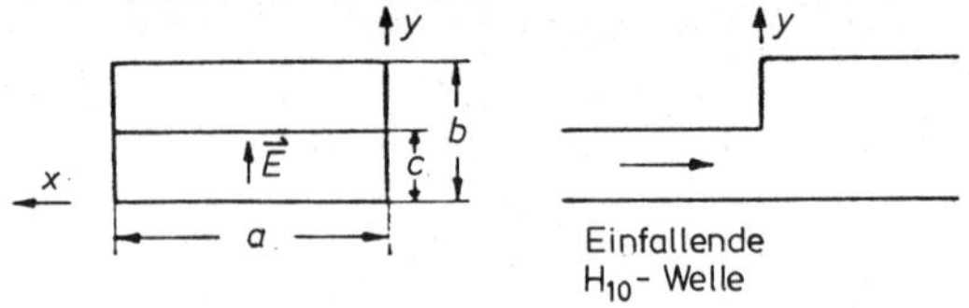

Bild 7.3

Stoßstelle von zwei Hohlleitern verschiedener Höhe

Es soll sich in beiden Hohlleitern nur die H_{10}-Welle ausbreiten. Im kleineren Hohlleiter soll eine Welle einfallen. Beide Hohlleiter sollen reflexionsfrei abgeschlossen sein.

Die einfallende Welle erzeugt an der Stoßstelle ein elektrisches Feld, das näherungsweise zu

Annahme

$$\underline{E}_y \simeq \begin{cases} \sin\frac{\pi x}{a} & y < c \\ 0 & y > c \end{cases} \qquad (7.11)$$

angenommen werden kann. Dafür sind im größeren Hohlleiter nach Gl.(7.9) nur die Amplituden

$$\underline{E}_{10} = \gamma_{10}\,\underline{B}_{10} = \frac{c}{b}$$

$$\underline{E}_{1n} = \gamma_{1n}\,\underline{B}_{1n} = \frac{2}{n\pi}\,\sin\frac{n\pi c}{b}$$

von Null verschieden. Die Summe in Gl.(7.8) enthält also nur Glieder mit $m = 1$.

Mit dieser Lösung kann man den *Leitwert der Stoßstelle* berechnen. Mit Gl.(7.10) und (7.11) ist die komplexe Leistung bei $z = 0$:

$$P = \frac{ac^2}{2b}\left[Y^*_{10} + 2\sum_{n=1}^{\infty} Y^*_{1n}\left[\frac{\sin\frac{n\pi c}{b}}{\frac{n\pi c}{b}}\right]^2\right] .$$

Gewisse Willkür, ~~aber~~ üblich

Der Leitwert der Stoßstelle wird auf die Spannung $\underline{U} = c$ in der Mitte der Stoßstelle bezogen:

$$Y_S = \frac{P^\star}{|\underline{U}|^2} = Y_{10}\left[\frac{a}{2b} + j\,\frac{2a}{\lambda_g}\sum_{n=1}^{\infty}\frac{\sin^2(\frac{n\pi c}{b})}{(\frac{n\pi c}{b})^2\sqrt{n^2-(\frac{2b}{\lambda_g})^2}}\right].$$

Dabei ist λ_g die Hohlleiterwellenlänge der H_{10}-Welle.

Der Wellenleitwert der Grundwelle muß in gleicher Weise aus Leistung und Spannung berechnet werden, wenn wir den Leitwert Y_S der Stoßstelle damit vergleichen wollen. Im kleinen Hohlleiter ist die Spannung der Grundwelle in der Mitte $\underline{U}_{10} = c\underline{E}_{10}$. Mit der Leistung P_{10}, die von der Grundwelle im Rechteckhohlleiter der Höhe c transportiert wird, ist der Wellenleitwert Y_{PU} der Grundwelle aus Leistung und Spannung

$$Y_{PU} = \frac{P_{10}^\star}{c^2|\underline{E}_{10}|^2} = Y_{10}\,\frac{a}{2c}\,.$$

Im Verhältnis dazu ist der *Leitwert der Stoßstelle*

$$\frac{Y_S}{Y_{10}}\,\frac{2c}{a} = \frac{c}{b} + j\,\frac{4c}{\lambda_g}\sum_{n=1}^{\infty}\frac{\sin^2(\frac{n\pi c}{b})}{(\frac{n\pi c}{b})^2\sqrt{n^2-(\frac{2b}{\lambda_g})^2}}\,.$$

Die Stoßstelle wirkt also wie eine Verbindung zweier Leitungen mit dem Wellenwiderstands-Verhältnis b/c, der ein kapazitiver Blindleitwert parallel geschaltet ist:

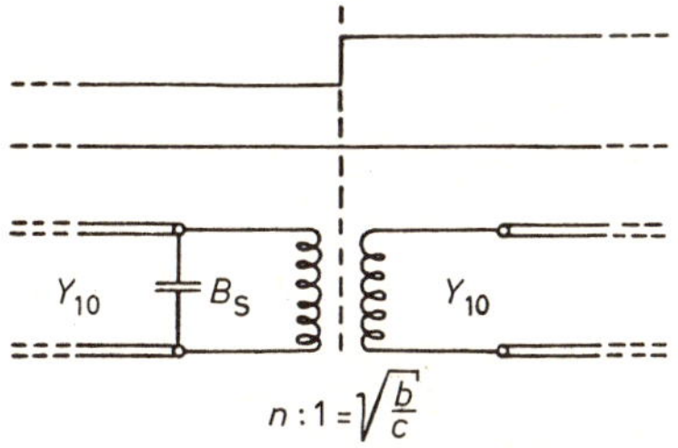

Bild 7.4
Leitungsersatzschaltung für die Hohlleiter-Stoßstelle in Bild 7.3

In einem Leitungs-Ersatzschaltbild mit dem gewöhnlichen Feld-Wellenwiderstand Z_{10} der Grundwelle anstelle des Wellenwiderstandes aus Leistung und maximaler Spannung ist der kapazitive Blindleitwert

$$B_S = \frac{4c}{\lambda_g Z_{10}} \sum_{n=1}^{\infty} \frac{\sin^2(\frac{n\pi c}{b})}{(\frac{n\pi c}{b})^2 \sqrt{n^2 - (\frac{2b}{\lambda_g})^2}}, \qquad (7.12)$$

Interpretation des Ergebnisses

wenn er wie in Bild 7.4 dem niedrigen Hohlleiter parallel geschaltet wird. Daß außer einem Sprung im Wellenwiderstand auch ein kapazitiver Querleitwert auftritt, leuchtet sofort ein. Das elektrische Feld der H_{10}-Welle wird an der Stoßstelle stark verzerrt. An der Kante ist die Feldstärke und damit auch die Ladung sehr groß. Im Ersatzschaltbild fließt diese Ladung in die Kapazität.

Die *Feldverzerrungen* an der Stoßstelle bedeuten Anregung höherer Eigenwellen. Diese Eigenwellen sind aber im Sperrbereich aperiodisch gedämpft und klingen in z-Richtung schnell ab. Dementsprechend dehnen sich die Feldverzerrungen auch nur wenig nach beiden Seiten aus.

Einschränkung

Für eine numerische Bestimmung des Querleitwertes ist Gl.(7.12) wegen der groben Näherung für $\underline{E}_y$ und bei $z = 0$ zu ungenau. Genau genommen besteht nämlich an der Verbindungsstelle nicht nur, wie in Gl.(7.11) angenommen, das transversale Feld der von links einfallenden Eigenwelle, sondern es ist eine Überlagerung dieses Feldes mit den Feldern aller anderen Eigenwellen, die durch den Querschnittssprung angeregt werden.

Wie das Feld an Hohlleiterverbindungen durch Eigenwellenentwicklungen ganz allgemein genau berechnet wird, soll im folgenden Abschnitt erläutert werden.

7.2 Eigenwellen-Entwicklungen an Hohlleiterverbindungen

In Hohlleitern, die mit ihren Querschnitten direkt aufeinander stoßen oder über eine Blende verbunden sind, läßt sich das Feld auf beiden Seiten der Stoßstelle in Eigenwellen des jeweiligen Abschnittes entwickeln. Das Verfahren soll an der Sprungstelle des Rechteckhohlleiters in Bild 7.3 erläutert werden.

Bevor aber dieses Problem selbst angegangen wird, wollen wir feststellen, daß seine Lösung aus dem Ergebnis des entsprechenden Problems in der Parallelplattenleitung gewonnen werden kann, die in der x-Richtung des Bildes 7.3 unendlich ausgedehnt ist.

Vorüberlegungen

Beim Einfall der H_{10}-Welle auf die Sprungstelle im *Rechteckhohlleiter* ist das Gesamtfeld TE bezüglich x. Es läßt sich aus dem Wellenpotential

Hohlleiter

$$\underline{\vec{F}} = \vec{u}_x \underline{\psi}$$

ableiten, das wie

$$\underline{\psi} = \underline{f}(y,z)\ \sin\frac{\pi x}{a}$$

von x abhängt. Die Randbedingungen bei $x = 0$ und $x = a$ werden von diesem Ansatz erfüllt.

Die Funktion $\underline{f}(y,z)$ muß der Wellengleichung

$$\frac{\partial^2 \underline{f}}{\partial y^2} + \frac{\partial^2 \underline{f}}{\partial z^2} + \left(k^2 - \frac{\pi^2}{a^2}\right)\underline{f} = 0$$

genügen und die Randbedingung

$$\frac{\partial \underline{f}}{\partial n} = 0$$

n = Koordinate senkrecht zur Wand

auf den Konturen der Sprungstelle erfüllen. grad$\underline{f}$ darf dort also keine Komponente normal zur Kontur haben. Diese Randbedingung folgt aus der Bedingung $\underline{\vec{E}}_{tan} = 0$ auf den Konturen mit

$$\underline{\vec{E}} = (\vec{u}_x \times \text{grad}\underline{f})\ \sin\frac{\pi x}{a}$$

aus den Gln.(3.66)

TEM-Leitung

An der Stoßstelle der *Parallelplattenleitung* ist beim Einfall der Grundwelle (TEM-Welle) das Gesamtfeld ebenso wie im Rechteckhohlleiter TE bezüglich x und darüber hinaus noch überall von x unabhängig. Es läßt sich aus dem gleichen Wellenpotential mit

$$\underline{\psi} = \underline{g}(y,z)$$

ableiten. Die Funktion $\underline{g}(y,z)$ muß der Wellengleichung

$$\frac{\partial^2 \underline{g}}{\partial y^2} + \frac{\partial^2 \underline{g}}{\partial z^2} + k^2 \underline{g} = 0$$

und derselben Randbedingung

$$\frac{\partial \underline{g}}{\partial n} = 0$$

wie $\underline{f}(y,z)$ auf der gleichen Kontur genügen. Die Wellengleichung für $\underline{g}$ geht in die Wellengleichung für $\underline{f}$ über, wenn k^2 durch $k^2 - \frac{\pi^2}{a^2}$ ersetzt wird.

Hat man also eine Lösung

$$\underline{\psi} = \underline{g}(y,z,k)$$

für das Feld der Stoßstelle in der Parallelplattenleitung, so ist

$$\underline{\psi} = \underline{g}\left[y, z, \sqrt{k^2 - \frac{\pi^2}{a^2}}\right] \sin\frac{\pi x}{a}$$

eine Lösung für das Feld derselben Stoßstelle im Rechteckhohlleiter. Mit

$$k = \frac{2\pi}{\lambda} \qquad \text{und} \qquad \sqrt{k^2 - \frac{\pi^2}{a^2}} = \frac{2\pi}{(\lambda_g)^H_{10}}$$

Fazit

braucht man also nur die freie Wellenlänge λ in der Parallelplattenleitung durch die Wellenlänge λ_g der H_{10}-Welle zu ersetzen, um die Lösung im Rechteckhohlleiter zu erhalten. Diese Beziehung gilt nun nicht nur für das Wellenpotential und seine Feldverteilung, sondern auch für alle daraus abgeleiteten Größen. Wenn beispielsweise $r(\lambda)$ die Funktion des Reflexionsfaktors von der freien Wellenlänge für eine Stoßstelle in der Parallelplattenleitung ist, so ist dieselbe Funktion $r(\lambda_g)$ aber von der H_{10}-Wellenlänge λ_g der Reflexionsfaktor für dieselbe Stoßstelle im Rechteckhohlleiter. Auch gilt dieser Zusammenhang nicht nur für die Verbindung zweier Rechteckhohlleiter verschiedener Höhe, sondern für alle Übergänge im Rechteckhohlleiter, die in transversaler Richtung senkrecht zum elektrischen Feld der einfallenden H_{10}-Welle zylindrisch sind. Nur diese Voraussetzung wurde nämlich bei der Ableitung der allgemeinen Zusammenhänge zwischen den Feldern der Parallelplattenleitung und des Rechteckhohlleiters gemacht.

Vereinfachtes Problem

Wir wenden uns nunmehr dem vereinfachten Beispiel einer Verbindung zweier Bandleitungen verschiedener Abstände c und b zu. In der engeren Bandleitung soll die Grundwelle mit der Amplitude $\underline{A}_0$ von links einfallen. Links der Verbindung besteht das Feld neben dieser einfallenden Grundwelle aus einer reflektierten Grundwelle und rücklaufenden Komponenten aller H_x-Wellen mit unbekannten Amplituden $\underline{C}_n$.

$$\underline{\psi}_{\mathrm{I}}^{(H_x)} = \underline{A}_0\, e^{-jkz} + \sum_{n=0}^{\infty} \underline{C}_n \cos\frac{n\pi y}{c}\, e^{\gamma_n z}$$

Rechts der Verbindung besteht das Feld nur aus vorlaufenden Komponenten der Grundwelle und der H_x-Wellen:

$$\underline{\psi}_{\mathrm{II}}^{(H_x)} = \sum_{m=0}^{\infty} \underline{B}_m \cos\frac{m\pi y}{b}\, e^{-\gamma_m z} .$$

In dem offenen Teil des Verbindungsquerschnittes müssen die transversalen Feldkomponenten aneinander angepaßt werden:

$$\left.\begin{aligned} \underline{E}_{y\mathrm{I}} &= \underline{E}_{y\mathrm{II}} \\ \underline{H}_{x\mathrm{I}} &= \underline{H}_{x\mathrm{II}} \end{aligned}\right\} \text{für } 0 < y < c ,$$

während für den Rest des Querschnittes

$$\underline{E}_{y\,II} = 0 \quad \text{für } c < y < b$$

sein muß.

Werden die Feldkomponenten aus den Ansätzen für die Wellenpotentiale abgeleitet und für $z = 0$ in diese Randbedingungen eingesetzt, so ergibt sich:

$$\left.\begin{aligned} jk\underline{A}_o - \sum_{n=0}^{\infty} \gamma_n \underline{C}_n \cos\frac{n\pi y}{c} &= \sum_{m=0}^{\infty} \gamma_m \underline{B}_m \cos\frac{m\pi y}{b} \\ \frac{k^2}{j\omega\mu} \underline{A}_o + \frac{k^2}{j\omega\mu} \sum_{n=0}^{\infty} \underline{C}_n \cos\frac{n\pi y}{c} &= \frac{k^2}{j\omega\mu} \sum_{m=0}^{\infty} \underline{B}_m \cos\frac{m\pi y}{b} \end{aligned}\right\} \text{für } 0<y<c$$

$$\sum_{m=0}^{\infty} \gamma_m \underline{B}_m \cos\frac{m\pi y}{b} = 0 \qquad \text{für } c<y<b$$

Nach diesen Beziehungen läßt sich die Summe

$$\sum_{m=0}^{\infty} \gamma_m \underline{B}_m \cos\frac{m\pi y}{b}$$

als eine Funktion von y auffassen, die im Bereich $0 < y < c$ gleich

$$\underline{f}(y) = jk\underline{A}_o - \sum_{n=0}^{\infty} \gamma_n \underline{C}_n \cos\frac{n\pi y}{c}$$

Anpassung des el. Feldes

sein muß, aber im Bereich $c < y < b$ verschwinden muß. Die Summe

$$\sum_{m=0}^{\infty} \gamma_m \underline{B}_m \cos\frac{m\pi y}{b}$$

ist nun eine Fourierreihe, und $\gamma_m \underline{B}_m$ sind ihre Fourierkoeffizienten. Wir bestimmen diese Fourierkoeffizienten aus der vorübergehend als vorgegeben angenommenen Verteilung $\underline{f}(y)$:

$$\gamma_o \underline{B}_o = jk\,\underline{B}_o = \frac{1}{b}\int_0^c \underline{f}(y)\,dy$$

$$= j\frac{c}{b}k\,(\underline{A}_o - \underline{C}_o) \qquad (7.13)$$

$$\gamma_m \underline{B}_m = \frac{2}{b}\int_0^c \underline{f}(y)\cos\frac{m\pi y}{b}\,dy$$

$$= jk\underline{A}_o \frac{2}{m\pi}\sin\frac{m\pi c}{b} + \frac{2m}{\pi}\sin\frac{m\pi c}{b}\sum_{n=0}^{\infty}\gamma_n \underline{C}_n \frac{(-1)^n c^2}{m^2c^2 - n^2b^2}. \qquad (7.14)$$

Wir haben mit dieser Fourierreihe das elektrische Transversalfeld in der Verbindungsebene *nach den Eigenwellen des Wellenleiters II rechts der Verbindung entwickelt*. Mit Gl.(7.13) und (7.14) haben wir dadurch eine Gruppe von linearen Gleichungen für die unbekannten Eigenwellenamplituden $\underline{B}_m$ und $\underline{C}_n$ erhalten. Diese Gruppe hat aber noch nicht genügend viele Gleichungen, um zur Bestimmung der $\underline{B}_m$ und $\underline{C}_n$ auszureichen. Eine weitere davon unabhängige Gruppe von Gleichungen erhalten wir aus der Randbedingung für das *magnetische Feld*. Diese Randbedingung liegt aber nur für den Bereich $0 < y < c$ fest. Wir fassen darum $\sum_{n=0}^{\infty}\underline{C}_n\cos\frac{n\pi y}{c}$ als eine Fourierreihe auf, die im Bereich $0 < y < c$ die Funktion

Anpassung des magn. Feldes

$$\underline{g}(y) = \sum_{m=0}^{\infty}\underline{B}_m\cos\frac{m\pi y}{b} - \underline{A}_o$$

darstellen muß. Ihre Fourierkoeffizienten sind

$$\underline{C}_o = \frac{1}{c}\int_0^c \underline{g}(y)\,dy$$

$$= \sum_{m=0}^{\infty}\underline{B}_m \frac{b}{m\pi c}\sin\frac{m\pi c}{b} - \underline{A}_o \qquad (7.15)$$

$$\underline{C}_n = \frac{2}{c}\int_0^c \underline{g}(y)\cos\frac{n\pi y}{c}\,dy$$

$$= (-1)^n\frac{2c}{\pi b}\sum_m \underline{B}_m \frac{mb^2}{m^2c^2 - n^2b^2}\sin\frac{m\pi c}{b}\,. \qquad (7.16)$$

Mit dieser Fourierreihe haben wir das magnetische Feld im Bereich $0 < y < c$ der Verbindungsebene *nach den Eigenwellen des Wellenleiters I links der Verbindung entwickelt.*

Zusammen mit den Gln. (7.13) und (7.14) bilden Gl.(7.15) und (7.16) ein vollständiges lineares System zur Bestimmung der unbekannten Amplituden $\underline{B}_m$ und $\underline{C}_n$. Man kann in der vorliegenden Form sogar noch $\underline{B}_m$ von Gl.(7.13) und (7.14) in Gl.(7.15) und (7.16) einsetzen und erhält ein System von Bestimmungsleichungen für die reflektierten Amplituden $\underline{C}_n$ allein.

Das System hat unendlich viele Gleichungen. Mit wachsenden Ordnungszahlen m und n werden die Summenglieder aber immer kleiner und können schließlich vernachlässigt werden. Das System wird damit endlich und kann nach den Unbekannten aufgelöst werden.

Numerische Auswertung

Mit elektronischen Rechnern kommt man hier auch dann bald zum Ziel, wenn für hohe Genauigkeiten viele Eigenwellen berücksichtigt werden müssen. Dieses Verfahren der wechselseitigen Eigenwellen-Entwicklung ist von ganz allgemeiner Bedeutung. Es führt immer dann zu einer Lösung, wenn verschiedene Hohlleiter in Querschnittsebenen aufeinander stoßen, selbst wenn auch noch eine metallische Blende in der Verbindungsebene liegt.

ÜBUNGSAUFGABEN ZUM LERNZYKLUS 10A

1 Auf welcher Eigenschaft der harmonischen Funktionen basiert die Eigenwellen-Entwicklung im Rechteckhohlleiter? *Ohne Unterlagen*

2 Wie hängt die Gesamtleistung im Rechteckhohlleiter mit den Leistungen zusammen, die zu den einzelnen Eigenwellen gehören?

3 Zeichnen Sie eine Leitungsersatzschaltung für eine Stoßstelle zweier Rechteckhohlleiter unterschiedlicher Schmalseite! Begründen Sie kurz und anschaulich die Schaltelemente darin!

4 Beschreiben sie mit Worten, wie man allgemein die Eigenwellenanregung *genau* berechnen kann, wenn verschiedene Hohlleiter in Querschnittsebenen aufeinanderstoßen!

5 Scheinwiderstand einer Antenne im Rechteckhohlleiter *Unterlagen gestattet*

Berechnen Sie für den Übergang zwischen einer Koaxialleitung und einem Rechteckhohlleiter (Bild 7.2) die Blindkomponente des Scheinwiderstandes am Ende der Koaxialleitung gemäß Gl.(2.35):

$$Z_1 = -\frac{1}{\underline{I}_e^2} \iint_A \underline{\vec{E}} \cdot \underline{\vec{J}}_A \, dA \; .$$

Berücksichtigen Sie den Radius der Innenleiterfortsetzung folgendermaßen: Nehmen Sie an, daß die Feldstärke $\underline{E}_x$ und der Strombelag $\underline{J}_{Ax}$ längs jedes Umfanges des Innenleiters konstant sind. Deshalb braucht zur Bestimmung des Integrales $\iint \underline{\vec{E}} \cdot \underline{\vec{J}}_A \, dA$ nur über das Produkt aus Feldstärke $\underline{E}_x$ an der Oberfläche und Gesamtstrom $\underline{I}(x)$ längs des Innenleiters integriert zu werden. Setzen Sie also $\underline{E}_x$ an der Stelle $z = 0$, $y = c + d/2$ ein! Vergleichen Sie das Ergebnis

$$jX_1 = \sum_{m=0}^{\infty} \sum_{n=1}^{\infty} Z_{mn}\, \varepsilon_m \sin\frac{n\pi c}{b} \sin\left(n\pi \frac{c+d/2}{b}\right) \frac{k^2 a^2 \tan^2 ka}{b(k^2 a^2 - m^2\pi^2)^2}$$

(außer $m=0; n=1$)

mit der divergierenden Reihe für $d = 0$!

Lernzyklus 10B

LERNZIELE

Nach dem Durcharbeiten des Lernzyklus 10B sollen Sie in der Lage sein,

- für rechteckförmig vorgegebene Flächenstrom- oder Feldverteilungen im freien Raum die Strahlungsfelder mit einer Methode zu berechnen, die nicht die Integraldarstellung der Vektorpotentiale benutzt;
- eine Formel anzugeben, die das Strahlungsfeld eines Dipols nach ebenen Wellenfunktionen entwickelt;
- die Scheinleistung eines elektromagnetischen Feldes unmittelbar aus den Fouriertransformierten der elektrischen und magnetischen Feldstärken zu berechnen.

7.3 ENTWICKLUNGEN MIT EBENEN WELLENFUNKTIONEN IM FREIEN RAUM

Im *Rechteckhohlleiter* können bei vorgegebenen Feld- oder Quellenverteilungen über einen Querschnitt die Felder auf einer oder beiden Seiten dieses Querschnittes nach den Eigenwellen in Form von *Fourierreihen* entwickelt werden. Wenn eine oder sogar beide *Querschnittsabmessungen* des Hohlleiters *unbegrenzt* wachsen, gehen die jeweiligen Fourierreihen in *Fourierintegrale* über. Anstelle der diskreten Werte für die Separationskonstanten k_x und k_y treten dabei kontinuierliche Spektren dieser Größen. Aus den *diskreten Eigenwellen* selbst wird dabei das *kontinuierliche Spektrum* der ebenen Wellen im freien Raum.

∞ ausgedehnt

In praktischen Problemen ist es oft zweckmäßig, nach diesen *ebenen* Wellen zu entwickeln, wenn die Verteilungen auf *Ebenen*, also den *kartesischen Koordinatenflächen* vorgegeben sind oder wenn zusätzliche Randbedingungen auf Grenzflächen zu erfüllen sind, die kartesische Koordinatenflächen sind. Eine *Alternative* für die Feldberechnung, wenn Feld- oder Quellenverteilungen über eine Ebene im freien Raum vorgegeben sind, ist die *Integraldarstellung mit den Vektorpotentialen*, die sich u.a. auch bei der Berechnung von Feldern in einer Raumhälfte im Abschnitt 1.14 ergab. Die *Feldentwicklung* bietet demgegenüber eine andere, manchmal zweckmäßigere Darstellungsweise, die aber wegen Eindeutigkeit immer zur gleichen Lösung führen muß.

Zuerst soll die Entwicklung wieder für vorgegebene Quellenverteilung durchgeführt werden. Durch elektrische oder magnetische *Flächenströme* werden *Diskontinuitäten der tangentialen Feldkomponenten* in diesen Flächen vorgeschrieben.

1.) Quellenverteilung vorgegeben

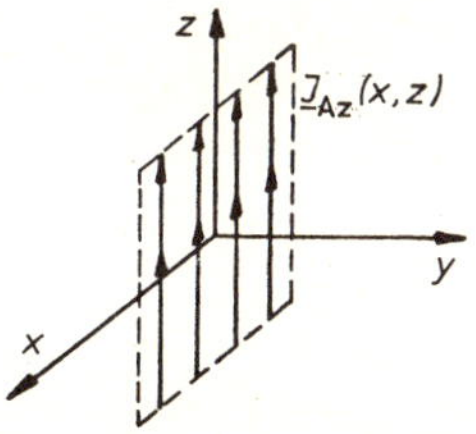

Bild 7.5
Elektrischer Flächenstrom in z-Richtung in der Ebene $y = 0$

Nach Bild 7.5 soll zunächst ein elektrischer Flächenstrom in der Ebene $y = 0$ angenommen werden, der nur in z-Richtung fließt, aber beliebig über x und z verteilt ist:

$$\underline{J}_{Az} = \underline{J}_{Az}(x,z) \ .$$

Das Feld von Strömen, die ausschließlich in z-Richtung fließen, kann nach der Integraldarstellung aus einem Vektorpotential $\underline{\vec{A}}$ abgeleitet werden, das nur eine z-Komponente $\underline{A}_z = \underline{\psi}$ hat. In z-Richtung wird es dann nur ein elektrisches Feld geben; es ist also *transversal magnetisch bezüglich z*.

Die Potentialfunktion $\underline{\psi}$ muß auf beiden Seiten des Flächenstromes durch doppelte Integrale über alle ebenen Wellen darstellbar sein. Es wird also wie in Gl.(3.9) ganz allgemein angesetzt:

Ansatz

$$\underline{\psi}^+ = \frac{1}{4\pi^2} \int\limits_{-\infty}^{\infty}\int\limits_{-\infty}^{\infty} \underline{f}^+(k_x,k_z)\, e^{jk_x x}\, e^{jk_y^+ y}\, e^{jk_z z}\, dk_x\, dk_z; \qquad y>0$$

$$\underline{\psi}^- = \frac{1}{4\pi^2} \int\limits_{-\infty}^{\infty}\int\limits_{-\infty}^{\infty} \underline{f}^-(k_x,k_z)\, e^{jk_x x}\, e^{jk_y^- y}\, e^{jk_z z}\, dk_x\, dk_z; \qquad y<0. \tag{7.17}$$

Dabei haben wir gleich einen Faktor $1/(4\pi^2)$ herausgezogen, um uns der bei Fourierintegralen üblichen Schreibweise anzuschließen. Die Ansätze (7.17) können nämlich als *doppelte Fourierintegrale* aufgefaßt werden.

Die Faktoren

$$\underline{\bar{\psi}}^+ = \underline{f}^+(k_x,k_z)\, e^{jk_y^+ y}$$

$$\underline{\bar{\psi}}^- = \underline{f}^-(k_x,k_z)\, e^{jk_y^- y} \tag{7.18}$$

sind die *Fouriertransformierten* zu den Ansätzen $\underline{\psi}^+$ und $\underline{\psi}^-$ in Gl.(7.17). Damit diese Ansätze physikalisch richtig nur von den Stromquellen bei $y = 0$ nach beiden Seiten fortlaufende Wellen enthalten, muß das Vorzeichen der Quadratwurzel in der Separationsbedingung entsprechend

$$k_y^+ = -k_y^- = \begin{cases} j\sqrt{k_x^2 + k_z^2 - k^2} & \text{für } k < \sqrt{k_x^2 + k_z^2} \\ -\sqrt{k^2 - k_x^2 - k_z^2} & \text{für } k > \sqrt{k_x^2 + k_z^2} \end{cases} \tag{7.19}$$

gewählt werden.

Die Funktionen $\underline{f}^+$ und $\underline{f}^-$ in den Fouriertransformierten des Ansatzes sind noch unbestimmt. Sie müssen so in Rechnung gesetzt werden, daß die Feldkomponenten bei $y = 0$ die durch $\underline{J}_{Az}(x,z)$ vorgeschriebene Diskontinuität haben. Zur Bestimmung von $\underline{f}^+$ und $\underline{f}^-$ brauchen wir aber nicht die Feldkomponenten selbst aus dem Ansatz abzuleiten, sondern es genügen ihre Fouriertransformierten. Anstatt nämlich die Diskontinuität der Feldkomponenten aus der vorgeschriebenene Stromverteilung zu bestimmen, kann man auch die Diskontinuität der Fouriertransformierten dieser Feldkomponenten aus der Fouriertransformierten der Stromverteilung berechnen. Die Fouriertransformierte von $\underline{J}_{Az}$ ist

Kern des Verfahrens

$$\bar{\underline{J}}_{Az}(k_x,k_z) = \int_{-\infty}^{\infty}\int_{-\infty}^{\infty} \underline{J}_{Az}(x,z)\, e^{-jk_x x}\, e^{-jk_z z}\, dx\, dz. \tag{7.20}$$

Die Feldkomponenten sind aus Gl.(1.46) zu berechnen. Diese Beziehungen können anstatt für die Feldkomponenten auch für ihre Fouriertransformierten geschrieben werden. Wegen der Exponentialfunktionen von x, y und z im Fourierintegral für $\underline{\psi}$ treten dabei anstelle der Ableitungen nach x, y bzw. z Multiplikationen mit jk_x, jk_y bzw. jk_z:

$$\begin{aligned} \bar{\underline{H}}_x &= jk_y\,\bar{\underline{\psi}} & \bar{\underline{E}}_x &= j\,\frac{k_x k_z}{\omega\varepsilon}\,\bar{\underline{\psi}} \\ \bar{\underline{H}}_y &= -\,jk_x\,\bar{\underline{\psi}} & \bar{\underline{E}}_y &= j\,\frac{k_y k_z}{\omega\varepsilon}\,\bar{\underline{\psi}} \\ \bar{\underline{H}}_z &= 0 & \bar{\underline{E}}_z &= \frac{k^2 - k_z^2}{j\omega\varepsilon}\,\bar{\underline{\psi}}\,. \end{aligned} \tag{7.21}$$

Für $y = 0$ ergeben sich daraus die Fouriertransformierten der tangentialen Feldkomponenten:

$$\begin{aligned} \bar{\underline{E}}_x^+ &= -\,\frac{k_x k_z}{j\omega\varepsilon}\,\underline{f}^+ & \bar{\underline{E}}_x^- &= -\,\frac{k_x k_z}{j\omega\varepsilon}\,\underline{f}^- \\ \bar{\underline{E}}_z^+ &= \frac{k^2 - k_z^2}{j\omega\varepsilon}\,\underline{f}^+ & \bar{\underline{E}}_z^- &= \frac{k^2 - k_z^2}{j\omega\varepsilon}\,\underline{f}^- \\ \bar{\underline{H}}_x^+ &= j\,k_y^+\,\underline{f}^+ & \bar{\underline{H}}_x^- &= j\,k_y^-\,\underline{f}^-\,. \end{aligned} \tag{7.22}$$

Damit das tangentiale elektrische Feld bei $y = 0$ stetig ist, muß

Randbedingungen

$$\underline{f}^+(k_x,k_z) = \underline{f}^-(k_x,k_z) = \underline{f}(k_x,k_z)$$

sein. Aus dem Sprung im tangentialen magnetischen Feld

$$\underline{\bar{H}}_x^+ - \underline{\bar{H}}_x^- = 2\,\mathrm{j} k_y^+ \,\underline{f}(k_x,k_z) = -\underline{\bar{J}}_{Az}(k_x,k_z)$$

folgt

$$\underline{f}(k_x,k_z) = \mathrm{j}\,\frac{1}{2k_y^+}\,\underline{\bar{J}}_{Az}(k_x,k_z)\ . \qquad (7.23)$$

Lösung

Wir haben damit die *formale Lösung* des Problems erhalten, denn $\underline{f}$ aus Gl.(7.23) braucht nur in Gl.(7.17) für $\underline{f}^+$ und $\underline{f}^-$ eingesetzt zu werden, und das Feld ist vollkommen bestimmt. In Gl.(7.18) eingesetzt, ergeben sich sogar unmittelbar mit Gl.(7.21) die Fouriertransformierten als Amplitudenverteilung dieser Entwicklung nach ebenen Wellenfunktionen.

Erweiterung der Lösung

Wenn der Flächenstrom anstatt in z-Richtung in x-Richtung fließt, kann das Feld aus der vorliegenden Lösung durch *Drehung des Koordinantensystems* abgeleitet werden. Bei Flächenströmen sowohl in x- als auch in z-Richtung *überlagern* sich beide Felder. Für das Feld magnetischer Flächenströme gelten *duale* Beziehungen. Für elektrische Ströme in y-Richtung führt man die äquivalenten magnetischen Ströme in x- und z-Richtung ein und umgekehrt für magnetische Ströme in y-Richtung die äquivalenten elektrischen Ströme. Aus der vorliegenden Lösung kann somit für jede Stromverteilung in der Ebene $y = 0$ das Feld nach ebenen Wellenfunktionen entwickelt werden.

Folgerungen

Wegen der Eindeutigkeit muß die Felddarstellung mit Potentialintegralen identisch mit der Darstellung durch Fourierintegrale sein. Daraus ergeben sich nützliche *mathematische Identitäten.*

Zum Beispiel ist das Vektorpotential des Stromelementes $\underline{\vec{I}}l$ in Bild 7.6

$$\underline{\vec{A}} = \vec{u}_z \underline{\psi} \qquad \text{mit} \quad \underline{\psi} = \frac{\underline{I}l}{4\pi r}\,\mathrm{e}^{-\mathrm{j}kr} \qquad r = \sqrt{x^2+y^2+z^2}\ . \qquad (7.24)$$

Zur Darstellung durch ein Fourierintegral schreiben wir den Flächenstrom in der Ebene $y = 0$ mit *Deltafunktionen* entsprechend $\underline{J}_{Az} = \underline{I}l\,\delta(x)\,\delta(z)$.

Bild 7.6

Stromelement im Nullpunkt kartesischer Koordinaten

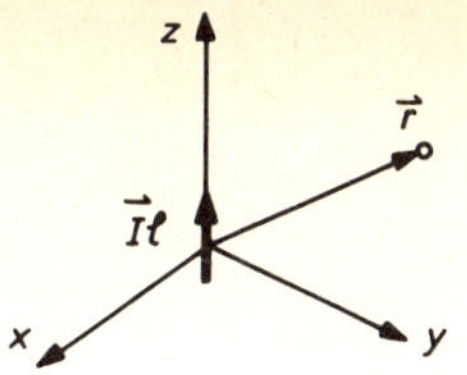

Die Fouriertransformierte dieses Flächenstromes ist

$$\bar{\underline{J}}_{Az} = \int_{-\infty}^{+\infty}\int_{-\infty}^{+\infty} \underline{J}_{Az}\, e^{-jk_x x}\, e^{-jk_z z}\, dx\, dz = \underline{I}l .$$

Die Potentialfunktion ergibt sich darum mit ihrer Fouriertransformierten bei $y = 0$

$$\bar{\underline{\psi}} = \frac{j}{2k_y^+}\, \bar{\underline{J}}_{Az} = \frac{j\underline{I}l}{2k_y^+}$$

zu

$$\underline{\psi} = \frac{j\underline{I}l}{8\pi^2} \int_{-\infty}^{+\infty}\int_{-\infty}^{+\infty} \frac{1}{k_y^+} \cdot e^{jk_x x} \cdot e^{jk_y y} \cdot e^{jk_z z}\, dk_x\, dk_z .$$

Aus dem Vergleich dieser Beziehung mit Gl.(7.24) folgt die Identität:

$$\frac{e^{-jkr}}{r} = \frac{1}{2\pi j} \int_{-\infty}^{+\infty}\int_{-\infty}^{+\infty} \frac{e^{-jy \cdot \sqrt{k^2-k_x^2-k_z^2}}}{\sqrt{k^2-k_x^2-k_z^2}}\, e^{jk_x x}\, e^{jk_z z}\, dk_x\, dk_z \, . \qquad (7.25)$$

Mathematische Identität

Solche *Entwicklungen der primären Strahlungsfelder von Dipolen nach ebenen Wellenfunktionen* erweisen sich als nützlich, wenn diese Dipole in der Nähe ebener Grenzschichten strahlen. Wenn erst einmal die Kugelwelle des primären Strahlungsfeldes nach ebenen Wellenfunktionen entwickelt ist, kann die Brechung und Reflexion an diesen Grenzschichten an Hand der ebenen Wellen auf einfache Weise bestimmt werden.

Anwendung

Es sollen nun die Felder nach ebenen Wellen entwickelt werden, wenn in einer Ebene eine bestimmte *Feldverteilung* vorgegeben ist. An und für sich können in solch einem Problem nach dem *Huygensschen Prinzip* äquivalente Flächenströme eingeführt werden. Es können dann, wie im ersten Teil dieses Abschnittes, die Felddiskontinuitäten nach ebenen Wellenfunktionen entwickelt werden. Bei vorgegebener *Feldverteilung* ist es aber meistens einfacher, diese selbst gleich *nach ebenen Wellen zu entwickeln.*

2.) Feldverteilung vorgegeben

Praktisch tritt dieses Problem auf, wenn Feldverteilungen in Öffnungen von leitenden Ebenen Strahlungsfelder erzeugen. Der Schlitzstrahler ist ein bekanntes Beispiel. So soll auch hier zur Illustration das Feld entwickelt werden, das in Bild 7.7. von der Öffnung in einer leitenden Ebene ausgestrahlt wird. Das elektrische Transversalfeld in der Öffnungsebene $y = 0$ soll zunächst nur eine Komponente $\underline{E}_x(x,z)$ haben, die aber eine beliebige Funktion von x und z sein kann.

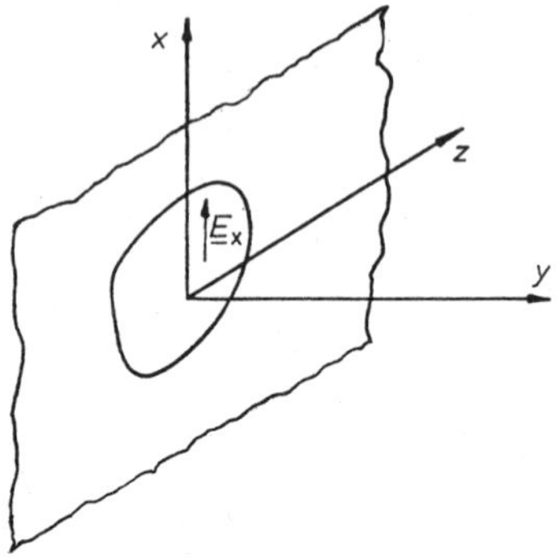

Bild 7.7
Öffnung in einer leitenden Ebene mit vorgegebener Feldverteilung $\underline{E}_x(x,z)$

Mit $\underline{E}_z = 0$ in der Öffnungsebene ist auch das ganze Strahlungsfeld TE bezüglich z. Es läßt sich darum aus einem Wellenpotential $\vec{\underline{F}}$ ableiten, das nur eine z-Komponente $\underline{\psi}$ hat.

Für die Entwicklung dieser Potentialfunktion $\underline{\psi}$ wird anstelle einer doppelten Fourierreihe wieder ein *doppeltes Fourierintegral* angesetzt, denn der Entwicklungsbereich ist in beiden Richtungen x und z unbegrenzt:

Ansatz

$$\underline{\psi} = \frac{1}{4\pi^2} \int_{-\infty}^{\infty}\int_{-\infty}^{\infty} \underline{f}(k_x,k_z)\, e^{jk_x x}\, e^{jk_y y}\, e^{jk_z z}\, dk_x\, dk_z . \tag{7.26}$$

Die Fouriertransformierte von $\underline{\psi}$ ist danach

$$\underline{\Psi} = \underline{f}(k_x,k_z) e^{jk_y y} . \tag{7.27}$$

Für k_y aus der Separationsbedingung

$$k_y = \pm \sqrt{k^2 - k_x^2 - k_z^2}$$

muß von den beiden Wurzeln immer diejenige genommen werden, für welche das Feld bei $y \to \infty$ endlich bleibt.

Die richtige Wurzel ist

$$k_y = \begin{cases} \mathrm{j}\sqrt{k_x^2+k_z^2-k^2}\,, & \text{wenn } k < \sqrt{k_x^2+k_z^2} \\ -\sqrt{k^2-k_x^2-k_z^2}\,, & \text{wenn } k > \sqrt{k_x^2+k_z^2}\,, \end{cases} \tag{7.28}$$

denn dann ist der Realteil von $\mathrm{j}k_y$ immer negativ, falls mit einem komplexen k geringe Verluste im Raum berücksichtigt werden. Die Wellen werden also in positiver y-Richtung gedämpft. Außerdem laufen sie unter diesen Bedingungen auch immer in dieser Richtung.

Damit der Ansatz (7.26) für $\underline{\psi}$ das Feld der vorgegebenen Verteilung beschreibt, muß die Funktion $\underline{f}(k_x,k_z)$ so gewählt werden, daß die Komponente $\underline{E}_x$ dieses Ansatzes für $y = 0$ der vorgegebenen Verteilung entspricht.

Diese Bedingung für das Feld wird wieder an Hand seiner Fouriertransformierten erfüllt. Zu der Fouriertransformierten $\underline{\bar{\psi}}$ der Potentialfunktion gehören nach Gl.(1.48) folgende Fouriertransformierten der Feldkomponenten

$$\begin{aligned} \underline{\bar{E}}_x &= -\mathrm{j}k_y\,\underline{\bar{\psi}} & \underline{\bar{H}}_x &= \mathrm{j}\,\frac{k_x k_z}{\omega\mu}\,\underline{\bar{\psi}} \\ \underline{\bar{E}}_y &= \mathrm{j}k_x\,\underline{\bar{\psi}} & \underline{\bar{H}}_y &= \mathrm{j}\,\frac{k_y k_z}{\omega\mu}\,\underline{\bar{\psi}} \\ \underline{\bar{E}}_z &= 0 & \underline{\bar{H}}_z &= \frac{k^2-k_z^2}{\mathrm{j}\omega\mu}\,\underline{\bar{\psi}}\,. \end{aligned} \tag{7.29}$$

Für $y = 0$ ist die Fouriertransformierte von $\underline{E}_x$:

$$\underline{\bar{E}}_x = -\mathrm{j}k_y\,\underline{f}(k_x,k_z)\;.$$

Andererseits ist die Fouriertransformierte der vorgegebenen Feldverteilung $\underline{E}_x(x,z)$

$$\overline{\underline{E}}_x(k_x,k_z) = \int_{-\infty}^{\infty}\int_{-\infty}^{\infty} \underline{E}_x(x,z)\; e^{-jk_x x}\; e^{-jk_z z}\; dx\; dz. \tag{7.30}$$

Diese beiden Fouriertransformierten werden gleichgesetzt und damit die unbekannte Funktion im Ansatz bestimmt:

$$\underline{f}(k_x,k_z) = \frac{j}{k_y}\, \overline{\underline{E}}_x(k_x,k_z)\;. \tag{7.31}$$

Lösung

Das ist die formale Lösung des Problems, denn es können nunmehr aus Gl.(7.29) die Amplitudenverteilungen der Entwicklungen für alle Feldkomponenten berechnet werden.

Erweiterung der Lösung

Wenn in der Ebene $y = 0$ neben dem $\underline{E}_x$ auch ein $\underline{E}_z$ vorgegeben ist, überlagert sich in der rechten Raumhälfte dem H_z-Feld ein H_x-Feld. Das H_x-Feld der $\underline{E}_z$-Verteilung kann ebenso berechnet werden wie das H_z-Feld der $\underline{E}_x$-Verteilung. Die Felder bei vorgegebenem $\underline{H}_x$ bzw. $\underline{H}_z$ ergeben sich in *dualer* Weise. Man kann also das Feld einer bei $y = 0$ beliebig vorgegebenen Verteilung immer mit einer Entwicklung nach ebenen Wellenfunktionen darstellen.

Beispiel

Als Beispiel berechnen wir das Feld, welches von der Grundwelle der Parallelplattenleitung in Bild 7.8 ausgestrahlt wird.

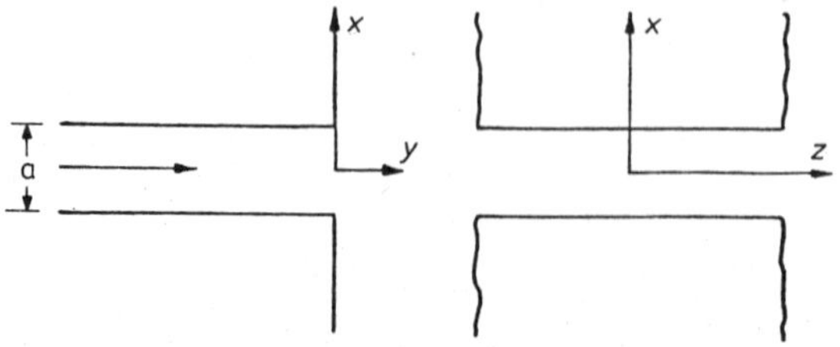

Bild 7.8
Strahlung einer offenen Parallelplattenleitung

Mit $\partial/\partial z = 0$ ist auch $k_z = 0$, und die Potentialfunktion kann mit

Ansatz

$$\underline{\psi} = \frac{1}{2\pi}\int_{-\infty}^{+\infty} \underline{f}(k_x)\; e^{jk_x x}\; e^{jk_y y}\; dk_x \tag{7.32}$$

angesezt werden. Ihre Fouriertransformierte ist dann

$$\bar{\underline{\Psi}} = \underline{f}(k_x)\ e^{jk_y y} .$$

Die Fouriertransformierten der Feldkomponenten ergeben sich aus Gl.(7.29). Insbesondere ist bei $y = 0$ wie in Gl.(7.30) und (7.31)

$$\bar{\underline{E}}_x = -jk_y\ \underline{f}(k_x) = \int_{-\infty}^{+\infty} \underline{E}_x(x,0)\ e^{-jk_x x}\ dx . \tag{7.33}$$

In der Öffnung wird die Feldverteilung der Grundwelle angenommen

$$\underline{E}_x = \begin{cases} 1 \text{ für } |x| < a/2 \\ 0 \text{ für } |x| > a/2 . \end{cases}$$

Annahme

Damit folgt aus Gl.(7.33)

$$\bar{\underline{E}}_x = -jk_y\ \underline{f}(k_x) = \frac{2}{k_x} \sin(k_x a/2) . \tag{7.34}$$

Zur Bestimmung des Feldes wird dieses $\underline{f}(k_x)$ in Gl.(7.32) eingesetzt und das Integral ausgerechnet. Für k_y müssen dabei die Wurzeln entsprechend Gl.(7.28) angenommen werden.

Lösung

Besonderes Interesse hat auch hier der Scheinwiderstand, der am Ende der Parallelplattenleitung entsteht. Pro Längeneinheit der z-Koordinate wird die Leistung

$$P = -\int_{-\infty}^{+\infty} \left[\underline{E}_x\ \underline{H}_z^*\right]_{y=0} dx \tag{7.35}$$

Scheinleistung

abgestrahlt. Wir wollen die Feldstärken im Integranden durch ihre Fouriertransformierten bezüglich k_x ausdrücken. Dazu bedenken wir, daß ganz allgemein für zwei Funktionen $f(x)$ und $g(x)$:

$$\int\limits_{\infty}^{\infty} f(x)\; g^*(x)\; \mathrm{d}x = \int\limits_{-\infty}^{+\infty} \left[\frac{1}{2\pi} \int\limits_{-\infty}^{+\infty} \bar{f}(k)\; e^{jkx}\; \mathrm{d}k \right] g^*(x)\, \mathrm{d}x$$

$$= \frac{1}{2\pi} \int\limits_{-\infty}^{+\infty} \bar{f}(k) \left[\int\limits_{-\infty}^{+\infty} g^*(x)\; e^{jkx}\; \mathrm{d}x \right] \mathrm{d}k$$

ist. Es gilt also

$$\int\limits_{-\infty}^{+\infty} f(x)\; g^*(x)\; \mathrm{d}x = \frac{1}{2\pi} \int\limits_{-\infty}^{+\infty} \bar{f}\;(k)\; \bar{g}^*(k)\; \mathrm{d}k \qquad (7.36)$$

Dieses ist der Satz von Parseval. Mit ihm kann die Scheinleistung nach Gl.(7.35) durch die Fouriertransformierten $\underline{\bar{E}}_x$ und $\underline{\bar{H}}_z$ ausgedrückt werden:

$$P = -\frac{1}{2\pi} \int\limits_{-\infty}^{+\infty} \left[\underline{\bar{E}}_x\; \underline{\bar{H}}_z^* \right]_{y=0} \mathrm{d}k_x \;.$$

Aus Gl.(7.29) folgt für $k_z = 0$

$$\underline{\bar{H}}_z = \frac{\omega\varepsilon}{k_y}\, \underline{\bar{E}}_x \;.$$

Mit $\underline{\bar{E}}_x$ aus Gl.(7.34) ist darum

$$P = -\frac{\omega\varepsilon}{2\pi} \int\limits_{-\infty}^{+\infty} \frac{1}{k_y^*}\, |\underline{\bar{E}}_x|^2\; \mathrm{d}k_x = -\frac{4}{\lambda\eta} \int\limits_{-\infty}^{+\infty} \frac{\sin^2(k_x a/2)}{k_y^*\; k_x^2}\, \mathrm{d}k_x$$

Aus dieser Scheinleistung und der Spannung $\underline{U} = a$ ergibt sich der Scheinleitwert am Ende der Leitung:

$$Y_e = \frac{P^*}{|\underline{U}|^2} = \frac{-4}{\lambda\eta a^2} \int\limits_{-\infty}^{+\infty} \frac{\sin^2(k_x a/2)}{k_y\; k_x^2}\, \mathrm{d}k_x \,.$$

Wegen Gl.(7.28) ist der Integrand *reell* im Bereich $|k_x| < k$ und *imaginär* im Bereich $|k_x| > k$. Der *Wirkleitwert* ist demnach

$$G_e = \frac{4}{\lambda\eta a^2} \int_{-k}^{k} \frac{\sin^2(k_x a/2)}{k_x^2 \cdot \sqrt{k^2 - k_x^2}} \, dk_x$$

und der *Blindleitwert*

$$B_e = \frac{4}{\lambda\eta a^2} \left(\int_{-\infty}^{-k} + \int_{k}^{\infty} \right) \frac{\sin^2(k_x a/2)}{k_x^2 \sqrt{k_x^2 - k^2}} \, dk_x \, .$$

Mit $k_x a/2 = w$ lassen sich diese Ausdrücke einfacher schreiben:

$$\lambda\eta G_e = 2 \int_{0}^{ka/2} \frac{\sin^2 w}{w^2 \sqrt{(ka/2)^2 - w^2}} \, dw$$

$$\lambda\eta B_e = 2 \int_{ka/2}^{\infty} \frac{\sin^2 w}{w^2 \cdot \sqrt{w^2 - (ka/2)^2}} \, dw \, . \qquad (7.37)$$

Für kleine Werte von ka, wenn also die Höhe a der Öffnung sehr klein gegen die freie Wellenlänge der Schwingung ist, erstreckt sich auch die Integration für den *Wirkleitwert* nur über $w \ll 1$. Man kann dann im Integranden die Funktion $\sin w$ durch wenige Glieder ihrer Potenzreihe gut *annähern* und damit das Integral auswerten. Das Ergebnis ist

ka klein

$$\lambda\eta G_e \simeq \pi\left(1 - \frac{\pi^2 a^2}{6\lambda^2}\right) \quad \text{für } a/\lambda < 0{,}1 \, . \qquad (7.38)$$

Unter denselben Bedingungen läßt sich auch das Integral für den *Blindleitwert näherungsweise* auswerten. Man teilt den Integrationsbereich in zwei Teile von $ka/2$ bis x und von x bis ∞. Die Grenze x zwischen beiden Teilen wird aber so niedrig gewählt, daß im unteren Bereich

$$\frac{\sin^2 w}{w^2} \simeq 1$$

gesetzt werden kann. Dann ist

$$\lambda\eta B_e \simeq 2\int_{ka/2}^{x} \frac{dw}{\sqrt{w^2 - (ka/2)^2}} + 2\int_{x}^{\infty} \frac{\sin^2 w}{w^3}\,dw \,.$$

Bei $ka/2 \ll x \ll 1$ ist das erste Integral

$$2\int_{ka/2}^{x} \frac{dw}{\sqrt{w^2 - (ka/2)^2}} \simeq 2\left[\ln 2x - \ln\frac{ka}{2} - \left(\frac{ka}{4x}\right)^2\right]$$

und das zweite Integral

$$2\int_{x}^{\infty} \frac{\sin^2 w}{w^3}\,dw = \int_{x}^{\infty} \frac{dw}{w^3} - \int_{x}^{\infty} \frac{\cos^2 w}{w^3}\,dw$$

$$= \frac{1}{2x^2} - \frac{\cos 2x}{2x^2} + \frac{\sin 2x}{x} - 2\,\mathrm{Ci}(2x)$$

$$2\int_{x}^{\infty} \frac{\sin^2 w}{w^3}\,dw \simeq 3 - 2(\ln\gamma + \ln 2x) \,,$$

wobei $\mathrm{Ci}(2x)$ den *Integral-Cosinus* von $2x$ bezeichnet und $\ln\gamma = 0{,}5772$ die *Eulersche Zahl* ist. Für den Blindleitwert selbst ergibt sich so schließlich

$$\lambda\eta B_e = 3{,}232 - 2\ln ka \quad \text{für } a/\lambda < 0{,}1 \,. \tag{7.39}$$

ka groß

Ein anderer Grenzfall, für den sich die Integrale der Wirk- und Blindleitwerte in Gl.(7.37) näherungsweise auswerten lassen, liegt bei *sehr hohen Frequenzen* bzw. *weitem Plattenabstand a*. Dann hat ka sehr große Werte. Unter dieser Bedingung kann beim *Wirkleitwert* unter der Wurzel des Integranden w^2 gegen $(ka/2)^2$ über den ganzen Integrationsbereich vernachlässigt werden, denn selbst in der Nähe von $w = ka/2$ wird wegen des Faktors $1/w^2$ nach der Integration damit kein großer Fehler gemacht. Es ist also

$$\lambda\eta G_e \simeq \frac{4}{ka}\int_{0}^{ka/2} \frac{\sin^2 w}{w^2}\,dw \,.$$

Nun kann aber die Integration über den großen Wert $ka/2$ hinaus ohne wesentliche zusätzliche Beiträge unbegrenzt ausgedehnt werden:

$$\lambda\eta G_e \simeq \frac{2\lambda}{\pi a} \int_0^\infty \frac{\sin^2 w}{w^2}\, dw = \frac{\lambda}{a} \quad . \tag{7.40}$$

Für den *Blindleitwert* formt man das Integral in diesem Grenzfall gemäß

$$\lambda\eta B_e = \int_{ka/2}^{\infty} \frac{dw}{w^2 \cdot \sqrt{w^2-(\frac{ka}{2})^2}} - \mathrm{Re}\left\{\int_{ka/2}^{\infty} \frac{e^{j2w}\, dw}{w^2 \cdot \sqrt{w^2-(\frac{ka}{2})^2}}\right\}$$

$$= \left(\frac{2}{ka}\right)^2 - \mathrm{Re}\left\{\int_{C_1} \frac{e^{j2w}\, dw}{w^2 \cdot \sqrt{w^2-(\frac{ka}{2})^2}}\right\}$$

um. Das verbleibende Integral erstreckt sich in der komplexen w-Ebene des Bildes 7.9 über den Teil C_1 der reellen Achse.

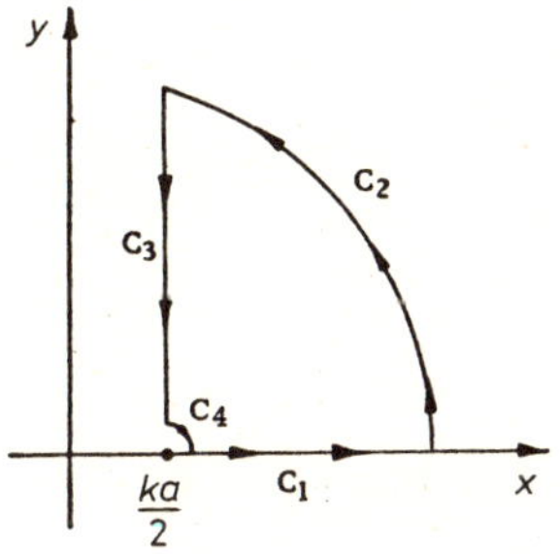

Bild 7.9
Integrationswege in der komplexen w-Ebene für die Berechnung des Blindleitwertes am offenen Ende einer weiten Parallelplattenleitung

Schließt man diesen Weg wie in Bild 7.9 über C_2, C_3 und C_4 und läßt den Halbmesser des Viertelkreises C_2 unbegrenzt wachsen, während man den Halbmesser des Viertelkreises C_4 immer kleiner werden läßt, so liefert schließlich neben der Integration über C_1 nur noch die Integration über C_3 einen Beitrag.

Nach dem *Integralsatz von Cauchy* ist darum

$$\int_{C_1} \frac{e^{j2w}\, dw}{w^2 \cdot \sqrt{w^2-(\frac{ka}{2})^2}} \simeq -\left(\frac{2}{ka}\right)^2 \sqrt{\frac{j}{ka}}\, e^{jka} \int_0^\infty \frac{e^{-2y}}{\sqrt{y}}\, dy = -\left(\frac{2}{ka}\right)^2 \sqrt{\frac{j\pi}{2ka}}\, e^{jka} .$$

Tabelliertes bestimmtes Integral

Damit erhält man für den Blindleitwert

$$\lambda\eta B_e = \left(\frac{\lambda}{\pi a}\right)^2 \left[1 - \frac{1}{2}\cdot\sqrt{\frac{\lambda}{a}}\cdot\cos\left(\left(\frac{2a}{\lambda} + \frac{1}{4}\right)\cdot\pi\right)\right] \quad . \tag{7.41}$$

Interpretation

Zusammenfassend entnehmen wir diesen Näherungen, daß bei niedrigen Frequenzen der Wirkleitwert des offenen Endes der Parallelplattenleitung gemäß Gl.(7.38) sehr klein ist. Es wird also nur wenig Leistung abgestrahlt. Bei hohen Frequenzen nähert sich dieser Wirkleitwert gemäß Gl.(7.40) dem Wellenleitwert $1/\eta a$ der Parallelplattenleitung, während der Blindleitwert nach Gl.(7.41) dabei sehr klein wird. Die Leitung ist also jetzt am offenen Ende nahezu reflexionsfrei abgeschlossen. Beinahe die ganze Leistung der einfallenden Grundwelle wird abgestrahlt.

Dieses Ergebnis läßt sich ganz allgemein feststellen: Sind die Querschnittsabmessungen eines Wellenleiters groß gegen die freie Wellenlänge der einfallenden Welle, so wird an seinem Ende nahezu alle Leistung abgestrahlt und nur wenig reflektiert.

Übungsaufgaben zum Lernzyklus 10B

Ohne Unterlagen

1 Weshalb können bei der Feldentwicklung im freien Raum für das Strahlungsfeld eines ausschließlich in z-Richtung fließenden elektrischen Flächenstromes Felder angesetzt werden, die sich aus einem Vektorpotential $\underline{\vec{A}}$ ergeben, das nur eine z-Komponente besitzt?

2 Nach welchen Kriterien muß bei

$$k_y = \sqrt{k^2 - k_x^2 - k_z^2}$$

das Vorzeichen der Quadratwurzel gewählt werden? Wie nennt man das Quadrat dieser Gleichung?

3 Im allgemeinen werden an Grenzflächen zwischen homogenen Räumen den tangentialen Feldkomponenten Randbedingungen auferlegt. Welche Größen paßt man dagegen bei Feldentwicklungen mit ebenen Wellenfunktionen im freien Raum einander an?

4 Schreiben Sie eine Formel auf, die die Potentialfunktionen eines Hertzschen Dipols nach ebenen Wellenfunktionen entwickelt!

5 Schreiben Sie den Satz von Parseval auf!

6 Müssen die Querschnittsabmessungen eines Wellenleiters groß oder klein sein, damit an seinem offenen Ende nahezu alle Leistung abgestrahlt wird?

Unterlagen gestattet

7 Offene Parallelplattenleitung mit TE_x- = TE_y-Welle

Eine offene Parallelplattenleitung nach Bild 7.8 führt eine TE_x- = TE_y-Welle niedrigster Ordnung, Das elektrische Feld für $y = 0$ besitzt dann lediglich eine von z unabhängige z-Komponente; die Amplitudenverteilung sei durch

$$\underline{E}_z = \begin{cases} \underline{E}_{zo} \cos\frac{\pi x}{a} & \text{für } |x| < a/2,\ y = 0 \\ 0 & \text{für } |x| > a/2,\ y = 0 \end{cases}$$

angenähert. Unter Verwendung des Entwicklungssatzes für den freien Raum ist aus der bekannten Feldverteilung für die Ebene $y = 0$ das elektromagnetische Feld für $y > 0$ zu berechnen.

a) Zeigen Sie, daß das Feld im Außenraum sich aus einem Vektorpotential $\vec{F}$ ableiten läßt, das nur eine z-Komponente hat!

b) Aus der auf die Längeneinheit in z-Richtung bezogenen abgestrahlten Leistung und Spannung bei $x = 0$ läßt sich der am Ende der Parallelplattenleitung wirksame *Scheinwiderstand pro Länge* definieren. Berechnen Sie diesen Leitwert! Beachten Sie dabei, daß $k_y = \sqrt{k^2 - k_x^2}$ reelle und imaginäre Werte annehmen kann und daß die Wurzel zweideutig ist! Das Ergebnis, getrennt nach Wirk- und Blindanteil, ist

$$\frac{\eta}{\lambda} G_e = \frac{1}{2} \int_0^{ka/2} \frac{\sqrt{(ka/2)^2 - w^2} \cos^2 w}{\left[(\pi/2)^2 - w^2\right]^2} \, dw$$

$$\frac{\eta}{\lambda} B_e = -\frac{1}{2} \int_{ka/2}^{\infty} \frac{\sqrt{w^2 - (ka/2)^2} \cos^2 w}{\left[(\pi/2)^2 - w^2\right]^2} \, dw$$

Lernzyklus 11A

LERNZIELE

Nach dem Durcharbeiten des Lernzyklus 11A sollen Sie in der Lage sein,

- in einem Zylinderkoordinatensystem (ρ,φ,z) das Strahlungsfeld von Strombelägen zu berechnen, die nicht von φ und z abhängen;
- ebene Wellenfunktionen durch zylindrische Wellenfunktionen auszudrücken;
- umfangsunabhängige zylindrische Wellenfunktionen eines Koordinatensystemes durch zylindrische Wellenfunktionen eines dazu *parallelverschobenen* zylindrischen Koordinatensystems zu ersetzen;
- zu beschreiben, wie man bei z-unabhängigen Anordnungen und Anregungen die Beugung an leitenden Zylindern und Kanten berechnen kann.

8 Feldentwicklungen mit zylindrischen Wellenfunktionen

Zylindrische Wellenfunktionen hatten wir in Kapitel 4 als Lösung der Wellengleichung in den Koordinaten des Kreiszylinders kennengelernt. Mit ihnen haben wir die Eigenwellen im Rundhohlleiter und anderen kreiszylindrischen Wellenleitern sowie in radialen Wellenleitern dargestellt.

Die Eigenwellen der verschiedenen kreiszylindrischen oder radialen Wellenleiter sind Lösungen der *quellenfreien Feldgleichungen*. Um ihre Anregung durch Blenden oder Öffnungen in diesen Querschnittsebenen zu berechnen, muß man die in diesen Querschnittsebenen vorgegebenen *Feld- oder Stromverteilungen* nach den Eigenwellen, d.h. nach zylindrischen Wellenfunktionen *entwickeln*. Man verfährt also ähnlich wie im Rechteckhohlleiter. Nur ist die Entwicklung nicht mehr eine reine Fourierreihe. Außer den harmonischen Funktionen sind in den zylindrischen Wellenfunktionen Zylinderfunktionen enthalten. Die Funktion der radialen Koordinate ρ ist eine *Reihe von Zylinderfunktionen*. Die Zylinderfunktionen verschiedener Eigenwellen sind in ähnlicher Weise *orthogonal* zueinander wie die verschiedenen harmonischen Funktionen. Die Koeffizienten der Reihe können darum ebenso bestimmt werden wie bei Fourierreihen. Man nennt diese Reihen aus harmonischen Funktionen von φ und Zylinderfunktionen von ρ Fourier-Besselreihen.

Wenn der Durchmesser der Wellenleiter unendlich groß wird, gehen die Fourier-Besselreihen in Fourier-Besselintegrale über. Man kann also auch im freien Raum die Felder der über ganze Ebenen z = const. vorgegebenen Verteilungen nach zylindrischen Wellenfunktionen entwickeln. Da diese Darstellung den Entwicklungen nach ebenen Wellenfunktionen sehr ähnlich ist, wollen wir uns mit diesen allgemeinen Feststellungen hier begnügen.

Es soll aber genauer untersucht werden, wie bei Quellen- oder Feldverteilungen, die über *Kreiszylinderflächen* (ρ = const.) oder über *Winkelflächen* (φ = const.) vorgegeben sind, sich die Felder nach zylindrischen Wellenfunktionen entwickeln lassen. Wie wir später sehen werden, lassen sich nämlich mit diesen Entwicklungen ganze Klassen von *Antennen- und Beugungsproblemen* lösen.

8.1 Die Anregung homogener Zylinderwellen

Zur Vorbereitung der Feldentwicklung nach zylindrischen Wellenfunktionen untersuchen wir zunächst die Anregung *homogener Zylinderwellen*, also Wellen, bei denen ρ = const. *Phasenflächen* und auch *Flächen konstanter Amplitude* sind. Wir wollen das Feld eines unendlich langen Stromfadens berechnen, der in der z-Achse verläuft (Bild 8.1).

1.) Unendlich langer Stromfaden

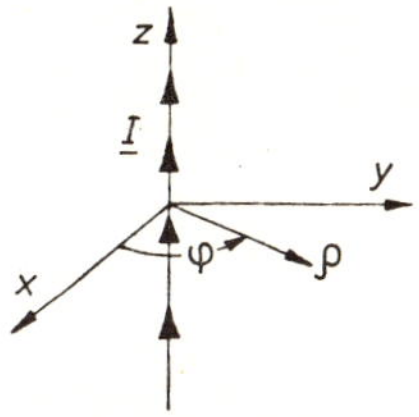

Bild 8.1
Stromfaden als Quelle homogener Zylinderwellen

Der Phasor $\underline{I}$ der Stromstärke sei längs z konstant. Das Potentialintegral $\underline{\vec{A}}$ dieser Stromverteilung hat nur eine z-Komponente. Das Feld ist darum TM bezüglich z. Wegen der Symmetrie der Quelle ist es unabhängig von φ und z. Als nach außen laufende Welle setzen wir

$$\underline{\psi} = \underline{C}\, H_0^{(2)}(k\rho)$$

an und bestimmen den Koeffizienten $\underline{C}$ aus dem *Durchflutungssatz:*

$$\lim_{\rho \to 0} \oint \underline{H}_\varphi \cdot \rho \cdot d\varphi = \underline{I} \; .$$

Es ist $\underline{H}_\varphi = -\frac{\partial \underline{\psi}}{\partial \rho} = \underline{C}\, k\, H_1^{(2)}(k\rho)$.

Mit diesem Ausdruck und mit der Näherung $H_1^{(2)}(k\rho) \approx \frac{2j}{\pi k\rho}$ für die Hankelfunktion *kleinen Argumentes* ergibt sich aus dem Durchflutungssatz $\underline{C} = \underline{I}/4j$. Das Wellenpotential $\underline{\vec{A}}$ hat also die z-Komponente

$$\underline{\psi} = \frac{\underline{I}}{4j}\, H_0^{(2)}(k\rho) \; . \qquad (8.1)$$

Die einzigen Komponenten des Feldes sind

$$\underline{E}_z = -\frac{k^2 \underline{I}}{4\omega\varepsilon} H_0^{(2)}(k\rho) \qquad \underline{H}_\varphi = \frac{k\underline{I}}{4j} H_1^{(2)}(k\rho).$$

Wir erhalten eine homogene Zylinderwelle, denn die Phasenflächen sind auch Flächen konstanter Amplitude und bilden Kreiszylinder. $\underline{E}$ und $\underline{H}$ sind im allgemeinen nicht in Phase, aber für große Radien ist mit den *asymptotischen Näherungen* für die Hankelfunktionen

$$\underline{E}_z = -\eta\, k\, \underline{I} \sqrt{\frac{j}{8\pi k\rho}}\, e^{-jk\rho} \qquad \rho \gg \lambda$$

$$\underline{H}_\varphi = k\, \underline{I} \sqrt{\frac{j}{8\pi k\rho}}\, e^{-jk\rho} \qquad \rho \gg \lambda .$$

Dieses ist nahezu eine ebene Welle. Das Verhältnis der Feldstärken ist

$$Z_{z\varphi}^{+} = -\frac{\underline{E}_z}{\underline{H}_\varphi} = \eta \;;$$

ihre Amplituden nehmen mit $\rho^{-1/2}$ ab.

2.) Kreiszylindrischer Strombelag

Eine homogene Zylinderwelle wird auch von dem kreiszylindrischen Strombelag in Bild 8.2 angeregt, dessen Phasor $\underline{J}_{Az}$ unabhängig von φ und z ist.

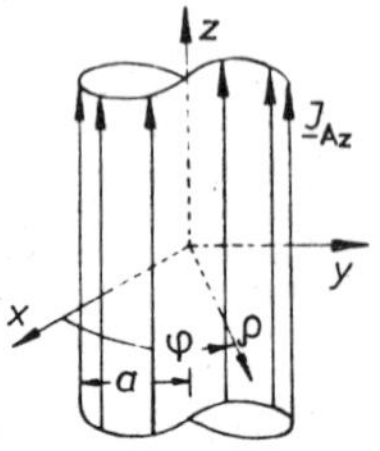

Bild 8.2
Kreiszylindrischer Strombelag

Das Feld läßt sich auch hier wieder aus der z-Komponente des Wellenpotentials ableiten und ist unabhängig von φ und z. Innerhalb des Stromzylinders wird

$$\underline{\Psi}_1 = \underline{C}_1\, J_0(k\rho) \qquad \rho < a$$

angesetzt. Mit diesem Ansatz ist das Feld im ganzen Bereich *regulär*. Außerhalb des Stromzylinders wird

$$\underline{\psi}_2 = \underline{C}_2 \, H_0^{(2)}(k\rho) \qquad \rho > a$$

angesetzt, denn die Welle muß vom Stromzylinder fort nach außen laufen. Die Feldkomponenten werden aus Gl.(4.14) berechnet.

Bei $\rho = a$ gelten die *Randbedingungen*

$$\underline{E}_{z2} = \underline{E}_{z1} \qquad \text{und} \qquad \underline{H}_{\varphi 2} - \underline{H}_{\varphi 1} = \underline{J}_{Az} \, .$$

Durch diese beiden Beziehungen werden die unbekannten Koeffizienten $\underline{C}_1$ und $\underline{C}_2$ im Ansatz bestimmt. Das elektrische Feld ist

$$\underline{E}_{z1} = -\frac{\pi}{2} \eta \, k \, a \, \underline{J}_{Az} \, H_0^{(2)}(ka) \, J_0(k\rho) \qquad \rho<a$$

$$\underline{E}_{z2} = -\frac{\pi}{2} \eta \, k \, a \, \underline{J}_{Az} \, J_0(ka) \, H_0^{(2)}(k\rho) \qquad \rho>a .$$

Die *komplexe Leistung*, die pro Längeneinheit der z-Koordinate vom Stromzylinder geliefert wird, ist

$$\begin{aligned} P &= - \int_0^{2\pi} \underline{E}_z \, \underline{J}^*_{Az} \, a \, d\varphi \\ &= \pi^2 \, \eta \, k \, a^2 \, |\underline{J}_{Az}|^2 \, J_0(ka) \, H_0^{(2)}(ka) \, . \end{aligned} \tag{8.2}$$

Mit dieser Leistung und der Stromstärke $\underline{I} = 2\pi a \underline{J}_{Az}$ des Stromzylinders kann ein *Widerstand pro Längeneinheit* für den Stromzylinder definiert werden:

$$Z = P/|\underline{I}|^2 \, .$$

Es ist

$$Z = \frac{\eta k}{4} J_0(ka) \, H_0^{(2)}(ka) \, . \tag{8.3}$$

Dieser Widerstand ist komplex, denn es wird nicht nur *Wirkleistung* abgestrahlt, sondern auch *Blindleistung* gespeichert.

Bei sehr kleinem Radius ist mit den Nullpunktsentwicklungen der Zylinderfunktionen

$$Z = \frac{\eta}{2\lambda}\left(\pi - j2\,\ln\frac{\gamma k a}{2}\right) \;;\; \ln\gamma = 0{,}5772 \;. \qquad (8.4)$$

Hier überwiegt die Blindkomponente des Widerstandes, denn dicht am Zylinder wird jetzt viel Energie im magnetischen Feld gespeichert.

8.2 WELLENFUNKTIONSTRANSFORMATIONEN

Als weiteres Hilfsmittel, um die Felder über ρ = konstant oder φ = konstant vorgegebener Verteilungen nach zylindrischen Wellenfunktionen zu entwickeln, brauchen wir bestimmte Entwicklungen von ebenen Wellenfunktionen nach zylindrischen Wellenfunktionen und umgekehrte Entwicklungen. Ebenso sind Entwicklungen von zylindrischen Wellenfunktionen eines Koordinatensystems nach zylindrischen Wellenfunktionen eines dagegen *verschobenen Koordinatensystems* nützlich.

Man nennt solche Entwicklungen von Wellenfunktionen eines Koordinatensystems nach denen eines anderen Koordinatensystems auch ganz allgemein Wellenfunktionstransformationen. Wellenfunktionstransformationen sind immer dann notwendig, wenn das Feld von Wellenfunktionen eines Koordinatensystems bestimmten Randbedingungen auf den Koordinatenflächen eines anderen Systems unterworfen werden soll. Im nächsten Abschnitt dieses Buches werden solche Probleme behandelt. Auch die Gl.(7.25) ist eine Wellenfunktionstransformation. Mit ihr wird die *Kugelwelle* eines Hertzschen *Dipoles* nach *ebenen Wellenfunktionen* entwickelt.

1.) Ebene Welle → Zylinderwellen

Es soll hier zuerst eine ebene Welle nach Zylinderwellen entwickelt werden. Wenn die ebene Welle einen Phasenvektor $\vec{k}$ hat, dessen Richtung durch die Winkel ϑ_1 und φ_1 der Kugelkoordinaten in Bild 8.3 bestimmt ist, dann ist ihre Wellenfunktion

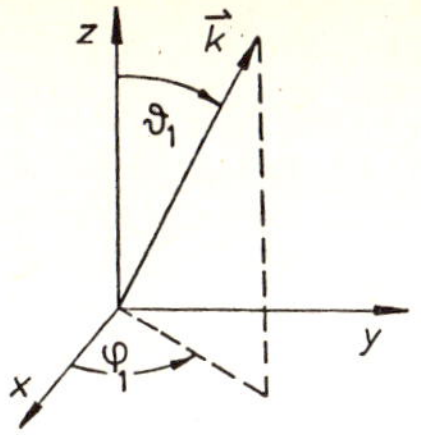

Bild 8.3
Phasenvektor $\vec{k}$ einer ebenen Welle in Kugelkoordinaten

$$\underline{\psi} = e^{-j\underline{\vec{k}}\cdot\underline{\vec{r}}}$$
$$= e^{-j(k_x x + k_y y + k_z z)}$$
$$= e^{-jk\sin\vartheta_1(x\cos\varphi_1 + y\sin\varphi_1)} \cdot e^{-jkz\cos\vartheta_1}.$$

Wir wählen z als axiale Koordinate und wollen die Funktion

$$f(x,y) = e^{-jk\sin\vartheta_1(x\cos\varphi_1 + y\sin\varphi_1)}$$
$$= e^{-jk\rho\sin\vartheta_1\cos(\varphi-\varphi_1)}$$

der transversalen Koordinaten x und y bzw. ρ und φ nach Zylinderfunktionen entwickeln. Diese Funktion verhält sich im Nullpunkt *regulär* und ist in φ mit 2π periodisch. Darum muß eine Entwicklung

$$e^{-jk\rho\sin\vartheta_1\cos(\varphi-\varphi_1)} = \sum_{n=-\infty}^{\infty} a_n J_n(k\rho\sin\vartheta_1)\, e^{jn\varphi}$$

möglich sein. Die Koeffizienten dieser Entwicklung bestimmen wir durch Multiplikation mit $e^{-jm\varphi}$ und Integration über φ von 0 bis 2π

$$\int_0^{2\pi} e^{-jk\rho\sin\vartheta_1\cos(\varphi-\varphi_1) - jm\varphi}\, d\varphi = 2\pi\, a_m J_m(k\rho\sin\vartheta_1). \qquad (8.5)$$

Diese Beziehung gilt für alle Werte von $k\rho\sin\vartheta_1$; für $k\rho\sin\vartheta_1 \to 0$ läßt sie sich aber am einfachsten auswerten. Wir differenzieren sie zunächst m-fach nach $k\rho\sin\vartheta_1$ und setzen dann $k\rho\sin\vartheta_1 = 0$.

Für die linke Seite ergibt sich dabei

$$j^{-m} \int_0^{2\pi} \cos^m(\varphi-\varphi_1)\; e^{-jm\varphi}\, d\varphi = \frac{j^{-m}}{2^m}\, e^{-jm\varphi_1} \int_0^{2\pi} \left[1 + e^{j2(\varphi_1-\varphi)}\right]^m d\varphi$$

$$= 2\,\pi\,(2j)^{-m}\, e^{-jm\varphi_1}\;.$$

Die rechte Seite von Gl.(8.5) m-fach nach $k\rho\sin\vartheta_1$ differenziert ergibt bei $k\rho\sin\vartheta_1 = 0$ auf Grund der Potenzreihendarstellung einfach $\frac{2\pi}{2^m}\, a_m$.

Darum ist

$$a_m = j^{-m}\, e^{-jm\varphi_1}\;.$$

Die Entwicklung der ebenen Wellenfunktion lautet also

Ergebnis

$$e^{-jk\rho\sin\vartheta_1\,\cos(\varphi-\varphi_1)} = \sum_{n=-\infty}^{\infty} j^{-n}\, J_n(k\rho\sin\vartheta_1)\, e^{jn(\varphi-\varphi_1)}\;. \tag{8.6}$$

Folgerungen

Verschiedene, oft nützliche Reihenentwicklungen ergeben sich unmittelbar aus dieser Beziehung. Beispielsweise wird mit $-k\rho\sin\vartheta_1 = u$ und $\varphi - \varphi_1 = \Phi - \pi/2$ aus Gl.(8.6)

$$e^{ju\sin\Phi} = \sum_{n=-\infty}^{\infty} J_n(u)\, e^{jn\Phi}\;. \tag{8.7}$$

Diese Entwicklung ist nach Real- und Imaginärteil getrennt

$$\begin{aligned} \cos(u\sin\Phi) &= \sum_{n=-\infty}^{\infty} J_n(u)\,\cos n\Phi \\ \sin(u\sin\Phi) &= \sum_{n=-\infty}^{\infty} J_n(u)\,\sin n\Phi\;. \end{aligned} \tag{8.8}$$

Aus Gl.(8.5) folgt aber auch umgekehrt eine *Integraldarstellung der Besselfunktion mit ebenen Wellenfunktionen im Integranden.*

Für $k\rho\sin\vartheta_1 = u$ und $\varphi_1 = 0$ lautet diese Integraldarstellung einfach

$$J_n(u) = \frac{j^n}{2\pi} \int_0^{2\pi} e^{-ju\cos\varphi}\, e^{-jn\varphi}\, d\varphi \, . \qquad (8.9)$$

Sowohl die Entwicklung der ebenen Wellenfunktionen nach Zylinderfunktionen als auch die Entwicklung der Zylinderfunktionen nach ebenen Wellen werden sich im folgenden als nützlich erweisen.

Zur Ableitung einer Wellenfunktionstransformation zwischen parallelverschobenen zylindrischen Systemen betrachten wir den Stromfaden in Bild 8.4, der parallel zur z-Achse verläuft und die Ebene $z = 0$ bei $\vec{\rho}\,'$ durchstößt.

2.) Parallelverschobene Systeme

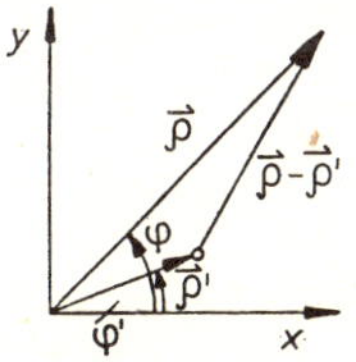

Bild 8.4
(x,y)-Ebene mit Durchstoßpunkt $\vec{\rho}\,'$ einer Linienquelle parallel zur z-Achse

Bei z-unabhängiger Stromstärke erzeugt dieser Stromfaden eine homogene Zylinderwelle, deren Wellenfunktion bis auf einen konstanten Anregungskoeffizienten

$$\underline{\psi} = H_0^{(2)}(k|\vec{\rho} - \vec{\rho}\,'|)$$

lautet. Das Argument der Hankelfunktion läßt sich mit dem *Kosinussatz* durch die Beträge und Richtungswinkel der Vektoren ausdrücken:

$$\underline{\psi} = H_0^{(2)}\left(k\sqrt{\rho^2 + \rho'^2 - 2\rho\rho'\cos(\varphi-\varphi')}\right) \, . \qquad (8.10)$$

Es soll nun $\underline{\psi}$ nach zylindrischen Wellenfunktionen entwickelt werden, die ihren Ursprung bei $\rho = 0$ haben. Solche Entwicklung ist nützlich, wenn z.B. das Feld des Stromfadens bei $\vec{\rho}\,'$ bestimmten Randbedingungen auf Koordinatenflächen ρ = konstant oder φ = konstant des ungestrichenen Koordinatensystems unterworfen werden soll.

Für $\rho < \rho'$ muß diese Entwicklung aus $J_n(k\rho)\,e^{jn\varphi}$ gebildet werden, denn nur mit *Besselfunktionen* ist sie bei $\rho = 0$ *regulär*. Für $\rho > \rho'$ muß nach $H_n^{(2)}(k\rho)\,e^{jn\varphi}$ entwickelt werden, denn hier *laufen* nur Wellen *nach außen*. Die Zahlen n müssen immer ganz sein. Außerdem muß die Entwicklung symmetrisch in den gestrichenen und ungestrichenen Koordinaten sein, denn die darzustellende Funktion (8.10) ist es ja auch.

Wir setzen also an

$$\underline{\psi}_1 = \sum_{n=-\infty}^{\infty} \underline{b}_n\, H_n^{(2)}(k\rho')\, J_n(k\rho)\, e^{jn(\varphi'-\varphi)} \qquad \rho<\rho'$$

$$\underline{\psi}_2 = \sum_{n=-\infty}^{\infty} \underline{b}_n\, J_n(k\rho')\, H_n^{(2)}(k\rho)\, e^{jn(\varphi-\varphi')} \qquad \rho>\rho' \;.$$

Um die Koeffizienten $\underline{b}_n$ zu bestimmen, setzen wir $\varphi' = 0$ und lassen ρ' unbegrenzt anwachsen. Dafür ist die ursprüngliche Funktion mit der asymptotischen Näherung für die Hankelfunktion

$$\underline{\psi} = H_0^{(2)}(k|\rho-\rho'|) \to \sqrt{\frac{2j}{\pi k\rho'}}\; e^{-jk\rho'}\; e^{jk\rho\cos\varphi} \;.$$

Die Entwicklung für $\rho < \rho'$ ist unter diesen Bedingungen

$$\underline{\psi}_1 \to \sqrt{\frac{2j}{\pi k\rho'}}\; e^{-jk\rho'} \cdot \sum_{n=-\infty}^{\infty} \underline{b}_n\, j^n\, J_n(k\rho)\, e^{-jn\varphi} \;.$$

Damit beide Ausdrücke übereinstimmen, muß

$$e^{jk\rho\cos\varphi} = \sum_{n=-\infty}^{\infty} \underline{b}_n\, j^n\, J_n(k\rho)\, e^{-jn\varphi}$$

sein. Diese Entwicklung ist nun ein Sonderfall der allgemeinen Entwicklung ebener Wellen nach Gl.(8.6) mit $\sin\vartheta_1 = -1$, wenn außerdem $\varphi-\varphi_1$ durch $-\varphi$ ersetzt wird. Aus dem Vergleich mit Gl.(8.6) unter diesen Bedingungen folgt $\underline{b}_n = 1$. Die gegenwärtige Entwicklung lautet also allgemein

$$H_0^{(2)}(k|\vec{\rho}-\vec{\rho}'|) = \begin{cases} \sum\limits_{n=-\infty}^{\infty} H_n^{(2)}(k\rho')\, J_n(k\rho)\, e^{jn(\varphi'-\varphi)} & ; \ \rho<\rho' \\ \sum\limits_{n=-\infty}^{\infty} J_n(k\rho')\, H_n^{(2)}(k\rho)\, e^{jn(\varphi-\varphi')} & ; \ \rho>\rho'. \end{cases} \tag{8.11}$$

Ergebnis

Sie wird auch *Additionstheorem für Hankelfunktionen der Ordnung Null* genannt. Dieser Name rührt von den allerdings wesentlich einfacheren Additionstheoremen für trigonometrische Funktionen her. Hier wie dort werden die Funktionen mit Summen oder Differenzen im Argument in Beziehung gesetzt zu Funktionen mit den einzelnen Summanden im Argument.

Da $H_n^{(1)} = H_n^{(2)*}$ ist, gilt ein ganz ähnliches Theorem für die Hankelfunktionen $H_n^{(1)}$:

Folgerungen

$$H_0^{(1)}(k|\vec{\rho}-\vec{\rho}'|) = \begin{cases} \sum\limits_{n=-\infty}^{\infty} H_n^{(1)}(k\rho')\, J_n(k\rho)\, e^{jn(\varphi-\varphi')} & ; \ \rho<\rho' \\ \sum\limits_{n=-\infty}^{\infty} J_n(k\rho')\, H_n^{(1)}(k\rho)\, e^{jn(\varphi'-\varphi)} & ; \ \rho>\rho'. \end{cases} \tag{8.12}$$

Additionstheoreme für Zylinderfunktionen erster und zweiter Art erhält man durch Addition bzw. Subtraktion der Theoreme für $H_0^{(2)}$ und $H_0^{(1)}$.

Zum Beispiel ist

$$J_0(k|\vec{\rho}-\vec{\rho}'|) = \sum_{n=-\infty}^{\infty} J_n(k\rho')\, J_n(k\rho)\, e^{jn(\varphi-\varphi')} . \tag{8.13}$$

Alle diese Additionstheoreme gelten für Zylinderfunktionen der Ordnung Null. Es gibt auch Additionstheoreme für Zylinderfunktionen anderer Ordnung. Bei der Strahlung und Beugung elektromagnetischer Wellen werden sie aber kaum angewandt.

8.3 DIE BEUGUNG AN KREISZYLINDERN UND KANTEN

Mit den Additionstheoremen können wir schon bei Feld- und Quellenverteilungen, die über Koordinatenflächen ρ = konstant und φ = konstant vorgegeben sind, die aber nicht von z abhängen, die Felder nach zylindrischen Wellenfunktionen entwickeln. Wir wollen diese Entwicklungen in allgemeiner Form aber erst durchführen, wenn wir, wie im nächsten Abschnitt 8.4 besprochen wird, eine Abhängigkeit von z mit berücksichtigen können. Hier sollen als *spezielle Anwendung* nur die Felder von *Linienquellen* berechnet werden, die in der Nähe von *leitenden Kreiszylindern* oder *Kanten* strahlen. Mit diesen speziellen Aufgaben werden wir nämlich auch eine ganze Reihe praktischer Probleme erfassen.

1.) Beugung am Kreiszylinder

Wir untersuchen zunächst die Beugung einer homogenen Zylinderwelle an einem elektrisch leitenden Kreiszylinder, dessen Achse parallel zur Achse der Zylinderwelle ist. Nach Bild 8.5 wird die Zylinderwelle von einem Stromfaden der Stärke $\underline{I}$ im Abstand ρ' von der Zylinderachse erzeugt.

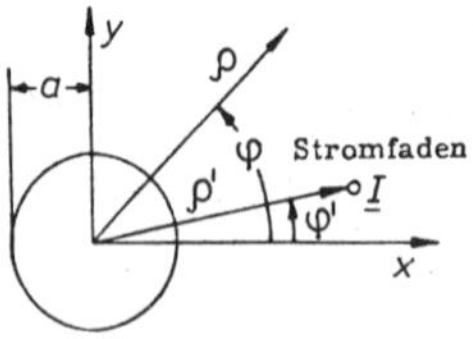

Bild 8.5

Beugung einer Zylinderwelle an einem kreiszylindrischen Leiter

Das Wellenpotential $\vec{\underline{A}}_e$ des Stromfadens ohne den leitenden Zylinder, also das Wellenpotential der einfallenden Welle hat nur eine z-Komponente. Sie ist nach Gl.(8.1)

$$\underline{\Psi}_e = \frac{\underline{I}}{4j} H_0^{(2)}(k|\vec{\rho}-\vec{\rho}\,'|) \ .$$

Um die Randbedingungen auf der Oberfläche des Zylinders erfüllen zu können, wird die Hankelfunktion mit dem Additionstheorem (8.11) für $\rho < \rho'$ nach Zylinderfunktionen des zylindrischen Koordinatensystems entwickelt:

$$\underline{\Psi}_e = \frac{\underline{I}}{4j} \sum_{n=-\infty}^{\infty} H_n^{(2)}(k\rho') \, J_n(k\rho) \, e^{jn(\varphi'-\varphi)}. \tag{8.14}$$

Auf der Oberfläche des leitenden Zylinders müssen $\underline{E}_z = 0$ und $\underline{E}_\varphi = 0$ sein. Diese Randbedingungen lassen sich durch Überlagerung der einfallenden Welle mit dem Streufeld erfüllen, das selbst auch TM bezüglich z ist, also aus der z-Komponente eines Wellenpotentials $\underline{\vec{A}}_s$ abzuleiten ist. Dafür setzen wir eine Entwicklung an, die nur Beiträge mit $H_n^{(2)}(k\rho)$ enthält:

$$\underline{\psi}_s = \frac{\underline{I}}{4j} \sum_{n=-\infty}^{\infty} c_n \, H_n^{(2)}(k\rho') \, H_n^{(2)}(k\rho) \, e^{jn(\varphi'-\varphi)}. \tag{8.15}$$

An der Oberfläche des Leiters bei $\rho = a$ muß für $\underline{E}_z = 0$ auch $\underline{\psi} = \underline{\psi}_e + \underline{\psi}_s = 0$ sein. Der Ansatz (8.15) für das Streufeld wurde gleich so formuliert, daß diese Randbedingung sich unmittelbar gliedweise erfüllen läßt. Es muß dazu nur

$$c_n = -\frac{J_n(ka)}{H_n^{(2)}(ka)}$$

sein. Das Wellenpotential des Gesamtfeldes ist

Lösung

$$\underline{\psi} = \begin{cases} \dfrac{\underline{I}}{4j} \displaystyle\sum_{n=-\infty}^{\infty} H_n^{(2)}(k\rho') \left[J_n(k\rho) + c_n H_n^{(2)}(k\rho)\right] e^{jn(\varphi'-\varphi)}; & \rho<\rho' \\[2ex] \dfrac{\underline{I}}{4j} \displaystyle\sum_{n=-\infty}^{\infty} H_n^{(2)}(k\rho) \left[J_n(k\rho') + c_n H_n^{(2)}(k\rho')\right] e^{jn(\varphi-\varphi')}; & \rho>\rho' . \end{cases} \tag{8.16}$$

Reziprozität

Damit ist das Beugungsproblem gelöst. Wir stellen fest, daß die Lösung *symmetrisch* in (ρ,φ) und (ρ',φ') ist. Durch diese Symmetrie kommt die Reziprozität zum Ausdruck. Die Quelle bei (ρ',φ') erzeugt das gleiche Feld an der Stelle (ρ,φ) wie es die Quelle bei (ρ,φ) an der Stelle (ρ',φ') erzeugen würde.

Folgerungen aus der Lösung

Wenn man in Gl.(8.16) ρ' unbegrenzt anwachsen läßt, ergibt sich die Beugung einer ebenen Welle an einem Kreiszylinder. Die Beugung des Strahlungsfeldes eines magnetischen Stromfadens wird in entsprechender Weise berechnet. Ein magnetischer Stromfaden direkt entlang der Oberfläche des Leiters ist äquivalent einem schmalen axialen Schlitz im Leiter, an dem eine entsprechende Spannung liegt. Aus dieser Spezialisierung des Beugungsproblems ergibt sich also das Feld von Schlitzstrahlern in Kreiszylindern. Wenn der magnetische Stromfaden sehr weit vom Leiter entfernt ist, ergibt sich schließlich noch die Beugung einer ebenen Welle, die senkrecht zur Zylinderachse polarisiert ist.

2.) Beugung an leitender Kante

Ein anderes allgemeines Beugungsproblem ergibt sich bei der Linienquelle, die wie in Bild 8.6 in der Nähe einer leitenden Kante strahlt.

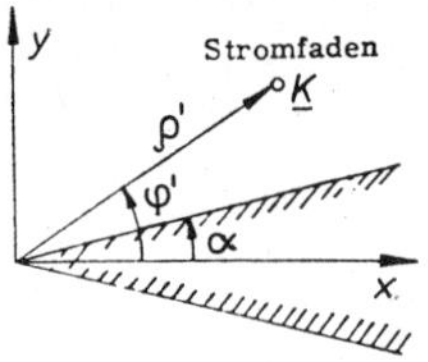

Bild 8.6

Beugung einer Zylinderwelle an einer leitenden Kante

Es soll hier das Beugungsfeld berechnet werden, wenn die Linienquelle ein magnetischer Stromfaden der Stärke $\underline{K}$ ist. Daraus ergeben sich nämlich gleich einige interessante Spezialfälle. Das einfallende Feld dieser Quelle läßt sich aus einem Wellenpotential $\underline{\vec{F}}$ ableiten, das nur eine z-Komponente hat.

Dafür gilt *dual* zu Gl.(8.1)

$$\underline{\psi}_e = \frac{\underline{K}}{4j} H_0^{(2)}(k|\vec{\rho}-\vec{\rho}\,'|).$$

Für die Potentialfunktion des Gesamtfeldes setzen wir

Spezialisierter Ansatz

$$\underline{\psi} = \begin{cases} \sum\limits_{\nu} \underline{c}_\nu H_\nu^{(2)}(k\rho') J_\nu(k\rho) \cos(\nu(\varphi'-\alpha)) \cos(\nu(\varphi-\alpha)) \; ; \rho<\rho' \\ \sum\limits_{\nu} \underline{c}_\nu J_\nu(k\rho') H_\nu^{(2)}(k\rho) \cos(\nu(\varphi'-\alpha)) \cos(\nu(\varphi-\alpha)) \; ; \rho>\rho' \end{cases} \tag{8.17}$$

an, mit $\nu = m\pi/(2(\pi-\alpha))$, wobei $m = 0,1,2...$ ist.

Begründung

Die *Randbedingung* $\underline{E}_\rho = 0$ bei $\varphi = \alpha$ und $\varphi = 2\pi - \alpha$ ist mit diesem Ansatz erfüllt. Außerdem haben wir damit auch der Forderung nach *Reziprozität* in den gestrichenen und ungestrichenen Koordinaten entsprochen. Auch ist das magnetische Feld bei $\rho = \rho'$ stetig.

Berechnung der unbestimmten Koeffizienten

Die Koeffizienten $\underline{c}_\nu$ werden aus dem Sprung in der elektrischen Feldstärke bestimmt, der durch den Strombelag $\underline{M}_{Az}$ auf der Zylinderfläche $\rho = \rho'$ vorgegeben ist:

$$\underline{M}_{Az} = \underline{E}_{\varphi 1} - \underline{E}_{\varphi 2} \tag{8.18}$$

Aus den allgemeinen Formeln (4.15) für die Feldkomponenten von H_z-Wellen ergibt sich zu dem Ansatz (8.17) das elektrische Feld

$$\underline{E}_{\varphi 1} = \sum_{v} \underline{c}_v \, k \, H_v^{(2)}(k\rho') \, J_v'(k\rho) \cos(v(\varphi'-\alpha)) \cos(v(\varphi-\alpha)) \; ; \rho<\rho'$$

$$\underline{E}_{\varphi 2} \sum_{v} \underline{c}_v \, k \, J_v(k\rho') \, H_v^{(2)'}(k\rho) \cos(v(\varphi'-\alpha)) \cos(v(\varphi-\alpha)) \; ; \rho>\rho' \; .$$

Mit diesen Reihen und mit Gl.(4.30) erhält man für die rechte Seite von Gl.(8.18)

$$\underline{E}_{\varphi 1} - \underline{E}_{\varphi 2} = \frac{2j}{\pi\rho'} \sum_{v} \underline{c}_v \cos(v(\varphi'-\alpha)) \cos(v(\varphi-\alpha)). \tag{8.19}$$

Andererseits besteht der Strombelag auf der Zylinderfläche $\rho = \rho'$ nur aus dem Stromfaden der Stärke $\underline{K}$ bei $\varphi = \varphi'$.

Er läßt sich also durch

$$\underline{M}_{Az}(\varphi) = \frac{\underline{K}}{\rho'} \delta(\varphi-\varphi')$$

darstellen. Diese Stromverteilung wird nun ebenso wie die Feldverteilung in Gl.(8.19) in eine *Fourierreihe* entwickelt:

$$\underline{M}_{Az} = \sum_{v} \underline{a}_v \cos(v(\varphi'-\alpha)) \cos(v(\varphi-\alpha)) \; .$$

Das Ergebnis ist

$$\underline{M}_{Az} = \frac{\underline{K}}{2\rho'(\pi-\alpha)} + \frac{\underline{K}}{\rho'(\pi-\alpha)} \sum_{n=1}^{\infty} \cos\frac{n\pi(\varphi'-\alpha)}{2(\pi-\alpha)} \cos\frac{n\pi(\varphi-\alpha)}{2(\pi-\alpha)} \; . \tag{8.20}$$

Aus dem Vergleich der Koeffizienten beider Reihen folgt

$$\underline{c}_v = \frac{\varepsilon_v \pi \underline{K}}{4j(\pi-\alpha)} \qquad \varepsilon_v = \begin{cases} 1 & \text{für } v = 0 \\ 2 & \text{für } v > 0 \; . \end{cases} \tag{8.21}$$

Lösung

Spezialisierungen

Für eine Linienquelle in *sehr großem Abstand* ($\rho' \gg \rho$) ist das einfallende Feld nahezu eine *ebene* Welle entsprechend

$$\underline{\psi}_e = \underline{\psi}_o \, e^{jk\rho\cos(\varphi-\varphi')}$$
$$\underline{\psi}_o = \frac{K}{4j} \sqrt{\frac{2j}{\pi k\rho'}} \, e^{-jk\rho'} \, . \qquad (8.22)$$

Beim Einfall dieser ebenen Welle ergibt sich das resultierende Feld aus der Spezialisierung von Gl.(8.17) für $\rho' \gg \rho$ aus

$$\underline{\psi} = \frac{\pi\underline{\psi}_o}{\pi-\alpha} \sum_{v} \varepsilon_v \, j^v \, J_v(k\rho) \cos(v(\varphi'-\alpha)) \cos(v(\varphi-\alpha)) \, . \qquad (8.23)$$

Ein anderer Spezialfall wird mit $\varphi' = \alpha$ erhalten. Dann wird durch Gl.(8.17) mit Gl. (8.22) das Strahlungsfeld eines *schmalen Längsschlitzes* im leitenden Winkel beschrieben. Für $\alpha = 0$ ergibt sich die Beugung einer *Zylinderwelle* an einer *leitenden Halbebene*. Für $\alpha = 0$ und $\rho' \gg \rho$ beschreibt Gl.(8.23) die Beugung einer *ebenen Welle* an der *leitenden Halbebene*.

Übungsaufgaben zum Lernzyklus 11A

Ohne Unterlagen

1 Erläutern Sie die Begriffe *Fourier-Besselreihe* und *Fourier-Besselintegral*! Nennen Sie Anwendungen in der Theorie der elektromagnetischen Wellen!

2 Erläutern Sie den Begriff *Wellenfunktionstransformation*!

3 Beschreiben Sie mit Worten, wie man die Beugung an einem leitenden Kreiszylinder berechnen kann, wenn das Strahlungsfeld eines dazu parallelen Stromfadens einfällt, dessen Stromstärke in Längsrichtung konstant ist!

Unterlagen gestattet

4 Ansatz für ein Vektorpotential

Bei der Berechnung des Strahlungsfeldes eines Stromfadens mit z-unabhängiger Stromstärke wurde im Lehrtext für die z-Komponente des Vektorpotentials $\underline{\vec{A}}$

$$\underline{\psi} = \underline{C}\, H_0^{(2)}(k\rho)$$

als Spezialisierung der Gl.(4.13) angesetzt. Begründen Sie diese Spezialisierung im einzelnen!

5 Randbedingungen beim kreiszylindrischen Strombelag

Bei der Berechnung des Strahlungsfeldes des kreiszylindrischen Strombelages wurden bei $\rho = a$ die Randbedingungen für $\underline{E}_z$ und $\underline{H}_\varphi$ erfüllt. Warum brauchen die Randbedingungen für $\underline{E}_\varphi$ und $\underline{H}_z$, die ja ebenfalls auf dem Zylindermantel tangential sind, nicht berücksichtigt zu werden?

6 Entwicklung einer Fourierreihe

In Gl.(8.20) wurde das Ergebnis einer Fourierreihenentwicklung für den magnetischen Strombelag $\underline{M}_{Az}(\varphi)$ angegeben. Führen Sie diese Entwicklung durch und bestätigen Sie das Ergebnis!

LERNZYKLUS 11B

LERNZIELE

Nach dem Durcharbeiten des Lernzyklus 11B sollen Sie in der Lage sein,

- Felder auch dann nach Zylinderwellen zu entwickeln, wenn die Strahler oder die Streukörper in ihren Ausdehnungen von z abhängen;
- einfache Kugelwellen nach zylindrischen Wellenfunktionen zu entwickeln;
- Beugung an leitenden Kreiszylindern und Kanten sowie durch Öffnungen aus diesen austretende Strahlungsfelder zu berechnen.

8.4 Allgemeine Entwicklungen mit Zylinderwellen

Rückblick

In den vorhergehenden Abschnitten waren die primären Quellen der Zylinderwellen immer homogene Linienquellen, die in Längsrichtung konstante Stromstärke haben. Sie erzeugen homogene Zylinderwellen, und selbst nach Beugung an achsenparallelen Zylindern und Kanten ist das Feld zwar nicht mehr rotationssymmetrisch, aber es ist immer noch *von der axialen Koordinate unabhängig*.

In Wirklichkeit kommen Strahler, die solchen homogenen Linienquellen entsprechen, nur in *begrenzten Bereichen* vor, also z.B. in *radialen Wellenleitern* oder *Resonatoren*. Bei allen anderen Strahlungs- und Beugungsproblemen mit zylindrischen Anordnungen und besonders bei Antennen im freien Raum werden die äquivalenten Linienquellen eine Stromstärke haben, die eine *Funktion der axialen Koordinate* z ist.

z-Abhängigkeit

Wenn die Quellen in dieser Weise von der z-Koordinate des zylindrischen Systemes abhängen, müssen zur Darstellung der Felder zylindrische Wellenfunktionen mit endlichen und verschiedenen Werten von k_z *überlagert* werden. Für *begrenzte Bereiche* von z, wie in einigen der radialen Wellenleiter oder Resonatoren, bedeutet das eine *Fourierreihe* in z, denn die zylindrischen Wellenfunktionen sind *harmonische Funktionen* von z. Wächst der Bereich in z *über alle Grenzen*, dann geht die Fourierreihe in z in ein *Fourierintegral* über.

Zunächst soll das rotationssymmetrische Feld des Stromfadens in Bild 8.7 berechnet werden, dessen Stromstärke $\underline{I}$ eine Funktion von z ist. Da $\underline{I}$ nur in z-Richtung fließt, läßt sich das Feld aus einem Wellenpotential $\underline{\vec{A}}$ ableiten, das nur eine z-Komponente $\underline{\psi}$ hat.

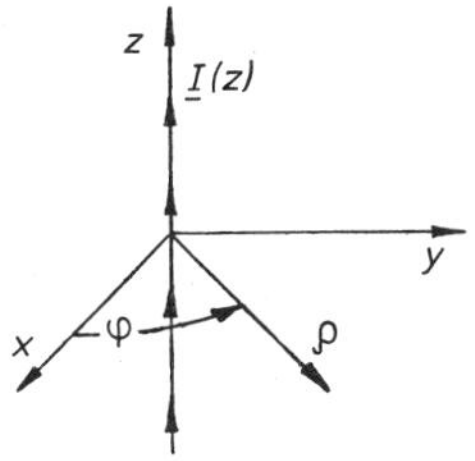

Bild 8.7
Linienquelle mit räumlich veränderderlicher Stromstärke

Für eine Entwicklung des Feldes nach zylindrischen Wellenfunktionen setzen wir an

$$\underline{\psi} = \frac{1}{2\pi} \int_{-\infty}^{\infty} \underline{f}(w)\, H_0^{(2)}(\rho\sqrt{k^2-w^2})\, e^{jwz}\, dw \,. \tag{8.24}$$

Dieser Ansatz enthält im Integranden nur zylindrische Wellenfunktionen, die mit $H_0^{(2)}$ alle *nach außen* laufende Wellen darstellen. Bezüglich der Abhängigkeit von z bildet er ein Fourierintegral über alle harmonischen Funktionen e^{jwz}. Die *Fouriertransformierte* von $\underline{\psi}$ ist nach diesem Ansatz

$$\bar{\underline{\psi}}(w) = \underline{f}(w)\, H_0^{(2)}(\rho\sqrt{k^2-w^2}) \,. \tag{8.25}$$

Die Verteilung $\underline{f}(w)$ ist noch unbekannt. Zu ihrer Bestimmung berechnen wir auch die Fouriertransformierte der vorgegebenen Stromverteilung $\underline{I}(z)$:

$$\bar{\underline{I}}(w) = \int_{-\infty}^{\infty} \underline{I}(z)\, e^{-jwz}\, dz \,. \tag{8.26}$$

Wir entwickeln also die räumliche Verteilung $\underline{I}(z)$ nach einem *kontinuierlichen Spektrum* von harmonischen Funktionen e^{jwz}. Diese Entwicklung hat die Amplitudenverteilung $\bar{\underline{I}}(w)$. Wir wenden jetzt den *Durchflutungssatz* auf *sehr kleine Schleifen* an, welche die Linienquelle unmittelbar umschließen. Anstatt aber das Linienintegral der magnetischen Feldstärke um diese Schleifen dem umschlossenen Strom gleichzusetzen, schreiben wir die gleiche Beziehung für die entsprechenden Fouriertransformierten:

$$\lim_{\rho\to 0} \int_0^{2\pi} \bar{\underline{H}}_\varphi\, \rho\, d\varphi = \bar{\underline{I}}(w) \,. \tag{8.27}$$

Wenn nämlich der Durchflutungssatz für die Fouriertransformierten bei allen Werten w erfüllt wird, dann gilt er auch für die räumlichen Verteilungen. Gl.(8.27) ist die *Fouriertransformierte des Durchflutungssatzes*. Die Fouriertransformierte der φ-Komponente des magnetischen Feldes ist aus Gl.(4.14) mit Gl.(8.25)

$H_0^{(2)\prime} = -H_1^{(2)}$

$$\bar{\underline{H}}_\varphi = -\frac{\partial \bar{\underline{\psi}}}{\partial \rho} = \underline{f}(w)\, \sqrt{k^2-w^2}\, H_1^{(2)}(\rho\sqrt{k^2-w^2}).$$

Für sehr kleine Radien ergibt sich mit der *Nullpunktsentwicklung* für $H_1^{(2)}$ aus Gl.(8.27)

$$\underline{f}(w) = \frac{\bar{\underline{I}}(w)}{4j}$$

Damit lautet die Entwicklung (8.24) des Wellenpotentials nach zylindrischen Wellenfunktionen

$$\underline{\psi} = \frac{1}{8\pi j} \int_{-\infty}^{\infty} \bar{\underline{I}}(w)\, H_0^{(2)}(\rho\sqrt{k^2-w^2})\, e^{jwz}\, dw \qquad (8.28)$$

Ergebnis

mit $\bar{\underline{I}}(w)$ aus Gl.(8.26). Diese Entwicklung ist immer dann von Vorteil, wenn die Linienquelle im Gegenwart von Stoffanordnungen strahlt, die zu ihr *achsenparallele, zylindrische* Struktur haben.

Eine andere Darstellung für das Feld der Linienquelle ergibt sich mit dem *Potentialintegral*. Sie ist

2. Möglichkeit (s. Gl.(1.37))

$$\underline{\psi} = \int_{-\infty}^{\infty} \underline{I}(z') \frac{e^{-jk\sqrt{\rho^2+(z-z')^2}}}{4\pi\sqrt{\rho^2+(z-z')^2}}\, dz' \, . \qquad (8.29)$$

Wegen der *Eindeutigkeit* müssen beide Darstellungen (8.28) und (8.29) *identisch* sein. Besonders nützlich ist die Identität für die spezielle Stromverteilung des *Hertzschen Dipoles*. Für ein Stromelement des Momentes $\vec{\underline{I}l}$ bei $z = 0$ in z-Richtung ist Gl.(8.29)

$$\underline{\psi} = \frac{\underline{I}l}{4\pi r}\, e^{-jkr} \, .$$

Die *Fouriertransformierte* ist für diese *Deltafunktion* bei $z = 0$

$$\bar{\underline{I}}(w) = \underline{I}l \, ,$$

so daß die Entwicklung nach zylindrischen Wellenfunktionen

$$\underline{\psi} = \frac{\underline{I}l}{j8\pi} \int_{-\infty}^{\infty} H_0^{(2)}(\rho\sqrt{k^2-w^2})\, e^{jwz}\, dw$$

lautet. Beide Darstellungen sind identisch. Daraus folgt

Vergleich beider Lösungsmöglichkeiten

$$\frac{e^{-jkr}}{r} = \frac{1}{j2} \int_{-\infty}^{\infty} H_0^{(2)}(\rho\sqrt{k^2-w^2})\; e^{jwz}\, dw \; . \tag{8.30}$$

Das ist eine Entwicklung der *Kugelwelle des Hertzschen Dipoles* nach *zylindrischen Wellenfunktionen*. Sie ist von recht *allgemeiner Bedeutung*, weil sich jede allgemeine Stromverteilung aus den Stromelementen Hertzscher Dipole zusammensetzen läßt.

Eine weitere sehr nützliche Beziehung folgt aus der Identität der beiden Darstellungen (8.28) und (8.29) für das Fernfeld der Linienquellen. Das Potentialintegral (8.29) vereinfacht sich für das Fernfeld entsprechend Gl.(1.66) zu

$r \to \infty$

$$\lim_{r\to\infty} \underline{\psi} = \frac{e^{-jkr}}{4\pi r} \int_{-\infty}^{\infty} \underline{I}(z')\; e^{jkz'\cos\vartheta}\, dz' \; .$$

Das Integral auf der rechten Seite ist aber nach Gl.(8.26) einfach die Fouriertransformierte der Stromverteilung an der Stelle $w = -k\cos\vartheta$:

$$\lim_{r\to\infty} \underline{\psi} = \frac{e^{-jkr}}{4\pi r}\, \underline{\bar{I}}(-k\cos\vartheta) \, .$$

Wir erhalten also damit für die Entwicklung nach Zylinderfunktionen folgende *asymptotische Darstellung*

$$\lim_{r\to\infty} \int_{-\infty}^{\infty} \underline{\bar{I}}(w)\; H_0^{(2)}(\rho\sqrt{k^2-w^2})\; e^{jwz}\, dw = j2\, \frac{e^{-jkr}}{r}\, \underline{\bar{I}}(-k\cos\vartheta) . \tag{8.31}$$

Gilt nicht nur für Phasoren

Diese Beziehung ist nun noch nicht einmal an die Fouriertransformierte aus Gl.(8.26) gebunden, sondern gilt allgemein für jede Funktion $\underline{\bar{I}}(w)$.

Für Fernfeldberechnungen ist aber nicht Gl.(8.31) selbst wichtig, sondern eine *Verallgemeinerung*, die sich aus ihr folgendermaßen gewinnen läßt. Aus den *asymptotischen Näherungen* (4.24) für Hankelfunktionen folgt

$$\lim_{|x|\to\infty} H_{v}^{(2)}(x) = \sqrt{\frac{2j}{\pi x}}\, j^{v}\, e^{-jx} = \lim_{|x|\to\infty} j^{v} H_{0}^{(2)}(x).$$

In der Fernfeldformel (8.31) ist das ρ im Argument der Hankelfunktion immer sehr groß, wenn man nur $\vartheta = 0$ und $\vartheta = \pi$ von der Betrachtung ausschließt, also genügend weit von der Achse entfernt bleibt. Dann ist aber auch das Argument längs des ganzen Integrationsweges sehr groß, denn die Wurzel $\sqrt{k^2-w^2}$ wird mit dem *komplexen* k bei praktisch immer vorhandenen *Verlusten* nie null werden. Ähnlich Gl.(8.31) gilt dann auch

$$\lim_{r\to\infty} \int_{-\infty}^{\infty} \underline{I}(w)\, H_{v}^{(2)}(\rho\sqrt{k^2-w^2})\, e^{jwz}\, dw = 2\,\frac{e^{-jkr}}{r}\, j^{v+1}\, \underline{I}(-k\cos\vartheta) \qquad (8.32)$$

Mit dieser Beziehung lassen sich die allgemeinen Entwicklungen nach zylindrischen Wellenfunktionen für das Fernfeld oft verhältnismäßig leicht auswerten.

8.5 Strahlung und Beugung an Kreiszylindern

Als *Grundaufgabe* soll hier das Strahlungsfeld eines *Hertzschen Dipoles* berechnet werden, der wie in Bild 8.8 bei (ρ',φ',z') achsenparallel zu einem unendlich langen leitenden Kreiszylinder angeordnet ist. Mit der Lösung dieses Problems können die Felder auch allgemeinerer Stromverteilungen, die parallel zu leitenden Kreiszylindern fließen, bestimmt werden.

1.) $\vec{\underline{I}l}$ || Kreiszylinder

Verallgemeinerung der Problemstellung

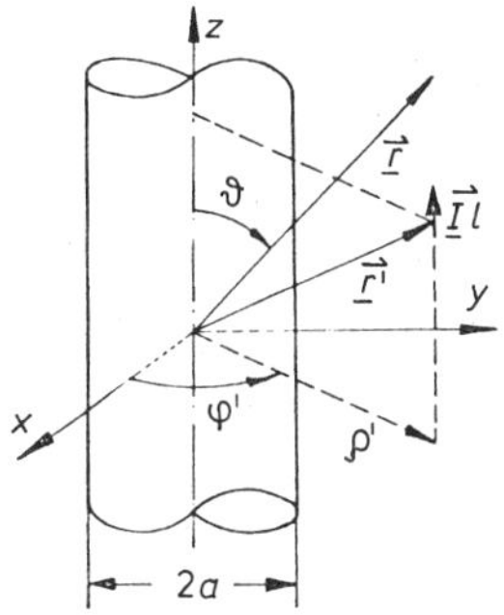

Bild 8.8:
Leitender Kreiszylinder mit einem achsenparallelen Stromelement

Wenn dieselbe Aufgabe auch noch für ein magnetisches Stromelement gelöst wird, hat man genügend Komponenten der *Greenschen Funktion* dieser Stoffverteilung, um mit dem *Reziprozitätstheorem* alle Fernfelder zu berechnen, die von vorgegebenen Feldverteilungen in Öffnungen des Kreiszylinders ausgestrahlt werden.

Man behandelt so mit dieser Grundaufgabe das mathematische Modell für eine ganze Reihe von Antennenanordnungen. Dazu gehören lineare Antennen parallel zu zylindrischen Körpern oder Schlitzstrahler in gekrümmten Oberflächen.

Das Stromelement in Bild 8.8 mit dem Moment $\underline{\vec{I}l}$ erzeugt ohne den leitenden Zylinder ein E_z-Feld. Dieses *einfallende Feld* läßt sich aus einem Wellenpotential $\underline{\vec{A}}_e$ ableiten, das nur eine z-Komponente hat. Nach zylindrischen Wellenfunktionen entwickelt, ergibt sich aus Gl.(8.28) folgendes Fourierintegral für diese z-Komponente

Ansatz für einfallendes Feld

$$\underline{\psi}_e = \frac{\underline{Il}}{8\pi j} \int_{-\infty}^{\infty} H_0^{(2)}(|\vec{\rho}-\vec{\rho}\,'|\sqrt{k^2-w^2})\, e^{jw(z-z')}\, dw \; . \tag{8.33}$$

Seine *Fouriertransformierte* bezüglich z lautet

$$\bar{\underline{\psi}}_e = \frac{\underline{Il}}{4j} H_0^{(2)}(|\vec{\rho}-\vec{\rho}\,'|\sqrt{k^2-w^2})\, e^{-jwz'} \; . \tag{8.34}$$

Die entsprechenden Fouriertransformierten der Feldkomponenten stehen nach Gl.(4.14) mit $\underline{\psi}$ allgemein in folgendem Zusammenhang:

$$\bar{\underline{E}}_z = \frac{k^2 - w^2}{j\omega\varepsilon}\, \bar{\underline{\psi}} \qquad\qquad \bar{\underline{E}}_\varphi = \frac{w}{\omega\varepsilon\rho} \frac{\partial\bar{\underline{\psi}}}{\partial\varphi} \; .$$

Wenn also die Randbedingungen $\underline{E}_z = \underline{E}_\varphi = 0$ auf dem Kreiszylinder bei $\rho = a$ an Hand der Fouriertransformierten erfüllt werden sollen, brauchen dort nur $\bar{\underline{\psi}} = \partial\bar{\underline{\psi}}/\partial\varphi = 0$ zu sein.

Ähnlich wie in Gl.(8.14) bei der Beugung der homogenen Zylinderwelle am Kreiszylinder wird $\bar{\underline{\psi}}_e$ nach Zylinderfunktionen des eigentlichen Koordinatensystems entwickelt.

$$\bar{\underline{\psi}}_e = \frac{\underline{Il}}{4j} \sum_{n=-\infty}^{\infty} H_n^{(2)}(\rho'\sqrt{k^2-w^2})\, J_n(\rho\sqrt{k^2-w^2})\, e^{-jwz'}\, e^{jn(\varphi'-\varphi)}$$

Für das *Streufeld* wird ein Ansatz wie in Gl.(8.15) gemacht, nur daß jetzt überall k durch $u = \sqrt{k^2-w^2}$ zu ersetzen ist und ein Faktor $l e^{-jwz'}$ hinzukommt:

$$\bar{\underline{\psi}}_s = \frac{Il}{4j} \sum_{n=-\infty}^{\infty} c_n \, H_n^{(2)}(u\rho') \, H_n^{(2)}(u\rho) \, e^{-jwz'} \, e^{jn(\varphi'-\varphi)}.$$

Ansatz für Streufeld

Beide Randbedingungen bei $\rho = a$

$$\bar{\underline{\psi}}_e + \bar{\underline{\psi}}_s = 0$$

und

Randbedingungen

$$\frac{\partial \bar{\underline{\psi}}_e}{\partial \varphi} + \frac{\partial \bar{\underline{\psi}}_s}{\partial \varphi} = 0$$

werden von diesem Ansatz gliedweise erfüllt, wenn

$$c_n = - \frac{J_n(ua)}{H_n^{(2)}(ua)} \tag{8.35}$$

ist. Für die Fouriertransformierte des resultierenden Wellenpotentials erhält man damit

$$\bar{\underline{\psi}} = \begin{cases} \frac{Il}{4j} e^{-jwz'} \sum\limits_{n=-\infty}^{\infty} H_n^{(2)}(u\rho') \left[J_n(u\rho) + c_n H_n^{(2)}(u\rho) \right] e^{jn(\varphi'-\varphi)}, & \rho<\rho' \\ \frac{Il}{4j} e^{-jwz'} \sum\limits_{n=-\infty}^{\infty} H_n^{(2)}(u\rho) \left[J_n(u\rho') + c_n H_n^{(2)}(u\rho') \right] e^{jn(\varphi-\varphi')}; & \rho>\rho'. \end{cases} \tag{8.36}$$

Lösung

Das ist die *formale Lösung* der Aufgabe, denn aus dem Fourierintegral

$$\underline{\psi} = \frac{1}{2\pi} \int_{-\infty}^{\infty} \bar{\underline{\psi}} \, e^{jwz} \, dw \tag{8.37}$$

ergibt sich das resultierende Wellenpotential, und daraus können nach Gl.(4.14) die Feldkomponenten berechnet werden.

Diese Rechnungen sind zwar im allgemeinen recht langwierig; für das Fernfeld aber lassen sie sich noch etwas vereinfachen. Um Gl.(8.32) anzuwenden, stellen wir durch

$r \to \infty$

Vergleich von Gl.(8.36) und Gl.(8.37) mit Gl.(8.22) fest, daß in der gegenwärtigen Situation für jedes Glied der Reihe (8.36) bei $\rho > \rho'$

$$\underline{\bar{I}}(w) = \frac{Il}{8\pi j} e^{-jwz'}\left[J_n(u\rho') + \underline{c}_n H_n^{(2)}(u\rho')\right] e^{jn(\varphi-\varphi')}$$

ist mit $u = \sqrt{k^2-w^2}$ und c_n aus Gl.(8.35). Wenden wir darum Gl.(8.32) auf Gl.(8.37) für das Fernfeld an, so ergibt sich folgendes Wellenpotential:

$$\underline{\psi} = \frac{Il}{4\pi} \frac{e^{-jkr}}{r} \sum_{n=-\infty}^{\infty} j^n \left[J_n(k\rho'\sin\vartheta) - \frac{J_n(ka\sin\vartheta)}{H_n^{(2)}(ka\sin\vartheta)} H_n^{(2)}(k\rho'\sin\vartheta)\right] \cdot e^{jkz'\cos\vartheta} \cdot e^{jn(\varphi-\varphi')} \,. \tag{8.38}$$

Der Faktor $\frac{e^{-jkr}}{r}$ in diesem Ausdruck stellt die gewöhnliche radiale Funktion einer Kugelwelle dar. Sie ist mit der richtungsabhängigen Summe multipliziert, die den Einfluß des leitenden Zylinders auf die Strahlungscharakteristik beschreibt.

2.) $\underline{E}_\varphi$ auf Kreiszylinder vorgegeben

Als weitere Aufgabe soll für eine auf dem Kreiszylinder $\rho = a$ vorgegebene Verteilung das Feld nach Zylinderfunktionen entwickelt werden. Wir erhalten damit beispielsweise alle Strahlungfelder in Öffnungen von kreiszylindrischen Leitern. Zur einfachen Darstellung der Methode begnügen wir uns damit, über den Kreiszylinder nur $\underline{E}_\varphi(a,\varphi,z)$ vorzugeben. $\underline{E}_z$ soll überall auf dem Kreiszylinder verschwinden. Diesem Feld entspricht nach dem Huygensschen Prinzip ein magnetischer Strombelag auf der Zylinderfläche, der nur in z-Richtung fließt. Das Feld läßt sich demnach aus einem Wellenpotential $\underline{\vec{F}}$ ableiten, das nur eine z-Komponente hat. Dafür setzen wir an

$$\underline{\psi} = \frac{1}{2\pi} \sum_{n=-\infty}^{\infty} e^{jn\varphi} \int_{-\infty}^{\infty} \underline{f}_n(w)\, H_n^{(2)}(\rho u)\, e^{jwz}\, dw. \tag{8.39}$$

Das ist eine *Fourierreihe bezüglich der Koordinate* φ, deren Koeffizienten *Fourierintegrale bezüglich* z sind. Mit $H_n^{(2)}$ ist das richtige Verhalten im Unendlichen sichergestellt. Mit $\underline{\vec{E}} = -\operatorname{rot}\underline{\vec{F}}$ ist nach diesem Ansatz

$$\underline{E}_\varphi = \frac{1}{2\pi} \sum_{n=-\infty}^{\infty} e^{jn\varphi} \int_{-\infty}^{\infty} \underline{f}_n(w)\, u\, H_n^{(2)\,'}(\rho u)\, e^{jwz}\, dw \,. \tag{8.40}$$

Die Fouriertransformierte des n-ten Koeffizienten für $\underline{E}_\varphi$ ist also

$$\bar{\underline{E}}_{\varphi}(\rho,n,w) = \underline{f}_n(w)\, u\, H_n^{(2)'}(\rho u) \;. \tag{8.41}$$

Damit für $\rho = a$ das elektrische Feld auch tatsächlich die vorgegebene Verteilung $\underline{E}_{\varphi}(a,\varphi,z)$ hat, muß

$$\bar{\underline{E}}_{\varphi}(a,n,w) = \frac{1}{2\pi} \int_0^{2\pi} \int_{-\infty}^{\infty} \underline{E}_{\varphi}(a,\varphi,z)\, e^{-jn\varphi}\, e^{-jwz}\, dz\, d\varphi \tag{8.42}$$

sein.

Die Funktionen $\underline{f}_n(w)$ ergeben sich dann zu

$$\underline{f}_n(w) = \frac{\bar{\underline{E}}_{\varphi}(a,n,w)}{u\, H_n^{(2)'}(au)} \;. \tag{8.43}$$

Damit ist das Feld als Überlagerung zylindrischer Wellenfunktionen bestimmt. Allerdings ist die Auswertung der Fourierintegrale in Gl.(8.39) schwierig. Nur im Fernfeld sind die Verhältnisse einfacher. Dann gilt nämlich die Näherung (8.32), und es ist

$$\lim_{r\to\infty} \underline{\psi} = \frac{e^{-jkr}}{\pi r} \sum_{n=-\infty}^{\infty} j^{n+1}\, e^{jn\varphi}\, \underline{f}_n(-k\cos\vartheta) \;. \tag{8.44}$$

Auch die Feldkomponenten lassen sich dann einfacher berechnen. Zum Beispiel ist nach Gl.(1.68) mit $\underline{\psi} = \underline{F}_z$

$$\underline{E}_{\varphi} = -\, jk\, \underline{\psi} \sin\vartheta = -\, jk\, \frac{e^{-jkr}}{\pi r} \sin\vartheta \sum_{n=-\infty}^{\infty} j^{n+1}\, e^{jn\varphi}\, \underline{f}_n(-k\cos\vartheta). \tag{8.45}$$

Mit diesen verhältnismäßig einfachen Formeln für das Fernfeld läßt sich das Strahlungsdiagramm von Öffnungen in Kreiszylindern berechnen. Wenn in der Öffnung auch $\underline{E}_z$ vorgegeben ist, muß zu dem Wellenpotential $\underline{F}_z$ auch noch ein $\underline{A}_z$ ebenso wie (8.39) angesetzt werden. Im Gesamtfeld *überlagern* sich dann die Teilfelder der beiden Wellenpotentiale.

Alternative

Eine andere Möglichkeit, das Strahlungsfeld von Öffnungen in kreiszylindrischen Leitern zu berechnen, besteht in der Anwendung des *Reziprozitätstheorems*. Mit Gl.(8.36) und (8.37) kennen wir das Feld von axial gerichteten Stromelementen, also eine Komponente der *Greenschen Funktionen*. Mit den Formeln (1.114) und (1.113) können wir damit die axial gerichteten Feldkomponenten von Öffnungsstrahlern im Zylinder berechnen. Dieses Verfahren soll im nächsten Abschnitt bei den Strahlungsfeldern an Kanten angewandt werden.

8.6 STRAHLUNG UND BEUGUNG AN LEITENDEN KANTEN

Wenn Stromverteilungen vorgegeben sind, die parallel zu leitenden Kanten fließen, kann das Strahlungsfeld auch durch Entwicklung nach zylindrischen Wellenfunktionen berechnet werden. Die *Grundaufgabe* in diesem Zusammenhang ist wieder die Bestimmung des Feldes einer kantenparallelen *Punktquelle*. Als Komponente der *Greenschen* Funktion kann dieses Feld auch zur Untersuchung der Strahlung aus Öffnungen in leitenden Winkeln dienen.

1.) $\vec{\underline{K}l}$ parallel zu leitender Kante

Wie in Bild 8.9a wird bei $\vec{r}'$ ein magnetischer Dipol des Momentes $\vec{\underline{K}l}$ angenommen, welcher der Kante parallel gerichtet ist. Das einfallende Feld dieses Dipoles ohne leitenden Winkel läßt sich aus einem Wellenpotential $\vec{\underline{F}}_e$ ableiten, das nur die z-Komponente

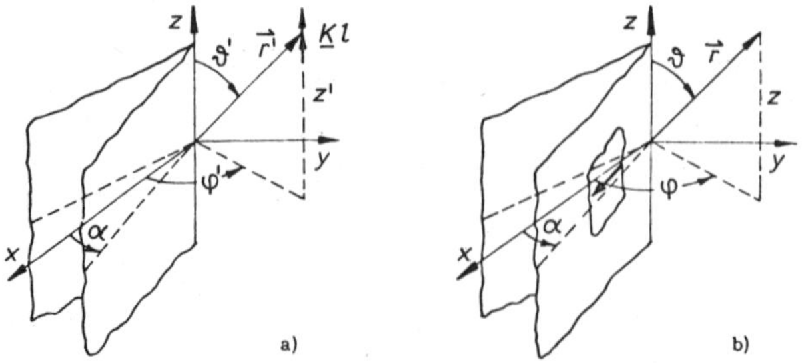

Bild 8.9

Beugung und Strahlung am leitenden Winkel
a) Beugung eines magnetischen Dipolfeldes
b) Strahlung aus einer Öffnung mit vorgegebener Verteilung $\underline{E}_\rho(\rho',\alpha,z')$

$$\underline{\psi}_e = \underline{\vec{K}l}\ \frac{e^{-jk|\vec{r}-\vec{r}\,'|}}{4\pi|\vec{r}-\vec{r}\,'|} \tag{8.46}$$

hat. Dieses Wellenpotential läßt sich wie in Gl.(8.33) durch ein *Fourierintegral* nach zylindrischen Wellenfunktionen entwickeln. Wie in Gl.(8.34) ist dann seine *Fouriertransformierte*

$$\underline{\bar{\psi}}_e = \frac{\underline{Kl}}{4j}\ H_0^{(2)}\left(|\vec{\rho}-\vec{\rho}\,'|\sqrt{k^2-w^2}\right)\ e^{-jwz'} . \tag{8.47}$$

Einfallendes Feld

Für die Fouriertransformierte haben wir nun dasselbe Problem zu lösen, wie bei der homogenen Linienquelle parallel zu einem leitenden Winkel in Abschnitt 8.3. Das einfallende Feld der homogenen Linienquelle geht in die Fouriertransformierte (8.47) über, wenn wir

$\underline{K}$ durch $\underline{Kl}\ e^{-jwz'}$

und

k durch $\sqrt{k^2-w^2}$

ersetzen. Auch die Beziehungen für das Gesamtfeld der Linienquelle an der Kante werden mit diesen Substitutionen die entsprechenden Fouriertransformierten für das Gesamtfeld des magnetischen Dipols ergeben. Aus Gl.(8.17) folgt für die Fouriertransformierte des resultierenden Wellenpotentials

$$\underline{\bar{\psi}} = \begin{cases} \sum\limits_{v} \underline{c}_v\, H_v^{(2)}(u\rho')\, J_v(u\rho)\, \cos(v(\varphi'-\alpha))\cos(v(\varphi-\alpha))\ ; & \rho<\rho' \\ \\ \sum\limits_{v} \underline{c}_v\, J_v(u\rho')\, H_v^{(2)}(u\rho)\, \cos(v(\varphi'-\alpha))\, \cos(v(\varphi-\alpha)); & \rho>\rho' \end{cases} \tag{8.48}$$

Gesamtfeld

mit $\quad v = \dfrac{m\pi}{2(\pi-\alpha)}\ ;\quad m = 0,1,2\ldots$

$$u = \sqrt{k^2-w^2}$$

$$\underline{c}_v = \frac{\pi\varepsilon_v \underline{Kl}}{j4(\pi-\alpha)}\ e^{-jwz'} \quad .$$

Das Wellenpotential selbst ergibt sich daraus durch *Rücktransformation* als folgendes *Fourierintegral*

$$\underline{\psi} = \frac{1}{2\pi} \int_{-\infty}^{\infty} \underline{\bar{\psi}}(w)\; e^{jwz}\; dw \;. \tag{8.49}$$

$r \to \infty$

Für das *Fernfeld* kann Gl.(8.32) benutzt werden, um die Berechnung zu vereinfachen. Die Funktion $\underline{\bar{I}}(w)$ in Gl.(8.32) ist für jedes Glied in Gl.(8.48) bei $\rho > \rho'$

$$\underline{\bar{I}}(w) = \frac{\underline{c}_v}{2\pi} J_v(u\rho')\; \cos(v(\varphi'-\alpha))\, \cos(v(\varphi-\alpha)) \;.$$

Für $w = -k\cos\vartheta$ entsprechend Gl.(8.32) ergibt sich damit folgende Fernfeldformel

$$\lim_{r\to\infty} \underline{\psi} = \underline{Kl}\; \frac{e^{-jk(r-z'\cos\vartheta)}}{4(\pi-\alpha)r} \sum_v \varepsilon_v\, j^v\, J_v(k\rho'\sin\vartheta)\, \cos(v(\varphi'-\alpha))\, \cos(v(\varphi-\alpha)) \;. \tag{8.50}$$

Diese Beziehung zeigt wieder die typische r-Abhängigkeit des Fernfeldes, die aber modifiziert ist durch die ϑ-Charakteristik auf Grund der Beugung am leitenden Winkel.

$r' \to \infty$

Ein anderer Grenzfall von besonderer Bedeutung ist der *Dipol im großen Abstande vom leitenden Winkel*. In diesem Fall findet man eine Näherung, wenn man wieder vom Feld der einfallenden Welle nach Gl.(8.46) ausgeht.

Für $r' \gg r$ ist $|\vec{r}\,'-\vec{r}| \simeq r' - r\cos\xi$, wobei ξ der Winkel zwischen $\vec{r}$ und $\vec{r}\,'$ ist. Das Glied $r\cos\xi$ läßt sich dabei mit dem *inneren Produkt* $\underline{\vec{r}}\,'\cdot\underline{\vec{r}}$ folgendermaßen berechnen:

$$r'r\cos\xi = \underline{\vec{r}}\,'\cdot\underline{\vec{r}} = x'x + y'y + z'z$$

mit $\quad x' = r'\sin\vartheta'\cos\varphi' \quad$ und $\quad x = \rho\cos\varphi$

$\qquad y' = r'\sin\vartheta'\sin\varphi' \qquad\quad y = \rho\sin\varphi$

$\qquad z' = r'\cos\vartheta' \qquad\qquad\quad z = z \;.$

Es ist also

$$r\cos\xi = \rho\sin\vartheta' \left[\cos\varphi' \cos\varphi + \sin\varphi' \sin\varphi\right] + z\cos\vartheta' \; .$$

$[\ldots] = \cos(\varphi-\varphi')$

Damit wird das einfallende Feld nahezu eine ebene Welle der Form

$$\underline{\psi}_e = \underline{K}l \, \frac{e^{-jkr'}}{4\pi r'} \, e^{jkz\cos\vartheta'} \, e^{jk\rho\sin\vartheta'\cos(\varphi-\varphi')} \; . \qquad (8.51)$$

Die Beugung einer ebenen Welle an der leitenden Kante war aber schon als Grenzfall des Beugungsfeldes einer Linienquelle in sehr großem Abstande berechnet worden. Dort ergab sich die einfallende Welle aus Gl.(8.22) und das Beugungsfeld aus Gl.(8.23).

Vergleichen wir damit das einfallende Feld des magnetischen Feldes nach G.(8.51), so stellen wir fest, daß das resultierende Feld des magnetischen Dipoles durch das Potential

$$\underline{\psi} = \frac{\pi\underline{\psi}_0}{\pi-\alpha} \sum_{v} \varepsilon_v \, j^v \, J_v(k\rho\sin\vartheta') \cos(v(\varphi'-\alpha)) \cos(v(\varphi-\alpha)) \qquad (8.52)$$

dargestellt wird mit

$$\underline{\psi}_0 = \underline{K}l \, \frac{e^{-jkr'}}{4\pi r'} \, e^{jkz\cos\vartheta'} \; . \qquad (8.53)$$

Es ist nämlich im einfallenden Feld nur der Faktor $\underline{\psi}_0$ verschieden, und im Exponenten braucht nur $k\rho$ durch $k\rho\sin\vartheta'$ ersetzt zu werden.

Als weitere Grundaufgabe soll das Strahlungsfeld von Öffnungen im leitenden Winkel in Bild 8.9b berechnet werden. Dabei wollen wir uns der speziellen Beziehungen (1.112) und (1.113) des *Reziprozitätstheorems* bedienen. Wir werden also mit den *Greenschen Funktionen* des leitenden Winkels das Strahlungsfeld von Öffnungen aus dem Beugungsfeld von Punktquellen berechnen. Der Einfachheit halber beschränken wir uns auf die Bestimmung des *Fernfeldes*. Dafür wird eine Greensche Funktion aus Gl.(8.52) und (8.53) gewonnen.

2.) Kante mit strahlender Öffnung

Das Strahlungsfeld der Öffnung im leitenden Winkel ergibt sich aus Gl.(1.113). Wenn in der Öffnung nur $\underline{E}_\rho$ vorgegeben ist, gilt

$$\underline{H}_z^{(b)}\, \underline{K}l = \iint_A \underline{E}_\rho\, \underline{H}_z^{(a)}\, da \,. \tag{8.54}$$

Die Bezeichnungen a und b beziehen sich auf Bild 8.9a und 8.9b.

Aus Gl.(8.52) erhält man das magnetische Feld in Bild 8.9a zu

$$\underline{H}_z^{(a)} = \frac{\pi k^2 \sin^2\vartheta'}{j\omega\mu(\pi-\alpha)}\, \underline{\psi}_0 \sum_\nu \varepsilon_\nu\, j^\nu\, J_\nu(k\rho\sin\vartheta')\, \cos(\nu(\varphi'-\alpha))\cos(\nu(\varphi-\alpha)) \,. \tag{8.55}$$

Zur Berechnung des Strahlungsfeldes der Verteilung $\underline{E}_\rho(\rho',\alpha,z')$ in der Öffnung wird $\underline{H}_z^{(a)}$ für $\varphi = \alpha$ aus Gl.(8.55) in Gl.(8.54) eingesetzt. Dabei müssen in $\underline{H}_z^{(a)}$ die gestrichenen und ungestrichenen Koordinaten miteinander ausgetauscht werden, um der Koordinatenbezeichnung in Bild 8.9b zu entsprechen.

Lösung

$$\underline{H}_z^{(b)} = -j\, \frac{k^2\sin^2\vartheta\, e^{-jkr}}{4\omega\mu r(\pi-\alpha)} \sum_\nu \varepsilon_\nu\, j^\nu \cos\nu(\varphi-\alpha) \iint_A \underline{E}_\rho(\rho',\alpha,z') \cdot J_\nu(k\rho'\sin\vartheta)\, e^{jkz'\cos\vartheta}\, dz'\, d\rho' \,. \tag{8.56}$$

Im Fernfeld gelten entsprechend Gl.(1.69) die Beziehungen

$$\underline{E}_\varphi = -\eta\, \underline{H}_\vartheta = \frac{\eta \underline{H}_z}{\sin\vartheta} \,.$$

Das elektrische Feld der Verteilung $\underline{E}_\rho(\rho',\alpha,z')$ ist also

$$\underline{E}_\varphi^{(b)} = -j\, \frac{k\sin\vartheta}{4r(\pi-\alpha)}\, e^{-jkr} \sum_\nu \varepsilon_\nu\, j^\nu \cos(\nu(\varphi-\alpha)) \iint_A \underline{E}_\rho(\rho',\alpha,z') \cdot J_\nu(k\rho'\sin\vartheta)\, e^{jkz'\cos\vartheta}\, dz'\, d\rho' \,. \tag{8.57}$$

Die Feldkomponenten werden hier durch die *Fourier*- und die *Fourier-Besseltransformation* dargestellt. Bezüglich der z-Koordinate enthalten sie die Fouriertransformation von $\underline{E}_\rho(\rho',\alpha,z)$ und bezüglich der Koordinate ρ die Fourier-Besseltransformation.

Erweiterung

Wenn in der Öffnung des leitenden Winkels auch die Komponente $\underline{E}_z$ vorgegeben ist, dann muß im Integranden von Gl(8.54) noch das weitere Glied $-\underline{E}_z\underline{H}_\rho^{(a)}$ entsprechend Gl. (1.113) berücksichtigt werden. Auch muß dann zur Berechnung der Fernfeldkomponenten $\underline{E}_\vartheta^{(b)}$ und $\underline{H}_\varphi^{(b)}$ noch die Gleichung (1.69) benutzt werden. Jedenfalls kann mit dieser Methode das Fernfeld einer in der Öffnung des leitenden Winkels beliebig vorgegebenen Verteilung durch Entwicklung nach zylindrischen Wellenfunktionen berechnet werden.

ÜBUNGSAUFGABEN ZUM LERNZYKLUS 11B

Ohne Unterlagen

1 Schreiben Sie für folgendes Fourierintegral bezüglich z bei der allgemeinen Entwicklung nach zylindrischen Wellenfunktionen die Lösung für das Fernfeld auf!

$$\lim_{r\to\infty} \int_{-\infty}^{\infty} f(w)\, H_v^{(2)}(\rho\sqrt{k^2-w^2})\, e^{jwz}\, dw$$

Wenn Sie konstante Faktoren dabei nicht auswendig wissen, ist das nicht weiter schlimm. Die Hauptsache ist, daß Sie die Abhängigkeit von den Kugelkoordinaten hinschreiben können!

Unterlagen gestattet

2 Zylindrische Wellenfunktionen als Integrand eines Fourierintegrales

Der Ansatz (8.24) enthält im Integranden eine zylindrische Wellenfunktion als Spezialisierung von Gl.(4.13). Begründen Sie diese Spezialisierung im einzelnen!

3 Schlitzstrahler

Nach nebenstehender Skizze befindet sich auf dem metallischen Zylinder mit dem Radius a ein Schlitz, der als Strahler wirkt. Die Feldverteilung sei näherungsweise gegeben durch

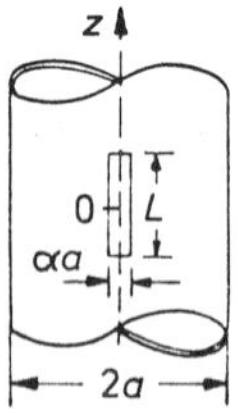

$$\underline{E}_\varphi = \frac{U}{\alpha a} \cos\frac{\pi z}{L} \qquad \text{mit } -L/2 < z < L/2$$
$$-\alpha/2 < \varphi < \alpha/2 \; .$$

Bestimmen Sie die Fernfeldkomponente $\underline{E}_\varphi$!

Lernzyklus 12A

Lernziele

Nach dem Durcharbeiten des Lernzyklus 12A sollen Sie in der Lage sein,

- mit Worten zu erläutern, was eine Störungsrechung ist;
- für Eigenschwingungen mit bekannten Feldverteilungen in Hohlraumresonatoren kleine Änderungen in der Resonanzfrequenz aufgrund von dielektrischen oder magnetischen Stoffeinsätzen sowie von Wandverschiebungen zu berechnen;
- für die Ausbreitungskonstanten von zylindrischen Wellenleitern mit bekannter Dispersionscharakteristik und Feldverteilung kleine Änderungen zu berechnen, die durch kleine, in Ausbreitungsrichtung gleichmäßige Änderungen der Stoffanordnung entstehen.

9 Störungs- und Variationsverfahren

In den Kapiteln 3, 4 und 6 wurden allgemeine Lösungen der Feldgleichungen in den verschiedenen Koordinatensystemen gefunden. Es konnten damit alle solchen elektromagnetischen Randwertprobleme im Prinzip exakt gelöst werden, welche in eines der behandelten Koordinatensysteme hineinpassen.

Demgegenüber können mit den Störungs- und Variationsmethoden auch viele Randwertprobleme wenigstens näherungsweise gelöst werden, die nicht mehr einfach in den drei behandelten Koordinatensystemen beschrieben werden können.

Störungsverfahren sind immer dann zweckmäßig, wenn das zu lösende Problem aus einem gelösten Problem durch kleine Änderungen oder Störungen entsteht, wenn also zu erwarten ist, daß das gesuchte elektromagnetische Feld nur wenig von einem bekannten Feld verschieden ist. Mit der näherungsweisen Berechnung der *Eigenwellendämpfung in metallischen Hohlleitern* haben wir schon ein Störungsverfahren kennengelernt. Dort waren die Felder der Eigenwellen im Hohlleiter mit ideal leitenden Wänden bekannt, und die Dämpfung konnte als Störung der Ausbreitungskonstanten immer dann mit diesen Feldern berechnet werden, wenn die Eigenwellen durch die endliche Leitfähigkeit der Wände nur wenig gestört werden.

Rückblick

Ein anderes Störungsverfahren war die näherungsweise Lösung der charakteristischen Gleichung (3.86) für *Rechteckhohlleiter mit dünnen Stoffeinsätzen*. Auch hier wurden die Eigenwellen durch den dünnen Stoffeinsatz nur wenig gestört.

Während mit den Störungsverfahren nur Änderungen in den gesuchten Größen berechnet werden, also ungestörte Ausgangswerte bekannt sein müssen, kommt man bei den Variationsmethoden ohne solche Ausgangswerte aus. Die gesuchte Größe wird hier aus solchen Parametern berechnet, für die man aus der Anschauung oder Erfahrung vernünftige Annahmen treffen kann. Es wird dazu eine Beziehung zwischen der gesuchten Größe und diesen Parametern aufgestellt, die möglichst *unempfindlich* gegen Variationen der Parameter ist. Dazu muß die gesuchte Größe einen *Extremalwert* bilden, wenn die variablen Parameter ihre richtigen Werte annehmen. Mit groben Näherungen für die Parameter lassen sich dann gute Näherungen für die gesuchte Größe berechnen. Darüber hinaus kann die gesuchte Größe mit dieser Beziehung durch Lösung eines Extremalwertproblems unter Variation der Parameter bestimmt werden.

Diese allgemeinen Bemerkungen über Störungs- und Variationsmethoden lassen schon erkennen, daß nicht nur elektromagnetische Randwertprobleme mit ihnen behandelt werden können, sondern daß sie von noch viel allgemeinerer Bedeutung in Physik und Technik sind.

9.1 Resonatoren, gestört durch Stoffeinsätze

Allgemeine Verfahren

Die allgemeinen Verfahren der Störungsrechnung zur Bestimmung der Zustände in einem physikalischen System gehen von den bekannten Lösungen des ungestörten Systems aus. In *Hohlraumresonatoren* werden diese Lösungen durch das vollständige System der unendlich vielen Eigenschwingungen gebildet. In *Hohlleitern* ist es das vollständige System der unendlich vielen Eigenwellen. Wenn der jeweilige Resonator oder Hohlleiter durch Stoffeinsätze oder Wandverformungen geringfügig verändert wird, ändern sich auch die Eigenschwingungen und Eigenwellen sowie ihre Eigenwerte, nämlich Resonanzfrequenz und Ausbreitungskonstante. Da die Lösungen der ungestörten Anordnung aber ein *vollständiges System* bilden, kann man die Lösungen der gestörten Anordnung durch Überlagerung der ungestörten Lösungen darstellen. Man setzt also eine *Reihenentwicklung* der gestörten Lösung nach den ungestörten Lösungen an. Die Reihenentwicklung wird auch für die gestörten Eigenwerte nach den ungestörten Eigenwerten angesetzt. Die Koeffizienten dieser Reihenentwicklungen werden dann aus den Differentialgleichungen und Randbedingungen bestimmt, die für das gestörte System gelten. Wenn die Störungen *klein* sind, kann man diese Gleichungen immer nach diesen Störungen in Potenzreihen entwickeln und nur das *lineare Glied* berücksichtigen. Damit erhält man Bestimmungsgleichungen für die unbekannten Koeffizienten der Reihenansätze.

Spezielle Verfahren

So universell diese allgemeinen Verfahren sind, so umständlich sind sie auch oft bei praktischen Problemen. Wir wollen sie deshalb hier nicht weiter verfolgen. Es sollen hier nur einige spezielle Störungsverfahren entwickelt werden, die auf viele *Resonator- und Hohlleiterprobleme* anwendbar sind und die sich viel einfacher handhaben lassen als die allgemeinen Verfahren. Diese speziellen Störungsverfahren kommen ohne die Reihenansätze für die gestörten Lösungen aus. Allerdings lassen sich mit ihnen auch nur die Störungen in den Eigenwerten berechnen und nicht die Störungen in den Feldern.

Zunächst betrachten wir Hohlraumresonatoren, die durch Stoffeinsätze gestört sind. Bei Störung durch Stoffeinsätze ändern sich die Eigenschwingungen. Es soll die Verschiebung der Eigen- oder Resonanzfrequenzen berechnet werden. Gemäß Bild 9.1 wird die Stoffverteilung im ungestörten Resonator durch ε und μ beschrieben.

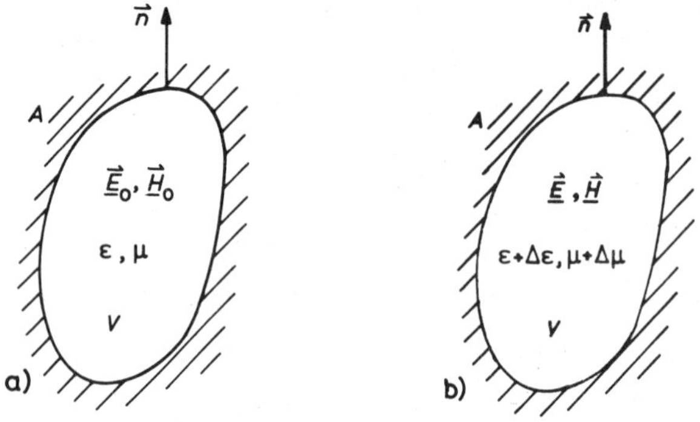

Bild 9.1

a) Ungestörter Hohlraumresonator
b) Hohlraumresonator, gestört durch Stoffeinsätze mit $\Delta\varepsilon$ und $\Delta\mu$

Bezeichnung der Größen

Die Feldverteilung und Resonanzfrequenz der interessierenden Eigenschwingung im ungestörten Resonator seien $\underline{\vec{E}}_0$, $\underline{\vec{H}}_0$ und ω_0. Im gestörten Resonator soll für die Stoffverteilung $\varepsilon+\Delta\varepsilon$ und $\mu+\Delta\mu$ gelten, so daß die Eigenschwingung eine andere Feldverteilung $\underline{\vec{E}}$, $\underline{\vec{H}}$ und Resonanzfrequenz ω hat. Die Feldgleichungen sind jeweils

$$\begin{aligned} -\operatorname{rot} \underline{\vec{E}}_0 &= j\omega_0\mu\, \underline{\vec{H}}_0 \qquad & -\operatorname{rot} \underline{\vec{E}} &= j\omega(\mu+\Delta\mu)\, \underline{\vec{H}} \\ \operatorname{rot} \underline{\vec{H}}_0 &= j\omega_0\varepsilon\, \underline{\vec{E}}_0 \qquad & \operatorname{rot} \underline{\vec{H}} &= j\omega(\varepsilon+\Delta\varepsilon)\, \underline{\vec{E}} \end{aligned} \tag{9.1}$$

Die skalaren Produkte der letzten Gleichung mit $\underline{\vec{E}}_0^*$ und des konjugiert Komplexen der ersten Gleichung mit $\underline{\vec{H}}$ sind

$$\underline{\vec{E}}_0^* \operatorname{rot} \underline{\vec{H}} = j\omega(\varepsilon+\Delta\varepsilon)\, \underline{\vec{E}}\, \underline{\vec{E}}_0^*$$

$$-\underline{\vec{H}} \operatorname{rot} \underline{\vec{E}}_0^* = -\, j\omega_0\mu\, \underline{\vec{H}}_0^* \underline{\vec{H}} \quad .$$

Die Summe dieser beiden Gleichungen läßt sich mit der *Produktregel für die Divergenz eines Vektorproduktes*

$$\vec{B} \text{ rot } \vec{A} \; - \; \vec{A} \text{ rot } \vec{B} \equiv \text{div}(\vec{A}\times\vec{B})$$

folgendermaßen vereinfachen:

$$\text{div}(\underline{\vec{H}}\times\underline{\vec{E}}_0^*) = j\omega(\varepsilon+\Delta\varepsilon)\,\underline{\vec{E}}\,\underline{\vec{E}}_0^* \; - \; j\omega_0\mu\,\underline{\vec{H}}_0^*\underline{\vec{H}} \; . \qquad (9.2)$$

Wenn man mit den beiden anderen Gleichungen in Gl.(9.1) entsprechend verfährt, ergibt sich

$$\text{div}(\underline{\vec{H}}_0^*\times\underline{\vec{E}}) = j\omega(\mu+\Delta\mu)\,\underline{\vec{H}}\,\underline{\vec{H}}_0^* \; - j\omega_0\varepsilon\,\underline{\vec{E}}_0^*\,\underline{\vec{E}} \; . \qquad (9.3)$$

Man addiert die beiden Gleichungen (9.2) und (9.3) und integriert über den ganzen Hohlraum. Auf der linken Seite läßt sich dabei mit dem *Gaußschen Satz* das Volumenintegral durch ein Oberflächenintegral ersetzen, das wegen $\vec{n}\times\underline{\vec{E}} = 0$ und $\vec{n}\times\underline{\vec{E}}_0 = 0$ auf der ideal leitenden Wand des Resonators verschwindet. Es bleibt also nur

$$0 = \iiint\limits_V \left\{ \{\omega(\varepsilon+\Delta\varepsilon)-\omega_0\varepsilon\}\,\underline{\vec{E}}\,\underline{\vec{E}}_0^* + \{\omega(\mu+\Delta\mu)-\omega_0\mu\}\,\underline{\vec{H}}\,\underline{\vec{H}}_0^* \right\} dV.$$

Daraus ergibt sich für die Verschiebung der Eigenfrequenz

$$\frac{\omega - \omega_0}{\omega} = - \frac{\iiint(\Delta\varepsilon\,\underline{\vec{E}}\,\underline{\vec{E}}_0^* \; + \; \Delta\mu\,\underline{\vec{H}}\,\underline{\vec{H}}_0^*)dV}{\iiint(\;\varepsilon\,\underline{\vec{E}}\,\underline{\vec{E}}_0^* \; + \; \mu\,\underline{\vec{H}}\,\underline{\vec{H}}_0^*)dV} \qquad (9.4)$$

Genaues Ergebnis

Diese Beziehung ist soweit noch ganz genau; die Felder $\underline{\vec{E}}$ und $\underline{\vec{H}}$ und die Frequenz ω sind aber unbekannt. Nur ω_0, $\underline{\vec{E}}_0$ und $\underline{\vec{H}}_0$ können als bekannt vorausgesetzt werden.

Für kleine Störungen darf man jedoch bedenkenlos im Nenner auf beiden Seiten ω durch ω_0 und $\underline{\vec{E}}$ und $\underline{\vec{H}}$ durch $\underline{\vec{E}}_0$ und $\underline{\vec{H}}_0$ ersetzen. Denn es ist $\omega \approx \omega_0$, und $\underline{\vec{E}}$ und $\underline{\vec{H}}$ sind je nach der Art der Störung entweder nur über kleine Bereiche sehr verschieden von $\underline{\vec{E}}_0$ und $\underline{\vec{H}}_0$, oder sie unterscheiden sich über größere Bereiche nur sehr wenig von $\vec{\underline{E}}_0$ und $\vec{\underline{H}}_0$.

$$\frac{\omega - \omega_0}{\omega_0} \approx - \frac{\iiint (\Delta\varepsilon\, \vec{\underline{E}}\, \vec{\underline{E}}_0^* + \Delta\mu\, \vec{\underline{H}}\, \vec{\underline{H}}_0^*)\,dV}{\iiint (\varepsilon\, |\underline{E}_0|^2 + \mu\, |\underline{H}_0|^2)\,dV} \quad . \tag{9.5}$$

Im Integranden des Zählers müssen wir die wirklichen Felder $\vec{\underline{E}}$ und $\vec{\underline{H}}$ des gestörten Resonators im allgemeinen beibehalten, andernfalls würden diese kleinen Störungsglieder falsch sein. Im Nenner steht das Doppelte der im ungestörten Resonator im zeitlichen Mittel gespeicherten elektrischen und magnetischen Energien, die bei Resonanz ja einander gleich sind: $W = \iiint \varepsilon |\underline{E}_0|^2 dV = \iiint \mu |\underline{H}_0|^2 dV$. Die Formel (9.5) läßt sich nun für zwei Klassen von Stoffeinsätzen einfach auswerten.

1. Klasse

Zur ersten Klasse gehören alle Stoffeinsätze mit $\Delta\varepsilon \ll \varepsilon$ und $\Delta\mu \ll \mu$. Dieses sind Stoffeinsätze, deren dielektrische und magnetische Eigenschaften sich nur wenig von den Stoffeigenschaften des ungestörten Resoantors unterscheiden. Schaumstoffeinsätze in sonst leeren Resonatoren gehören beispielsweise dazu.

Hier unterscheidet sich das Feld auch in den Einsätzen nur wenig vom ungestörten Feld. Für die Verschiebung der Eigenfrequenz gilt darum einfach

$$\frac{\omega - \omega_0}{\omega_0} \approx - \frac{\iiint (\Delta\varepsilon |\underline{E}_0|^2 + \Delta\mu |\underline{H}_0|^2)\,dV}{\iiint (\varepsilon |\underline{E}_0|^2 + \mu |\underline{H}_0|^2)\,dV} \quad . \tag{9.6}$$

2. Klasse

Zur zweiten Klasse gehören Stoffeinsätze, bei denen bestimmte Abmessungen klein gegen die Wellenlänge der Schwingung sind, und die eine solche Form haben, daß die Felder in ihrem Inneren sich aus der *statischen Lösung*, also aus der Lösung der *Laplace-Gleichung* ergeben. Typische Beispiele für *dielektrische* Stoffeinsätze dieser Art sind in Bild 9.2 skizziert.

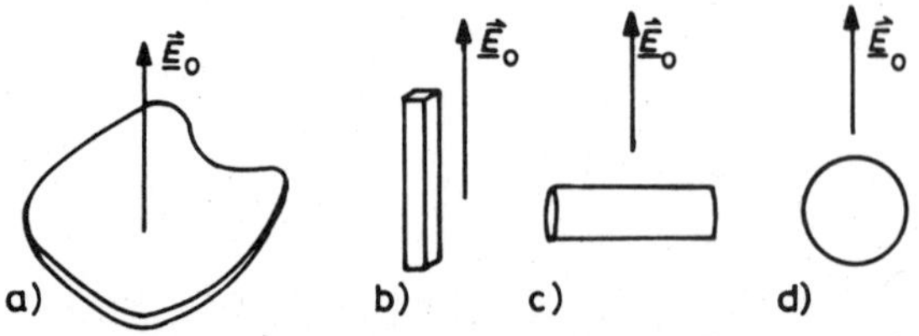

Bild 9.2
Dielektrische Stoffeinsätze mit einfacher statischer Lösung im homogenen Feld

Für *magnetische* Stoffeinsätze gelten *duale* Regeln. In der *dünnen Platte* in Bild 9.2a, auf der das ungestörte Feld *senkrecht* steht, muß

$$\underline{\vec{E}} = \frac{\varepsilon_0}{\varepsilon}\,\underline{\vec{E}}_0 \qquad (9.7)$$

sein, damit die Verschiebungsdichte stetig ist.

Für *dünne Stäbe oder Platten parallel* zum ungestörten Feld wie in Bild 9.2b muß

$$\underline{\vec{E}} = \underline{\vec{E}}_0 \qquad (9.8)$$

sein, damit die Tangentialkomponente von $\underline{\vec{E}}$ an der Grenzschicht stetig ist. Beide Regeln gelten, wie auch sonst immer die Form von Platte bzw. Stab ist.

Wenn, wie in Bild 9.2c ein *dünner Kreiszylinder senkrecht* zum ungestörten Feld liegt, ist

$$\underline{\vec{E}} = \frac{2}{1 + \varepsilon/\varepsilon_0}\,\underline{\vec{E}}_0 \quad . \qquad (9.9)$$

In der *Kugel* in Bild 9.2d ist

$$\underline{\vec{E}} = \frac{3}{2 + \varepsilon/\varepsilon_0}\,\underline{\vec{E}}_0 \quad . \qquad (9.10)$$

Die Felder für *andere Formen* werden in der *Elektrostatik* und *Magnetostatik* berechnet. Es ist bei diesen Beispielen immer leicht zu erkennen, welche Abmessungen klein gegen die freie Wellenlänge sein müssen.

Grundsätzliches Verhalten

Stoffeinsätze, ob dielektrisch oder magnetisch, werden die Eigenfrequenzen immer herabsetzen. Für $\Delta\varepsilon \ll \varepsilon$ und $\Delta\mu \ll \mu$ folgt diese Abhängigkeit unmittelbar aus Gl.(9.6). Sie gilt aber auch für alle anderen Stoffeinsätze mit $\Delta\varepsilon > 0$ und $\Delta\mu > 0$. Man braucht sich diese Stoffeinsätze nämlich nur stufenweise aus vielen jeweils kleinen Erhöhungen $\Delta\varepsilon$ und $\Delta\mu$ entstanden zu denken.

9.2 Resonatoren mit gestörter Berandung

Praktische Fälle

Ein Hohlraumresonator, der wie in Bild 9.3a durch die leitende Fläche A gebildet wird, soll durch eine kleine Verschiebung der Berandung ΔA gestört werden. Solche Verschiebungen können unbeabsichtigt im Rahmen der *Fertigungstoleranzen* entstehen; sie können aber auch absichtlich, beispielsweise zur *Verstimmung*, eingeführt werden.

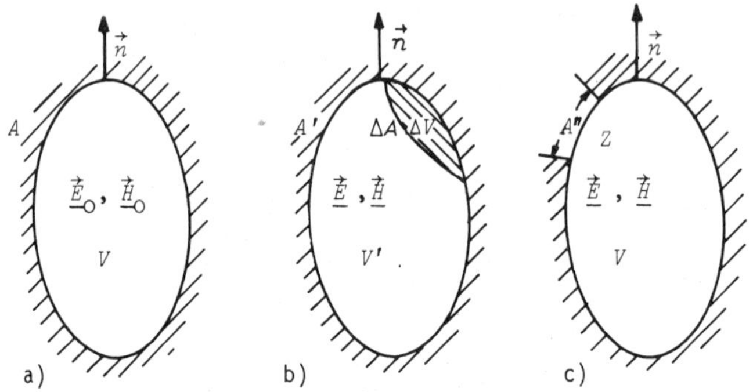

Bild 9.3
a) Ungestörter Hohlraumresonator
b) Durch Verschiebung der Berandung gestörter Resonator
c) Störung des Resonators durch Wandwiderstand Z auf A''

Die Feldverteilung und Resonanzfrequenz der Eigenschwingung im ungestörten Resonator seien $\underline{\vec{E}}_0$, $\underline{\vec{H}}_0$ und ω_0. Bei Verschiebung der Berandung wird aus ihnen $\underline{\vec{E}}$, $\underline{\vec{H}}$ und ω. Es gelten die Feldgleichungen (9.1) aber auch (9.2) und (9.3) mit $\Delta\varepsilon = \Delta\mu = 0$. Addiert man diese Gleichungen (9.2) und (9.3) wieder, integriert sie über das Volumen des ungestörten Resonators und wendet wieder den *Gaußschen Satz* an, so erhält man wegen $\vec{n}\times\underline{\vec{E}} = 0$ auf der Berandung A' des gestörten Resonators

$$\oiint_{A'} (\underline{\vec{H}}\times\underline{\vec{E}}_0^*)\,d\vec{A} = j(\omega-\omega_0) \iiint_{V'} (\varepsilon\underline{\vec{E}}\,\underline{\vec{E}}_0^* + \mu\underline{\vec{H}}\,\underline{\vec{H}}_0^*)\,dV \ . \qquad (9.11)$$

Für die linke Seite dieser Gleichung kann man auch

$$\oiint_{A'} (\underline{\vec{H}}\times\underline{\vec{E}}_0^*)\,d\vec{A} = -\oiint_{\Delta A} (\underline{\vec{H}}\times\underline{\vec{E}}_0^*)\,d\vec{A} \qquad (9.12)$$

schreiben, denn es ist $\vec{n}\times\underline{\vec{E}}_o = 0$ auf A. Das negative Vorzeichen vor dem letzten Glied berücksichtigt dabei die Richtung von $d\vec{A}$ aus dem von ΔA eingeschlossenen Volumen heraus.

Mit den Gln.(9.11) und (9.12) ist die Verschiebung der Eigenfrequenz

$$\omega-\omega_o = \frac{j\cdot \oint\!\!\oint_{\Delta A} \underline{\vec{H}}\times\underline{\vec{E}}_o^* \, d\vec{A}}{\iiint_{V'} (\varepsilon\underline{\vec{E}}\,\underline{\vec{E}}_o^* + \mu\underline{\vec{H}}\,\underline{\vec{H}}_o^*)\,dV} \quad . \qquad (9.13)$$

Genaues Ergebnis

Bei der Auswertung dieser Beziehung ergeben sich wieder ähnliche Schwierigkeiten wie beim Resonator mit gestörter Stoffverteilung. Die gestörten Feldverteilungen $\underline{\vec{E}}$ und $\underline{\vec{H}}$ sind nicht bekannt. Bei kleinen Störungen kann man aber zunächst im Nenner der rechten Seite $\underline{\vec{E}}$ und $\underline{\vec{H}}$ durch die ungestörten Feldverteilungen $\underline{\vec{E}}_o$ und $\underline{\vec{H}}_o$ ersetzen. Für *flache Verschiebungen* der Berandung ist das auch im Zähler zulässig. Unter diesen Bedingungen kann man dann das Flächenintegral über den verschobenen Teil der Berandung mit dem *komplexen Energiesatz* (1.13) durch ein Volumenintegral ersetzen:

Näherung

$$\oint\!\!\oint_{\Delta A} (\underline{\vec{H}}\times\underline{\vec{E}}_o^*)\,d\vec{A} \approx \oint\!\!\oint_{\Delta A} (\underline{\vec{H}}_o\times\underline{\vec{E}}_o^*)\,d\vec{A} = j\omega_o \iiint_{\Delta V} (\varepsilon|\underline{E}_o|^2 - \mu|\underline{H}_o|^2)\,dV \; .$$

Die Verschiebung der Eigenfrequenz ist damit

$$\frac{\omega-\omega_o}{\omega_o} \approx \frac{\iiint_{\Delta V} (\mu|\underline{H}_o|^2 - \varepsilon|\underline{E}_o|^2)\,dV}{\iiint_{V} (\mu|\underline{H}_o|^2 + \varepsilon|\underline{E}_o|^2)\,dV} \qquad (9.14)$$

Im Nenner steht das Doppelte der Energie, die im Resonator gespeichert ist, während im Zähler die Differenz zwischen dem Doppelten der mittleren Energien des magnetischen Feldes und des elektrischen Feldes steht, die vor der Störung im verdrängten Volumen ΔV gespeichert waren.

Die Eigenfrequenz erhöht sich, wenn durch die Störung überwiegend magnetische Energie verdrängt wird. Sie wird kleiner, wenn es überwiegend elektrische Energie ist.

Vergrößerung des Resonators

Wird der Resonator in entgegengesetzter Weise *vergrößert*, so gelten die entsprechenden Beziehungen mit umgekehrten Vorzeichen.

Zusammenhang mit Stoffeinsatz

Die gleiche Beziehung (9.14) für die Verschiebung der Eigenfrequenz ergibt sich auch aus Gl.(9.5), wenn man das verdrängte Volumen mit einem Stoff der Eigenschaften $\varepsilon \to \infty$ und $\mu = 0$ ausfüllt. Da das ungestörte elektrische Feld immer senkrecht auf diesem Stoff steht, gilt Gl.(9.7) für $\underline{\vec{E}}$, und für $\underline{\vec{H}}$ gilt die zu Gl.(9.8) duale Beziehung.

Leitende Körper im Resonator

Man kann diesen Zusammenhang sogar verallgemeinern und mit Gl.(9.5) auch die Eigenfrequenzen von Resonatoren berechnen, die durch leitende Kugeln, dünne leitende Zylinder mit bestimmter Orientierung zum Feld und andere Formen gestört sind. Man braucht diese Körper nur mit $\varepsilon \to \infty$ und $\mu = 0$ anzunehmen und die entsprechenden Felder, z.B. aus den Gln.(9.9) oder (9.10) in Gl.(9.5) einzusetzen.

Wandleitfähigkeit $\neq \infty$

Außer durch eine Verschiebung kann die sonst gut leitende Berandung auch noch durch einen endlichen Wandwiderstand gestört werden. Dieser Fall ist in Bild 9.3c skizziert. Der Teil A'' der Berandung soll nicht ideal leitend sein, sondern einen Oberflächenwiderstand Z haben, durch den das tangentiale Magnetfeld $\underline{\vec{H}}_{tan}$ mit dem elektrischen Feld in folgender Beziehung steht:

$$\vec{n} \times \underline{\vec{E}} = Z\, \underline{\vec{H}}_{tan} \quad . \tag{9.15}$$

Wird die Berandung durch einen guten Leiter gebildet, in dem die Leitungsstromdichte sehr viel größer als die Verschiebungsstromdichte ist, so gilt Gl.(3.48), und Z in Gl.(9.15) ist der Wellenwiderstand $\eta_m = \sqrt{j\omega\mu/\sigma}$ des guten Leiters.

Wegen dieses Oberflächenwiderstandes Z wird also von einem magnetischen Feld $\underline{\vec{H}}_{tan}$ ein dazu senkrechtes Feld tangential zur Wand entsprechend Gl.(9.15) verursacht. Das geschieht z.B. bei endlicher Leitfähigkeit durch den Spannungsabfall des Leitungsstromes.

Bei dem Vergleich des ungestörten Resonators in Bild 9.3a mit dem nach Bild 9.3c gestörten Resonator gelten wieder die Feldgleichungen (9.1), aber auch die Gln.(9.2) und (9.3) mit $\Delta\varepsilon = \Delta\mu = 0$. Addiert man diese Gleichungen (9.2) und (9.3) wieder, integriert über das Volumen des Resonators und wendet den *Gaußschen Satz* an, so erhält man wegen $\vec{n}\times\underline{\vec{E}}_0 = 0$ auf der Berandung des ungestörten Resonators und $\vec{n}\times\underline{\vec{E}} = 0$ auf dem ungestörten Teil der Berandung

$$\iint\limits_{A''} (\underline{\vec{H}}_0^{*}\times\underline{\vec{E}})\,d\vec{A} = j(\omega-\omega_0)\iiint\limits_{V}(\varepsilon\underline{\vec{E}}\,\underline{\vec{E}}_0^{*} + \mu\underline{\vec{H}}\,\underline{\vec{H}}_0^{*})\,dV\ .$$

Wenn man auf der linken Seite $\vec{n}\times\underline{\vec{E}}$ von Gl.(9.15) einführt, erhält man für die Verschiebung der Resonanzfrequenz

$$\omega - \omega_0 = \frac{j\iint\limits_{A''} Z\,\underline{\vec{H}}_0^{*}\underline{\vec{H}}_{tan}\,dA}{\iiint\limits_{V}(\varepsilon\underline{\vec{E}}\,\underline{\vec{E}}_0^{*} + \mu\underline{\vec{H}}\,\underline{\vec{H}}_0^{*})\,dV} \qquad (9.16) \qquad \textit{Genaues Ergebnis}$$

Bei geringfügigen Störungen kann man im Nenner der rechten Seite $\underline{\vec{E}}$ und $\underline{\vec{H}}$ durch die ungestörten Feldverteilungen $\underline{\vec{E}}_0$ und $\underline{\vec{H}}_0$ ersetzen. Bei einigermaßen kleinen Oberflächenwiderständen im gestörten Teil der Berandung wird

$$\underline{\vec{H}}_{tan} = \underline{\vec{H}}_0$$

sein. Es wird dann nämlich das magnetische Feld nur wenig gestört und ist nahezu tangential zur Oberfläche. Für das elektrische Feld gilt aber nach wie vor Gl.(9.15). Unter diesen Bedingungen ist die Verschiebung der Resonanzfrequenz

$$\omega - \omega_0 = \frac{j\iint\limits_{A''} Z\,|\underline{H}_0|^2\,dA}{\iiint\limits_{V}(\varepsilon|\underline{E}_0|^2 + \mu|\underline{H}_0|^2)\,dV}\ . \qquad (9.17) \qquad \textit{Näherung}$$

Wenn Z über A'' bekannt ist, kann diese Beziehung leicht ausgewertet werden. Es ergibt sich im allgemeinen ein komplexer Wert für die Verschiebung der Resonanzfrequenz. Nur

Einfluß der Phase von Z

wenn Z überall rein imaginär ist, ist die Verschiebung rein reell. Imaginäre Verschiebungen durch Wirkkomponenten von Z bedeuten eine gedämpfte Schwingung mit dem Faktor $e^{j\omega t}$ für die Zeitabhängigkeit der Feldkomponenten. Aus dem Imaginärteil der Gl.(9.17) ergibt sich in diesem Falle die Güteformel (3.75) für Hohlraumresonatoren.

9.3 Homogene Störungen in Wellenleitern

Begriffsbestimmung

Homogene Störungen in Wellenleitern sind kleine Veränderungen gegenüber einer Ausgangsform, die längs der Ausbreitungsrichtung konstant sind. Es sind also Störungen im Wellenleiterquerschnitt, die für jeden Querschnitt gleich sind. Der Querschnitt kann z.B. durch zylindrische Verschiebungen oder durch zylindrische Stoffeinsätze gestört werden.

Rückgriff auf Bekanntes

Die *Ausbreitungskonstante* der Eigenwellen im Wellenleiter wird durch solche Störungen beeinflußt. Wie sie sich ändert, läßt sich leicht aus der Verschiebung der Resonanzfrequenz der entsprechenden Eigenschwingung im zylindrischen Resonator gleicher Querschnittsform berechnen.

Aus dem *Wellenleiter* wird ein *Resonator*, wenn zwei Querschnitte z.B. im Abstand einer Ausbreitungswellenlänge der jeweiligen Eigenwelle durch leitende Ebenen kurzgeschlossen werden (Bild 9.4). Die Ausbreitungs- bzw. Phasenkonstante der Eigenwelle ist als Funktion der Frequenz durch die *charakteristische Gleichung* des Wellenleiters bestimmt:

Dispersionscharakteristik

$$\beta = \beta(\omega) \quad . \tag{9.18}$$

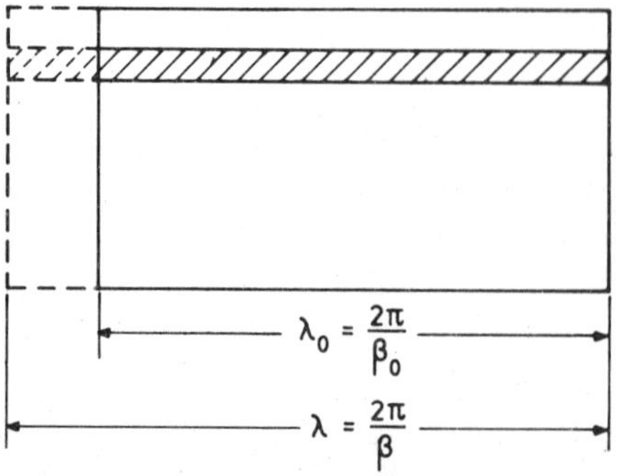

Bild 9.4
Wellenleitungsresonator mit homogener Störung

Wird nun der Resonator durch eine zylindrische Veränderung gestört, so verschiebt sich die Resonanzfrequenz entsprechend Gl.(9.5) oder Gl.(9.4). Man kann die Verschiebung der Resonanzfrequenz aber wieder rückgängig machen, indem man die Resonatorlänge verändert. Zur Berechnung der Längenänderung bzw. der entsprechenden Änderung in der Phasenkonstante benutzt man die Frequenzabhängigkeit (9.18) des ungestörten Wellenleiters, die ja für kleine Störungen immer noch gilt. Es ist

$$\Delta\beta = -\frac{d\beta}{d\omega}\,\Delta\omega \;. \tag{9.19}$$

Mit dem negativen Vorzeichen wird die Resonanzfrequenzänderung durch eine Änderung in der Phasenkonstante bzw. Resonatorlänge kompensiert. Würde eine Störung die Resonanzfrequenz also erhöhen, so wird für $d\beta/d\omega > 0$ die entsprechende Phasenkonstante kleiner und mit $\beta = 2\pi/\lambda$ müßte der Resonator verlängert werden.

Die Ableitung $d\beta/d\omega$ ist, abgesehen von wenigen Sonderfällen, immer positiv, denn

$$v_g = \frac{1}{\frac{d\beta}{d\omega}} \tag{9.20}$$

ist die *Gruppengeschwindigkeit*. Gruppengeschwindigkeit und *Phasengeschwindigkeit*

$$v = \frac{\omega}{\beta} \tag{9.21}$$

haben aber normalerweise immer gleiche Richtung. Für die relativen Verschiebungen ergibt sich mit den Gln.(9.20) und (9.21) aus Gl.(9.19)

$$\frac{\Delta\beta}{\beta} = -\frac{v}{v_g}\,\frac{\Delta\omega}{\omega} \tag{9.22}$$

Bei der Auswertung von Gl.(9.22) mit Hilfe von Gl.(9.5) oder Gl.(9.14) braucht man nicht über das Volumen das ganzen Leitungsresonators zu integrieren. Da die Störungen *zylindrisch* sind, also nicht von der Längskoordinate abhängen, und auch die Feldverteilungen im Zähler und Nenner die gleichen harmonischen oder exponentiellen Funktionen der Längskoordinate sind, genügt es, nur über einen Querschnitt zu integrieren.

Die Formel (9.22) hat auch noch Bedeutung, wenn eine zylindrische Störung des Resonators auf eine *komplexe Verschiebung* $\Delta\omega$ *der Resonanzfrequenz* führt. Solch eine Verschiebung tritt bei Störung der Berandung durch einen *komplexen Wandwiderstand* auf; sie ergibt sich aber auch bei Störung durch *verlustbehaftete Stoffeinsätze* mit komplexen Werten von $\Delta\varepsilon$ oder $\Delta\mu$. Bei $\mathrm{Im}(\Delta\omega) = \delta$ ist δ das Dämpfungsdekrement der jeweiligen Eigenschwingung; die Schwingungsamplitude nimmt mit $e^{-\delta t}$ ab. Im zylindrischen Resonator besteht die Eigenschwingung aus der zugehörigen Eigenwelle, die fortwährend an den beiden Enden reflektiert wird, und so dauernd im Resonator hin- und herläuft. Dabei wird sie gemäß $e^{-\delta t}$ gedämpft. Man kann diese Dämpfung auch mit einer *Dämpfungskonstanten* α der Eigenwelle beschreiben. In der Zeit t durchläuft die Eigenwelle die Strecke $l = v_g t$ und wird dabei gemäß $e^{-\alpha l} = e^{-\alpha v_g t}$ gedämpft. Beide Dämpfungsfaktoren müssen dabei gleich sein.

Verluste

Daraus folgt

$$\alpha = \frac{\delta}{v_g} \quad . \tag{9.23}$$

Damit kann man nun Gl.(9.22) zu der komplexen Form

$$\frac{\Delta\gamma}{\gamma} = - \frac{v}{v_g} \frac{\Delta\omega}{\omega} \tag{9.24}$$

verallgemeinern. Ihr Imaginärteil entspricht genau der Gl.(9.23) für die Dämpfungskonstante der gestörten Eigenwelle.

Wird in Gl.(9.24) die komplexe Verschiebung der Resonanzfrequenz aus Gl.(9.17) eingesetzt, so ergibt sich aus ihrem Imaginärteil die Dämpfungsformel (3.58) für Eigenwellen in Hohlleitern.

Grenzfrequenz

Eine weitere nützliche Beziehung läßt sich noch für die Störung der *Grenzfrequenz* von Eigenwellen zylindrischer Hohlleiter angeben. Bei der Grenzfrequenz ist $\gamma = jk_z = 0$ und damit für alle Feldkomponenten $\partial/\partial z = 0$. Die Felder sind also in axialer Richtung konstant. Damit entartet der Hohlleiter zu einem *zweidimensionalen Resonator*, dessen Eigenfrequenzen die Grenzfrequenzen der Eigenwellen sind. Störungen dieser Eigenfrequenzen durch geringfügige *Veränderungen am Wellenleiterquerschnitt* können mit den Störungsformeln (9.5) und (9.14) des Resonators berechnet werden. Für den zweidimensionalen Resonator des Hohlleiterquerschittes werden aus den Volumenintegralen in diesen Formeln Flächenintegrale über den Hohlleiterquerschnitt bzw. über die gestörten Teile des Hohlleiterquerschnittes.

Für *zylindrische Stoffeinsätze* mit den Änderungen $\Delta\varepsilon$ und $\Delta\mu$ der Stoffkonstanten ergibt sich die *Änderung der Grenzfrequenz* mit Gl.(9.5) aus

$$\frac{\omega_c - \omega_{c0}}{\omega_{c0}} \approx - \frac{\iint\limits_A (\Delta\varepsilon \underline{\vec{E}}\, \underline{\vec{E}}_0^* + \Delta\mu \underline{\vec{H}}\, \underline{\vec{H}}_0^*)\, dA}{\iint\limits_A (\varepsilon |\underline{E}_0|^2 + \mu |\underline{H}_0|^2)\, dA} \quad . \tag{9.25}$$

$\underline{\vec{E}}_0$ und $\underline{\vec{H}}_0$ sind dabei die Feldverteilungen der jeweiligen Eigenwellen im ungestörten Wellenleiter. $\underline{\vec{E}}$ und $\underline{\vec{H}}$ sind die Felder in den Stoffeinsätzen des gestörten Wellenleiters. Sie lassen sich nach denselben Regeln näherungsweise bestimmen wie im Resonator.

Für *zylindrische Verschiebungen der Hohlleiterwand* ergibt sich die Änderung der Grenzfrequenz mit Gl.(9.14) aus

$$\frac{\omega_c - \omega_{c0}}{\omega_{c0}} \approx \frac{\iint\limits_{\Delta A} (\mu |\underline{H}_0|^2 - \varepsilon |\underline{E}_0|^2)\, dA}{\iint\limits_A (\mu |\underline{H}_0|^2 + \varepsilon |\underline{E}_0|^2)\, dA} \quad . \tag{9.26}$$

Diese Formel ist besonders nützlich für Hohlleiter mit homogenem Querschnitt, bei denen also ε und μ über den ganzen Querschnitt konstant sind. Bei solchen Hohlleitern hängt die Phasenkonstante in folgender universeller Weise von der Frequenz ab:

$$\beta = k \sqrt{1 - \left(\frac{\omega_c}{\omega}\right)^2} \quad . \tag{9.27}$$

Diese Beziehung haben wir schon für die Eigenwellen der Rechteck- und Rundhohlleiter festgestellt. Wir werden sie in Kapitel 10 aber auch noch für alle homogen gefüllten Hohlleiter beweisen.

Gl.(9.27) gilt selbstverständlich auch noch nach Störung des Hohlleiters durch eine zylindrische Wandverschiebung, nur ändert sich dadurch die Grenzfrequenz gemäß Gl. (9.26). Mit dieser Verschiebung der Grenzfrequenz ist durch Gl.(9.27) die gestörte Phasenkonstante für alle Frequenzen bekannt. Nach den ebenso universellen Beziehungen

$$Z^{(E)} = \frac{\beta}{\omega\varepsilon} \qquad\qquad Z^{(H)} = \frac{\omega\mu}{\beta}$$

lassen sich dann auch die neuen Wellenwiderstände für alle Frequenzen berechnen.

ÜBUNGSAUFGABEN ZUM LERNZYKLUS 12A

Ohne Unterlagen

1 Vergrößern oder verkleinern dielektrische Einsätze mit $\varepsilon_r > 1$ in einem sonst leeren ($\varepsilon_r = 1$) Hohlraumresonator die Resonanzfrequenz? Wie hängt die Tendenz dieser Frequenzverschiebung von der Stelle ab, wo das Dielektrikum eingebracht wurde? Verhält sich ein magnetischer Einsatz qualitativ anders?

2 Schreiben Sie eine Formel hin, nach der sich die Resonanzverschiebung in Hohlraumresonatoren aufgrund von Einsätzen mit $\Delta\varepsilon \ll \varepsilon$ und $\Delta\mu \ll \mu$ aus den Feldverteilungen des ungestörten Resonators berechnen läßt!

3 Schreiben Sie eine Formel hin, nach der sich die Resonanzverschiebung in Hohlraumresonatoren mit flachen Wandverschiebungen aus der Feldverteilung im ungestörten Resonator berechnen läßt!

4 Wird die Resonanzfrequenz eines Hohlraumresonators größer oder kleiner, wenn er eingebeult wird? Hängt diese Tendenz vom Ort der Beule ab?

5 Beschreiben Sie ein Berechnungsverfahren für die Änderung der Ausbreitungskonstante eines zylindrischen Wellenleiters aufgrund von kleinen zylindrischen Änderungen der Stoffverteilung!

Unterlagen gestattet

6 Stab- und kugelförmige dielektrische Einsätze im Rechteckresonator

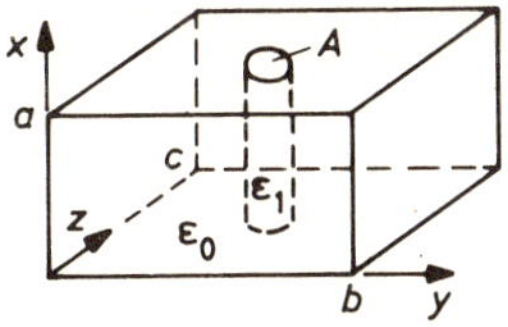

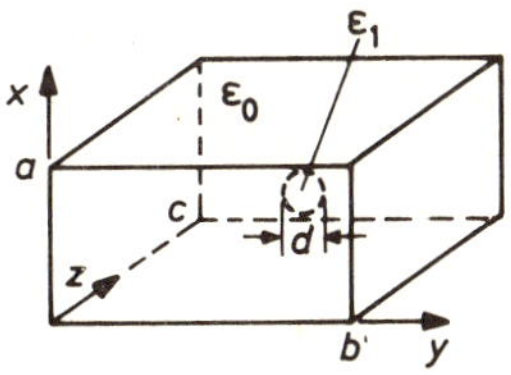

Nach der obigen Skizze befindet sich in der Mitte eines Rechteckresonators ein dünner, dielektrischer Stab mit der Grundfläche A bzw. eine kleine dielektrische Kugel mit dem Durchmesser d. Infolge der Störung wird die Resonanzfrequenz der Grundschwingung des Resonators mit $a < b < c$ verschoben. Berechnen Sie diese Verschiebung der Resonanzfrequenz! Für das Feld im Dielektrikum können Sie die statische Näherung ansetzen.

7 Rechteckresonator mit dielektrischem Wandbelag

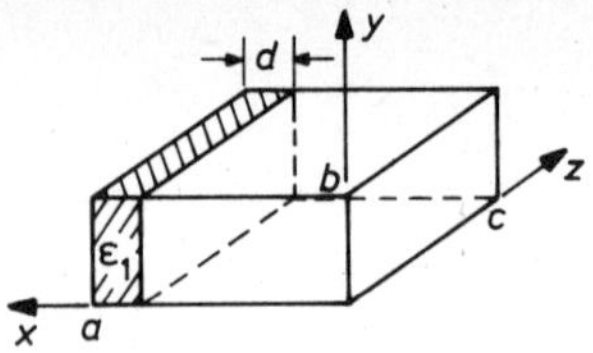

Der oben skizzierte Resonator für die H_{101}-Schwingung ist durch einen dünnen dielektrischen Wandbelag bei $x = a$ gestört.

a) Berechnen Sie mit Hilfe der Störungsrechnung die Verschiebung der Resonanzfrequenz gegenüber dem ungestörten Fall!

b) Berechnen Sie die Verschiebung der Resonanzfrequenz aus der Näherungslösung der charakteristischen Gleichung für den Hohlleiter mit Stoffeinsatz aus Übungsaufgabe 6A/5!

Lernzyklus 12B

LERNZIELE

Nach dem Durcharbeiten des Lernzyklus 12B sollen Sie in der Lage sein,

- mit Worten zu erläutern, was ein stationärer Ausdruck ist;
- aus einer geschätzten Verteilung der elektrischen Felder die Resonanzfrequenzen von Hohlraumresonatoren näherungsweise zu berechnen, und auch ein Verfahren zu beschreiben, mit dem sich die elektrische Feldverteilung in ihnen genauer berechnen läßt;
- aus geschätzten Quellen- und Feldverteilungen Streufelder von ideal leitenden Körpern ziemlich genau zu berechnen.

9.4 STATIONÄRE AUSDRÜCKE

Prinzip

In der Variationsrechnung werden für die gesuchten Größen Beziehungen in Abhängigkeit von den bestimmenden Parametern aufgestellt, die bezüglich Änderungen in diesen Parametern unempfindlich sind. Man kann dann mit nur sehr grob angenommenen Werten für die bestimmenden Parameter gute Näherungen für die gesuchte Größe berechnen.

Veranschaulichung

Unter welchen Bedingungen eine allgemeine Beziehung *unempfindlich gegen kleine Änderungen* in den bestimmenden Parametern ist, erkennt man schon an einfachen Funktionen von zwei unabhängigen Veränderlichen. Wir betrachten z.B. die Funktion $f(x,y)$ und entwickeln sie bei x_0, y_0 in eine Potenzreihe:

$$f(x,y) = f(x_0,y_0) + \left.\frac{\partial f}{\partial x}\right|_{\substack{x_0\\y_0}} \cdot (x-x_0) + \left.\frac{\partial f}{\partial y}\right|_{\substack{x_0\\y_0}} \cdot (y-y_0)$$

$$+ \frac{1}{2}\left.\frac{\partial^2 f}{\partial x^2}\right|_{\substack{x_0\\y_0}} \cdot (x-x_0)^2 + \frac{1}{2}\left.\frac{\partial^2 f}{\partial y^2}\right|_{\substack{x_0\\y_0}} \cdot (y-y_0)^2 + \left.\frac{\partial^2 f}{\partial x \partial y}\right|_{\substack{x_0\\y_0}} \cdot (x-x_0)(y-y_0) \quad .$$

Diese Beziehung ist dann unempfindlich gegen Abweichungen $(x-x_0)$ und $(y-y_0)$, wenn ihre ersten Ableitungen bei x_0, y_0 verschwinden. Unter diesen Bedingungen wird sich der Funktionswert nur um kleine Beträge ändern, die von höherer Ordnung in $(x-x_0)$ und $(y-y_0)$ sind.

Eine Funktion mit diesen Eigenschaften bei x_0, y_0 wird stationär bezüglich der Stelle x_0, y_0 genannt. Wenn irgendwelche Abweichungen der unabhängigen Veränderlichen immer den Funktionswert verkleinern, hat die Funktion selbst dort ein *Maximum*. Wenn bei allen Abweichungen sich der Funktionswert vergrößert, ist es ein *Minimum*. Die stationäre Stelle einer Funktion ist aber nicht immer ein Extremum. Wenn z.B. in Abhängigkeit von x ein Maximum bei x_0, y_0 liegt und in Abhängigkeit von y ein Minimum, ist die Funktion dort immer noch stationär. Sie hat aber dann kein Extremum an dieser Stelle, sondern einen Sattelpunkt.

Auch Beziehungen, die *allgemeiner* sind als die Funktion von zwei unabhängigen Veränderlichen, werden *stationär* genannt, wenn bei den jeweils richtigen Werten der bestimmenden Parameter die ersten Ableitungen bezüglich aller dieser Parameter verschwinden. Bei kleinen aber sonst beliebigen Variationen aller Parameter darf sich also in erster Näherung aus der Beziehung keine Variation ergeben. Die sogenannte *erste Variation* muß verschwinden.

Die Vorteile eines stationären Ausdruckes zur näherungsweisen Rechnung werden am deutlichsten durch den Vergleich mit einer nichtstationären Beziehung in Bild 9.5. Für den stationären Ausdruck verschwindet bei dem richtigen Wert $x = x_0$ des bestimmenden Parameters die erste Ableitung.

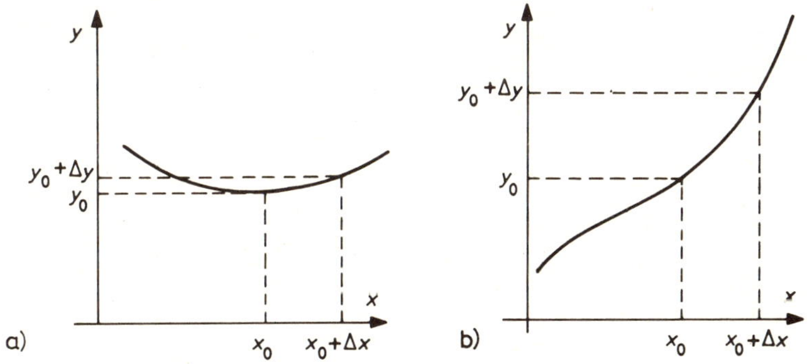

Bild 9.5

a) Stationäre Abhängigkeit $y = f(x)$ bei $x = x_0$
b) Nichtstationäre Abhängigkeit bei $x = x_0$

Fehler bei der Annahme von Parameterwerten werden darum das Ergebnis viel weniger beeinflussen als bei nichtstationären Ausdrücken.

Es soll als erstes Beispiel ein stationärer Ausdruck für die *Resonanzfrequenz der Eigenschwingung in einem Hohlraumresonator* aufgestellt werden. Der Resonator soll ideal leitende Wände haben; es können aber dielektrische oder magnetische Stoffe beliebig in ihm verteilt sein. Für das elektrische Feld $\underline{\vec{E}}$ der Eigenschwingung ergibt sich nach Elimination von $\underline{\vec{H}}$ aus den Feldgleichungen *Beispiel*

$$\mathrm{rot}\left(\frac{1}{\mu}\,\mathrm{rot}\underline{\vec{E}}\right) = \omega_r^2 \varepsilon \underline{\vec{E}} \quad . \tag{9.28}$$

ω_r ist die Resonanzfrequenz der Eigenschwingung. Wird diese Gleichung skalar mit $\vec{\underline{E}}$ multipliziert, über den ganzen Hohlraum integriert und nach ω_r^2 aufgelöst, so erhält man

$$\omega_r^2 = \frac{\iiint\limits_V \vec{\underline{E}} \operatorname{rot}(\frac{1}{\mu} \operatorname{rot}\vec{\underline{E}})\, dV}{\iiint\limits_V \varepsilon \underline{E}^2\, dV} \; . \tag{9.29}$$

Aus dieser Beziehung kann ω_r genau bestimmt werden, wenn die Feldverteilung bekannt ist. Aber selbst bei nur ungefähr angenommenem $\vec{\underline{E}}$ erhält man aus Gl.(9.29) eine gute Näherung für ω_r. Gl.(9.29) ist nämlich stationär bezüglich kleiner Abweichungen des elektrischen Feldes von der richtigen Feldverteilung $\vec{\underline{E}}$. Für die richtige Feldverteilung hat Gl.(9.29) einen Extremwert, bzw. es verschwindet die erste Ableitung oder erste Variation.

Beweis

Um das zu beweisen, nehmen wir ein <u>Probefeld</u> $\vec{\underline{E}}_p$ an, das um $\Delta\vec{\underline{E}} = p\vec{\underline{e}}$ von dem richtigen Feld abweicht:

$$\vec{\underline{E}}_p = \vec{\underline{E}} + p\vec{\underline{e}} \quad ,$$

p soll dabei ein beliebiger skalarer Parameter sein. In Gl.(9.29) eingesetzt, ist

$$\omega_r^2(p) = \frac{\iiint\limits_V (\vec{\underline{E}} + p\vec{\underline{e}}) \operatorname{rot}(\frac{1}{\mu} \operatorname{rot}(\vec{\underline{E}}+p\vec{\underline{e}}))\, dV}{\iiint\limits_V \varepsilon (\vec{\underline{E}} + p\vec{\underline{e}})(\vec{\underline{E}} + p\vec{\underline{e}})\, dV} \tag{9.30}$$

bei festem $\vec{\underline{e}}$ nur eine Funktion von p, für die die erste Variation

$$\delta\omega_r^2 = p \left.\frac{\partial\omega_r^2}{\partial p}\right|_{p=0} \tag{9.31}$$

zu untersuchen ist. Der Zähler von Gl.(9.30) nach p differenziert ergibt bei $p = 0$

$$\left.\frac{\partial Z}{\partial p}\right|_{p=0} = \iiint\limits_V \left(\underline{\vec{E}}\ \mathrm{rot}\left(\frac{1}{\mu}\mathrm{rot}\underline{\vec{e}}\right) + \underline{\vec{e}}\ \mathrm{rot}\left(\frac{1}{\mu}\mathrm{rot}\underline{\vec{E}}\right)\right)\, dV. \tag{9.32}$$

Wird die *Regel für die Divergenz eines Vektorproduktes* $\mathrm{div}(\vec{A}\times\vec{B}) = \vec{B}\ \mathrm{rot}\vec{A} - \vec{A}\ \mathrm{rot}\vec{B}$ auf das erste Glied im Integranden angewandt und mit dem *Gaußschen Satz* das Volumenintegral der Divergenz durch ein Oberflächenintegral ersetzt, so ist

$$\iiint\limits_V \underline{\vec{E}}\ \mathrm{rot}\left(\frac{1}{\mu}\ \mathrm{rot}\underline{\vec{e}}\right)\, dV = \iiint\limits_V \frac{1}{\mu}(\mathrm{rot}\underline{\vec{e}})(\mathrm{rot}\underline{\vec{E}})\, dV + \oiint\limits_A \frac{1}{\mu}(\mathrm{rot}\underline{\vec{e}})\times\underline{\vec{E}}\, d\vec{A}. \tag{9.33}$$

Dabei verschwindet das Oberflächenintegral wegen der Randbedingung $\vec{n}\times\underline{\vec{E}} = 0$ auf A.

Für das Volumenintegral auf der rechten Seite von Gl.(9.33) gilt wiederum

$$\iiint\limits_V \frac{1}{\mu}(\mathrm{rot}\underline{\vec{e}})(\mathrm{rot}\underline{\vec{E}})\, dV = \iiint\limits_V \underline{\vec{e}}\ \mathrm{rot}\left(\frac{1}{\mu}\ \mathrm{rot}\underline{\vec{E}}\right)\, dV - \oiint\limits_A \frac{1}{\mu}(\mathrm{rot}\underline{\vec{E}})\times\underline{\vec{e}}\, d\vec{A}\ .$$

Mit diesen Beziehungen und der Gl.(9.28) ist die Ableitung des Zählers

$$\left.\frac{\partial Z}{\partial p}\right|_{p=0} = 2\omega_r^2 \iiint\limits_V \varepsilon\underline{\vec{e}}\ \underline{\vec{E}}\, dV - \oiint\limits_A \frac{1}{\mu}(\mathrm{rot}\underline{\vec{E}})\times\underline{\vec{e}}\, d\vec{A}\ .$$

Für die Ableitung des Nenners ergibt sich bei $p = 0$

$$\left.\frac{\partial N}{\partial p}\right|_{p=0} = 2 \iiint\limits_V \varepsilon\underline{\vec{e}}\ \underline{\vec{E}}\, dV\ .$$

Schließlich ist die Ableitung von Gl.(9.30)

$$\left.\frac{\partial \omega_r^2}{\partial p}\right|_{p=0} = \left.\frac{N\dfrac{\partial Z}{\partial p} - Z\dfrac{\partial N}{\partial p}}{N^2}\right|_{p=0} = \frac{\oiint\limits_A \dfrac{1}{\mu}\ \underline{\vec{e}}\times\mathrm{rot}\underline{\vec{E}}\, d\vec{A}}{\iiint\limits_V \varepsilon\ \underline{E}^2\, dV}\ . \tag{9.34}$$

Es folgt daraus, daß die erste Variation von ω_r^2 bezüglich p verschwindet, wenn nur $\vec{n}\times\underline{\vec{e}} = 0$ auf A ist, wenn also nur ein Feld $\underline{\vec{E}}_p$ angenommen wird, das die gewöhnliche Randbedingung $\vec{n}\times\underline{\vec{E}}_p = 0$ auf A erfüllt. Da über $\underline{\vec{e}}$ sonst weiter keine Einschränkungen gemacht wurden, verschwindet die erste Variation $\delta\omega_r^2$ ganz allgemein bezüglich $\underline{\vec{E}}$, wenn $\underline{\vec{E}}$ nur die Randbedingung auf A erfüllt. ω_r^2 ist stationär bezüglich der Variationen in $\underline{\vec{E}}$, oder Gl.(9.29) ist ein stationärer Ausdruck für ω_r^2 bezüglich Variationen von $\underline{\vec{E}}$.

Einschränkung

Gl.(9.29) ist nur für Probefelder stationär, die der *Randbedingung* $\vec{n}\times\underline{\vec{E}} = 0$ auf A genügen. Unter diesen Umständen läßt sich aber Gl.(9.29) noch etwas vereinfachen. Dazu bedienen wir uns der Beziehung

$$\iiint_V \underline{\vec{E}}\ \mathrm{rot}\left(\frac{1}{\mu}\mathrm{rot}\underline{\vec{E}}\right)\,dV = \iiint_V \frac{1}{\mu}(\mathrm{rot}\underline{\vec{E}})^2\,dV + \iint_A \frac{1}{\mu}(\mathrm{rot}\underline{\vec{E}})\times\underline{\vec{E}}\,d\vec{A}\ , \qquad (9.35)$$

welche aus Gl.(9.33) für $\underline{\vec{e}} = \underline{\vec{E}}$ folgt. In ihr verschwindet das Oberflächenintegral für $\vec{n}\times\underline{\vec{E}} = 0$ auf A.

Der stationäre Ausdruck (9.29) wird damit

$$\omega_r^2 = \frac{\iiint_V \frac{1}{\mu}(\mathrm{rot}\underline{\vec{E}})^2\,dV}{\iiint_V \varepsilon\,\underline{E}^2\,dV} \qquad (9.36)$$

Wir werden später auch noch stationäre Ausdrücke für die Eigenfrequenzen von Resonatoren ableiten, in denen Probefelder *keiner Randbedingung* zu genügen brauchen. Solche Ausdrücke sind sehr nützlich, denn bei verwickelten Resonatorformen ist es oft schon schwierig, allein mit den Probefeldern die Randbedingungen zu erfüllen.

9.5 Das Ritzsche Verfahren

Stationäre Ausdrücke dienen nicht nur zur näherungsweisen Bestimmung einer charakteristischen Größe aus Probefeldern, man kann mit ihnen auch *gute Näherungen für die Felder selbst* gewinnen. Das entsprechende Verfahren ist nach Ritz benannt.

Es wird dazu ein Probefeld $\underline{\vec{E}}_{\mathrm{p}}$ angenommen, in dem noch eine Reihe von Parametern p_1 bis p_n unbestimmt sind:

$$\underline{\vec{E}}_{\mathrm{p}} = \underline{\vec{E}}_{\mathrm{p}}(p_1, p_2, \dots p_n) \quad . \tag{9.37}$$

$\underline{\vec{E}}_{\mathrm{p}}$ muß natürlich ein *zulässiges Probefeld* sein, d.h., es muß den Bedingungen genügen, unter denen der jeweilige Ausdruck stationär ist. Wenn z.B. Gl.(9.36) als stationärer Ausdruck verwandt wird, muß $\vec{n}\times\underline{\vec{E}}_{\mathrm{p}} = 0$ auf A sein.

Dieses Probefeld wird in den stationären Ausdruck z.B. für ω_{r}^2 eingesetzt. Über die freien oder Variationsparameter p_i wird nun so verfügt, daß der stationäre Ausdruck einen Extremwert annimmt. Man fordert also, daß von

$$\omega_{\mathrm{r}}^2 = \omega_{\mathrm{r}}^2(p_1, p_2, \dots p_n) \tag{9.38}$$

die ersten Ableitungen nach allen Variationsparametern verschwinden:

$$\frac{\partial \omega_{\mathrm{r}}^2}{\partial p_i} = 0 \qquad \text{für} \quad i = 1, 2, \dots n \quad . \tag{9.39}$$

Aus den n Gleichungen, die sich damit ergeben, können die n unbekannten Variationsparameter bestimmt werden.

Als Extremwert von Gl.(9.38) erhält man so die beste mit dem allgemeinen Ansatz (9.37) überhaupt mögliche Näherung für die gesuchte Größe ω_{r}. Mit diesen Werten für die Variationsparameter erhält man aber aus Gl.(9.37) auch die bestmögliche Näherung für die Feldverteilung $\underline{\vec{E}}$ selbst.

Als Ansatz (9.37) für das Probefeld wird man normalerweise eine Linearkombination von Funktionen wählen

$$\underline{\vec{E}}_{\mathrm{p}} = p_1\underline{\vec{E}}_1 + p_2\underline{\vec{E}}_2 + \dots + p_n\underline{\vec{E}}_n \quad , \tag{9.40}$$

wobei die Funktionen $\underline{\vec{E}}_i$ dem Problem selbst schon möglichst gut angepaßt sein sollen. Zum Beispiel sollte jede Funktion für sich die *Randbedingungen* erfüllen. Bei stationären Ausdrücken mit vorgeschriebenen Randbedingungen ist das sogar *Bedingung*. Die Funktionen sollten möglichst auch ein *orthogonales System* bezüglich des Bereiches bilden, in dem die Lösung gesucht wird; dann ist nämlich die Auswertung der Integrale in den stationären Ausdrücken einfacher.

Wenn man ein *vollständiges System* von Funktionen für den in Frage kommenden Bereich ansetzt, kann man sogar zu einer exakten Lösung kommen.

9.6 STATIONÄRE AUSDRÜCKE AUS REAKTIONEN

Rückblick

Als *Reaktion* einer Feldverteilung $\underline{\vec{E}}^{(a)}$, $\underline{\vec{H}}^{(a)}$ mit der Quellenverteilung $\underline{\vec{J}}^{(b)}$, $\underline{\vec{M}}^{(b)}$ war durch Gl.(1.90) folgende skalare Größe definiert worden:

$$<a, b> = \iiint\limits_V (\underline{\vec{E}}^{(a)}\underline{\vec{J}}^{(b)} - \underline{\vec{H}}^{(a)}\underline{\vec{M}}^{(b)})\, dV \quad .$$

Das Integral muß sich dabei über alle Volumenbereiche erstrecken, die Quellen b enthalten.

Selbstreaktion ist insbesondere die Reaktion eines Feldes mit seinen eigenen Quellen

$$<a, a> = \iiint\limits_V (\underline{\vec{E}}^{(a)}\underline{\vec{J}}^{(a)} - \underline{\vec{H}}^{(a)}\underline{\vec{M}}^{(a)})\, dV \quad .$$

Mit dem Reziprozitätssatz (1.91) ist

$$<a, b> = <b, a> \quad .$$

Viele charakteristische Größen elektromagnetischer Feldprobleme, die in praktischen Aufgaben berechnet werden müssen, lassen sich durch *Reaktionen* darstellen. Wir erinnern uns z.B. an die *Widerstandsmatrix elektrischer Netzwerke*, deren Elemente sich in Abschnitt 1.12 als Reaktion mit Einheitsstromquellen ergaben.

Auch in *Antennenproblemen* können die *Fußpunktwiderstände* mit Reaktionen dargestellt werden.

Problemdarstellung

Wie hier gezeigt werden soll, lassen sich die *Reaktionen* auf einfache Weise *stationär* hinsichtlich der Quellenverteilung oder der Feldverteilung machen. Für alle Größen, die durch solche stationären Reaktionen dargestellt werden können, hat man dann stationäre Ausdrücke zur näherungsweisen Berechnung der Größen selbst und mit dem Ritzschen Verfahren auch zur näherungsweisen Berechnung der Feld- oder Quellenverteilungen, die ihnen zugrunde liegen.

Um die Reaktion $\langle a,b \rangle$ zu berechnen, soll sie stationär gemacht werden, so daß mit *Probefeldern* a_p und *Probequellen* b_p, die von den wirklichen Feldern a und Quellen b verschieden sind, die Reaktion $\langle a_p,b_p \rangle$ eine gute Näherung für $\langle a,b \rangle$ bildet.

Behauptung

Man kann die Reaktion zu einem stationären Ausdruck machen, wenn man fordert, daß sowohl

$$\langle a_p, b_p \rangle = \langle a, b_p \rangle \tag{9.41}$$

als auch

$$\langle a_p, b_p \rangle = \langle a_p, b \rangle \tag{9.42}$$

ist, so daß das Probefeld a_p mit den Probequellen b_p genau so reagiert wie das richtige Feld a mit den Probequellen b_p, und daß umgekehrt das Probefeld a_p mit den Probequellen b_p genau so reagiert wie mit den richtigen Quellen b.

Bevor die Behauptung, daß sich unter den beiden Bedingungen (9.41) und (9.42) ein stationärer Ausdruck für die Reaktion ergibt, bewiesen werden kann, muß dieser stationäre Ausdruck erst einmal aus den Gln.(9.41) und (9.42) berechnet werden. Es werden dazu Probefeld und Probequellen gemäß

$$Aa_p \text{ und } Bb_p$$

mit freien Koeffizienten A und B in die Gln.(9.41) und (9.42) eingesetzt:

$$A\,B\,\langle a_p,\, b_p\rangle = B\,\langle a,\, b_p\rangle$$
$$A\,B\,\langle a_p,\, b_p\rangle = A\,\langle a_p,\, b\rangle\;. \qquad (9.43)$$

Aus Gl.(9.43) folgt

$$A = \frac{\langle a,\, b_p\rangle}{\langle a_p,\, b_p\rangle} \quad \text{und} \quad B = \frac{\langle a_p,\, b\rangle}{\langle a_p,\, b_p\rangle}\;,$$

und für die Reaktion von Aa_p mit Bb_p ergibt sich

$$R = AB\,\langle a_p,\, b_p\rangle = \frac{\langle a,\, b_p\rangle\,\langle a_p,\, b\rangle}{\langle a_p,\, b_p\rangle} \qquad (9.44)$$

Beweis

Dieser Ausdruck ist zunächst unabhängig von den Amplituden der Probefelder und Quellen; daß er auch stationär hinsichtlich Variationen in a und b ist, läßt sich verhältnismäßig einfach zeigen. Man setzt dazu

$$a_p = a + p_a e_a \quad \text{und} \quad b_p = b + p_b e_b$$

an. Dabei ist a das richtige Feld, e_a ein beliebiges Fehlerfeld und p_a ein skalarer Variationsparameter. b ist die richtige Quellenverteilung, e_b eine beliebige Verteilung von Fehlerquellen und p_b auch ein skalarer Variationsparameter. Diese Ausdrücke für die Probeverteilungen werden in Gl.(9.44) eingesetzt. Dann ist

$$R = \frac{(\langle a,\, b\rangle + p_b\,\langle a,\, e_b\rangle)(\langle a,\, b\rangle + p_a\langle e_a,\, b\rangle)}{\langle a,\, b\rangle + p_a\langle e_a\,,b\rangle + p_b\langle a,\, e_b\rangle + p_a p_b\langle e_a,\, e_b\rangle}\;.$$

Die partiellen Ableitungen dieser Beziehung für die Reaktion nach den beiden Variationsparametern bei $p_a = p_b = 0$ sind

$$\left.\frac{\partial R}{\partial p_a}\right|_{p_a=p_b=0} = \frac{\langle a,b\rangle^2(\langle e_a,b\rangle - \langle e_a,b\rangle)}{\langle a,b\rangle^2} \equiv 0$$

$$\left.\frac{\partial R}{\partial p_b}\right|_{p_a=p_b=0} = \frac{\langle a,b\rangle^2(\langle a,e_b\rangle - \langle a,e_b\rangle)}{\langle a,b\rangle^2} \equiv 0\,.$$

Die erste Variation hinsichtlich beider Parameter p_a und p_b verschwindet bei p_a und $p_b = 0$. Der Ausdruck (9.44) für die Reaktion ist also stationär bei den richtigen Verteilungen hinsichtlich Variationen dieser Verteilungen.

Erläuterungen

In den beiden Bedingungen (9.41) und (9.42), die zu dem stationären Ausdruck für die Reaktion führen, haben entweder a_p oder b_p die Bedeutung von *Prüffeld* bzw. *Prüfquelle*. In Gl.(9.41) ist b_p die Prüfquelle; wir messen auf der rechten Seite von Gl.(9.41) die Reaktion der richtigen Feldverteilung a mit dieser Prüfquelle und auf der linken Seite von Gl.(9.41) die Reaktion der Probeverteilung. Wenn wir dann mit Gl.(9.41) fordern, daß beide Reaktionen einander gleich sein sollen, dann haben wir uns damit auf solche Feldverteilungen festgelegt, die bezüglich ihrer Reaktion mit der Prüfquelle b_p äquivalent sind. Wir würden uns offenbar auf die richtige Feldverteilung festlegen, wenn wir verlangen, daß a_p nicht nur bezüglich der Reaktion mit *einer* Prüfquelle b_p dem Feld a äquivalent ist, sondern bezüglich der Reaktion mit *allen* überhaupt möglichen Prüfquellen. b_p ist aber hier als die einzige Prüfquelle anzusehen, welche uns zur Verfügung steht.

In Gl.(9.42) legen wir uns ähnlich auf Probequellen b_p fest, mit denen das Prüffeld a_p genauso reagiert, wie mit den richtigen Quellen b. Die Quellenverteilung b_p ist also bezüglich der Reaktion des Prüffeldes a_p mit ihr der richtigen Quellenverteilung äquivalent.

Indem wir beide Bedingungen (9.41) und (9.42) gleichzeitig erfüllen, sind a_p und b_p gegenseitig Prüf- und Probequellen. Die Folge dieser gegenseitigen Äquivalenz ist dann eine Näherung für die Reaktion gemäß Gl.(9.44), die mit ihrem stationären Charakter sehr gut ist.

Es mag nun zunächst sinnlos erscheinen, Reaktionen mit den richtigen Quellen oder Feldverteilungen in Gl.(9.44) als bekannt vorauszusetzen, denn wenigstens eine dieser Verteilungen wird ja *unbekannt* sein. Tatsächlich kann man aber mit dem *Reziprozitätstheorem* und den speziellen Verhältnissen in bestimmten Problemklassen diese Reaktionen oft berechnen. Beispiele werden das später noch zeigen.

Hier soll noch das Ritzsche Verfahren auf stationäre Ausdrücke mit Reaktionen angewandt werden. Wir beschränken uns dabei auf Selbstreaktionen. Dafür ist der stationäre Ausdruck (9.44) mit Berücksichtigung des Reziprozitätstheorems

$$SR = \frac{\langle a, a_p \rangle^2}{\langle a_p, a_p \rangle} \quad . \tag{9.45}$$

Für Probefelder und Probequellen werden Linearkombinationen von Funktionen a_i angesetzt:

$$a_p = p_1 \cdot a_1 + p_2 \cdot a_2 + \ldots + p_n \cdot a_n \quad . \tag{9.46}$$

Die partiellen Ableitungen von Gl.(9.45) nach den Variationskoeffizienten sind:

$$\frac{\partial SR}{\partial p_i} = \frac{2\langle a_p, a_p\rangle \langle a, a_p\rangle \dfrac{\partial \langle a, a_p\rangle}{\partial p_i} - \langle a, a_p\rangle^2 \dfrac{\partial \langle a_p, a_p\rangle}{\partial p_i}}{\langle a_p, a_p\rangle^2} \qquad i = 1,2,\ldots n \; .$$

Aus $\frac{\partial SR}{\partial p_i} = 0$ folgt

$$\frac{\partial \langle a_p, a_p\rangle}{\partial p_i} = 2 \frac{\partial \langle a, a_p\rangle}{\partial p_i} \qquad i = 1, 2, \ldots\ldots n \; ; \tag{9.47}$$

denn es ist entsprechend der Ausgangsbedingung (9.41) für $b_p = a_p$

$$\langle a_p, a_p \rangle = \langle a, a_p \rangle \; .$$

Das Gleichungssystem (9.47) besteht aus n linearen Gleichungen für die Variationskoeffizienten p_1 bis p_n. Sie lauten

$$\begin{aligned} p_1\langle a_1, a_1\rangle + p_2\langle a_2, a_1\rangle + \ldots + p_n \langle a_n, a_1\rangle &= \langle a, a_1\rangle \\ p_1\langle a_1, a_2\rangle + p_2\langle a_2, a_2\rangle + \ldots + p_n \langle a_n, a_2\rangle &= \langle a, a_2\rangle \\ &\vdots \\ p_1\langle a_1, a_n\rangle + p_2\langle a_2\, a_n\rangle + \ldots + p_n \langle a_n, a_n\rangle &= \langle a, a_n\rangle \; . \end{aligned} \tag{9.48}$$

Die günstigsten Werte für die Variationskoeffizienten ergeben sich als Lösung dieses Gleichungssystems zu

$$\begin{bmatrix} p_1 \\ \\ p_2 \\ \vdots \\ p_n \end{bmatrix} = \begin{bmatrix} \langle a_1,a_1\rangle & \langle a_2,a_1\rangle & \dots & \langle a_n,a_1\rangle \\ \\ \langle a_1,a_2\rangle & \langle a_2,a_2\rangle & \dots & \langle a_n,a_2\rangle \\ \vdots & \vdots & & \vdots \\ \langle a_1,a_n\rangle & \langle a_2,a_n\rangle & \dots & \langle a_n,a_n\rangle \end{bmatrix}^{-1} \begin{bmatrix} \langle a,a_1\rangle \\ \\ \langle a,a_2\rangle \\ \vdots \\ \langle a,a_n\rangle \end{bmatrix}, \tag{9.49}$$

so daß schließlich die für den Ansatz (9.46) bestmögliche Näherung der Selbstreaktion durch Einsetzen in (9.45) folgendermaßen lautet:

$$SR = \langle a,a_{\mathrm{p}}\rangle = \begin{bmatrix} \langle a,a_1\rangle & \langle a,a_2\rangle \dots \end{bmatrix} \begin{bmatrix} \langle a_1,a_1\rangle & \langle a_2,a_1\rangle \dots \\ \langle a_1,a_2\rangle & \langle a_2,a_2\rangle \dots \\ \vdots & \vdots \end{bmatrix}^{-1} \begin{bmatrix} \langle a,a_1\rangle \\ \langle a,a_2\rangle \\ \vdots \end{bmatrix}. \tag{9.50}$$

Neben dieser für den Ansatz bestmöglichen Näherung für die Reaktion erhält man aber auch schon mit Gl.(9.49) die bestmögliche Näherung für die Quellen bzw. Feldverteilungen.

9.7 Stationäre Ausdrücke bei Beugungsproblemen

Gemäß Bild 9.6 soll die Beugung einer Welle an einem ideal leitenden Körper untersucht werden. Die einfallende Welle mit $\underline{\vec{E}}_{\mathrm{a}}^{(\mathrm{e})}$ soll von einem Hertzschen Dipol $\underline{\vec{I}}_{\mathrm{a}} \vec{l}_{\mathrm{a}}$ kommen. Sie induziert Oberflächenströme $\underline{\vec{J}}_{\mathrm{a}}^{(\mathrm{A})}$ auf dem leitenden Körper, und es entsteht ein Streufeld $\underline{\vec{E}}_{\mathrm{a}}^{(\mathrm{s})}$. $\underline{\vec{E}}_{\mathrm{a}}^{(\mathrm{s})}$ ist das Feld der Quellenverteilung $\underline{\vec{J}}_{\mathrm{a}}^{(\mathrm{A})}$ ohne den leitenden Körper. Das resultierende Feld setzt sich gemäß

$$\underline{\vec{E}}_a = \underline{\vec{E}}_a^{(e)} + \underline{\vec{E}}_a^{(s)}$$

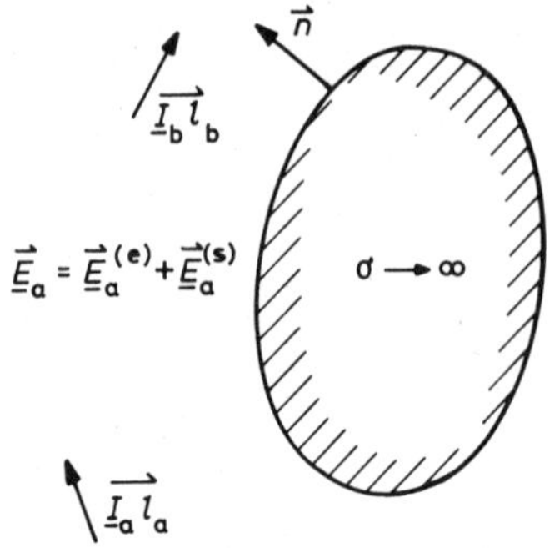

Bild 9.6
Beugung an einem leitenden Körper

aus einfallendem Feld und Streufeld zusammen. Unbekannt ist nur das Streufeld $\underline{\vec{E}}_a^{(s)}$, denn $\underline{\vec{E}}_a^{(e)}$ ist einfach das Strahlungsfeld des Hertzschen Dipols im freien Raum.

Zur Berechnung des Streufeldes $\underline{\vec{E}}_a^{(s)}$ nehmen wir im Aufpunkt eine Empfängerquelle b_e an, die aus einem Hertzschen Dipol des Momentes $\underline{I}_b l_b$ besteht. Aus der Reaktion des Streufeldes $\underline{\vec{E}}_a^{(s)}$ mit dieser Quelle ergibt sich die Komponente $\underline{E}_{ab}^{(s)}$ des Streufeldes $\underline{\vec{E}}_a^{(s)}$ in Richtung des Probedipoles

$$\underline{E}_{ab}^{(s)} \cdot \underline{I}_b l_b = \langle a, b_e \rangle \quad ,$$

also die zu berechnende Größe. Wegen Reziprozität ist

$$\underline{E}_{ab}^{(s)} \cdot \underline{I}_b l_b = \langle b_e, a \rangle = \iint_A \underline{\vec{E}}_b^{(e)} \, \underline{\vec{J}}_a^{(A)} \, dA \tag{9.51}$$

mit $\underline{\vec{E}}_b^{(e)}$ als ungestörtem Feld des Probedipoles.

Auf der Oberfläche des ideal leitenden Körpers muß das tangentiale elektrische Feld sowohl für $\underline{\vec{E}}_a$ als auch für $\underline{\vec{E}}_b$ verschwinden. Also gilt

$$\vec{n} \times \underline{\vec{E}}_a^{(e)} = - \vec{n} \times \underline{\vec{E}}_a^{(s)} \text{ und } \vec{n} \times \underline{\vec{E}}_b^{(e)} = - \vec{n} \times \underline{\vec{E}}_b^{(s)} . \tag{9.52}$$

Man kann darum für Gl.(9.51) auch schreiben

$$\underline{E}_{ab}^{(s)} \cdot \underline{I}_b l_b = -\iint_A \vec{\underline{E}}_b^{(s)} \cdot \vec{\underline{J}}_a^{(A)} \, dA = - <b,a> = -<a,b> \quad . \qquad (9.53)$$

Zu berechnendes Feld

Das Feld b mit $\vec{\underline{E}}_b^{(s)}$ wird dabei durch die Oberflächenströme $\vec{\underline{J}}_b^{(A)}$ auf A erzeugt, die durch die Empfängerquelle b_e induziert werden. $\vec{\underline{E}}_b^{(s)}$ wird aus $\vec{\underline{J}}_b^{(A)}$ ohne Einfluß des Streukörpers berechnet.

Gl.(9.53) ist eine Reaktion, die sich entsprechend Gl.(9.44) zum stationären Ausdruck hinsichtlich a und b machen läßt. Es muß dazu nur

$$< a,b > = \frac{< a,b_p > < a_p,b >}{< a_p,b_p >}$$

oder wegen Reziprozität auch

$$< a,b > = \frac{< a,b_p > < b,a_p >}{< b_p,a_p >}$$

sein.

Wenn hier die Quellen- und Feldverteilungen auf A eingeführt werden und von Gl.(9.52) Gebrauch gemacht wird, ergibt sich als Näherung für das gesuchte Streufeld der stationäre Ausdruck

$$\underline{E}_{ab}^{(s)} = - \frac{\iint_A \vec{\underline{E}}_a^{(e)} \cdot \vec{\underline{J}}_{bp}^{(A)} \, dA \cdot \iint_A \vec{\underline{E}}_b^{(e)} \cdot \vec{\underline{J}}_{ap}^{(A)} \, dA}{\underline{I}_b l_b \iint_A \vec{\underline{E}}_{bp} \cdot \vec{\underline{J}}_{ap}^{(A)} \, dA} \quad . \qquad (9.54)$$

Stationärer Ausdruck

$\vec{\underline{J}}_{ap}^{(A)}$ muß für den Flächenstrom angenommen werden, der durch den Sendedipol a auf A induziert wird und $\vec{\underline{J}}_{bp}^{(A)}$ für den Flächenstrom, der durch die Empfängerquelle b auf A induziert wird. $\vec{\underline{E}}_{bp}$ ist das Feld der Quellenverteilung $\vec{\underline{J}}_{bp}^{(A)}$ in Abwesenheit des Streukörpers.

Wenn man die Empfängerquelle b mit der Senderquelle a zusammenfallen läßt, ergibt sich aus Gl.(9.54) das Streufeld am Sender, also das rückgestrahlte Feld

Sonderfall

$$\underline{E}_{aa}^{(s)} = - \frac{\left(\iint_A \vec{\underline{E}}_a^{(e)} \cdot \vec{\underline{J}}_{ap}^{(A)} \, dA \right)^2}{\underline{I}_a l_a \cdot \iint_A \vec{\underline{E}}_{ap} \, \vec{\underline{J}}_{ap}^{(A)} \, dA} \quad . \tag{9.55}$$

Zur Kennzeichnung der Rückstrahlereigenschaften eines Körpers wurde durch Gl.(1.126) der Echo- oder Radarquerschnitt definiert. Für linear polarisierte Felder ist

$$A_e = \lim_{r \to \infty} \left(4\pi r^2 \left| \frac{\underline{E}_{aa}^{(s)}}{\underline{E}_a^{(e)}} \right|^2 \right) \quad . \tag{9.56}$$

Ein Hertzscher Dipol in z-Richtung als primärer Strahler im Koordinatenursprung erzeugt längs der x-Achse das Fernfeld

$$\vec{\underline{E}}_a^{(e)} = \vec{u}_z \cdot \frac{j\eta \underline{I}_a l_a}{2\lambda r} e^{-jkx} \tag{9.57}$$

Das Rückstreufeld ist in diesem Falle

$$\underline{E}_{aa}^{(s)} = \frac{\eta^2 \underline{I}_a l_a \left(\iint_A \vec{u}_z \cdot \vec{\underline{J}}_{ap}^{(A)} e^{-jkx} \, dA \right)^2}{4\lambda^2 r^2 \cdot \iint_A \vec{\underline{E}}_{ap} \, \vec{\underline{J}}_{ap}^{(A)} \, dA} ,$$

so daß für den Radarquerschnitt sich folgender stationärer Ausdruck ergibt:

$$A_e = \pi \left| \frac{\eta}{\lambda} \frac{\left\{ \iint_A \left(\vec{\underline{J}}_{ap}^{(A)} \right)_z e^{-jkx} \, dA \right\}^2}{\iint_A \vec{\underline{E}}_{ap} \cdot \vec{\underline{J}}_{ap}^{(A)} \, dA} \right|^2 \quad . \tag{9.58}$$

Übungsaufgaben zum Lernzyklus 12B

Ohne Unterlagen

1 Erläutern Sie anhand einer Skizze, was ein stationärer Ausdruck ist!

2 Schreiben Sie ein Formel für die Resonanzfrequenz eines Hohlraumresonators hin, die stationär hinsichtlich Änderungen der elektrischen Feldverteilung ist! Welche Randbedingung muß dabei die geschätzte Feldverteilung erfüllen?

3 Erläutern Sie in Worten das Ritzsche Verfahren! Inwiefern läßt sich mit ihm der Anwendungsbereich stationärer Ausdrücke erweitern?

4 Geben Sie eine Formel an, die eine Reaktion stationär macht! Was bedeuten die einzelnen Symbole in dieser Formel?

5 Beschreiben Sie mit Worten und Formeln ein Verfahren, das es gestattet, das von einem ideal leitenden Körper erzeugte Streufeld aus einem stationären Ausdruck zu berechnen!

Unterlagen gestattet

6 Näherungsweise Berechung der E_{010}-Resonanzfrequenz, Teil I

Berechnen Sie näherungsweise die Resonanzfrequenz der Grundschwingung eines kreiszylindrischen Resonators mit $h < 2a$ (E_{010}-Schwingung)! Gehen Sie hierzu von dem stationären Ausdruck für die Resonanzfrequenz aus!

a) Das Probefeld sei durch

$$\underline{\vec{E}}_p = \vec{u}_z(1 - \rho/a)$$

gegeben.

b) Das Probefeld sei durch

$$\underline{\vec{E}}_p = \vec{u}_z \cos\frac{\pi\rho}{2a}$$

gegeben. Die bei der Rechnung auftretenden Integrale können mit Hilfe der partiellen Integration auf einfachere zurückgeführt werden.

c) Vergleichen Sie die Ergebnisse mit der exakten Lösung

$$\omega_r = \frac{2{,}4048}{a\,\sqrt{\mu\varepsilon}} \quad !$$

Anmerkung

Diese Aufgabe soll nur ein Beispiel sein, das Ihnen die Leistungsfähigkeit einer Variationsrechnung klar machen soll. Das Ergebnis ist uns ja aus Abschnitt 4.5 schon genau bekannt.

Lernzyklus 12C

LERNZIELE

Nach dem Durcharbeiten des Lernzyklus 12C sollen Sie in der Lage sein,

- mit Worten und einfachen Gleichungen das Babinetsche Prinzip[1)] zu erläutern;
- mit Worten zu beschreiben, wie man die elektromagnetische Strahlung, die durch ein Loch in einer leitenden Ebene hindurchdringt, näherungsweise berechnen kann;
- einen stationären Ausdruck für Eingangswiderstände von Antennen anzugeben;
- für die Resonanzfrequenz eines Hohlraumresonators eine Formel hinzuschreiben, die auch dann stationär ist, wenn die Probeverteilung nicht die Randbedingungen erfüllt.

[1)] Babinet, sprich [babine]

9.8 DAS BABINETSCHE PRINZIP UND DIE BEUGUNG AN BLENDEN

Die Beugung in der Öffnung eines unendlich ausgedehnten, ideal leitenden, ebenen Schirmes läßt sich auf die Beugung an einer begrenzten ebenen Platte zurückführen. Es wird dabei vom Babinetschen Prinzip Gebrauch gemacht. Darum soll dieses Prinzip hier zuerst besprochen werden.

Babinetsches Prinzip

In Bild 9.7 werden drei Feldverteilungen miteinander verglichen. In Bild 9.7a strahlen Quellen bei $z < 0$ im freien Raum, in Bild 9.7b strahlen sie durch die Öffnung A_m eines elektrisch leitenden Schirmes A_e, und in Bild 9.7c wird die Strahlung an einem zu b komplementären, magnetisch leitenden Schirm A_m gebeugt.

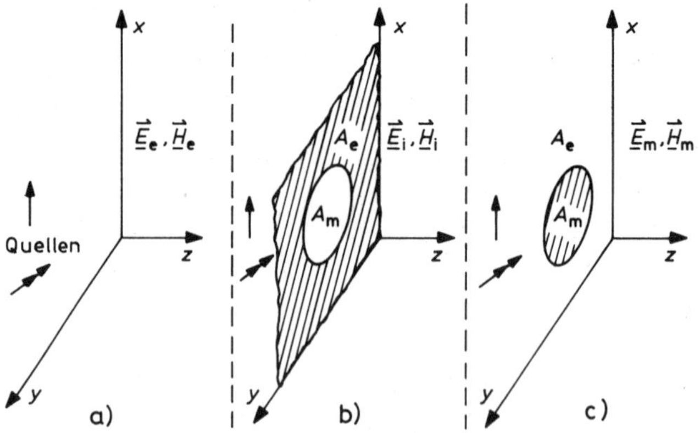

Bild 9.7: Zur Ableitung des Babinetschen Prinzips

Sowohl das Feld $\vec{\underline{E}}_i$, $\vec{\underline{H}}_i$ in Bild 9.7b als auch das Feld $\vec{\underline{E}}_m$, $\vec{\underline{H}}_m$ in Bild 9.7c setzen sich zusammen aus dem ungestörten Feld $\vec{\underline{E}}_e$, $\vec{\underline{H}}_e$ der *einfallenden Welle* in Bild 9.7a und aus den jeweiligen *Streufeldern* $\vec{\underline{E}}_s$, $\vec{\underline{H}}_s$, die durch Flächenströme in den Schirmebenen angeregt werden. Ein elektrisches Stromelement erzeugt in allen Ebenen, die dieses Stromelement enthalten, nur magnetische Felder senkrecht auf diesen Ebenen. Die elektrischen Ströme, welche im Schirm A_e induziert werden, regen darum auf dem Schirm A_e und in der Öffnung A_m nur Magnetfelder $\vec{\underline{H}}_s$ senkrecht zur Ebene des Schirmes an. Es gilt darum in der Öffnung

$$\vec{u}_z \times \underline{\vec{H}}_i = \vec{u}_z \times \underline{\vec{H}}_e \quad \text{auf } A_m \; . \tag{9.59}$$

Die Grenzbedingung auf dem elektrisch leitenden Schirm ist

$$\vec{u}_z \times \underline{\vec{E}}_i = 0 \qquad \text{auf } A_e \; . \tag{9.60}$$

Für den komplementären, magnetisch leitenden Schirm gilt in dualer Weise

$$\vec{u}_z \times \underline{\vec{E}}_m = \vec{u}_z \times \underline{\vec{E}}_e \qquad \text{auf } A_e \tag{9.61}$$

$$\vec{u}_z \times \underline{\vec{H}}_m = 0 \qquad \text{auf } A_m \; . \tag{9.62}$$

Für die Summe der Gleichungen (9.60) und (9.61) auf A_e sowie der Gleichung (9.59) und (9.62) auf A_m folgt

$$\vec{u}_z \times (\underline{\vec{E}}_i + \underline{\vec{E}}_m) = \vec{u}_z \times \underline{\vec{E}}_e \qquad \text{auf } A_e$$

$$\vec{u}_z \times (\underline{\vec{H}}_i + \underline{\vec{H}}_m) = \vec{u}_z \times \underline{\vec{H}}_e \qquad \text{auf } A_m \; .$$

Die Überlagerung der beiden elektrischen Felder hat auf einem Teil der Schirmebene, nämlich auf A_e, dieselbe Tangentialkomponente wie das ungestörte einfallende Feld, und auf dem Rest der Schirmebene, nämlich auf A_m, hat die Überlagerung der magnetischen Felder dieselbe Tangentialkomponente wie das ungestörte Feld. Auf Grund der *Eindeutigkeit der Lösung* nach Abschnitt 1.8 stimmt damit aber die Überlagerung beider Feldverteilungen rechts vom Schirm überall mit der ungestörten Feldverteilung überein. Es gilt also in der ganzen rechten Raumhälfte

$$\underline{\vec{E}}_i + \underline{\vec{E}}_m = \underline{\vec{E}}_e \qquad \underline{\vec{H}}_i + \underline{\vec{H}}_m = \underline{\vec{H}}_e \tag{9.63}$$

Dieses ist das Babinetsche Prinzip. Nach ihm überlagern sich das durch die Öffnung in einem elektrisch leitenden Schirm übertragene Feld mit dem an der komplementären magnetischen Scheibe gebeugten Feld zum ungestörten Feld der einfallenden Welle. Man kann damit das eine Feld aus dem anderen berechnen.

Weil das Babinetsche Prinzip eine so unmittelbare Folge der dualen Beziehungen (9.59) bis (9.62) ist, gilt es oft auch nur als besondere Formulierung der Dualität.

Beugung an Blenden

Zur Anwendung des Babinetschen Prinzipes auf die Beugung an einer Blende vergleichen wir die beiden komplementären Anordnungen in Bild 9.8.

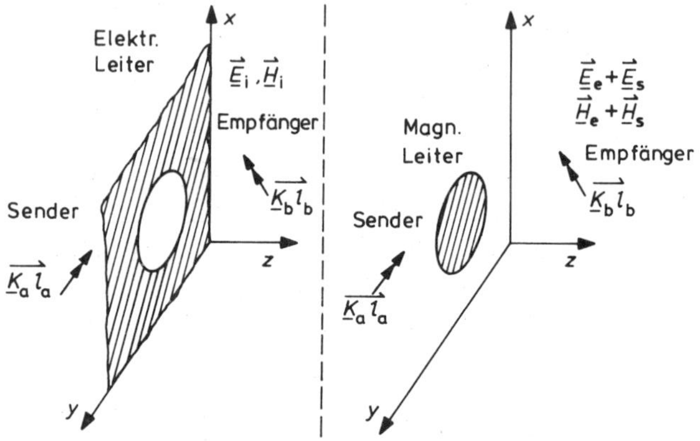

Bild 9.8

Rückführung der Blendenbeugung auf die Streuung an einer komplementären, magnetisch leitenden Scheibe

Wegen Gl.(9.63) gilt für die Felder bei $z > 0$, die durch den Sender $\overrightarrow{\underline{K}_a l_a}$ bei $z < 0$ erzeugt werden

$$\vec{\underline{E}}_i = - \vec{\underline{E}}_s \text{ und } \vec{\underline{H}}_i = - \vec{\underline{H}}_s \quad . \tag{9.64}$$

Die durch Blendenbeugung resultierende Feldverteilung ist entgegengesetzt gleich dem Streufeld des komplementären magnetischen Schirmes.

Der komplementäre magnetische Schirm ist ein begrenzter Streukörper, für dessen Streufeld auf Grund der Dualität ein der Gl.(9.54) entsprechender stationärer Ausdruck formuliert werden kann: Wenn dieser Körper von einem magnetischen Stromelement des Momentes $\underline{\overrightarrow{K_a l_a}}$ angestrahlt wird, gilt für das magnetische Streufeld in Richtung $\vec{l}_b$ am Empfangsdipol $\underline{K}_b l_b$ der *stationäre Ausdruck*

$$\underline{H}_{ab}^{(s)} = - \frac{\iint_A \underline{\vec{H}}_a^{(e)} \, \underline{\vec{M}}_{bp}^{(A)} \, dA \; \iint_A \underline{\vec{H}}_b^{(e)} \, \underline{\vec{M}}_{ap}^{(A)} \, dA}{\underline{K}_b l_b \iint_A \underline{\vec{H}}_{bp} \, \underline{\vec{M}}_{ap}^{(A)} \, dA} \quad . \qquad (9.65)$$

Felder und Flächenströme in den Integranden haben dabei duale Bedeutung wie in Gl.(9.54). $\underline{\vec{H}}_a^{(e)}$ ist das ungestörte Feld der einfallenden Welle vom Sendedipol $\underline{\overrightarrow{K_a l_a}}$, $\underline{\vec{H}}_b^{(e)}$ das ungestörte Feld des Empfangsdipoles $\underline{\overrightarrow{K_b l_b}}$. $\underline{\vec{M}}_{ap}^{(A)}$ und $\underline{\vec{M}}_{bp}^{(A)}$ sind Probeverteilungen für die magnetischen Flächenströme, wie sie zur Annäherung der entweder von $\underline{\overrightarrow{K_a l_a}}$ oder von $\underline{\overrightarrow{K_b l_b}}$ auf dem Streukörper induzierten Ströme angenommen werden. $\underline{\vec{H}}_{bp}$ ist das aus $\underline{\vec{M}}_{bp}^{(A)}$ ohne Streukörper berechnete Feld.

Magnetische Flächenströme werden auf beiden Seiten der magnetischen Scheibe induziert, $\underline{\vec{M}}^{(A)+}$ auf der Seite zur positiven z-Richtung und $\underline{\vec{M}}^{(A)-}$ auf der anderen Seite. Die Summe dieser Flächenströme läßt sich auch durch den Sprung im elektrischen Feld $\underline{\vec{E}}^+ - \underline{\vec{E}}^-$ von einer Seite der Fläche zur anderen ausdrücken:

$$\underline{\vec{M}}^{(A)} = \underline{\vec{M}}^{(A)+} + \underline{\vec{M}}^{(A)-} = (\underline{\vec{E}}^+ - \underline{\vec{E}}^-) \times \vec{u}_z \; .$$

Von den beiden Komponenten $\underline{\vec{E}}_e$ und $\underline{\vec{E}}_s$ des resultierenden Feldes springt aber nur das Streufeld $\underline{\vec{E}}_s$, während das einfallende Feld stetig ist. Es ist also

$$\underline{\vec{E}}^+ - \underline{\vec{E}}^- = \underline{\vec{E}}_s^+ - \underline{\vec{E}}_s^-$$

und, da das Streufeld als Strahlungsfeld der Quelle $\underline{\vec{M}}^{(A)} = \underline{\vec{M}}^{(A)+} + \underline{\vec{M}}^{(A)-}$ symmetrisch bezüglich der Schirmebene ist,

$$\underline{\vec{E}}_s^+ \times \vec{u}_z = - \underline{\vec{E}}_s^- \times \vec{u}_z \quad .$$

Die Flächenströme lassen sich damit recht einfach ausdrücken. Mit den Streufeldern jeweils auf der Seite der Scheibe, die der Quelle abgewandt ist, gilt

$$\underline{\vec{M}}_{ap}^{(A)} = \underline{\vec{M}}_{ap}^{(A)+} - \underline{\vec{M}}_{ap}^{(A)-} = 2\,\underline{\vec{E}}_{aps}^{+} \times \vec{u}_z$$
$$\underline{\vec{M}}_{bp}^{(A)} = \underline{\vec{M}}_{bp}^{(A)+} - \underline{\vec{M}}_{bp}^{(A)-} = -2\,\underline{\vec{E}}_{bps}^{-} \times \vec{u}_z \qquad (9.66)$$

Für diese Streufelder $\underline{\vec{E}}_s$ können nach Gl.(9.64) die jeweiligen Aperturfelder $-\underline{\vec{E}}_i$ eingeführt werden. Der stationäre Ausdruck (9.65) kann nun auf die Blendenbeugung angewandt werden:

$$\underline{H}_{ab}^{(i)} = -2\,\frac{\iint\limits_A \underline{\vec{H}}_a^{(e)}\,\vec{u}_z \times \underline{\vec{E}}_{bp}\,dA \iint\limits_A \underline{\vec{H}}_b^{(e)}\,\vec{u}_z \times \underline{\vec{E}}_{ap}\,dA}{\underline{K}_b\,l_b \iint\limits_A \underline{\vec{H}}_{bp}\,\vec{u}_z \times \underline{\vec{E}}_{ap}\,dA} \qquad (9.67)$$

Hierin sind die Flächenströme entsprechend Gl.(9.66) zunächst durch die Streufelder ausgedrückt und diese wiederum mit Gl.(9.64) durch die resultierenden Felder in der Blendenöffnung. $\underline{\vec{E}}_{ap}$ und $\underline{\vec{E}}_{bp}$ sind also Probefelder, wie sie zur Annäherung der von $\underline{\vec{K}}_a l_a$ bzw. $\underline{\vec{K}}_b l_b$ in der Öffnung erzeugten Felder angenommen werden. $\underline{\vec{H}}_{bp}$ ist nach wie vor das aus $\underline{\vec{M}}_{bp}^{(A)} = 2\vec{u}_z \times \underline{\vec{E}}_{bp}$ ohne Blende berechnete Feld.

Für einen Empfangsort, der in bezug auf die Blendenebene symmetrisch zum Sendeort liegt, reduziert sich das Problem der Blendenbeugung auf das Rückstreuproblem entsprechend Gl.(9.55).

9.9 Stationäre Ausdrücke für Widerstände

Antenneneingangswiderstand

Die Widerstände und Gegenwiderstände elektrischer Netzwerke lassen sich wie in Abschnitt 1.12 als Reaktionen darstellen. Durch Reaktionen lassen sich aber auch wie in Abschnitt 2.2 die Fußpunkt- oder Eingangswiderstände von Antennen ausdrücken. Wenn einer allgemeinen Antenne wie in Bild 9.9 zwischen den Fußpunkten ein Strom $\underline{I}$ aufgeprägt wird, stellt sich eine Spannung $\underline{U}$ zwischen den Klemmen ein. Die Reaktion des

Feldes mit seiner eigenen Quelle $\underline{I}$ ist

$$\langle a,a\rangle = \oiint_A \vec{\underline{E}} \cdot \underline{J}^{(A)}\,dA = -\,\underline{U}\,\underline{I}; \tag{9.68}$$

denn auf der Antennen-Oberfläche ist $\underline{E}_{tan} = 0$.

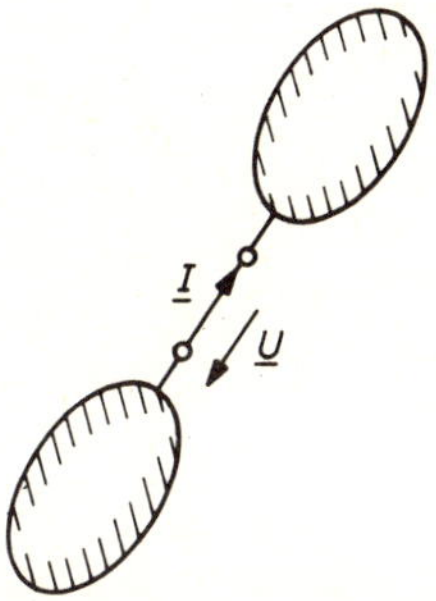

Bild 9.9
Allgemeine Antenne mit Fußpunkten

Der Fußpunktwiderstand ist darum

$$Z = \frac{\underline{U}}{\underline{I}} = -\,\frac{\langle a,a\rangle}{\underline{I}^2}\ . \tag{9.69}$$

Einen stationären Ausdruck für den Fußpunktwiderstand, in dem Probequellen $\vec{\underline{J}}_p^{(A)}$ mit ihrem Probefeld $\vec{\underline{E}}_p$ zur Näherung angenommen werden können, erhält man gemäß Gl.(9.45) mit

$$SR = \frac{\langle a,a_p\rangle^2}{\langle a_p,a_p\rangle}\ . \tag{9.70}$$

Die Reaktion des richtigen Feldes mit den Probequellen ist aber

$$\langle\, a,a_p\rangle = -\,\underline{U}\,\underline{I}_p\ ,$$

denn auf der Antennenfläche verschwindet die Tangentialkomponente des richtigen Feldes überall. Darum ist

$$SR = \frac{\underline{U}^2\,\underline{I}_p^{\,2}}{\langle a_p,a_p\rangle}\ .$$

Diese Form der Selbstreaktion in Gl.(9.69) eingesetzt, ergibt

$$Z = -\frac{\underline{U}^2}{\underline{I}^2}\,\frac{\underline{I}_p^2}{\langle a_p, a_p\rangle} = -Z^2\,\frac{\underline{I}_p^2}{\langle a_p, a_p\rangle} \quad .$$

Wenn man nach Z auflöst, erhält man folgenden *stationären Ausdruck* für den Widerstand

$$Z = -\frac{\langle a_p, a_p\rangle}{\underline{I}_p^2} \quad . \qquad (9.71)$$

Eigentlich zeigt diese Überlegung nur, daß schon der Ausdruck (9.69) bezüglich Variationen der Stromverteilung stationär ist. Zur näherungsweisen Berechnung wird also aus der Anschauung eine Stromverteilung $\underline{\vec{J}}_p^{(A)}$ auf der Antenne angenommen und das Feld $\underline{\vec{E}}_p$ berechnet, welches diese Stromverteilung bei Abwesenheit der Antenne erzeugen würde. Der Fußpunktwiderstand ist dann

$$Z = -\frac{1}{\underline{I}_p^2} \oiint_A \underline{\vec{E}}_p\, \underline{\vec{J}}_p^{(A)}\, dA \qquad (9.72)$$

integriert über die ganze Oberfläche der Antenne.

Früher hatten wir z.B. beim Übergang von Koaxialleitung auf Rechteckhohlleiter (Bild 7.2) aus der komplexen Leistung (1.16)

$$P = -\iint_A \underline{\vec{E}} \cdot \underline{\vec{J}}^{(A)*}\, dA$$

und dem Eingangsstrom $\underline{I}_e$ einen Eingangswiderstand berechnet. Durch Vergleich mit Gl. (9.72) stellen wir jetzt fest, daß auch diese Methode stationäre Ausdrücke liefert, wenn nur die Probestromverteilung reell angenommen wird, also $\underline{\vec{J}}_p = \underline{\vec{J}}_p^*$ ist.

Antennengegenwiderstand

Auch für die Gegenwiderstände zweier benachbarter Antennen in Bild 9.10 lassen sich mit Reaktionen stationäre Ausdrücke bilden. Die Reaktion des von der Antenne a, also von der Quelle $\underline{I}_a$ erzeugten Feldes mit der Quelle $\underline{I}_b$ ist

Bild 9.10

Gegenseitige Beeinflussung von Antennen

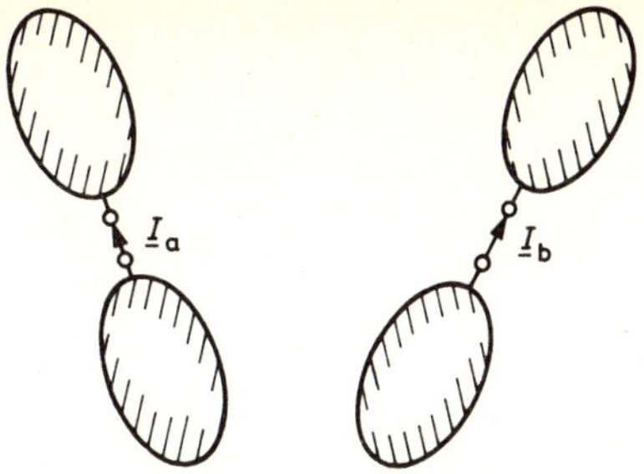

$$\langle a,b\rangle = \iint\limits_A \vec{\underline{E}}_a\, \vec{\underline{J}}_b^{(A)}\, dA = -\,\underline{U}_{ba}\,\underline{I}_b = -\,Z_{ba}\underline{I}_a\underline{I}_b\,. \qquad (9.73)$$

Diese Reaktion wird stationär, wenn gemäß Gl.(9.44) für Probequellen und ihre Felder

$$R = \frac{\langle a,b_p\rangle\langle a_p,b\rangle}{\langle a_p,b_p\rangle} = \frac{\langle a,b_p\rangle\langle b,a_p\rangle}{\langle a_p,b_p\rangle}$$

gesetzt wird.

Für die Reaktion der richtigen Felder mit den Probequellen gilt wie vorher

$$\langle b,a_p\rangle = -\underline{U}_{ab}\underline{I}_{ap} = -Z_{ab}\underline{I}_b\underline{I}_{ap}$$

$$\langle a,b_p\rangle = -\underline{U}_{ba}\underline{I}_{bp} = -Z_{ba}\underline{I}_a\underline{I}_{bp}\,.$$

Damit ist

$$R = \frac{Z_{ab}^2\,\underline{I}_a\,\underline{I}_b\,\underline{I}_{ap}\,\underline{I}_{bp}}{\langle a_p,b_p\rangle}\,,$$

und in Gl.(9.73) eingesetzt, ergibt sich

$$Z_{ab} = -\,\frac{\langle a_p,b_p\rangle}{\underline{I}_{ap}\,\underline{I}_{bp}} \qquad (9.74)$$

als stationärer Ausdruck für den Gegenwiderstand. Zur Auswertung werden Flächenströme $\underline{\vec{J}}_{ap}^{(A)}$ und $\underline{\vec{J}}_{bp}^{(A)}$ auf beiden Antennen angenommen; das Feld einer Stromverteilung, z.B. $\underline{\vec{E}}_{ap}$, wird in Abwesenheit beider Antennen berechnet und dann die Reaktion gebildet:

$$Z_{ab} = - \frac{1}{\underline{I}_{ap}\,\underline{I}_{bp}} \oiint_A \underline{\vec{E}}_{ap}\,\underline{\vec{J}}_{bp}^{(A)}\,dA \qquad (9.75)$$

Man kann mit diesen stationären Ausdrücken für Widerstände und Gegenwiderstände auch für das *Ritzsche Verfahren* arbeiten. Mit einem entsprechend allgemeinen Ansatz für die Stromverteilungen lassen sich dann sowohl die Widerstände als auch die Strom- und Feldverteilungen selbst beliebig genau bestimmen.

9.10 Stationäre Ausdrücke bei quellenfreien Feldern

Zu den quellenfreien Feldern gehören die *Eigenschwingungen von Resonatoren.* Einmal angeregt, schwingen sie in verlustlosen Resonatoren ohne weitere Unterstützung durch Quellen dauernd weiter. In verlustbehafteten Resonatoren klingen sie zwar exponentiell ab, sie bestehen aber auch hier *ohne Quellen.* Auch die Eigenwellen von Wellenleitern sind quellenfreie Lösungen der Feldgleichungen. Allerdings erstrecken sie sich unbegrenzt in axialer Richtung.

Bei quellenfreien Feldern verschwindet die Reaktion jedes Feldes mit den wirklichen Quellen, weil die wirklichen Quellen selbst null sind. Um also die Reaktion eines Probefeldes mit seinen eigenen Quellen stationär zu machen, muß

$$< a_p, a_p > = 0 \qquad (9.76)$$

sein, denn in dem stationären Ausdruck

$$< a_p, a_p > = \frac{< a_p, a >^2}{< a_p, a_p >}$$

ist $< a_p, a > = 0$.

Man kann aus Gl.(9.76) auch einen stationären Ausdruck für irgendeinen Parameter y des quellenfreien Feldes ableiten, wie z.B. für die Resonanzfrequenz bei Eigenschwingungen. Die Selbstreaktion in Gl.(9.76) wird im allgemeinen eine Funktion dieses Parameters y sein:

$$< a_p, a_p > \;\equiv\; F\,(y)\;.$$

Mit Gl.(9.76) ist

$$F\,(y) = 0 \tag{9.77}$$

ein stationäre Bestimmungsgleichung für y.

Setzt man nämlich $a_p = a + pe$, so ist für festes e die Selbstreaktion auch noch eine Funktion des skalaren Faktors p. *Beweis*

Wenn y und p variiert werden, gilt wegen Gl.(9.76)

$$\left.\frac{\partial <a_p,a_p>}{\partial\, y}\right|_{\substack{y=y_r\\ p=0}} \cdot\, \delta y \;+\; \left.\frac{\partial <a_p,a_p>}{\partial\, p}\right|_{\substack{y=y_r\\ p=0}} \cdot\, p \;=\; 0$$

mit y_r als richtigem Wert des Parameters y.

Das zweite Glied verschwindet, da $< a_p, a_p >$ wegen Gl.(9.76) stationär ist. Im ersten Glied ist die Ableitung nach y normalerweise endlich. Darum muß

$$\delta\, y \;=\; 0$$

sein. Die erste Variation von y verschwindet also, d.h. Gl.(9.77) ist stationär.

Zur Anwendung auf Resonatoren (Bild 9.11) wird ein *Probefeld* $\underline{\vec{E}}_p$ angenommen, das der interessierenden Eigenschwingung *ähnlich* ist. Zu dem Probefeld gehört auf Grund der Feldgleichungen die Quellenverteilung *Resonatoren*

$$\underline{\vec{J}}_p = -j\omega\varepsilon\,\underline{\vec{E}}_p - \frac{1}{j\omega}\,\mathrm{rot}\left(\frac{1}{\mu}\;\mathrm{rot}\,\underline{\vec{E}}_p\right). \tag{9.78}$$

Wenn das Probefeld auf der Berandung A des Resonators die Randbedingung $\vec{n}\times\underline{\vec{E}}_p = 0$ nicht erfüllt, müssen auch magnetische Flächenströme entsprechend

$$\underline{\vec{M}}_p^{(A)} = \vec{n} \times \underline{\vec{E}}_p \quad \text{auf } A$$

für den Sprung in $\underline{\vec{E}}_p$ mit berücksichtigt werden.

Die Selbstreaktion des Probefeldes mit seinen Quellen wird nun der Bedingung (9.76) unterworfen:

$$\langle a_p, a_p\rangle = \iiint_V \underline{\vec{J}}_p \underline{\vec{E}}_p \, dV + \oint\!\!\oint_A \frac{1}{j\omega\mu}\, \underline{\vec{M}}_p^{(A)}\,\mathrm{rot}\,\underline{E}_p \, dA =$$

$$- j\omega \iiint_V \varepsilon \underline{\vec{E}}_p \underline{\vec{E}}_p \, dV + \frac{j}{\omega} \iiint_V \underline{\vec{E}}_p \,\mathrm{rot}\left(\frac{1}{\mu}\mathrm{rot}\,\underline{\vec{E}}_p\right) dV$$

$$- \frac{j}{\omega} \oint\!\!\oint_A \frac{1}{\mu}\, \vec{n} \times \underline{\vec{E}}_p \,\mathrm{rot}\, \underline{\vec{E}}_p \, dA = 0 \quad .$$

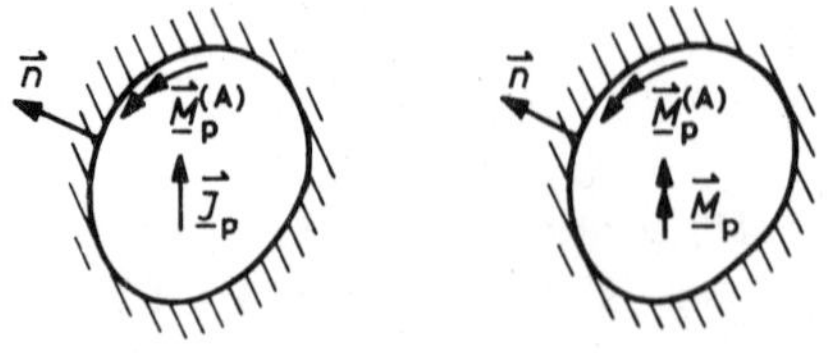

Bild 9.11

Quellenverteilungen in Resonatoren
a) für ein elektrisches Probefeld
b) für ein magnetisches Probefeld

Nach ω aufgelöst, ist mit der Gl.(9.35) für $\underline{\vec{E}}_p$ statt $\underline{\vec{E}}$

$$\omega^2 = \frac{\iiint\limits_V \frac{1}{\mu}(\mathrm{rot}\,\underline{\vec{E}}_p)^2 dV + 2 \oiint\limits_A \frac{1}{\mu}(\mathrm{rot}\,\underline{\vec{E}}_p) \times \underline{\vec{E}}_p \times d\vec{A}}{\iiint\limits_V \varepsilon\, \underline{E}_p^2\, dV} . \qquad (9.79)$$

Mit elektrischem Feld

Dieser Ausdruck für die Resonanzfrequenz ist *stationär*, selbst wenn das Probefeld die Randbedingung nicht erfüllt. Er hat darum allgemeinere Gültigkeit als Gl.(9.36).

Um die Eigenfrequenz stationär durch $\underline{\vec{H}}$ auszudrücken, wird im Resonator ein magnetisches Probefeld $\underline{\vec{H}}_p$ angenommen, und es werden seine Quellen entsprechend

$$\underline{\vec{M}}_p = -\,j\omega\mu\,\underline{\vec{H}}_p - \frac{1}{j\omega}\,\mathrm{rot}\left(\frac{1}{\varepsilon}\,\mathrm{rot}\,\underline{\vec{H}}_p\right)$$

$$\underline{\vec{M}}_p^{(A)} = \vec{n} \times \left(\frac{1}{j\omega\varepsilon}\,\mathrm{rot}\,\underline{\vec{H}}_p\right) \quad \text{auf } A \qquad (9.80)$$

berechnet. Die Selbstreaktion des Probefeldes mit seinen Quellen muß null sein:

$$j\omega\iiint\limits_V \mu \underline{H}_p^2 dV + \frac{1}{j\omega}\iiint\limits_V \underline{\vec{H}}_p\,\mathrm{rot}\left(\frac{1}{\varepsilon}\mathrm{rot}\,\underline{\vec{H}}_p\right) dV - \oiint \vec{n} \times \left(\frac{1}{j\omega\varepsilon}\mathrm{rot}\,\underline{\vec{H}}_p\right)\underline{\vec{H}}_p\, dA = 0 .$$

Mit Gl.(9.35) für $\underline{\vec{H}}_p$ statt $\underline{\vec{E}}$ kann diese Beziehung vereinfacht werden.

Nach ω aufgelöst, ergibt sich

$$\omega^2 = \frac{\iiint\limits_V \frac{1}{\varepsilon}(\mathrm{rot}\,\underline{\vec{H}}_p)^2\, dV}{\iiint\limits_V \mu \underline{H}_p^2\, dV} \qquad (9.81)$$

Mit magnetischem Feld

Dieser Ausdruck ist ebenfalls *stationär*, ohne daß das Probefeld irgendwelche Randbedingungen erfüllen muß.

Auch für die Ausbreitungskonstante $\gamma = \alpha + j\beta$ zylindrischer Wellenleiter können stationäre Ausdrücke aus der Bedingung (9.76) für die Selbstreaktion von Probefeldern mit

Wellenleiter

ihren Quellen abgeleitet werden. Allgemein läßt sich das Feld einer Eigenwelle, die im zylindrischen Wellenleiter in positiver z-Richtung wandert, durch

$$\underline{\vec{E}} = \underline{\vec{E}}^{(T)}(x,y)\ e^{-\gamma z}$$

$$\underline{\vec{H}} = \underline{\vec{H}}^{(T)}(x,y)\ e^{-\gamma z} \tag{9.82}$$

darstellen. Die Vektoren $\underline{\vec{E}}^{(T)}$ und $\underline{\vec{H}}^{(T)}$ hängen nur noch von den transversalen Koordinaten ab; das sind beispielsweise die kartesischen Koordinaten x und y.

Auch die Probefelder sind in dieser Form zu wählen. Zum Beispiel muß das elektrische Probefeld

$$\underline{\vec{E}}_p = \underline{\vec{E}}_p^{(T)}(x,y)\ e^{-\gamma z}$$

sein. Zu diesem Probefeld gehört als Quelle wieder die Verteilung elektrischer Stromdichte gemäß Gl.(9.78). Auch sie läßt sich in der Form

$$\underline{\vec{J}}_p = \underline{\vec{J}}_p^{(T)}(x,y)\ e^{-\gamma z}$$

schreiben. Wegen der exponentiellen Abhängigkeit des Vektors $\underline{\vec{E}}_p$ von der z-Koordinate läßt sich seine Rotation folgendermaßen entwickeln:

$$\mathrm{rot}\underline{\vec{E}}_p = (\mathrm{rot}\underline{\vec{E}}_p^{(T)} - \gamma\vec{u}_z \times \underline{\vec{E}}_p^{(T)})e^{-\gamma z}\ . \tag{9.83}$$

Die gleiche Entwicklung ergibt für die Rotation des Vektors $\frac{1}{\mu}\mathrm{rot}\underline{\vec{E}}_p$ in Gl.(9.78):

$$\mathrm{rot}\ (\frac{1}{\mu}\ \mathrm{rot}\ \underline{\vec{E}}_p) =$$

$$\left[\mathrm{rot}\left(\frac{1}{\mu}\mathrm{rot}\underline{\vec{E}}_p^{(T)}\right)-\gamma\left(\frac{1}{\mu}\vec{u}_z \times \mathrm{rot}\underline{\vec{E}}_p^{(T)}+\mathrm{rot}(\frac{1}{\mu}\vec{u}_z \times \underline{\vec{E}}_p^{(T)})\right)+\gamma^2\frac{1}{\mu}\vec{u}_z \times (\vec{u}_z \times \underline{\vec{E}}_p^{(T)})\right] \cdot e^{-\gamma z}. \tag{9.84}$$

Wir nehmen an, daß das Probefeld $\underline{\vec{E}}_p$ auf der Berandung L des Hohlleiters die Randbedingung

$$\vec{n} \times \underline{\vec{E}}_p = 0$$

erfüllt. Dann brauchen dort keine magnetischen Flächenströme angesetzt zu werden.

Die Selbstreaktion pro Längeneinheit des Hohlleiters für das Probefeld mit seinen Quellen ist unter diesen Umständen einfach

$$\langle a_p, a_p \rangle = \iint_A \underline{\vec{J}}_p^{(A)} \underline{\vec{E}}_p \, dA \, ,$$

wobei das Integral sich über den Querschnitt A des Hohlleiters erstreckt. Wird sie der Bedingung $\langle a_p, a_p \rangle = 0$ unterworfen, so ergibt sich mit den Gln.(9.78) und (9.84) die Beziehung

$$\iint_A \underline{\vec{E}}_p^{(T)} \mathrm{rot}\left(\frac{1}{\mu} \mathrm{rot} \underline{\vec{E}}_p^{(T)}\right) dA + \gamma^2 \iint_A \left(\frac{1}{\mu} \underline{\vec{E}}_p^{(T)} \vec{u}_z \times \left(\vec{u}_z \times \underline{\vec{E}}_p^{(T)}\right)\right) dA \quad - \quad \omega^2 \iint_A \varepsilon (\underline{E}_p^{(T)})^2 dA$$

$$= \gamma \iint_A \left(\underline{\vec{E}}_p^{(T)} \mathrm{rot} \frac{1}{\mu} (\vec{u}_z \times \underline{\vec{E}}_p^{(T)}) + \frac{1}{\mu} \underline{\vec{E}}_p^{(T)} (\vec{u}_z \times \mathrm{rot} \underline{\vec{E}}_p^{(T)}) \right) dA. \qquad (9.85)$$

Im Integral der rechten Seite von Gl.(9.85) erhält man aufgrund des *Gaußschen Satzes*

$$\iint \underline{\vec{E}}_p^{(T)} \mathrm{rot} \frac{1}{\mu}\left(\vec{u}_z \times \underline{\vec{E}}_p^{(T)}\right) dA =$$

$$\oint_L \frac{1}{\mu}\left(\vec{u}_z \times \underline{\vec{E}}_p^{(T)}\right) \times \underline{\vec{E}}_p^{(T)} \, d\vec{l} - \iint_A \frac{1}{\mu} \underline{\vec{E}}_p^{(T)} \left(\vec{u}_z \times \mathrm{rot} \underline{\vec{E}}_p^{(T)}\right) dA \quad ,$$

wobei das Linienintegral um den ganzen Querschnittsrand L des Hohlleiters zu führen ist. Wegen der Voraussetzung $\vec{n} \times \underline{\vec{E}}_p^{(T)} = 0$ auf dem Rand L verschwindet die ganze rechte Seite von Gl.(9.85).

Auf der linken Seite von Gl.(9.85) kann man im zweiten Integral gemäß

$$\underline{\vec{E}}_p^{(T)} \cdot \vec{u}_z \times \left(\vec{u}_z \times \underline{\vec{E}}_p^{(T)}\right) = -\left(\vec{u}_z \times \underline{\vec{E}}_p^{(T)}\right)^2$$

vereinfachen.

Auf das erste Integral der linken Seite kann man folgende zweidimensionale Form der Gl.(9.35) anwenden:

$$\iint_A \underline{\vec{E}}_p^{(T)} \operatorname{rot} \frac{1}{\mu} \operatorname{rot} \underline{\vec{E}}_p^{(T)} \, dA = \iint_A \frac{1}{\mu} \left(\operatorname{rot} \underline{\vec{E}}_p^{(T)}\right)^2 dA - \oint_L \underline{\vec{E}}_p^{(T)} \times \frac{1}{\mu} \operatorname{rot} \underline{\vec{E}}_p^{(T)} \, d\vec{l}.$$

Dabei verschwindet wieder das Linienintegral wegen $\vec{n} \times \underline{\vec{E}}_p^{(T)} = 0$ auf dem Rand L.

Die so vereinfachte Beziehung (9.85) kann nun nach γ^2 aufgelöst werden:

Mit elektrischem Feld

$$\gamma^2 = \frac{\iint_A \left[\frac{1}{\mu} \left(\operatorname{rot} \underline{\vec{E}}_p^{(T)}\right)^2 - \omega^2 \varepsilon \left(\underline{\vec{E}}_p^{(T)}\right)^2\right] dA}{\iint_A \frac{1}{\mu} \left(\vec{u}_z \times \underline{\vec{E}}_p^{(T)}\right)^2 dA} . \tag{9.86}$$

Das ist der gesuchte stationäre Ausdruck für die Ausbreitungskonstante von Eigenwellen in zylindrischen Hohlleitern. Er ist allerdings nur für solche Probefelder $\underline{\vec{E}}_p^{(T)}$ stationär, welche die Randbedingungen $\vec{n} \times \underline{\vec{E}}_p^{(T)} = 0$ auf L erfüllen. Sonst gilt er aber für allgemeine Verteilungen *isotroper Stoffe* mit $\varepsilon(x,y)$ und $\mu(x,y)$, die auch verlustbehaftet sein können.

Ebenso wie bei der Eigenfrequenz von Resonatoren kann man die Ausbreitungskonstante zylindrischer Hohlleiter auch stationär durch $\underline{\vec{H}}$ ausdrücken. Man muß dazu, wie in Gl. (9.80), magnetische Ströme für die Quellen der Probefelder $\underline{\vec{H}}_p$ annehmen und die Selbstreaktion der Probefelder mit diesen Quellen berechnen. Diese Rechnung führt auf den stationären Ausdruck

$$\gamma^2 = \frac{\iint\limits_A \left[\frac{1}{\varepsilon}\left(\mathrm{rot}\,\underline{\vec{H}}_p^{(T)}\right)^2 - \omega^2\mu\left(\underline{\vec{H}}_p^{(T)}\right)^2\right] dA}{\iint\limits_A \frac{1}{\varepsilon}\left(\vec{u}_z \times \underline{\vec{H}}_p^{(T)}\right)^2 dA} \,. \qquad (9.87)$$

Mit magnetischem Feld

Diese Beziehung ist stationär bezüglich Variationen in $\underline{\vec{H}}^{(T)}$, ohne daß $\underline{\vec{H}}^{(T)}$ irgendwelche Randbedingungen zu erfüllen braucht. Ein zur näherungsweisen Berechnung von γ angenommenes Probefeld $\underline{\vec{H}}_p^{(T)}$ braucht hier nur stetig zu sein, und seine Rotation muß überall im Querschnitt definiert sein.

Übungsaufgaben zum Lernzyklus 12C

Ohne Unterlagen

1 Erläutern Sie anhand einer Skizze und mit einfachen Gleichungen das Babinetsche Prinzip!

2 Schreiben Sie stationäre Ausdrücke für den Eingangswiderstand und den Gegenwiderstand von Antennen auf!

3 Die Resonanzfrequenz eines Hohlraumresonators läßt sich mit einem stationären Ausdruck aus einem magnetischen Probefeld berechnen, das die Randbedingungen nicht zu erfüllen braucht. Schreiben Sie diesen stationären Ausdruck hin!

Unterlagen gestattet

4 Näherungsweise Berechnung der E_{010}-Resonanzfrequenz, Teil II

Berechnen Sie aus einem stationären Ausdruck näherungsweise die Resonanzfrequenz der Grundschwingung des zylindrischen Resonators aus Übungsaufgabe 12B/6. Das Probefeld sei durch

$$\underline{\vec{H}}_p = \vec{u}_\varphi \cdot \rho$$

gegeben. Vergleichen Sie das Resultat mit den Ergebnissen aus den Probefeldern der Übungsaufgabe 12B/6 und mit der exakten Lösung!

Lernzyklus 13A

LERNZIELE

Nach dem Durcharbeiten des Lernzyklus 13A sollen Sie in der Lage sein,

- die Ausbreitung der Eigenwellen in Hohlleitern beliebiger Querschnittsform durch Gleichungen zu beschreiben, die wie die Differentialgleichungen der elektrischen Leitung aussehen;
- Formeln anzugeben und zu erläutern, mit denen man berechnen kann, wie beliebige Quellenverteilungen in Hohlleitern beliebiger Querschnittsform die verschiedenen Eigenwellen anregen;
- einige Eigenschaften von Matrizen anzugeben, mit denen man in der Mikrowellentechnik das Verhalten von n-Toren beschreibt.

10 Mikrowellenkreise

Als elektrische Kreise oder Netzwerke bezeichnet man Schaltungen aus *konzentrierten Elementen* wie Widerständen, Induktivitäten und Kapazitäten. Es sind Modelle für alle solche Anordnungen der Elektrotechnik, bei denen sich Ströme und Spannungen zeitlich nur so *langsam* ändern, oder deren Abmessungen so klein sind, daß die freie *Wellenlänge* der Spektralkomponente mit der jeweils höchsten Frequenz in den zeitlichen Vorgängen immer noch *groß gegen* die *Abmessungen* ist. Man rechnet normalerweise auch Anordnungen mit *langen Leitungen* dazu, wenn nur ihre *Querschnittsabmessungen klein* gegen die freie Wellenlänge sind.

Abmessungen ≪ Wellenlänge

Für Anordnungen, die sich über die Größenordnung der freien Wellenlänge ausdehnen, gelten diese Modelle nicht mehr. Ersatzschaltungen, die man hierfür finden kann, werden als Mikrowellenkreise oder Mikrowellennetzwerke bezeichnet. Unter Mikrowellen selbst versteht man Schwingungen zwischen 1 GHz und 300 GHz mit freien Wellenlängen zwischen 30 cm und 1 mm. Ersatzschaltungen für Anordnungen mit gerade *handlichen Abmessungen* in der Größenordnung der freien Wellenlänge haben darum besonders für Mikrowellen Bedeutung. Darum nennt man sie auch Mikrowellenkreise.

Abmessungen ≈ Wellenlänge

Sind die *Anordnungen groß gegen die freie Wellenlänge*, wie für Schwingungen im infraroten und sichtbaren Teil des elektromagnetischen Spektrums, so werden sie oft mit den Methoden der Optik untersucht. Die mathematischen Modelle der Mikrowellenkreise sind dann nicht immer mehr zweckmäßig.

Abmessungen ≫ Wellenlänge

10.1 Die Eigenwellen zylindrischer Hohlleiter

In elektrischen Kreisen aus *konzentrierten Schaltelementen* werden die elektromagnetischen Vorgänge mit *Strömen* und *Spannungen* beschrieben. In den *Mikrowellenkreisen*, bei denen Wellenleiter oder Hohlleiter die Rolle der Verbindungsleitungen spielen, treten die *Eigenwellen* dieser Hohlleiter an die Stelle von Strömen und Spannungen. Die Eigenwellen des Rechteckhohlleiters und des Rundhohlleiters sind uns schon bekannt. Wir haben bei ihnen bereits viele gemeinsame Eigenschaften feststellen können.

Als *Verallgemeinerung* sollen hier die Eigenwellen des *Hohlleiters beliebigen Querschnittes* in Bild 10.1 mit *homogenem Stoff* im Inneren untersucht werden. Die Wände werden *ideal leitend* angenommen.

Voraussetzungen

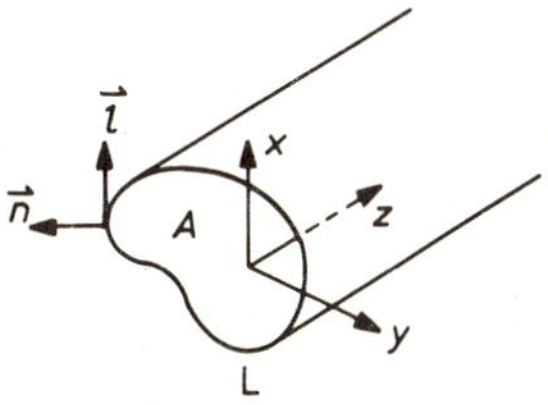

Bild 10.1
Zylindrischer Hohlleiter mit homogenem Stoff

Die allgemeine Lösung der quellenfreien Feldgleichungen kann nach den Gln.(1.46) und (1.48) aus der allgemeinen Lösung der Wellengleichung

$$\Delta\underline{\psi} + k^2\underline{\psi} = 0 \qquad (10.1)$$

abgeleitet werden.

In allgemeinen, krummlinigen aber orthogonalen Zylinderkoordinaten (x_1, x_2, z) wie in Bild 10.2 lautet diese Gleichung

z.B. $x_1 = x$; $x_2 = y$

$$\frac{1}{h_1 h_2}\frac{\partial}{\partial x_1}\left(\frac{h_2}{h_1}\frac{\partial\underline{\psi}}{\partial x_1}\right) + \frac{1}{h_1 h_2}\frac{\partial}{\partial x_2}\left(\frac{h_1}{h_2}\frac{\partial\underline{\psi}}{\partial x_2}\right) + \frac{\partial^2\underline{\psi}}{\partial z^2} + k^2\underline{\psi} = 0. \qquad (10.2)$$

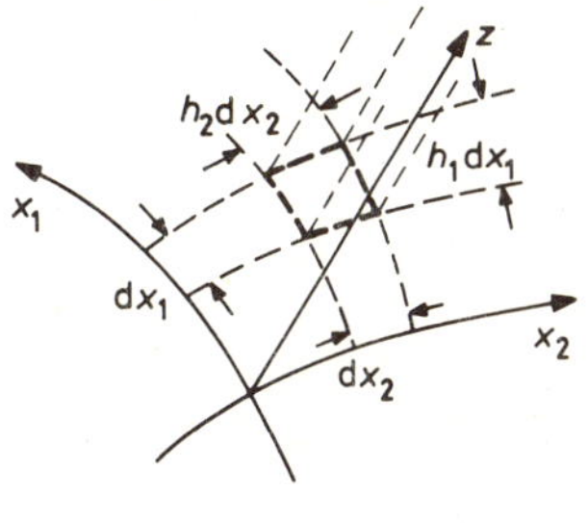

Bild 10.2
Allgemeine orthogonale Zylinderkoordinaten

Dabei ist der *Laplace-Operator* in den allgemeinen Zylinderkoordinaten geschrieben. h_1 und h_2 sind die transversalen Metrikfaktoren der allgemeinen Zylinderkoordinaten; der axiale Metrikfaktor ist $h_z = 1$. Nach Möglichkeit wird man solche transversalen Koordinaten wählen, bei denen die Querschnittsränder Koordinatenlinien sind.

Die Gleichung (10.2) kann durch den Ansatz

$$\underline{\psi} = T(x_1, x_2) \cdot \underline{Z}(z) \tag{10.3}$$

in zwei Gleichungen getrennt werden:

Transversale Wellengleichung

$$\Delta T + k_c^2 T = 0 \tag{10.4}$$

$$\frac{d^2\underline{Z}}{dz^2} + k_z^2 \underline{Z} = 0. \tag{10.5}$$

Der Laplace-Operator in Gl.(10.4) ist dabei

$$\Delta = \frac{1}{h_1 h_2} \frac{\partial}{\partial x_1} \left(\frac{h_2}{h_1} \frac{\partial}{\partial x_1}\right) + \frac{1}{h_1 h_2} \frac{\partial}{\partial x_2} \left(\frac{h_1}{h_2} \frac{\partial}{\partial x_2}\right) \; ;$$

er differenziert also nur bezüglich der transversalen Koordinaten. T ist nur eine Funktion der beiden transversalen Koordinaten, während $\underline{Z}$ nur von der axialen Koordinate z abhängt. Für die Separationskonstante gilt

Separationsbedingung

$$k_c^2 + k_z^2 = k^2 \quad . \tag{10.6}$$

Von Gl.(10.5) läßt sich die allgemeine Lösung sofort angeben:

$$\underline{Z}\,(z) = K(\underline{A}e^{-jk_z z} + \underline{B}e^{jk_z z}) \quad . \tag{10.7}$$

Sie enthält *eine vorwärts- und eine rückwärtslaufende Welle*. Die Wellen in Gl.(10.7) laufen ungedämpft, wenn in Gl.(10.6) $k > k_c$ ist. Über den Koeffizienten K wird später noch für eine zweckmäßige Normierung verfügt werden.

Der Separationsparameter k_c und überhaupt die transversale Verteilung $T(x_1, x_2)$ ergeben sich aus der Lösung von Gl.(10.4) unter den jeweiligen *Randbedingungen*. Um die Randbedingungen festzustellen, denen T bei der Lösung zu unterwerfen ist, müssen zunächst die Feldkomponenten aus $\underline{\psi}$ abgeleitet werden.

H-Wellen werden aus dem elektrischen Vektorpotential $\underline{\vec{F}} = \vec{u}_z \underline{\psi}^{(H)}$ abgeleitet. Der Index H soll dabei die Potentialfunktion und Felder der H-Wellen bezeichnen.

Nach Gl.(1.39) ist

$$\underline{\vec{E}}^{(H)} = -\mathrm{rot}\underline{\vec{F}} = -\vec{u}_1 \frac{1}{h_2} \frac{\partial \underline{\psi}^{(H)}}{\partial x_2} + \vec{u}_2 \frac{1}{h_1} \frac{\partial \underline{\psi}^{(H)}}{\partial x_1} = (\vec{u}_z \mathrm{x} \mathrm{grad} T^{(H)}) \underline{Z}^{(H)} . \qquad (10.8)$$

Das magnetische Feld der H-Wellen ist aus einer der Feldgleichungen

$$\underline{\vec{H}}^{(H)} = -\frac{1}{j\omega\mu} \mathrm{rot}\underline{\vec{E}}^{(H)} = \frac{1}{j\omega\mu} \left[\vec{u}_1 \frac{1}{h_1} \frac{\partial^2 \underline{\psi}^{(H)}}{\partial x_1 \, \partial z} + \vec{u}_2 \frac{1}{h_2} \frac{\partial^2 \underline{\psi}^{(H)}}{\partial x_2 \, \partial z} + \vec{u}_z k_c^2 \underline{\psi}^{(H)} \right] .$$

Nach dem transversalen Vektor $\underline{\vec{H}}_t = \underline{\vec{H}} - \vec{u}_z \underline{H}_z$ und der axialen Komponente getrennt, kann man schreiben

$$\underline{\vec{H}}_t^{(H)} = \frac{1}{j\omega\mu} \mathrm{grad} T^{(H)} \frac{d\underline{Z}^{(H)}}{dz} \quad ; \quad \underline{H}_z - \frac{k_c^2}{j\omega\mu} T^{(H)} \underline{Z}^{(H)} . \qquad (10.9)$$

Aus den Gln.(10.8) und (10.9) folgt, daß die Momentanwerte der Vektoren $\underline{\vec{E}}^{(H)}$ und $\underline{\vec{H}}_t^{(H)}$ überall senkrecht aufeinander stehen. *Merken!*

Um die Randbedingungen für $T^{(H)}$ festzustellen, schreiben wir das elektrische Tangentialfeld an der Hohlleiterwand mit den Einheitsvektoren $\vec{l}$ und $\vec{n}$ aus Bild 10.1 gemäß

$$\underline{E}_l^{(H)} = \vec{l}(\vec{u}_z \times \mathrm{grad} T^{(H)}) \underline{Z}^{(H)} = \vec{n} \mathrm{grad} T^{(H)} \underline{Z}^{(H)} .$$

Bei ideal leitender Wand muß $\underline{E}_l^{(H)} = 0$ sein. Es muß also der Gradient von $T^{(H)}$ in Richtung senkrecht zur Wand verschwinden:

Randbedingung für H-Wellen

$$\frac{\partial T^{(\mathrm{H})}}{\partial n} = 0 \text{ auf der Berandung L.} \tag{10.10}$$

Das ist die Randbedingung für $T^{(\mathrm{H})}$, die bei der Lösung von Gl.(10.4) für H-Wellen erfüllt werden muß.

E-Wellen werden aus dem magnetischen Vektorpotential $\vec{\underline{A}} = \vec{u}_z \underline{\psi}^{(\mathrm{E})}$ abgeleitet; zu ihrer Kennzeichnung dient der Index E. *Dual* zu Gl.(10.8) ist das magnetische Feld

$$\vec{\underline{H}}^{(\mathrm{E})} = -(\vec{u}_z \times \operatorname{grad} T^{(\mathrm{E})})\underline{Z}^{(\mathrm{E})} \;, \tag{10.11}$$

während für das elektrische Feld Beziehungen gelten, die zu Gl.(10.9) *dual* sind:

$$\vec{\underline{E}}_t^{(\mathrm{E})} = \frac{1}{j\omega\varepsilon} \operatorname{grad} T^{(\mathrm{E})} \frac{d\underline{Z}^{(\mathrm{E})}}{dz} \;; \quad \underline{E}_z^{(\mathrm{E})} = \frac{k_c^2}{j\omega\varepsilon} T^{(\mathrm{E})} \underline{Z}^{(\mathrm{E})} . \tag{10.12}$$

Die Randbedingung für $\underline{E}_z$ an der ideal leitenden Wand wird bei endlicher Grenzwellenzahl k_c nur durch

Randbedingung für E-Wellen

$$T^{(\mathrm{E})} = 0 \text{ auf L} \tag{10.13}$$

erfüllt. Unter dieser Bedingung ist $\frac{\partial T^{(\mathrm{E})}}{\partial l} = 0$, also auch $\vec{l} \cdot \vec{\underline{E}}_t^{(\mathrm{E})} = 0$.

Bedingung für TEM-Wellen

Eine Grenzwellenzahl $k_c = 0$ bedeutet nach Gl.(10.12), daß nicht nur $\underline{H}_z$, sondern auch $\underline{E}_z$ überall im Querschnitt verschwinden; die Welle ist dann *transversal elektromagnetisch (TEM) bezüglich z*. TEM-Wellen sind nur in Hohlleiterquerschnitten möglich, die mehrfach zusammenhängen, wie z.B. die Doppelleitung oder alle Mehrfachsysteme. Das transversale Magnetfeld ist nämlich immer mit axialen Strömen verkettet. Da diese axialen Ströme bei einem rein transversalen elektrischen Feld nicht Verschiebungsströme sein können, muß das Magnetfeld Leiter umschließen. Ein TEM-Feld ist darum nur bei zwei oder mehr getrennten Leitern möglich.

Bei $k_c = 0$ muß zur Erfüllung von $\vec{l}\cdot\vec{\underline{E}}_t^{(E)} = 0$ auf allen Leiteroberflächen $T^{(E)}$ = konstant sein. Die entsprechenden Felder ergeben sich als Lösungen der Laplace-Gleichung (10.4) für $k_c = 0$. Sie stellen die bekannten Leitungswellen dar. Ihre Grenzfrequenz ist null; sie sind bei beliebig niedrigen Frequenzen ausbreitungsfähig.

Im allgemeinen sind $T^{(H)}$ bzw. $T^{(E)}$ Lösungen der zweidimensionalen Wellengleichung (10.4), die die Randbedingungen (10.10) bzw. (10.13) einhalten. Gl.(10.4) in Verbindung mit (10.10) bzw. (10.13) bildet *Eigenwertprobleme*. Mit der Randbedingung (10.10) wird es Neumann-Problem genannt und mit der Randbedingung (10.13) Dirichlet-Problem[1]. Es kann gezeigt werden, daß es zu jedem dieser Randwertprobleme eine *unendliche Anzahl von Lösungen* mit *diskreten Eigenwerten* k_c gibt. Diese Lösungen entsprechen den *Eigenwellen* der Querschnittsform. Für den Rechteck- und Rundhohlleiter haben wir sie früher bereits berechnet.

Aus der Mathematik

Die diskreten Eigenwerte k_c dieser Lösungen bestimmen auf Grund der Separationsbedingung (10.6) für alle Eigenwellen in einheitlicher Weise die Ausbreitungskonstante:

$$\gamma = jk_z = j\sqrt{k^2 - k_c^2} \quad . \tag{10.14}$$

Alle diese Eigenwerte k_c sind *reell*. Bildet man nämlich von dem transversalen Vektor $\vec{v} = T^*\mathrm{grad}T$ die Divergenz

$$\mathrm{div}\vec{v} = \mathrm{grad}T^* \,\mathrm{grad}T + T^* \,\Delta T = |\mathrm{grad}T|^2 - k_c^2\, |T^2|$$

und wendet darauf den *zweidimensionalen Gaußschen Satz* an

$$\iint\limits_A \mathrm{div}\vec{v}\, \mathrm{d}A = \oint\limits_L \vec{v}\cdot\vec{n}\, \mathrm{d}l,$$

so ergibt sich die Beziehung

$$\iint\limits_A \left(|\mathrm{grad}T|^2 - k_c^2\, |T|^2 \right) \mathrm{d}A = \oint\limits_L T^*\frac{\partial T}{\partial n}\,\mathrm{d}l \quad . \tag{10.15}$$

[1] Dirichlet, sprich [dirikle̥]

Hier verschwindet die rechte Seite, denn an der Hohlleiterwand ist entweder $T = 0$ oder $\frac{\partial T}{\partial n} = 0$.

Es folgt

$$k_c^2 = \frac{\iint\limits_A |\mathrm{grad}T|^2 \, dA}{\iint\limits_A |T|^2 \, dA} \quad . \tag{10.16}$$

k_c^2 ist also stets positiv reell.

Zuordnung der Phasen

Es können auch alle Eigenfunktionen T als reell angenommen werden, denn wäre T komplex, so müßten Real- und Imaginärteil für sich Lösungen des gleichen Eigenwertproblems mit gleichem Eigenwert sein, sie könnten sich also nur um einen konstanten Faktor unterscheiden. Man kann T ohne Verlust von Allgemeingültigkeit reell annehmen und irgenwelche Phasenwinkel in $\underline{Z}(z)$ berücksichtigen. *Über den Querschnitt des Hohlleiters ist die Phase jedenfalls konstant.*

Für *verlustfreie Füllung* des Hohlleiters sind ε und μ und damit k reell. In diesem Falle wird durch die Grenzfrequenz

$$f_c = \frac{k_c}{2 \pi \sqrt{\varepsilon\mu}} \tag{10.17}$$

bzw. Grenzwellenlänge

$$\lambda_c = \frac{2 \pi}{k_c} \tag{10.18}$$

die Grenze zwischen *Sperr- und Durchlaßbereich* definiert. Die Ausbreitungskonstante ist jeweils

Dispersionscharakteristik

$$\gamma = jk_z = \begin{cases} j\beta = jk \sqrt{1 - \left(\frac{f_c}{f}\right)^2} & f > f_c \\ \alpha = k_c \sqrt{1 - \left(\frac{f}{f_c}\right)^2} & f < f_c \, . \end{cases} \tag{10.19}$$

Diese Frequenzabhängigkeit war schon für die Eigenwellen von Rechteck- und Rundhohlleitern festgestellt worden. Sie gilt tatsächlich ganz allgemein für alle *zylindrischen*

Hohlleiter mit *homogener Stoffüllung*. Im Durchlaßbereich hat jede Eigenwelle die Ausbreitungswellenlänge

$$\lambda_g = \frac{2\pi}{\beta} = \frac{\lambda}{\sqrt{1-(f_c/f)^2}} , \qquad (10.20)$$

die Phasengeschwindigkeit

$$v_p = \frac{\omega}{\beta} = \frac{v}{\sqrt{1-(f_c/f)^2}} \qquad (10.21)$$

und Gruppengeschwindigkeit

$$v_g = \frac{1}{\frac{d\beta}{d\omega}} = v \cdot \sqrt{1-\left(\frac{f_c}{f}\right)^2} . \qquad (10.22)$$

In den Gln.(10.21) und (10.22) ist $v = 1/\sqrt{\varepsilon\mu}$ die freie Ausbreitungsgeschwindigkeit im Stoff, der den Hohlleiter füllt.

Die Feldverteilungen der Eigenwellen lassen sich nach dem Ansatz (10.3) durch transversale Eigenvektoren $\vec{e}(x_1,x_2)$ und $\vec{h}(x_1,x_2)$ als Funktion der transversalen Koordinaten und durch Faktoren $\underline{U}(z)$ und $\underline{I}(z)$ als Funktion der axialen Koordinate darstellen:

$$\begin{aligned} \underline{\vec{E}}^{(H)} &= \vec{e}^{(H)}\,\underline{U}^{(H)} & \underline{\vec{E}}_t^{(E)} &= \vec{e}^{(E)}\,\underline{U}^{(E)} \\ \underline{\vec{H}}_t^{(H)} &= \vec{h}^{(H)}\,\underline{I}^{(H)} & \underline{\vec{H}}^{(E)} &= \vec{h}^{(E)}\,\underline{I}^{(E)} . \end{aligned} \qquad (10.23)$$

Die Faktoren $\underline{U}$ und $\underline{I}$ werden wir später als Spannungs- und Stromkoeffizienten deuten können.

Für *H-Wellen* ergeben sich durch Vergleich mit den Gln.(10.8) und (10.9) folgende Beziehungen:

$$\vec{e}^{(H)} = \vec{u}_z \times \mathrm{grad}T^{(H)} = \vec{h}^{(H)} \times \vec{u}_z \; ; \; \underline{U}^{(H)} = \underline{Z}^{(H)}$$

$$\vec{h}^{(H)} = -\mathrm{grad}T^{(H)} = \vec{u}_z \times \vec{e}^{(H)} \; ; \; \underline{I}^{(H)} = -\frac{1}{j\omega\mu}\,\frac{d\underline{Z}^{(H)}}{dz} \, . \qquad (10.24)$$

Für *E-Wellen* ergibt sich durch Vergleich mit den Gln.(10.11) und (10.12)

$$\vec{e}^{(E)} = -\mathrm{grad}T^{(E)} = \vec{h}^{(E)} \times \vec{u}_z ; \; \underline{U}^{(E)} = -\frac{1}{j\omega\varepsilon}\,\frac{d\underline{Z}^{(E)}}{dz}$$

$$\vec{h}^{(E)} = -\vec{u}_z \times \mathrm{grad}T^{(E)} = \vec{u}_z \times \vec{e}^{(E)} \; ; \; \underline{I}^{(E)} = \underline{Z}^{(E)} \, . \qquad (10.25)$$

Da die Funktionen T reell sein sollen, sind es auch die Eigenvektoren. Wir wollen sie entsprechend

$$\iint_A (e^{(H)})^2 dA = \iint_A (h^{(H)})^2 dA = 1$$

$$\iint_A (e^{(E)})^2 dA = \iint_A (h^{(E)})^2 dA = 1 \qquad (10.26)$$

mit Integration über den ganzen Querschnitt A normieren. Alle Amplitudenfaktoren sollen also in den Spannungs- und Stromkoeffizienten berücksichtigt werden.

Für die Faktoren $\underline{U}^{(H)}$ und $\underline{I}^{(H)}$ gilt nach (10.24)

$$\underline{U}^{(H)} = \underline{Z}^{(H)} \text{ und } \underline{I}^{(H)} = -\frac{1}{j\omega\mu}\,\frac{d\underline{Z}^{(H)}}{dz} \; ;$$

daraus folgt

H-Wellen

$$\frac{d\underline{U}^{(H)}}{dz} = -\,j\omega\mu\,\underline{I}^{(H)} \, . \qquad (10.27)$$

Die Wellenfunktion $\underline{Z}^{(H)}$ selbst genügt der Differentialgleichung (10.5). Wenn in Gl. (10.5) $\underline{Z}^{(H)}$ durch $\underline{U}^{(H)}$ und $\underline{I}^{(H)}$ ausgedrückt wird, ergibt sich

$$\frac{d\underline{I}^{(H)}}{dz} = -j\frac{k_z^2}{\omega\mu}\underline{U}^{(H)}. \qquad (10.28) \qquad \text{H-Wellen}$$

In entsprechender Weise gilt für die Faktoren $\underline{U}^{(E)}$ und $\underline{I}^{(E)}$ der E-Wellen das System von Differentialgleichungen

$$\frac{d\underline{U}^{(E)}}{dz} = -j\frac{k_z^2}{\omega\varepsilon}\underline{I}^{(E)}$$

$$(10.29) \qquad \text{E-Wellen}$$

$$\frac{d\underline{I}^{(E)}}{dz} = -j\omega\varepsilon\,\underline{U}^{(E)} \quad .$$

Gl.(10.27) und (10.28) sowie Gl.(10.29) sind die *Differentialgleichungen gewöhnlicher Leitungen* mit den *Längsimpedanzbelägen*

$$jX^{(H)} = j\omega\mu \qquad jX^{(E)} = j\omega\mu + \frac{k_c^2}{j\omega\varepsilon} \qquad (10.30)$$

und den *Queradmittanzbelägen*

$$jB^{(H)} = j\omega\varepsilon + \frac{k_c^2}{j\omega\mu} \qquad jB^{(E)} = j\omega\varepsilon \; . \qquad (10.31)$$

Die Variablen $\underline{U}$ und $\underline{I}$ haben in den Leitungsgleichungen die Bedeutung von Spannungen und Strömen.

Bezüglich der Spannungs- und Stromkoeffizienten oder überhaupt bezüglich der axialen Abhängigkeit der Eigenwellen gelten also die Leitungsersatzschaltungen in Bild 10.3. Der Wellenwiderstand dieser Leitungsersatzschaltungen ist für *H-Wellen*

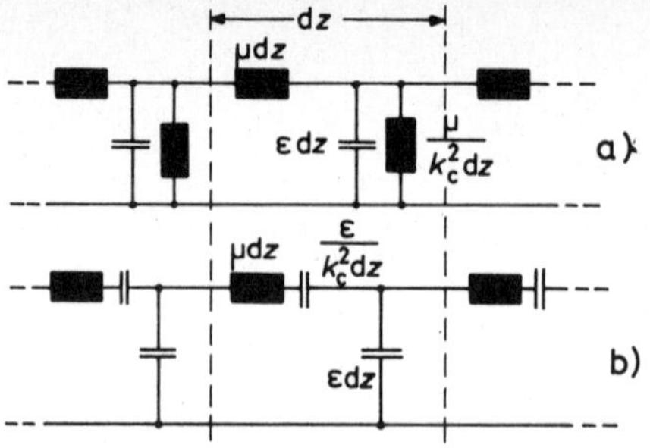

Bild 10.3
Leitungsersatzschaltungen für
a) H-Wellen
b) E-Wellen

$$Z_o^{(H)} = \sqrt{\frac{X^{(H)}}{B^{(H)}}} = \frac{\omega\mu}{k_z} = \begin{cases} \frac{\omega\mu}{\beta} = \frac{\eta}{\sqrt{1-(f_c/f)^2}} & f > f_c \\ j\frac{\omega\mu}{\alpha} = \frac{j\omega\mu}{k_c\sqrt{1-(f/f_c)^2}} & f < f_c \end{cases} \tag{10.32}$$

und für *E-Wellen*

$$Z_o^{(E)} = \sqrt{\frac{X^{(E)}}{B^{(E)}}} = \frac{k_z}{\omega\varepsilon} = \begin{cases} \frac{\beta}{\omega\varepsilon} = \eta\sqrt{1-(f_c/f)^2} & f > f_c \\ \frac{\alpha}{j\omega\varepsilon} = \frac{k_c}{j\omega\varepsilon}\sqrt{1-(f/f_c)^2} & f < f_c \quad . \end{cases} \tag{10.33}$$

Dieses sind gerade wieder jene Wellenwiderstände, wie sie schon in Rechteck- und Rundhohlleitern aus dem Verhältnis der transversalen Feldstärken definiert wurden. Auch diese Beziehungen gelten also ganz allgemein für zylindrische Hohlleiter.

Die <u>komplexe Leistung</u>, die von einer Eigenwelle in axialer Richtung geführt wird, ist

$$\begin{aligned} P_z &= \iint_A (\underline{\vec{E}} \times \underline{\vec{H}}^*)\vec{u}_z \, dA = \underline{U}\underline{I}^* \iint_A (\vec{e} \times \vec{h}^*)\vec{u}_z \, dA \\ &= \underline{U}\underline{I}^* \iint_A e^2 \, dA = \underline{U}\underline{I}^*. \end{aligned} \tag{10.34}$$

Die *Wirkleistung* ist der Realteil dieser komplexen Größe.

Durch die Normierung (10.26) erhalten also $\underline{U}$ und $\underline{I}$ auch bezüglich der von der jeweiligen Eigenwelle geführten Leistung die Bedeutung von Spannung und Strom einer gewöhnlichen Leitung. Die allgemeine Lösung für die Eigenwelle setzt sich gemäß Gl.(10.7) aus einem vorwärts- und einem rückwärtslaufenden Teil zusammen.

Wählt man den Faktor K in Gl.(10.7) für *H-Wellen* zu

$$K^{(H)} = \sqrt{Z_o^{(H)}} \qquad (10.35)$$

und für *E-Wellen* zu

$$K^{(E)} = \frac{1}{\sqrt{Z_o^{(E)}}} , \qquad (10.36)$$

dann können $\underline{U}$ und $\underline{I}$ aus vorwärts- und rückwärtslaufenden Komponenten bei jeder Eigenwelle gemäß

$$\begin{aligned} \underline{U} &= \sqrt{Z_o}\,(\underline{A}e^{-jk_z z} + \underline{B}e^{jk_z z}) \\ \underline{I} &= \frac{1}{\sqrt{Z_o}}(\underline{A}e^{-jk_z z} - \underline{B}e^{jk_z z}) \end{aligned} \qquad (10.37a)$$

berechnet werden. Bei E-Wellen ist dabei nur die rücklaufende Komponente mit umgekehrten Vorzeichen gegenüber H-Wellen angesetzt.

Mitunter werden in die Symbole $\underline{A}$ und $\underline{B}$ der vor- und rücklaufenden Komponenten auch die zugehörigen Exponentialfaktoren $\exp(-jk_z z)$ und $\exp(jk_z z)$ hineingezogen. In dieser Darstellung lautet dann Gl.(10.37a)

$$\begin{aligned} \underline{U} &= \sqrt{Z_o}(\underline{A} + \underline{B}) \\ \underline{I} &= \frac{1}{\sqrt{Z_o}}(\underline{A} - \underline{B}) . \end{aligned} \qquad (10.37b)$$

Unter der Annahme, daß eine bestimmte Eigenwelle *ausbreitungsfähig*, die Frequenz also höher als ihre Grenzfrequenz ist und damit k_z ebenso wie Z_0 reell sind, ergibt sich die von ihr geführte *Wirkleistung* aus:

$$\mathrm{Re}(P_z) = \mathrm{Re}(\underline{U}\,\underline{I}^*) = (|\underline{A}|^2 - |\underline{B}|^2), \tag{10.38}$$

also aus der Differenz der von vor- und rücklaufender Komponente geführten Leistung. Durch die Wahl (10.35) und (10.36) der Konstanten K beschreiben $|\underline{A}|^2$ und $|\underline{B}|^2$ unmittelbar die von den Wellen geführte Leistung.

In Tabelle 10.1 sind noch einmal die wichtigsten Beziehungen für die Eigenwellen zylindrischer Hohlleiter zusammengestellt. Nicht mit aufgenommen in dieser Tabelle sind TEM-Wellen.

Für den Rechteckhohlleiter in Bild 3.3 lauten die transversalen Eigenfunktionen, wenn sie entsprechend Gl.(10.26) normiert werden

$$\begin{aligned} T_{mn}^{(H)} &= \frac{1}{\pi}\sqrt{\frac{ab\;\varepsilon_m\,\varepsilon_n}{(mb)^2+(na)^2}}\cos\left(\frac{m\pi}{a}x\right)\cos\left(\frac{n\pi}{b}y\right) \\ T_{mn}^{(E)} &= \frac{2}{\pi}\sqrt{\frac{ab}{(mb)^2+(na)^2}}\sin\left(\frac{m\pi}{a}x\right)\sin\left(\frac{n\pi}{b}y\right) \end{aligned} \tag{10.39}$$

mit $m, n = 0,1,2...$ ausgenommen $m = n = 0$

und $$\varepsilon_i = \begin{cases} 1 & \text{für } i = 0 \\ 2 & i \neq 0 \end{cases}.$$

Für den Rundhohlleiter sind die normierten Eigenfunktionen

$$T_{np}^{(H)} = \sqrt{\frac{\varepsilon_n}{(x'^2_{np} - n^2)\pi}}\;\frac{J_n(x'_{np}\frac{\rho}{a})}{J_n(x'_{np})}\cdot\begin{Bmatrix}\sin n\varphi\\ \cos n\varphi\end{Bmatrix} \tag{10.40}$$

Tabelle 10.1

Formeln für Eigenwellen zylindrischer Hohlleiter mit homogenem Stoff

	H-Wellen	E-Wellen
Transversale Wellengleichung	$\Delta T + k_c^2\, T = 0$	
Randbedingungen	$\frac{\partial T}{\partial n} = 0$ auf L	$T = 0$ auf L
Leitungsgleichungen	$\frac{d\underline{U}}{dz} + \gamma\, Z_o \underline{I} = 0$ $\frac{d\underline{I}}{dz} + \gamma\, Y_o \underline{U} = 0$	mit $Y_o = 1/Z_o$
Ausbreitungskonstante	$\gamma = jk_z = \begin{cases} j\beta = jk\sqrt{1-\left(\frac{f_c}{f}\right)^2} & f > f_c \\ \alpha = k_c\sqrt{1-\left(\frac{f}{f_c}\right)^2} & f < f_c \end{cases}$	
Wellenwiderstand	$Z_o^{(H)} = \frac{j\omega\mu}{\gamma} = \frac{1}{Y_o^{(H)}}$	$Z_o^{(E)} = \frac{\gamma}{j\omega\varepsilon} = \frac{1}{Y_o^{(E)}}$
Spannungs- und Stromkoeffizienten	$\underline{U} = \sqrt{Z_o}\,(\underline{A}e^{-\gamma z} + \underline{B}e^{\gamma z})$ $\underline{I} = \frac{1}{\sqrt{Z_o}}(\underline{A}e^{-\gamma z} - \underline{B}e^{\gamma z})$	
Eigenvektoren	$\vec{e}^{(H)} = \vec{u}_z \times \mathrm{grad}T^{(H)}$ $\vec{h}^{(H)} = -\,\mathrm{grad}T^{(H)}$	$\vec{e}^{(E)} = -\,\mathrm{grad}T^{(E)}$ $\vec{h}^{(E)} = -\vec{u}_z \times \mathrm{grad}T^{(E)}$
	$\vec{e} = \vec{h} \times \vec{u}_z$ $\vec{h} = \vec{u}_z \times \vec{e}$	
Orthonormale Eigenschaften	$\iint_A \vec{e}_i^{(P)}\vec{e}_j^{(P)} dA = \iint_A \vec{h}_i^{(P)}\vec{h}_j^{(P)} dA = \iint_A (\vec{e}_i^{(P)} \times \vec{h}_j^{(P)}) dA = \delta_{ij}$ $\iint_A \vec{e}_i^{(P)}\vec{e}_j^{(Q)} dA = \iint_A \vec{h}_i^{(P)}\vec{h}_j^{(Q)} dA = \iint_A (\vec{e}_i^{(P)} \times \vec{h}_j^{(Q)}) dA = 0$ $\begin{Bmatrix} P \\ Q \end{Bmatrix} \mathrel{\hat{=}} \begin{Bmatrix} E \\ H \end{Bmatrix}$	

	H-Wellen	E-Wellen
Transversale Feldvektoren	$\vec{\underline{E}} = \vec{e}\,\underline{U}$ $\vec{\underline{H}} = \vec{h}\,\underline{I}$	
Längsfelder	$\underline{H}_z^{(H)} = \frac{k_c^2}{j\omega\mu} T^{(H)} \underline{U}^{(H)}$	$\underline{E}_z^{(E)} = \frac{k_c^2}{j\omega\varepsilon} T^{(E)} \underline{I}^{(E)}$
Axiale Wirkleistung bei $f > f_c$	$\mathrm{Re}(P_z) = \frac{1}{2}(\underline{U}\underline{I}^* + \underline{U}^*\underline{I}) = \lvert\underline{A}\rvert^2 - \lvert\underline{B}\rvert^2$	

$$T_{np}^{(E)} = \sqrt{\frac{\varepsilon_n}{\pi}} \; \frac{J_n(x_{np}\frac{\rho}{a})}{x_{np}\,J_{n-1}(x_{np})} \cdot \begin{Bmatrix} \sin n\varphi \\ \cos n\varphi \end{Bmatrix}$$

mit $n = 0,1,2...$ und $p = 1,2,3...$ Einige Nullstellen x_{np} und x'_{np} der Besselfunktionen und ihrer Ableitungen wurden in den Tabellen 4.2 und 4.3 zusammengestellt.

10.2 Eigenwellenentwicklungen in Hohlleitern

Für die Rechteck- und Rundhohlleiter wurde festgestellt, daß ihre Eigenwellen *vollständige Systeme* bilden, mit der jede quellenfreie Feldverteilung im Hohlleiter dargestellt werden kann. Für diese Darstellung durch Eigenwellen wurden *Entwicklungssätze* formuliert. Wesentlich war dabei, daß die Eigenwellen zueinander *orthogonal* sind. Diese Orthogonalität soll hier ganz allgemein für die Eigenwellen aller zylindrischen Hohlleiter bewiesen werden. Es können dann auch entsprechend allgemeine Eigenwellenentwicklungen durchgeführt werden.

Um zu zeigen, daß *H-Wellen* zueinander orthogonal sind, muß man das Produkt

Skalares Produkt

$$\vec{e}_i^{(H)} \cdot \vec{e}_j^{(H)} = \vec{h}_i^{(H)} \cdot \vec{h}_j^{(H)} = \mathrm{grad}T_i^{(H)} \cdot \mathrm{grad}T_j^{(H)}$$

für zwei verschiedene H-Wellen i und j untersuchen.

Wenden wir den *ersten Greenschen Satz in zwei Dimensionen*

$$\iint (\mathrm{grad}\,u \cdot \mathrm{grad}\,v + u\,\Delta v)\,\mathrm{d}A = \oint u \frac{\partial v}{\partial n}\,\mathrm{d}l$$

auf die Funktionen $u = T_i^{(\mathrm{H})}$ und $v = T_j^{(\mathrm{H})}$ an, so folgt mit Gl.(10.4)

$$\iint \vec{e}_i^{(\mathrm{H})} \cdot \vec{e}_j^{(\mathrm{H})}\,\mathrm{d}A = + (k_{cj}^{(\mathrm{H})})^2 \iint T_i^{(\mathrm{H})} T_j^{(\mathrm{H})}\,\mathrm{d}A \ .$$

Aus dem *zweiten Greenschen Satz in zwei Dimensionen*

$$\iint (u\,\Delta v - v\,\Delta u)\,\mathrm{d}A = \oint (u \frac{\partial v}{\partial n} - v \frac{\partial u}{\partial n})\,\mathrm{d}l$$

folgt wieder mit $u = T_i^{(\mathrm{H})}$ und $v = T_j^{(\mathrm{H})}$

$$\left[(k_{ci}^{(\mathrm{H})})^2 - (k_{cj}^{(\mathrm{H})})^2\right] \iint_A T_i^{(\mathrm{H})} T_j^{(\mathrm{H})}\,\mathrm{d}A = 0 \ .$$

Für $k_{ci}^{(\mathrm{H})} \neq k_{cj}^{(\mathrm{H})}$ muß also

$$\iint_A \vec{e}_i^{(\mathrm{H})} \cdot \vec{e}_j^{(\mathrm{H})}\,\mathrm{d}A = 0 \qquad \text{für } i \neq j \tag{10.41}$$

sein. In *dualer* Weise ergibt sich auch für *E-Wellen*

$$\iint_A \vec{e}_i^{(\mathrm{E})} \cdot \vec{e}_j^{(\mathrm{E})}\,\mathrm{d}A = 0 \qquad \text{für } i \neq j \ . \tag{10.42}$$

Für <u>entartete Eigenwellen</u> mit $k_{ci} = k_{cj}$ gilt diese Ableitung nicht, aber auch hier lassen sich immer zueinander in diesem Sinne orthogonale Eigenvektoren finden.

Um zu zeigen, daß die H-Wellen zu den E-Wellen orthogonal sind, muß man das Produkt

$$\vec{e}_i^{\,(H)} \cdot \vec{e}_j^{\,(E)} = \vec{h}_i^{\,(H)} \cdot \vec{h}_j^{\,(E)} = -\,(\vec{u}_z \times \operatorname{grad} T_i^{(H)}) \operatorname{grad} T_j^{(E)}$$

untersuchen.

Wendet man den *Gaußschen Satz in zwei Dimensionen*

$$\iint \operatorname{div} \vec{v}\; dA = \oint \vec{v} \cdot \vec{n}\; dl$$

auf den Vektor $\vec{v} = T_j^{(E)}\, \vec{u}_z \times \operatorname{grad} T_i^{(H)}$ an, so verschwindet das Randintegral der rechten Seite wegen der Randbedingungen für $T^{(E)}$ und $T^{(H)}$. In

$$\operatorname{div} \vec{v} = \operatorname{grad} T_j^{(E)}\, (\vec{u}_z \times \operatorname{grad} T_i^{(H)}) + T_j^{(E)} \operatorname{div}(\vec{u}_z \times \operatorname{grad} T_i^{(H)})$$

ist $\operatorname{div}(\vec{u}_z \times \operatorname{grad} T_i^{(H)}) = -\vec{u}_z \operatorname{rot} \operatorname{grad} T_i^{(H)} = 0$, so daß

$$\operatorname{div} v = \operatorname{grad} T_j^{(E)}\, (\vec{u}_z \times \operatorname{grad} T_i^{(H)}) = -\,\vec{e}_j^{\,(E)} \cdot \vec{e}_i^{\,(H)}$$

ist. Es ist also

$$\iint_A \vec{e}_i^{\,(H)} \cdot \vec{e}_j^{\,(E)}\; dA = 0 \tag{10.43}$$

für alle i und j. Die Orthogonalität gilt in allen drei Fällen ebenso für die Eigenvektoren $\vec{h}$.

Vektorprodukt

Die Orthogonalität besteht auch für die Vektorprodukte von elektrischen und magnetischen Eigenvektoren verschiedener Eigenwellen. Mit Gl.(10.24) und Gl.(10.25) gilt für alle überhaupt möglichen Kombinationen verschiedener Eigenvektoren

$$\iint\limits_A (\vec{e}_i \times \vec{h}_j)\vec{u}_z \, dA = \iint\limits_A \vec{e}_i \cdot \vec{h}_j \times \vec{u}_z \, dA = \iint\limits_A \vec{e}_i \cdot \vec{e}_j \, dA$$

so daß

$$\iint\limits_A (\vec{e}_i \times \vec{h}_j)\vec{u}_z \, dA = 0 \qquad (10.44)$$

ist, wenn $\vec{h}_j$ nur zu einer anderen Eigenwelle gehört als $\vec{e}_i$. Alle Orthogonalitäten sind mit der Normierung in der Tabelle 10.1 zusammengefaßt.

Mit den Orthogonalitätsbeziehungen kann jedes Feld im Hohlleiter nach den Eigenwellen entwickelt werden. Für die transversalen Feldvektoren wird dazu

$$\underline{\vec{E}}_t = \sum_i \left(\vec{e}_i^{(H)} \underline{U}_i^{(H)} + \vec{e}_i^{(E)} \underline{U}_i^{(E)}\right)$$
$$\qquad (10.45)$$
$$\underline{\vec{H}}_t = \sum_i \left(\vec{h}_i^{(H)} \underline{I}_i^{(H)} + \vec{h}_i^{(E)} \underline{I}_i^{(E)}\right)$$

Feldentwicklung

angesetzt. Zur Bestimmung der Spannungs- und Stromkoeffizienten einer Eigenwelle j dieser Entwicklung werden beide Gleichungen skalar mit dem entsprechenden Eigenvektor multipliziert und über den Querschnitt des Hohlleiters integriert. Wegen Orthogonalität und Normierung der Eigenvektoren ergibt sich

$$\underline{U}_j^{(P)} = \iint\limits_A \underline{\vec{E}}_t \cdot \vec{e}_j^{(P)} \, dA$$
$$\qquad (10.46)$$
$$\underline{I}_j^{(P)} = \iint\limits_A \underline{\vec{H}}_t \cdot \vec{h}_j^{(P)} \, dA \quad .$$

Für P kann dabei jeweils H oder E stehen.

$\underline{U}_j$ und $\underline{I}_j$ bzw. die Amplituden $\underline{A}_j$ und $\underline{B}_j$ der vor- und rücklaufenden Komponenten einer Eigenwelle j sind zwei unabhängige Konstanten. Zur ihrer Bestimmung aus Gl.(10.46) müssen entsprechend viele *Randbedingungen* in Querschnittsebenen vorgegeben sein.

Aus den allgemeinen Orthogonalitätsbeziehungen folgt auch, daß die Eigenwellen *orthogonal bezüglich ihrer Leistung in axialer Richtung* sind. Es ist die komplexe Leistung, die bei einer Feldverteilung mit vielen Eigenwellen in axialer Richtung geführt wird:

$$P_z = \iint_A \underline{\vec{E}} \times \underline{\vec{H}}^* \, \vec{u}_z \, dA$$

$$= \iint_A \left[(\sum_i \vec{e}_i \underline{U}_i) \times (\sum_j \vec{h}_j \underline{I}_j^*) \right] \vec{u}_z \, dA$$

$$= \sum_i \sum_j \underline{U}_i \underline{I}_j^* \iint_A \vec{e}_i \vec{e}_j \, dA$$

$$= \sum_i \underline{U}_i \underline{I}_i^* \; .$$

Kreuzprodukte zwischen i und j verschwinden wegen der Orthogonalität.

Die gesamte Leistung ist gleich der Summe der Leistungen, die jede Eigenwelle für sich führt.

Quellen im Hohlleiter

Eine wichtige Anwendung finden Eigenwellenentwicklungen bei der Berechnung von Feldern, die durch irgendwelche Quellenverteilungen $\vec{J}$ und $\vec{M}$ in Hohlleitern angeregt werden. Alle Quellen sollen in Bild 10.4 zwischen den Querschnitten A_1 bei z_1 und A_2 bei z_2 liegen.

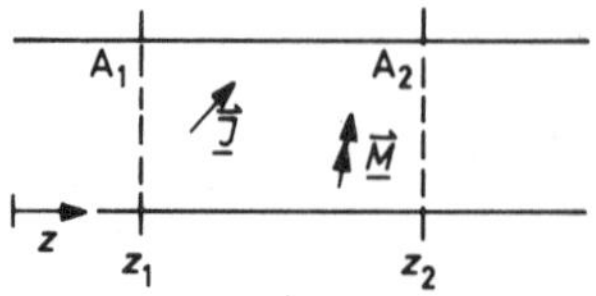

Bild 10.4

Elektrische und magnetische Stromquellen in einem zylindrischen Hohlleiter

In A_1 und links davon laufen nur Wellen nach links. Für die transversalen Feldvektoren gilt die Entwicklung

$$\underline{\vec{E}}_t^- = \sum_i \sqrt{Z_i}\, \underline{B}_i\, \vec{e}_i\, e^{\gamma_i z}$$

$$\underline{\vec{H}}_t^- = - \sum_i \frac{1}{\sqrt{Z_i}}\, \underline{B}_i\, \vec{h}_i\, e^{\gamma_i z} \; .$$

In A_2 und rechts davon laufen nur Wellen nach rechts. Hier gilt für die transversalen Feldvektoren die Entwicklung

$$\underline{\vec{E}}_t^+ = \sum_i \sqrt{Z_i}\, \underline{A}_i\, \vec{e}_i\, e^{-\gamma_i z}$$

$$\underline{\vec{H}}_t^+ = \sum_i \frac{1}{\sqrt{Z_i}}\, \underline{A}_i\, \vec{h}_i\, e^{-\gamma_i z} \; .$$

Zur Berechnung der *Entwicklungskoeffizienten* $\underline{A}_i$ und $\underline{B}_i$ werden Eigenwellen n der Leistung eins in positiver und negativer z-Richtung angenommen. Ihre transversalen Feldvektoren sind

$$\vec{E}_{tn}^- = \sqrt{Z_n}\, \vec{e}_n\, e^{\gamma_n z} \qquad \vec{H}_{tn}^- = - \frac{1}{\sqrt{Z_n}}\, \vec{h}_n\, e^{\gamma_n z}$$

$$\vec{E}_{tn}^+ = \sqrt{Z_n}\, \vec{e}_n\, e^{-\gamma_n z} \qquad \vec{H}_{tn}^+ = \frac{1}{\sqrt{Z_n}}\, \vec{h}_n\, e^{-\gamma_n z} \; .$$

Eigenwellen mit Leistung eins

Für die Reaktion solch einer Eigenwelle mit den Quellen zwischen A_1 und A_2 ist nach Gl.(1.85)

$$\iiint (\vec{H}_n^{\pm} \cdot \vec{M} - \vec{E}_n^{\pm} \cdot \vec{J})\, dV = \oint\!\!\oint (\vec{E}_n^{\pm} \times \vec{H} - \vec{E} \times \vec{H}_n^{\pm}) \cdot \vec{n}\; dA \; .$$

Die Integration erstreckt sich dabei über das ganze Volumen zwischen A_1 und A_2. Das Oberflächenintegral auf der rechten Seite liefert aber nur Beiträge über A_1 und A_2, denn an den ideal leitenden Wänden verschwindet es. Wertet man das Integral der rechten Seite für eine Eigenwelle in positiver Richtung aus, so sind die beiden Beiträge

$$\iint\limits_{A_1} (\vec{E}_n^+ \times \underline{\vec{H}}^- - \underline{\vec{E}}^- \times \vec{H}_n^+)\, \vec{n}\, dA = - \iint\limits_{A_1} (\vec{E}_{tn}^+ \times \underline{\vec{H}}_t^- - \underline{\vec{E}}_t^- \times \vec{H}_{tn}^+) \vec{u}_z\, dA = 2\underline{B}_n$$

$$\iint\limits_{A_2} (\vec{E}_n^+ \times \underline{\vec{H}}^+ - \underline{\vec{E}}^+ \times \vec{H}_n^+)\, \vec{n}\, dA = \iint\limits_{A_2} (\vec{E}_{tn}^+ \times \underline{\vec{H}}_t^+ - \underline{\vec{E}}_t^+ \times \vec{H}_{tn}^+) \vec{u}_z\, dA = 0 .$$

Dabei wurden die Eigenwellenentwicklungen für $\underline{\vec{E}}_t$ und $\underline{\vec{H}}_t$ eingesetzt, und die Orthogonalität der Eigenvektoren sowie ihre Normierung berücksichtigt. Die Eigenwelle n in *negativer Richtung* wird also mit dem Koeffizienten

$$\underline{B}_n = \frac{1}{2} \iiint (\vec{H}_n^+ \underline{\vec{M}} - \vec{E}_n^+ \underline{\vec{J}})\, dV \qquad (10.47)$$

angeregt. Aus der Reaktion einer Eigenwelle in negativer Richtung mit den Quellen findet man in gleicher Weise den Koeffizienten, mit dem diese Eigenwelle in *positiver Richtung* angeregt wird.

$$\underline{A}_n = \frac{1}{2} \iiint (\vec{H}_n^- \underline{\vec{M}} - \vec{E}_n^- \underline{\vec{J}})\, dV \qquad (10.48)$$

Merken!

Nach diesen ganz allgemeinen Beziehungen gilt insbesondere, daß von *elektrischen Strömen* in axialer Richtung nur E-Wellen und von *magnetischen Strömen* in axialer Richtung nur H-Wellen angeregt werden.

10.3 MIKROWELLEN-N-TORE

Viele Mikrowellenschaltungen bestehen aus Anordnungen wie in Bild 10.5, die einige Wellenleiter als Ein- und Ausgänge haben, sonst aber metallisch vollkommen abgeschirmt sind. Solche Schaltungen können bei n Zugängen mit den n-Toren gewöhnlicher Netzwerke mit konzentrierten Schaltelementen verglichen werden.

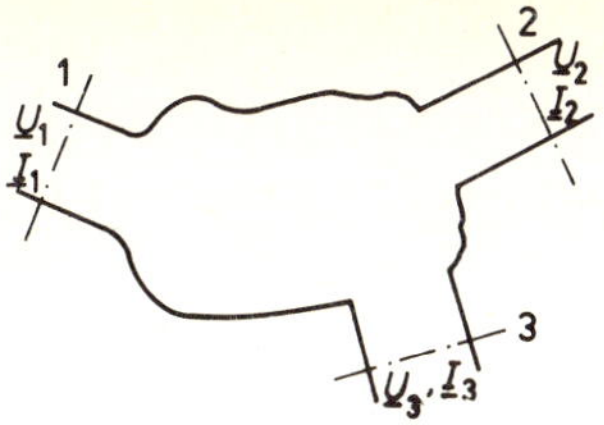

Bild 10.5

Mikrowellen-3-Tor mit Spannungs- und Stromkoeffizienten an den Zugängen

Auf der metallischen Abschirmung ist überall $\vec{n} \times \underline{\vec{E}} = 0$. In den Zugangsquerschnitten der Wellenleiter kann aber ein transversales elektrisches Feld bestehen. Wenn jeder Zugangswellenleiter mit *homogenem Stoff* gefüllt ist, und sich jeweils *nur die Grundwelle* in ihm ausbreiten kann, werden mit den Spannungs- und Stromkoeffizienten $\underline{U}$ und $\underline{I}$ der Grundwelle die transversalen Felder $\underline{\vec{E}}_t$ und $\underline{\vec{H}}_t$ im Zugangsquerschnitt vollständig beschrieben. Allerdings muß der Zugangsleiter dazu genügend lang sein, so daß die aperiodischen Felder höherer Eigenwellen in diesem Querschnitt vollkommen abgeklungen sind. Wenn also für jeden solchen Zugang entweder das $\underline{U}$ oder das $\underline{I}$ festliegt, wird wegen der Eindeutigkeit der Lösung die Feldverteilung überall in der Schaltung bestimmt sein. Sind z.B. die Stromkoeffizienten in allen Zugängen bekannt, dann sind auch die Spannungkoeffizienten bestimmt, und zwar müssen sie wegen der Linearität aller Zusammenhänge auch linear von den Strömen abhängen. Im allgemeinsten Fall muß also bei drei Zugängen

Strom, Spannung

Siehe Abschnitt 1.8!

$$\begin{bmatrix} \underline{U}_1 \\ \underline{U}_2 \\ \underline{U}_3 \end{bmatrix} = \begin{bmatrix} Z_{11} & Z_{12} & Z_{13} \\ Z_{21} & Z_{22} & Z_{23} \\ Z_{31} & Z_{32} & Z_{33} \end{bmatrix} \begin{bmatrix} \underline{I}_1 \\ \underline{I}_2 \\ \underline{I}_3 \end{bmatrix} \qquad (10.49)$$

sein. Die Koeffizientenmatrix in dieser linearen Abhängigkeit ist die Widerstandsmatrix des Dreitores. Durch Umkehrung dieser Beziehung ergibt sich mit

$$\begin{bmatrix} \underline{I}_1 \\ \underline{I}_2 \\ \underline{I}_3 \end{bmatrix} = \begin{bmatrix} Y_{11} & Y_{12} & Y_{13} \\ Y_{21} & Y_{22} & Y_{23} \\ Y_{31} & Y_{32} & Y_{33} \end{bmatrix} \begin{bmatrix} \underline{U}_1 \\ \underline{U}_2 \\ \underline{U}_3 \end{bmatrix} \qquad (10.50)$$

die Leitwertmatrix als inverse Widerstandsmatrix.

Aus dem *Reziprozitätstheorem* folgt, daß diese beiden Matrizen *symmetrisch bezüglich ihrer*

Symmetrie der Matrizen

Hauptdiagonalen sind. Zum Beweis erinnern wir uns an die *Lorentz-Form des Reziprozitätstheorems* für zwei Felder $\underline{\vec{E}}^{(a)}$, $\underline{\vec{H}}^{(a)}$ und $\underline{\vec{E}}^{(b)}$, $\underline{\vec{H}}^{(b)}$ in quellenfreien Gebieten (1.84):

$$\oiint \underline{\vec{E}}^{(a)} \times \underline{\vec{H}}^{(b)} \, d\vec{A} = \oiint \underline{\vec{E}}^{(b)} \times \underline{\vec{H}}^{(a)} \, d\vec{A} \; .$$

Integriert man über die gesamte Berandung der Mikrowellenschaltung, so ergeben sich nur in den Zugangsquerschnitten Beiträge zu den Oberflächenintegralen. Mit

$$\underline{\vec{E}}_{tk} = \vec{e}_k \, \underline{U}_k \qquad\qquad \underline{\vec{H}}_{tk} = \vec{h}_k \, \underline{I}_k$$

im Zugang k ist

$$\oiint \underline{\vec{E}}^{(a)} \times \underline{\vec{H}}^{(b)} \, d\vec{A} = \sum_{k=1}^{n} \left[\underline{U}_k^{(a)} \underline{I}_k^{(b)} \cdot \iint_{A_k} \vec{e}_k \times \vec{h}_k \, d\vec{A} \right] = \sum_{k=1}^{n} \underline{U}_k^{(a)} \underline{I}_k^{(b)} \; .$$

Das Reziprozitätstheorem lautet damit

$$\sum_{k=1}^{n} \underline{U}_k^{(a)} \underline{I}_k^{(b)} = \sum_{k=1}^{n} \underline{U}_k^{(b)} \underline{I}_k^{(a)} \; . \qquad (10.51)$$

Nimmt man hierin alle Ströme $\underline{I}_{k \neq i}^{(a)} = 0$ an und nur $\underline{I}_i^{(a)} \neq 0$, und nimmt man außerdem auch alle Ströme $\underline{I}_{k \neq j}^{(b)} = 0$ an und nur $\underline{I}_j^{(b)} \neq 0$, so ist

$$\underline{U}_j^{(a)} = Z_{ji} \, \underline{I}_i^{(a)} \qquad \text{und} \qquad \underline{U}_i^{(b)} = Z_{ij} \, \underline{I}_j^{(b)} \; .$$

Unter diesen Bedingungen vereinfacht sich Gl.(10.51) zu

$$Z_{ji} \, \underline{I}_i^{(a)} \, \underline{I}_j^{(b)} = Z_{ij} \, \underline{I}_i^{(a)} \, \underline{I}_j^{(b)} \; .$$

Es gilt also auf Grund der Reziprozität

$$\boxed{Z_{ji} = Z_{ij}} \quad . \qquad (10.52)$$

Entsprechend läßt sich auch die Reziprozitätsbeziehung

$$\boxed{Y_{ji} = Y_{ij}} \qquad (10.53)$$

für die Elemente der Leitwertmatrix beweisen; man muß dazu nur alle Spannungen $\underline{U}_k^{(a)}$ bzw. $\underline{U}_k^{(b)}$ bis auf jeweils eine zu null annehmen. Dieser Beweis ist aber überflüssig, denn aus der Matrizenrechnung ist bekannt, daß die Inverse einer symmetrischen Matrix wieder symmetrisch ist.

Vielwellige Zugänge

Lineare Gleichungen wie (10.49) und (10.50) für die Spannungs- und Stromkoeffizienten an den Zugängen gelten auch, wenn sich mehrere Eigenwellen in den Hohlleitern ausbreiten können. Es sind dann nur die Spannungs- und Stromkoeffizienten aller ausbreitungsfähigen Eigenwellen in diesen Gleichungen zu berücksichtigen. Jeder Zugang wird dann durch so viele Tore dargestellt, wie sich Eigenwellen in ihm ausbreiten. Jeder Eigenwelle entspricht ein Tor. Die Widerstands- und Leitwertmatrizen bleiben auch bei dieser Erweiterung symmetrisch.

Vor- und rücklaufende Komponenten

Bei den meisten Mikrowellenschaltungen gibt die Darstellung der Ein- und Ausgangsgrößen durch die vor- und rücklaufenden Komponenten der jeweiligen Eigenwelle eine bessere Übersicht als durch die Strom- und Spannungkoeffizienten. Vor- und rücklaufende Komponenten sind hier die einfallenden und reflektierten Wellen in den Zugängen (Bild 10.6).

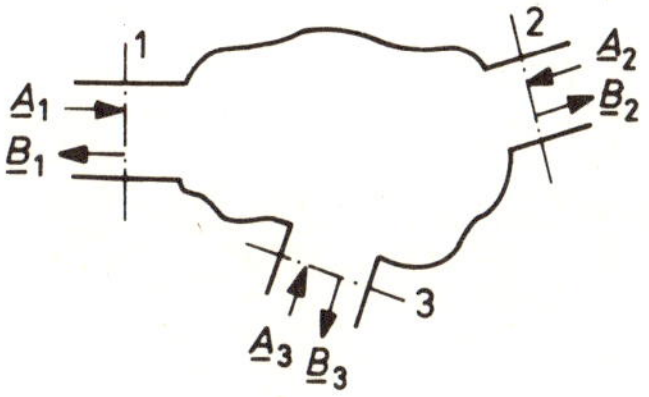

Bild 10.6

Mikrowellen-3-Tor mit einfallenden und reflektierten Eigenwellen $\underline{A}$ und $\underline{B}$ an den Zugängen

Die Amplituden $\underline{A}_i$ und $\underline{B}_i$ dieser Wellen am Zugang i ergeben sich nach Gl.(10.37b) aus den Spannungs- und Stromkoeffizienten

$$\underline{A}_i = \frac{1}{2}\left(\frac{\underline{U}_i}{\sqrt{Z_i}} + \sqrt{Z_i}\;\underline{I}_i\right)$$

$$\underline{B}_i = \frac{1}{2}\left(\frac{\underline{U}_i}{\sqrt{Z_i}} - \sqrt{Z_i}\;\underline{I}_i\right) \quad . \tag{10.54}$$

Z_i ist der Wellenwiderstand im Zugang i. Das $\underline{U}_i$ in diesen Beziehungen kann mit Hilfe von Gl.(10.49) auch durch die Stromkoeffizienten ausgedrückt werden:

$$\underline{A}_i = \frac{1}{2}\sum_k\left(\frac{Z_{ik}}{\sqrt{Z_i}} + \delta_{ik}\sqrt{Z_i}\right)\underline{I}_k$$

$$\underline{B}_i = \frac{1}{2}\sum_k\left(\frac{Z_{ik}}{\sqrt{Z_i}} - \delta_{ik}\sqrt{Z_i}\right)\underline{I}_k \qquad \text{mit} \quad \delta_{ik} = \begin{cases} 1 & \text{für} \quad i = k \\ 0 & \text{für} \quad i \neq k \quad . \end{cases}$$

Diese Beziehungen für alle $\underline{A}_i$ und $\underline{B}_i$ lassen sich in Matrizengleichungen zusammenfassen:

$$[\underline{A}] = \frac{1}{2}\left[[\Delta]^{-1}\,[Z] + [\Delta]\right]\;[\underline{I}]$$

$$[\underline{B}] = \frac{1}{2}\left[[\Delta]^{-1}\,[Z] - [\Delta]\right]\;[\underline{I}] \quad .$$

$[Z]$ ist dabei die Widerstandsmatrix aus Gl.(10.49) und $[\Delta]$ eine Diagonalmatrix aus den Quadratwurzeln der Wellenwiderstände. Löst man

$$[\underline{A}] = \frac{1}{2}\left[[\Delta]^{-1}\,[Z]\,[\Delta]^{-1} + [1]\right]\;[\Delta]\,[\underline{I}]$$

nach $[\Delta]\,[\underline{I}]$ auf, und setzt in

$$[\underline{B}] = \frac{1}{2}\left[[\Delta]^{-1}\,[Z]\,[\Delta]^{-1} - [1]\right]\;[\Delta]\,[\underline{I}]$$

ein, so ist

$$[\underline{B}] = \Big[[\Delta]^{-1}[Z][\Delta]^{-1} - [1]\Big]\Big[[\Delta]^{-1}[Z][\Delta]^{-1} + [1]\Big]^{-1}[\underline{A}].$$

Die Matrix dieses linearen Gleichungssystems wird mit

$$[\underline{S}] = \Big[[\Delta]^{-1}[Z][\Delta]^{-1} - [1]\Big]\Big[[\Delta]^{-1}[Z][\Delta]^{-1} + [1]\Big]^{-1} \tag{10.55}$$

abgekürzt und Streumatrix genannt. Bei einem Dreitor ist

$$\begin{bmatrix} \underline{B}_1 \\ \underline{B}_2 \\ \underline{B}_3 \end{bmatrix} = \begin{bmatrix} S_{11} & S_{12} & S_{13} \\ S_{21} & S_{22} & S_{23} \\ S_{31} & S_{32} & S_{33} \end{bmatrix} \begin{bmatrix} \underline{A}_1 \\ \underline{A}_2 \\ \underline{A}_3 \end{bmatrix} . \tag{10.56}$$

Die diagonalen Elemente der Streumatrix sind Reflexionskoeffizienten am entsprechenden Zugang, wenn jeweils alle anderen Zugänge angepaßt sind, in ihnen also keine Wellen einfallen.

Auch die Streumatrix ist *symmetrisch*. Es sind nämlich die beiden Matrizen

$$[\Delta]^{-1}[Z][\Delta]^{-1} - [1] = [Q]$$

$$[\Delta]^{-1}[Z][\Delta]^{-1} + [1] = [R]$$

symmetrisch, weil ja $[Z]$ symmetrisch ist, und diese Symmetrie auch nicht durch das gleichzeitige Rechts- und Linksmultiplizieren mit der Diagonalmatrix $[\Delta]^{-1}$ gestört wird. $[Q]$ und $[R]$ sind auch *kommutativ*:

$$[Q][R] = [R][Q] .$$

Wird diese Gleichung von links und rechts mit $[R]^{-1}$ multipliziert, so folgt

$$[R]^{-1}[Q] = [Q][R]^{-1} \quad .$$

Damit ist

$$[S] = [Q][R]^{-1} = [R]^{-1}[Q]$$

und die *Transponierte* von $[S]$ ergibt sich zu

$$[S]^{\mathrm{T}} = [[Q][R]^{-1}]^{\mathrm{T}} = [[R]^{-1}]^{\mathrm{T}}[Q]^{\mathrm{T}} = [R]^{-1}[Q] .$$

Es ist also $[S]^{\mathrm{T}} = [S]$, d.h. für die Elemente gilt

$$S_{ij} = S_{ji} \tag{10.57}$$

Für *verlustlose Netzwerke*, ob reziprok oder nicht, hat die Streumatrix noch eine weitere nützliche Eigenschaft. Zur Ableitung wird der komplexe Energiesatz aus Abschnitt 1.2 auf das n-Tor angewandt. Die durch alle Zugänge gelieferte Leistung ist

$$\sum_i \underline{U}_i \, \underline{I}_i^* = P + 2j\omega(W_m - W_e)$$

mit P als Wirkleistung, die im n-Tor verbraucht wird und W_m und W_e als mittlere magnetische und elektrische Energien, die im n-Tor gespeichert sind.

Aufgrund von Gl.(10.37b) gilt für ausbreitungsfähige Eigenwellen mit ihren reellen Wellenwiderständen auch

$$\sum_i (\underline{A}_i + \underline{B}_i)(\underline{A}_i^* - \underline{B}_i^*) = P + 2j\omega(W_m - W_e) \quad .$$

Der Realteil dieser Gleichung ist

$$\sum_i (\underline{A}_i^* \, \underline{A}_i - \underline{B}_i^* \, \underline{B}_i) = P \quad .$$

Die linke Seite läßt sich hier auch mit den Spaltenvektoren $[\underline{A}]$ und $[\underline{B}]$ und ihren Transponierten schreiben:

$$[[\underline{A}]^*]^T [\underline{A}] - [[\underline{B}]^*]^T [\underline{B}] = [[\underline{A}]^*]^T [\underline{A}] - [[\underline{S}]^* [\underline{A}]^*]^T [\underline{S}] [\underline{A}]$$

$$= [[\underline{A}]^*]^T ([1] - [[\underline{S}]^*]^T [\underline{S}]) [\underline{A}] \; .$$

Bei verlustlosen Schaltungen wird keine Leistung verbraucht. Damit hier für beliebige einfallende Wellen immer $P = 0$ ist, muß

$$[1] - [[\underline{S}]^*]^T [\underline{S}] = 0$$

Verlustlos

oder

$$[\underline{S}]^{-1} = [[\underline{S}]^*]^T = [[\underline{S}]^T]^* \qquad (10.58)$$

sein. Die Inverse ist also gleich dem konjugiert Komplexen der Transponierten. Man nennt eine Matrix dieser Eigenschaft unitär.

Die Streumatrix verlustloser Schaltungen ist unitär.

Für die inneren Produkte der Spalten bedeutet das

$$\sum_{i=1}^{n} \underline{S}_{ij} \underline{S}_{ik}^* = \delta_{jk} = \begin{cases} 1 & \text{für } j = k \\ 0 & \text{für } j \neq k \end{cases} \qquad (10.59)$$

Aus Symmetrie und unitärer Eigenschaft der Streumatrix verlustloser Mikrowellenschaltungen lassen sich oft wichtige Rückschlüsse auf das Verhalten solcher Schaltungen ziehen.

Vierpole = Zweitore

Für Mikrowellen-Vierpole oder -Zweitore hat ebenso wie für gewöhnliche Vierpole noch eine andere Darstellung Bedeutung. Hier kann man von den beiden Zugängen als *Eingang 1* und *Ausgang 2* sprechen. Um eine *Kette* von Vierpolen wie in Bild 10.7 einfach berechnen zu können, schreibt man die Ausgangsgrößen in Abhängigkeit von den Eingangsgrößen.

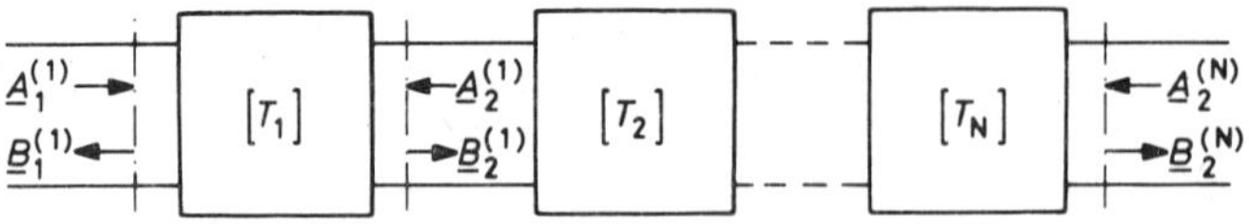

Bild 10.7
Kettenschaltung von Mikrowellen-Vierpolen

Wählt man dazu die Amplituden $\underline{A}$ und $\underline{B}$ der vorlaufenden und rücklaufenden Wellen, so ist

$$\begin{bmatrix} \underline{B}_2 \\ \underline{A}_2 \end{bmatrix} = \begin{bmatrix} T_{11} & T_{12} \\ T_{21} & T_{22} \end{bmatrix} \begin{bmatrix} \underline{A}_1 \\ \underline{B}_1 \end{bmatrix} . \tag{10.60}$$

Das Koeffizientenschema dieser linearen Abhängigkeit wird Kettenmatrix oder Transmissionsmatrix genannt. Sie ergibt sich durch Umformung der Streumatrix zu

$$[T] = \begin{bmatrix} S_{21} - \frac{S_{22}\, S_{11}}{S_{12}} & \frac{S_{22}}{S_{12}} \\ - \frac{S_{11}}{S_{12}} & \frac{1}{S_{12}} \end{bmatrix} . \tag{10.61}$$

In einer Vierpolkette sind die *Ausgangsgrößen* eines Gliedes n die *Eingangsgrößen* des nächsten Gliedes n+1, und zwar ist

$$\underline{B}_2^{(n)} = \underline{A}_1^{(n+1)}$$

$$\underline{A}_2^{(n)} = \underline{B}_1^{(n+1)} .$$

Die Transmissionsmatrix der Kette ist darum einfach das *Produkt der Gliedermatrizen*

$$[T] = [T_N]\,[T_{N-1}] \cdots [T_2]\,[T_1] . \tag{10.62}$$

Der formale Zusammenhang zwischen gewöhnlichen Netzwerken und Mikrowellenkreisen gilt nicht nur für die Spannungs- und Stromkoeffizienten und die linearen Netzwerkgleichungen, er kommt auch in den *Ersatzschaltungen* zum Ausdruck, die sich ähnlich wie für gewöhnliche Schaltungen auch für Mikrowellenschaltungen angeben lassen.

Ersatzschaltungen

Die Schaltungen der *NF-Technik* werden durch gewöhnliche Netzwerke mit *konzentrierten Elementen* dargestellt. Beispielsweise gilt für einen allgemeinen Vierpol die T-Ersatzschaltung in Bild 10.8.

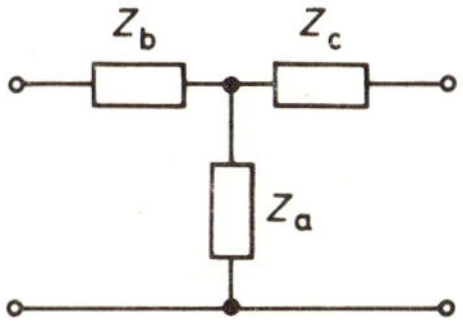

Bild 10.8
T-Ersatzschaltung eines allgemeinen Vierpoles

Für die Strom- und Spannungsamplituden der Eigenwellen an den Zugängen von Mikrowellen-n-Toren gelten mit Widerstands- bzw. Leitwertmatrizen dieselben Gleichungen wie für Ströme und Spannungen in gewöhnlichen Netzwerken. Es können darum auch diese *Mikrowellenschaltungen* durch *Netzwerke mit konzentrierten Elementen* dargestellt werden. Diese Ersatzschaltungen haben zunächst nur *formale Bedeutung*, weil sie nur die Widerstands- bzw. Leitwertmatrizen repräsentieren.

Man kann aber oft durch sinnvolle Wahl der einzelnen Elemente in den Ersatzschaltungen auch die *physikalische Anordnung* selbst mit diesen Elementen darstellen. Beispielsweise wird man einen Wellenleiterabschnitt möglichst durch eine *Ersatzleitung* darstellen. Einen Stempel im Hohlleiter entsprechend Bild 10.9a, der wie ein Überbrückungskondensator wirkt, wird man durch eine *Kapazität* parallel zur Ersatzleitung darzustellen versuchen.

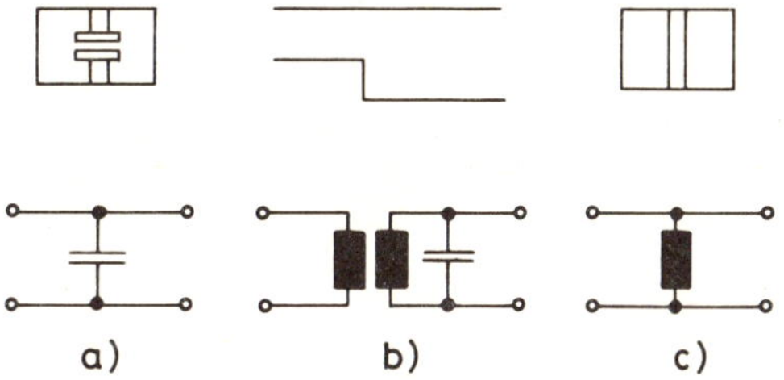

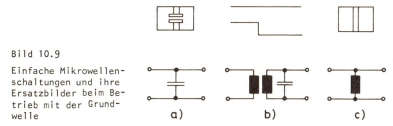

Bild 10.9
Einfache Mikrowellenschaltungen und ihre Ersatzbilder beim Betrieb mit der Grundwelle

Ein Querschnittssprung im Rechteckhohlleiter wie in Bild 10.9b bedeutet einen Sprung im Wellenwiderstand und die Konzentration des elektrischen Feldes an der Kante wirkt wie ein Kondensator. Hier wird man also eine Leitungsersatzschaltung mit *idealem Übertrager* und *Kapazität* wählen. Ein Stift durch den Rechteckresonator in Bild 10.9c schließlich wirkt wie ein *induktiver Nebenschluß*. Im folgenden Lernzyklus werden für einfache Mikrowellenschaltungen aus der Lösung des Randwertproblems die Elemente der Netzwerk-Matrizen bzw. der Ersatzbilder gewonnen.

Übungsaufgaben zum Lernzyklus 13A

Ohne Unterlagen

1 Erläutern Sie, weshalb TEM-Wellen nur in Hohlleitern mit solchen Querschnitten möglich sind, die mehrfach zusammenhängen!

2 Schreiben Sie die Systeme von Differentialgleichungen für H- und E-Wellen in zylindrischen Hohlleitern beliebiger Querschnittsform auf!

3 Zeichnen Sie die Leitungsersatzschaltungen für H-Wellen und E-Wellen!

4 Schreiben Sie zwei Gleichungen auf, nach denen sich die Strom- und Spannungskoeffizienten einer Eigenwelle aus ihren vor- und rücklaufenden Komponenten berechnen lassen!

5 Was versteht man unter den *transversalen Eigenfunktionen* und was unter den *transversalen Eigenvektoren* von Eigenwellen im Hohlleiter?

6 Geben Sie einige Gleichungen an, die orthogonale Eigenschaften der Eigenvektoren beschreiben!

7 Schreiben Sie zwei Gleichungen auf, aus denen sich die Amplituden der vor- und rücklaufenden Komponenten ergeben, die von beliebigen Quellenverteilungen im Hohlleiter angeregt werden? Erläutern Sie die Bedeutung der Symbole in diesen Gleichungen!

8 Welche Größen verknüpft die Streumatrix eines n-Tores miteinander?

9 Welche Eigenschaft hat die Streumatrix eines *verlustlosen* n-Tores? Geben Sie zur Erläuterung dieser Eigenschaft eine Beziehung zwischen den Matrixelementen an!

10 Welche Eigenschaft haben die Widerstands-, Leitwerts- und Streumatrix reziproker n-Tore?

11 Welche Größen verknüpft die Transmissionsmatrix miteinander?

12 Wenn man Mikrowellen-n-Tore durch Matrizen beschreibt, nimmt man meist an, daß ihre Zugänge einwellig sind. Wie können aber Zugänge berücksichtigt werden, in denen mehr als eine Welle ausbreitungsfähig ist?

13 Wie läßt sich das Produkt aus Phasen- und Gruppengeschwindigkeit $v_p v_g$ einer Hohlleiterwelle einfach durch die freie Ausbreitungsgeschwindigkeit v im Stoff der Hohlleiterfüllung ausdrücken?

14 Änderung der Bezugsebene

Unterlagen gestattet

Die Streumatrix $[S]$ eines n-Tores sei bekannt. Berechnen Sie, wie sich die Matrix ändert, wenn die Bezugsebene im Anschluß k um die Länge l verschoben wird!

15 Doppel-T und Magisches T

Für besonders Interessierte

Ein Doppel-T ist ein Viertor, dessen Aufbau mit Hohlleitern in der Skizze dargestellt ist.

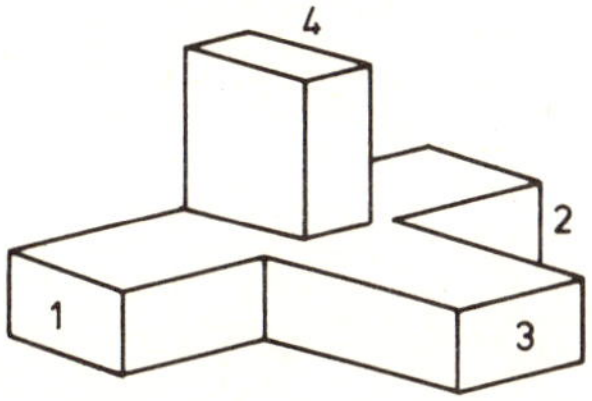

Das *Doppel-T* ist symmetrisch aufgebaut und hat folgende Eigenschaften: Eine einfallende Welle am Arm 3 erregt Wellen in gleicher Amplitude und Phasenlage in 1 und 2 (I); eine einfallende Welle in 4 erregt Wellen gleicher Amplitude und entgegengesetzter Phasenlage in 1 und 2 (II). Sind 1 und 2 mit dem gleichen Reflexionsfaktor abgeschlossen, so kann von 3 keine Leistung nach 4 und umgekehrt gelangen (III).

Bei reflexionsfreiem Abschluß von jeweils drei Armen ist im allgemeinen der Eingangswiderstand am vierten Arm nicht gleich dem Wellenwiderstand. Beim *Magischen T* ist durch Abstimmelemente, die die Symmetrie nicht stören dürfen, erreicht, daß bei reflexionsfreiem Abschluß von 1 und 2 die Eingangswiderstände von 3 und 4 gleich dem Wellenwiderstand sind (IV).

Berechnen Sie die Streumatrizen für das Doppel-T und das Magische T aus den obengenannten Eigenschaften und den allgemein für Streumatrizen verlustloser und reziproker Bauelemente gültigen Beziehungen!

a) Schreiben Sie die Streumatrix eines reziproken Viertores auf!

b) Welche Beziehung gilt zwischen S_{13} und S_{23} aufgrund von Aussage I?

c) Welche Beziehung gilt zwischen S_{12} und S_{24} aufgrund von Aussage II?

d) Welche Beziehung gilt für S_{34} aufgrund von Aussage III?

e) Schreiben Sie die voneinander unabhängigen Gleichungen hin, die sich gemäß Gl. (10.59) aus der Unitarität der Streumatrix eines verlustlosen Viertores ergeben!

f) Berechnen Sie die Elemente der Streumatrix des Doppel-T in Abhängigkeit von S_{33} und S_{44}! Nehmen Sie zur Rechenerleichterung an, daß S_{13}, S_{23} und S_{14} reell sind! Damit legt man sich in den Armen 1, 2 und 4 auf einen bestimmten Bezugsquerschnitt fest.

g) Was bedeutet beim Magischen T die Aussage IV für S_{33} und S_{44}?

h) Berechnen Sie aus den Ergebnissen von f) und g) die Elemente der Streumatrix eines Magischen T!

Für besonders Interessierte

16 Idealer Richtkoppler

Ein verlustloses, reziprokes Viertor soll folgende Eigenschaft haben: Bei reflexionsfreiem Abschluß von drei Zugängen ist der Eingangswiderstand des verbleibenden vierten Zugangs immer gleich dem Wellenwiderstand. Jeder der vier Arme kann dieser Zugang sein. Zeigen Sie, daß jedes Viertor, das diese Bedingung erfüllt, ein idealer Richtkoppler ist!

a) Welches Verhalten zeichnet einen idealen Richtkoppler aus? Wie äußert sich dieses Verhalten in seiner Streumatrix?

b) Welche Bedingungen folgen aus der oben genannten Eigenschaft des Viertores für seine Reflexionskoeffizienten S_{ii}?

c) Wie lautet die Streumatrix des reziproken Viertores?

d) Schreiben Sie die voneinander unabhängigen Gleichungen mit $j \neq k$ hin, die sich aus der Unitarität mit Gl.(10.59) und den unter b) bestimmten Werten für die S_{ii} ergeben! Berücksichtigen Sie dabei auch die Reziprozität!

e) Berechnen Sie daraus die Elemente der Streumatrix in Abhängigkeit von S_{12} und S_{14} bzw. von S_{12} und S_{13}! Nehmen Sie zur Rechenerleichterung an, daß die Bezugsebenen so gewählt wurden, daß S_{12}, S_{14} und S_{34} positiv reell sind! Trotzdem bleibt die notwendige Rechnung noch etwas trickreich. Es ist deshalb unbedenklich, wenn Sie den richtigen Weg nicht sofort finden. Schauen Sie dann ruhig in den Lösungen nach!

Lernzyklus 13B

LERNZIELE

Nach dem Durcharbeiten des Lernzyklus 13B sollen Sie in der Lage sein,

- ein Verfahren zu beschreiben, nach dem sich für Streukörper in Hohlleitern Ersatzschaltungen mit konzentrierten Elementen berechnen lassen;
- dieses Verfahren für einfache Anordnungen wie Stifte oder Blenden anzuwenden.

10.4 Streukörper in Hohlleitern

Es sollen hier Störstellen aus *leitenden Körpern* in *zylindrischen Hohlleitern* untersucht werden, die wie in Bild 10.10a beliebige Formen haben können. Als Ersatzschaltung für solche Störstellen kommen die *T-Schaltung* in Bild 10.10b oder die *π-Schaltung* in Bild 10.10c in Frage

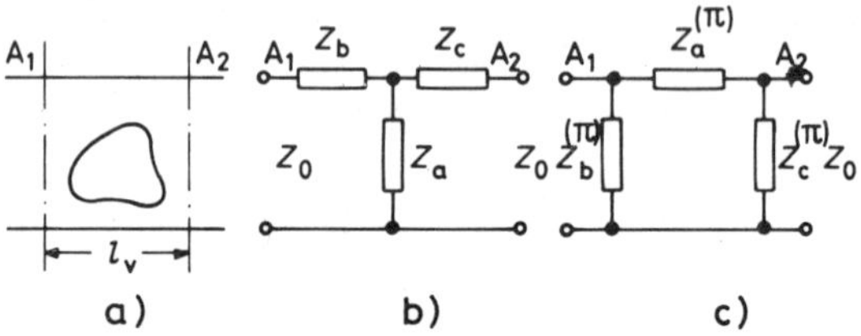

Bild 10.10
a) Allgemeine metallische Stoßstelle im zylindrischen Hohlleiter
b) ihre T-Ersatzschaltung
c) ihre π-Ersatzschaltung

Eingangs- und Ausgangsquerschnitt des Hohlleiter-Vierpoles mit Streukörper können beliebig gewählt werden. Allerdings sind die Elemente der Ersatzschaltungen von der Lage der Eingangs- und Ausgangsquerschnitte abhängig. Natürlich muß angenommen werden, daß sich im Hohlleiter nur die *Grundwelle* ausbreitet, denn sonst müßte die Ersatzschaltung ja mehr als zwei Klemmenpaare haben. Der Hohlleiter muß auch auf beiden Seiten der Störstelle genügend lang sein, so daß die *aperiodischen Felder* höherer Eigenwellen, wie sie durch die Störstelle angeregt werden, *abgeklungen* sind. Bei *verlustfreier* Störstelle sind alle Widerstände der Ersatzschaltung reine *Blindwiderstände*.

Eine exakte Lösung für die Elemente der Ersatzschaltung ist nur für ganz einfache Formen der Störstelle möglich. Für den allgemeinen Fall sollen hier *stationäre Ausdrücke* für den Kurzschluß- und den Leerlaufwiderstand des Vierpoles abgeleitet werden, so daß eine Näherungsrechnung mit *Variationsverfahren* möglich wird.

Der Kurzschluß- und der Leerlaufwiderstand des Vierpoles lassen sich durch *Reaktionen* ausdrücken. Ähnlich wie bei Beugungsproblemen im freien Raum die Reaktion mit Stromelementen untersucht wurde, ist hier die Reaktion mit einer *Grundwellenquelle* zu untersuchen.

Das Verfahren zur Berechnung von Leerlauf- und Kurzschlußwiderstand mit Reaktionen entspricht der experimentellen Bestimmung der Vierpoleigenschaften durch *Leerlauf- und Kurzschlußmessungen*. Ebenso wie bei der Messung von Kurzschluß- und Leerlaufwiderstand werden auch hier die Reaktionen bei Leerlauf und Kurzschluß untersucht. Leerlauf bzw. Kurzschluß werden dabei durch magnetische bzw. elektrische Leiter in dem Ausgangsquerschnitt A_2 hergestellt.

Zur Vorbereitung dieser Untersuchung betrachten wir zunächst den Hohlleiter *ohne Störstelle* mit einem *magnetischen Leiter* im Ausgangsquerschnitt in Bild 10.11.

1.) Leerlauf ohne Streukörper

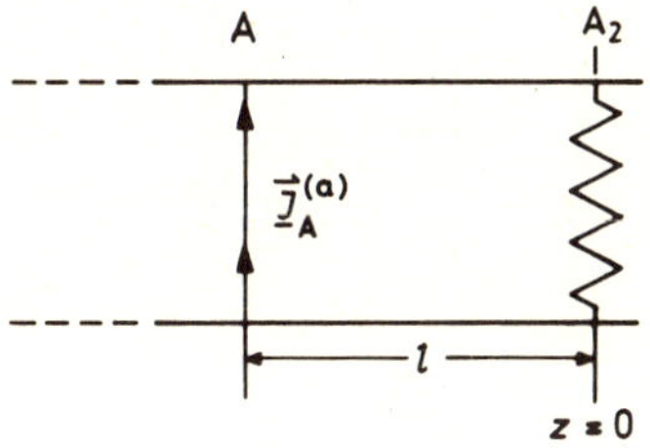

Bild 10.11

Grundwellenquelle im ungestörten Hohlleiter mit magnetisch leitendem Abschluß

Im Abstand l von A_2 wird in einer Querschnittsebene ein Flächenstrom $\underline{\vec{J}}_A^{(a)}$ angenommen, der so verteilt ist, daß nur die Grundwelle angeregt wird. Der Flächenstrom erzeugt im Abschnitt $-l < z < 0$ eine *stehende Welle*:

$$\underline{\vec{E}}_t^{(1)} = \sqrt{Z_o}\,\underline{A}(e^{-j\beta z} + e^{j\beta z})\vec{e} = 2\sqrt{Z_o}\,\underline{A}\cos\beta z\,\vec{e}$$

(10.63)

$$\underline{\vec{H}}_t^{(1)} = \frac{1}{\sqrt{Z_o}}\,\underline{A}(e^{-j\beta z} - e^{j\beta z})\vec{h} = \frac{2}{j}\,\frac{1}{\sqrt{Z_o}}\,\underline{A}\sin\beta z\,\vec{h}.$$

$\vec{e}$ und $\vec{h}$ sind die *Eigenvektoren der Grundwelle*.

Für $z < -l$ wird nur die nach links laufende Grundwelle angeregt, für die wir

$$\underline{\vec{E}}_t^{(2)} = \sqrt{Z_o}\,\underline{B}\,e^{j\beta z}\,\vec{e}$$

$$\underline{\vec{H}}_t^{(2)} = -\frac{1}{\sqrt{Z_o}}\,\underline{B}\,e^{j\beta z}\,\vec{h}$$

ansetzen.

$\underline{\vec{E}}_t$ ist bei $z = -l$ stetig; also muß

$$2\,\underline{A}\cos\beta l = \underline{B}\,e^{-j\beta l}$$

sein, während $\underline{\vec{H}}_t$ durch den Flächenstrom einen Sprung gemäß

$$\vec{u}_z \times (\underline{\vec{H}}^{(1)} - \underline{\vec{H}}^{(2)}) = \vec{J}_A^{(a)}$$

erleidet.

Es ist also

$$\underline{\vec{J}}_A^{(a)} = - \frac{2}{\sqrt{Z_0}} \underline{A} \, e^{j\beta l} \, \vec{e} \, . \tag{10.64}$$

Die *Selbstreaktion* des Feldes mit seiner Quelle lautet damit

$$<a,a> = \iint_A \underline{\vec{E}}^{(a)} \underline{\vec{J}}_A^{(a)} \, dA = - 2\underline{A}^2 (1 + e^{j2\beta l}) \, . \tag{10.65}$$

2.) Leerlauf mit Streukörper

Es wird jetzt die Selbstreaktion im Leerlauf *mit* Streukörper untersucht (Bild 10.12a). Die Ersatzschaltung für diesen Fall zeigt Bild 10.12b.

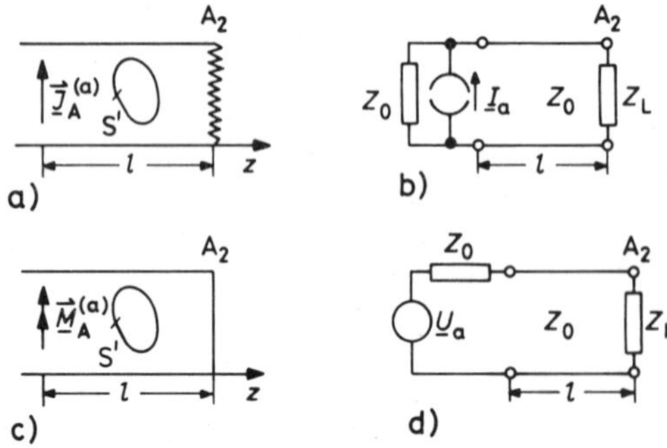

Bild 10.12

Zur Bestimmung des Leerlauf- und Kurzschlußwiderstandes von Hohlleitervierpolen mit Grundwellenquellen im Spannungs- bzw. Stromknoten

Der Leerlaufwiderstand Z_L in dieser Ersatzschaltung ist auf den Ausgangsquerschnitt A_2 bezogen und muß gegebenenfalls durch Leitungstransformation im Hohlleiter der Länge l_v (Bild 10.10a) auf den Eingangsquerschnitt umgerechnet werden. Nach dieser Umrechnung erhält man den Koeffizienten Z_{11} in der Widerstandsmatrix des Hohlleitervierpoles.

Die Feldverteilung $\underline{\vec{E}}$ im Leerlauf setzt sich zusammen aus dem Feld $\underline{\vec{E}}^{(a)}$, wie es entsprechend Gl.(10.63) ohne Streukörper bei Leerlauf besteht und einem Streufeld $\underline{\vec{E}}^{(s)}$, das durch die Ströme $\underline{\vec{J}}_A^{(s)}$ angeregt wird, die durch $\underline{\vec{J}}_A^{(a)}$ auf dem Streukörper induziert werden.

$$\underline{\vec{E}} = \underline{\vec{E}}^{(a)} + \underline{\vec{E}}^{(s)}$$

Die Selbstreaktion dieses Feldes kann darum entsprechend

$$\iint_A \underline{\vec{E}}\,\underline{\vec{J}}_A^{(a)}\,dA = \iint_A (\underline{\vec{E}}^{(a)} + \underline{\vec{E}}^{(s)})\,\underline{\vec{J}}_A^{(a)}\,dA$$

$$= <a,a> + <s,a>$$

aufgespalten werden.

Der Abstand l des Flächenstromes $\underline{\vec{J}}_A^{(a)}$ wird nun so eingestellt, daß die Selbstreaktion gerade verschwindet, daß also mit Gl.(10.65)

$$<s,a> = - <a,a> = 2\,\underline{A}^2\,(1 + e^{j2\beta l}) \qquad (10.66)$$

wird. An dieser Stelle $z = -l$ ist $\underline{\vec{E}}_t = 0$. Es besteht also hier ein *Spannungsknoten*. Der Abschlußwiderstand Z_L des Leitungsabschnittes l ist hier gerade auf $Z = 0$ transformiert. Aus der allgemeinen Beziehung für den Eingangswiderstand einer Leitung folgt $Z = 0$ für

$$\frac{Z_L}{Z_O} = - j\,\tan\beta l \quad .$$

Dieses $\tan\beta l$ läßt sich auch aus Gl.(10.66) berechnen.

Bei reellem $\underline{A}^2$ ist

$$\begin{aligned} \mathrm{Re}\,<s,a> &= 2\,\underline{A}^2\,(1 + \cos(2\beta l)) \\ \mathrm{Im}\,<s,a> &= 2\,\underline{A}^2\,\sin(2\beta l) \end{aligned} \qquad (10.67)$$

und

$$\frac{\text{Im } \langle s,a\rangle}{\text{Re } \langle s,a\rangle} = \frac{\sin(2\beta l)}{1+\cos(2\beta l)} = \tan\beta l \quad ,$$

so daß

$$\frac{Z_L}{jZ_0} = -\frac{\text{Im } \langle s,a\rangle}{\text{Re } \langle s,a\rangle}$$

wird.

Wir haben also hier zunächst den Leerlaufwiderstand durch die Reaktion $\langle s,a\rangle$ ausgedrückt. Wegen *Reziprozität* gilt

$$\langle s,a\rangle = \langle a,s\rangle = \iint_{S'} \underline{\vec{E}}^{(a)} \, \vec{\underline{J}}_A^{(s)} \, dA$$

mit dem Flächenstrom $\vec{\underline{J}}_A^{(s)}$ auf dem Streukörper. Wegen $\vec{n}\times\underline{\vec{E}} = 0$ auf dem ideal leitenden Streukörper ist

$$\vec{n} \times \underline{\vec{E}}^{(a)} = -\vec{n} \times \underline{\vec{E}}^{(s)} \quad \text{auf } S' \tag{10.68}$$

und

$$\langle a,s\rangle = -\iint_{S'} \underline{\vec{E}}^{(s)} \, \vec{\underline{J}}_A^{(s)} \, da = -\langle s,s\rangle \quad .$$

Der *Leerlaufwiderstand* wird damit durch eine Selbstreaktion dargestellt:

$$\frac{Z_L}{jZ_0} = -\frac{\text{Im } \langle s,s\rangle}{\text{Re } \langle s,s\rangle} \quad . \tag{10.69}$$

Diese Selbstreaktion kann gemäß Gl.(9.45) zum *stationären Ausdruck* bezüglich Variationen in einer zur Näherung angenommener Quellenverteilung s_p gemacht werden, wenn

$$\langle s,s\rangle = \frac{\langle s,s_p\rangle^2}{\langle s_p,s_p\rangle}$$

gesetzt wird. Für die richtige Feldverteilung kann man hier mit Gl.(10.68) die durch

Gl.(10.63) bekannte Feldverteilung $\vec{\underline{E}}^{(a)}$ einführen:

$$<s,s> = \frac{<a,s_p>^2}{<s_p,s_p>} \quad . \qquad (10.70)$$

In Gl.(10.67) wurde $\underline{A}$ und damit das Feld $\vec{\underline{E}}^{(a)}$ entweder rein reell oder rein imaginär angenommen. Rechnen wir z.B. mit einem rein reellen $\underline{A}$, dann hat $<a,s_p>$ den Phasenwinkel ϕ von $\vec{\underline{J}}^{(s)}_{Ap}$, und in Gl.(10.70) hat rechts der Zähler den doppelten Phasenwinkel: $<a,s_p>^2 = |<a,s_p>|^2 \cdot e^{j2\phi}$. Auch im Nenner kann 2ϕ abgespalten werden:

$$<s_p,s_p> = <s_p,s_p^{(r)}> \; e^{j2\phi} \quad .$$

Dabei ist $<s_p,s_p^{(r)}>$ die Selbstreaktion der reellen Quellenverteilung $(\vec{\underline{J}}^{(s)}_{Ap})_r = \vec{\underline{J}}^{(s)}_{Ap} \cdot e^{-j\phi}$ mit ihrem Feld. Man kann also an Stelle von Gl.(10.70) auch

$$<s,s> = \left| \frac{<a,s_p>}{<s_p,s_p^{(r)}>} \right|^2 <s_p,s_p^{(r)}>^*$$

setzen.

Für den *Leerlaufwiderstand* ergibt sich so schließlich der *stationäre Ausdruck*:

$$\frac{Z_L}{jZ_0} = \frac{\mathrm{Im}<s_p,s_p^{(r)}>}{\mathrm{Re}<s_p,s_p^{(r)}>} \qquad (10.71)$$

Die Stromverteilung $(\vec{\underline{J}}^{(s)}_{Ap})_r$ auf dem Streukörper muß zur Annäherung der wirklichen Verteilung in Bild 10.12a angenommen werden, und zwar als reelle Größe. Das Feld $\vec{\underline{E}}^{(s)}_p$ ist so zu berechnen, wie es im Hohlleiter mit magnetischem Abschluß von dieser Stromverteilung ohne den Streukörper angeregt wird.

3.) Kurzschluß ohne Streukörper

Zur Bestimmung des Kurzschlußwiderstandes wird wie in Bild 10.12c in *dualer Weise* ein magnetischer Flächenstrom $\vec{\underline{M}}^{(a)}_A$ als Grundwellenquelle angenommen. Dual zu Gl.(10.63) ergibt sich ohne Streukörper im Abschnitt $-l < z < 0$ die Feldverteilung

$$\vec{\underline{H}}_t^{(a)} = \frac{2}{\sqrt{Z_o}} \underline{A} \cos\beta z \, \vec{h}$$

$$\vec{\underline{E}}_t^{(a)} = -\frac{2}{j}\sqrt{Z_o}\, \underline{A} \sin\beta z \, \vec{e} \quad . \qquad (10.72)$$

4) Kurzschluß mit Streukörper

Die Ersatzschaltung bei Kurzschluß in der Ausgangsebene der Anordnung mit Anregung durch eine magnetische Grundwellenquelle zeigt Bild 10.12d. Der Kurzschlußwiderstand Z_K in dieser Ersatzschaltung ist ebenso wie vorher der Leerlaufwiderstand wieder auf den Ausgangsquerschnitt bezogen. Er muß gegebenenfalls durch Leitungstransformation im Hohlleiter der Länge l_v (Bild 10.10a) auf den Eingangsquerschnitt A_1 umgerechnet werden. Der Kurzschlußleitwert wird durch diese Umrechnung auf den Koeffizienten Y_{11} der Leitwertmatrix des Hohlleitervierpoles transformiert.

Man berechnet auch hier die Selbstreaktion des resultierenden Feldes mit seiner Quelle $\vec{\underline{M}}_A^{(a)}$ und stellt l so ein, daß diese Selbstreaktion verschwindet. Bei $z = -l$ ist dann $\vec{\underline{H}}_t = 0$. Es liegt dort ein *Stromknoten*. Der Kurzschlußwiderstand Z_K der Anordnung wird durch den Leitungsabschnitt l auf einen Leitwert Null transformiert.

Dual zu Gl.(10.69) erhält man den *Kurzschlußleitwert*

$$j\,\frac{Z_o}{Z_K} = \frac{\mathrm{Im}\langle s,s\rangle}{\mathrm{Re}\langle s,s\rangle}$$

aus der Selbstreaktion $\langle s,s\rangle$. Die Quellenverteilung s ist hier der durch $\vec{\underline{M}}_A^{(a)}$ auf dem Streukörper induzierte Strom $\vec{\underline{J}}_A^{(s)}$. Seine Feldverteilung $\vec{\underline{E}}^{(s)}$ muß aus diesem Strom ohne Streukörper im kurzgeschlossenen Hohlleiter berechnet werden. Dual zu Gl.(10.71) ist

$$j\,\frac{Z_o}{Z_K} = -\frac{\mathrm{Im}\langle s_p, s_p^{(r)}\rangle}{\mathrm{Re}\langle s_p, s_p^{(r)}\rangle} \qquad (10.73)$$

stationär hinsichtlich Variationen in der Verteilung, wenn für die Quellen $s_p^{(r)}$ nur reelle Ströme angenommen werden.

Zur Berechnung der Felder im Hohlleiter aus den Quellenverteilungen $\underline{\vec{J}}_{Ap}^{(s)}$ auf dem Streukörper können in allen Fällen die Gln.(10.47) und (10.48) der Eigenwellenentwicklungen dienen.

Physikalische Bedeutung

In den stationären Ausdrücken (10.71) und (10.73) für den Leerlaufwiderstand und Kurzschlußleitwert lassen sich Zähler und Nenner recht einfach physikalisch interpretieren. Für die Selbstreaktion gilt

$$\langle s_p, s_p^{(r)} \rangle = \iint\limits_{S'} \underline{\vec{E}}_p^{(s)} \cdot (\underline{\vec{J}}_{Ap}^{(s)})_r \, dA$$

$$= \iint\limits_{S'} \underline{\vec{E}}_p^{(s)} \cdot (\underline{\vec{J}}_{Ap}^{(s)})_r^* \, dA \; ,$$

denn in beiden Fällen müssen für die Quellen $s_p^{(r)}$ reelle Ströme $(\underline{\vec{J}}_{Ap}^{(s)})_r$ angenommen werden. Damit ist die Selbstreaktion

$$\langle s_p, s_p^{(r)} \rangle = P \quad ,$$

also gleich der *komplexen Leistung*, die von der Quellenverteilung $s_p^{(r)}$ geliefert wird. Ihr Imaginärteil in Gl.(10.71) und (10.73) ist die *Blindleistung* und ihr Realteil die *Wirkleistung*. Leerlaufwiderstand und Kurzschlußleitwert ergeben sich nun einfach aus dem Verhältnis von Blind- zu Wirkleistung der jeweiligen reellen Quellenverteilung $(\underline{\vec{J}}_{Ap}^{(s)})_r$.

Vierpol-Matrizen

Gl.(10.71) und Gl.(10.73) sind stationäre Ausdrücke für Leerlaufwiderstand und Kurzschlußleitwert auf einer Seite des Hohlleiters mit unsymmetrischem Streukörper. Durch Transformation im Hohlleiter der Länge l_v werden aus ihnen die Koeffizienten Z_{11} und Y_{11} von Widerstands- und Leitwertmatrix des Hohlleitervierpoles. In entsprechender Weise erhält man durch Kurzschluß- und Leerlaufanalyse des Vierpoles in umgekehrter Richtung stationäre Ausdrücke, aus denen die Koeffizienten Z_{22} und Y_{22} folgen. Aufgrund der Reziprozität besteht zwischen diesen vier Koeffizienten die Beziehung

Reziprozität

$$Y_{11} \, Z_{11} = Y_{22} \, Z_{22} \; .$$

Es ist also mit jeweils drei der Koeffizienten der vierte bestimmt. Auch die restlichen beiden Koeffizienten von Widerstands- und Leitwertmatrix sind aus jeweils drei der Leerlauf- und Kurzschlußkoeffizienten zu berechnen:

$$Z_{12}^2 = Z_{11}\,(Z_{22} - \frac{1}{Y_{22}}) \qquad Y_{12}^2 = Y_{11}\,(Y_{22} - \frac{1}{Z_{22}})\ .$$

Mit diesen Beziehungen lassen sich alle Elemente der Vierpol-Matrizen durch stationäre Ausdrücke bestimmen.

Wenn die Länge l_v des Hohlleitervierpoles eine halbe Hohlleiter-Wellenlänge oder ein ganzzahliges Vielfaches ist, transformiert sie Abschlußwiderstände in sich selbst. Unter diesen Bedingungen sind Gl.(10.71) und Gl.(10.73) unmittelbar stationäre Ausdrücke für Z_{11} und Y_{11}.

Symmetrische Streukörper

Einfacher werden die Verhältnisse auch für Streukörper, die, wie in Bild 10.13a bezüglich einer Querschnittsebene S *symmetrisch* sind. Für Hohlleitervierpole mit solchen symmetrischen Streukörpern sind auch die Ersatzschaltungen symmetrisch wie in Bild 10.13b die T-Ersatzschaltung. Eingangs- und Ausgangsquerschnitt bezieht man hier am einfachsten auf die *Symmetrieebene* S. Leerlauf (Bild 10.13c) und Kurzschluß (Bild 10.13e) in dieser Symmetrieebene lassen sich durch symmetrische bzw. gegensymmetrische Anregung von beiden Seiten realisieren.

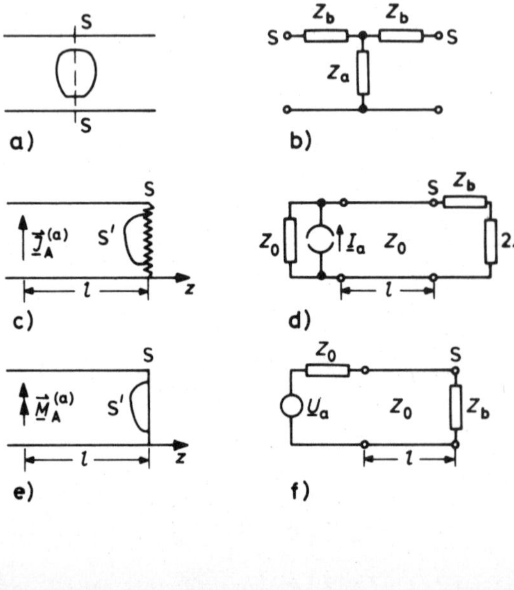

Bild 10.13

a) Hohlleiter mit symmetrischer Stoßstelle
b) Symmetrische T-Ersatzschaltung
c) Leerlauf durch magnetischen Leiter in der Symmetrieebene
d) Ersatzschaltung für den Leerlauf
e) Kurzschluß durch elektrischen Leiter in der Symmetrieebene
f) Ersatzschaltung für den Kurzschluß

Für die Leerlauf- und Kurzschlußanalysen gelten die Ersatzschaltungen in Bild 10.13d bzw. 10.13f. Als Abschlußwiderstände erscheinen hier unmittelbar die Elemente der T-Ersatzschaltung des symmetrischen Streukörpers.

Für den *Leerlauf* in S ist aus Gl.(10.71)

$$\frac{Z_b + 2\,Z_a}{jZ_o} \approx \frac{\mathrm{Im} < s_p, s_p^{(r)} >}{\mathrm{Re} < s_p, s_p^{(r)} >}\,, \tag{10.74}$$

und für *Kurzschluß* in S ist aus Gl.(10.73)

$$j\frac{Z_o}{Z_b} = -\frac{\mathrm{Im} < s_p, s_p^{(r)} >}{\mathrm{Re} < s_p, s_p^{(r)} >}\,. \tag{10.75}$$

Beides sind *stationäre Ausdrücke* für die Elemente der Ersatzschaltung.

10.5 Stifte im Rechteckhohlleiter

Metallische Stifte in Hohlleitern haben u.a. Bedeutung als *Abstimmelemente*, zum Aufbau von *Filtern* aus Hohlleitern oder als *Anpassungselemente* in Leitungstransformatoren. Hier soll als Beispiel ein durchgehender, runder Stift im Rechteckhohlleiter untersucht werden, der parallel zum elektrischen Feld der Grundwelle angeordnet ist. Wie in Bild 10.14 angedeutet, wirkt solch ein Stift in erster Näherung wie eine Induktivität, welche die Ersatzleitung überbrückt.

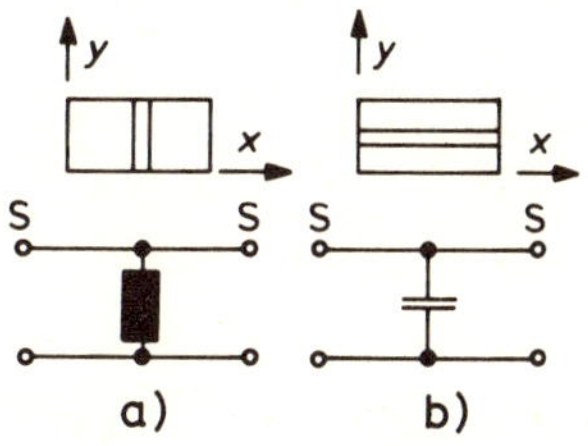

Bild 10.14

Zylindrische Stifte im Rechteckhohlleiter und angenäherte Ersatzschaltungen
a) Induktiver Stift
b) Kapazitiver Stift

Er wird darum auch *induktiver Stift* genannt. Im Gegensatz dazu wirkt ein transversaler Stift senkrecht zum elektrischen Feld der Grundwelle näherungsweise wie eine Parallelkapazität und wird darum *kapazitiver Stift* genannt.

Der induktive Stift ist ein Sonderfall der allgemeinen Klasse von Streukörpern, die zylindrisch senkrecht zur Richtung des *magnetischen* Feldes der Grundwelle sind. Bei allen Körpern dieser Klasse wird auch das magnetische Streufeld der Grundwelle keine Komponente in Richtung der Zylinderachse des Streukörpers haben. Bei Einfall der Grundwelle ist das resultierende Feld TM bezüglich der y-Richtung also ein E_y-Feld. Es läßt sich darum aus einer skalaren Wellenfunktion $\underline{A}_y = \underline{\psi}$ ableiten.

Der kapazitive Stift ist ein Sonderfall der allgemeinen Klasse von Streukörpern, die zylindrisch senkrecht zur Richtung des *elektrischen* Feldes der Grundwelle sind. Bei dieser Klasse ist das resultierende Feld ein H_x-Feld und läßt sich aus einer skalaren Wellenfunktion $\underline{F}_x = \underline{\psi}$ ableiten.

Induktiver Stift

Wir betrachten einen induktiven Stift in der Mitte des Rechteckhohlleiters. Für den Leerlaufwiderstand wird entsprechend Bild 10.13c ein magnetischer Leiter in die Symmetrieebene gebracht bzw. von beiden Seiten symmetrisch mit der Grundwelle angeregt.

Leerlaufwiderstand

Um nach Gl.(10.74) einen stationären Ausdruck für den Leerlaufwiderstand zu gewinnen, muß die Selbstreaktion

$$< s_p, s_p^{(r)} > = \iint \vec{\underline{E}}_p^{(s)} \vec{\underline{J}}_{Ap}^{(s)} \, dA$$

des Feldes $\vec{\underline{E}}_p^{(s)}$ mit seinen reellen Quellen $\vec{\underline{J}}_{Ap}^{(s)}$ berechnet werden, die zur Annäherung der wirklich auf dem Stift im Leerlauf induzierten Ströme $\vec{\underline{J}}_A^{(s)}$ angenommen sind. Bei symmetrischer Anregung von beiden Seiten wird auf dem Stift eine Stromverteilung $\vec{\underline{J}}_A^{(s)}$ induziert, die bezüglich S auch symmetrisch ist. Sie soll durch eine konstante Flächenstromdichte

Probestromverteilung

$$\vec{\underline{J}}_{Ap}^{(s)} = \vec{u}_y \frac{\underline{I}}{\pi d} \tag{10.76}$$

angenähert werden. Das Feld $\vec{\underline{E}}_p^{(s)}$ dieser Quellenverteilung im magnetisch abgeschlossenen Hohlleiter könnte mit den Eigenwellenentwicklungen nach den Gln.(10.47) und (10.48) berechnet werden. Unter den vorliegenden Verhältnissen ist eine Rechnung auf Grund der Bildtheorie aus Abschnitt 1.9 aber einfacher. Das Feld $\underline{\vec{E}}_p^{(s)}$ kann als Überlagerung aller Felder angesehen werden, die von $\underline{\vec{J}}_{Ap}^{(s)}$ und allen seinen Spiegelbildern in Bild 10.15 im freien Raum erzeugt werden.

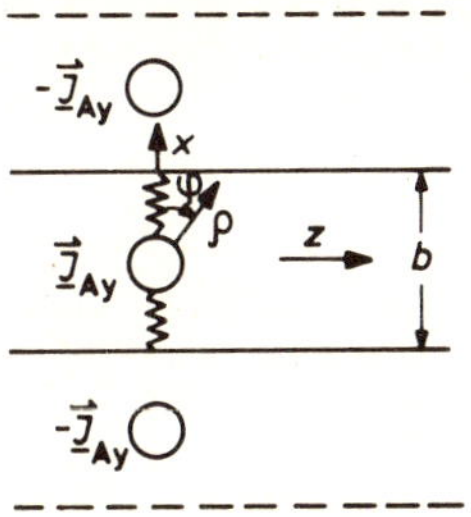

Bild 10.15
Bildquellen für einen runden Stift im Rechteckhohlleiter

In

$$\underline{\vec{E}}_p^{(s)} = \underline{\vec{E}}^{(s')} + \underline{\vec{E}}^{(B)}$$

soll $\underline{\vec{E}}^{(s')}$ das freie Feld von $\underline{\vec{J}}_{Ap}^{(s)}$ sein und $\underline{\vec{E}}^{(B)}$ die Überlagerung der freien Felder aller Bildquellen. Das freie Feld eines kreiszylindrischen Strombelages wurde im Abschnitt 8.1 berechnet. Mit den Formeln jenes Abschnittes ist das freie Feld von $\underline{\vec{J}}_{Ap}^{(s)}$

$$\underline{E}_y^{(s')} = -\frac{\eta}{4}\, k\, \underline{I}\, J_o\!\left(k\,\frac{d}{2}\right) H_o^{(2)}(k\rho) \qquad \rho \geq \frac{d}{2} \tag{10.77}$$

Die freien Felder der Bildquellen sind am Stift quellenfrei. Für sie kann darum folgende Reihe angesetzt werden

$$\underline{E}_y^{(B)} = \sum_{n=-\infty}^{\infty} \underline{A}_n\, J_n(k\rho)\, e^{jn\varphi} \quad . \tag{10.78}$$

Die Selbstreaktion von $\underline{\vec{E}}_p^{(s)}$ mit $\underline{\vec{J}}_{Ap}^{(s)}$ ist

$$<s_p,\, s_p> = \frac{1}{2}\int_0^a \int_0^{2\pi} \underline{E}_y \underline{J}_{Ay}\, \frac{d}{2}\, d\varphi\, dy \quad .$$

Der Faktor 1/2 berücksichtigt, daß von der Reaktion mit der Stromverteilung des ganzen Stiftes nur die Hälfte auf einer Seite des magnetischen Leiters zu nehmen ist. Mit dem konstanten Flächenstrom (10.76) und den Teilfeldern (10.77) und (10.78) folgt

$$\langle s_p, s_p \rangle = \frac{a\underline{I}}{2} J_o(k\,\frac{d}{2}) \left[-\frac{\eta k}{4}\,\underline{I}\,H_o^{(2)}(k\,\frac{d}{2}) + \underline{A}_o \right]$$

Der Koeffizient A_o der Reihenentwicklung (10.78) ist

$$\underline{A}_o = \underline{E}_y^{(B)} \Big|_{\rho = 0} .$$

Er stellt also das freie Feld aller Bildquellen in der Stiftachse dar. Das freie Feld einer einzelnen Bildquelle kann wie in Gl.(10.77) berechnet werden. Für das Feld aller Bildquellen gilt darum die Summe

$$\underline{E}_y^{(B)} \Big|_{\rho = 0} = -\frac{\eta}{2}\,k\,\underline{I}\,J_o(k\,\frac{d}{2}) \sum_{n=1}^{\infty} (-1)^n\,H_o^{(2)}(nkb) .$$

Die Selbstreaktion ist mit dieser Substitution für $\underline{A}_o$

$$\langle s_p, s_p \rangle = -\frac{\eta}{8}\,ka\,\underline{I}^2 J_o(k\frac{d}{2}) \left[H_o^{(2)}(k\frac{d}{2}) + 2J_o(k\frac{d}{2}) \sum_{n=1}^{\infty} (-1)^n H_o^{(2)}(nkb) \right] . \qquad (10.79)$$

Dieses ist zwar ein genauer Ausdruck für die Selbstreaktion mit der gemäß Gl.(10.76) angenommenen Stromverteilung, die Summe der Hankelfunktionen konvergiert aber nur langsam und läßt sich nur schwer auswerten.

Um zu einer besseren Darstellung zu kommen, bedenken wir, daß mit Rücksicht auf Gl.(8.1)

$$\sum_{n=1}^{\infty} (-1)^n\,H_o^{(2)}(nkb)$$

als freies Feld aller Bildquellen des Stromfadens

$$\underline{I}_y = -\frac{2}{\eta k} \tag{10.80}$$

in der Mitte des Rechteckhohlleiters interpretiert werden kann. Das Hohlleiterfeld eines solchen Stromfadens haben wir durch Eigenwellenentwicklung in Abschnitt 7.1 berechnet. Diese Rechnungen ergeben mit der Stromstärke (10.80) für das Feld bei $z = 0$ folgenden Ausdruck

$$\underline{E}_y = \frac{2}{\pi}\left[\frac{\sin\frac{\pi x}{b}}{\sqrt{(2\frac{b}{\lambda})^2-1}} + j\sum_{n=2}^{\infty}\frac{\sin\frac{n\pi}{2}\ \sin\frac{n\pi x}{b}}{\sqrt{n^2-(2\frac{b}{\lambda})^2}}\right]. \tag{10.81}$$

Wenn nur die Grundwelle sich im Hohlleiter ausbreiten kann, ist in diesem Ausdruck nur das erste Glied reell.

Zur Auswertung der Summe in Gl.(10.81) betrachten wir die ihr ähnliche Summenform

$$\sum_{n=1}^{\infty}\frac{1}{n}\sin\frac{n\pi}{2}\sin n(\frac{\pi}{2}+\delta) = \sum_{n=1,3,5}^{\infty}\frac{\cos n\delta}{n} ,$$

die sich im Bereich $0 < \delta < \pi$ aufsummieren läßt.

Es ist[1]

$$\sum_{n=1,3,5}^{\infty}\frac{\cos n\delta}{n} = -\frac{1}{2}\ln\tan\frac{\delta}{2} .$$

Setzt man hier $\delta = \pi\frac{\rho}{b}$ sowie in Gl.(10.81) $x = \frac{b}{2} + \rho$ und addiert und subtrahiert die letze Summe in (10.81), so ergibt sich das Hohlleiterfeld in unmittelbarer Nähe des Stromfadens zu

$$\underline{E}_y\Big|_{\rho=0} = \lim_{\rho\to 0}\frac{2}{\pi}\left[\frac{1}{\sqrt{(2\frac{b}{\lambda})^2-1}} + j\sum_{n=2}^{\infty}\sin^2\frac{n\pi}{2}\left(\frac{1}{\sqrt{n^2-(2\frac{b}{\lambda})^2}}-\frac{1}{n}\right) + j\left(\frac{1}{2}\ln\frac{2b}{\pi\rho}-1\right)\right] .$$

[1] siehe Ryshik/Gradstein, Summen-, Produkt- und Integraltafeln, Verlag Harri Deutsch, Thun - Frankfurt/M. 1978

Das Feld der Bildquellen, das ja allein durch die Summe der Hankelfunktionen dargestellt wird, ergibt sich, wenn von $\underline{E}_y$ das freie Feld des Stromfadens (10.80), nämlich

$$\underline{E}_y\Big|_{\rho=0} = \lim_{\rho\to 0} \frac{1}{2} H_0^{(2)}(k\rho) = \frac{1}{2} + \lim_{\rho\to 0} j\,\frac{1}{\pi}\ln\frac{2}{\gamma k\rho}$$

abgezogen wird. γ ist hier die *Eulersche Konstante.* $\ln\gamma = 0{,}5772$.

Für die Summe der Hankelfunktionen erhält man so schließlich

$$\sum_{n=1}^{\infty} (-1)^n H_0^{(2)}(nkb) = \frac{2}{\pi}\left[\frac{1}{\sqrt{(2\frac{b}{\lambda})^2 - 1}} - \frac{\pi}{4} + j\left(\frac{1}{2}\ln\frac{2\gamma b}{\lambda} - 1 + S\right)\right] \tag{10.82}$$

Die Summe

$$S\left(\frac{b}{\lambda}\right) = \sum_{n=3,5,7}^{\infty}\left[\frac{1}{\sqrt{n^2 - (2\frac{b}{\lambda})^2}} - \frac{1}{n}\right]$$

konvergiert sehr schnell und läßt sich darum einfach auswerten. Zur Bestimmung des Leerlaufwiderstandes kann die Selbstreaktion (10.79) nun auch in Real- und Imaginärteil getrennt werden.

$$\begin{aligned} \mathrm{Re}\langle s_p, s_p\rangle &= C\,\frac{\lambda_g}{b} \\ \mathrm{Im}\langle s_p, s_p\rangle &= C\left[-\frac{\pi}{2}\,\frac{N_0(k\frac{d}{2})}{J_0(k\frac{d}{2})} + \ln\frac{2\gamma b}{\lambda} - 2 + 2S\right]. \end{aligned} \tag{10.83}$$

Der gemeinsame Faktor $C = -\frac{\eta k a}{4\pi}\,\underline{I}^2 J_0^2(k\frac{d}{2})$ ist für den Leerlaufwiderstand bedeutungslos. λ_g ist die Ausbreitungswellenlänge der Grundwelle.

Da die Stromverteilung auf dem Stift nur grob angenommen wurde, sind die Näherungen für die Reaktion auch nur mäßig. Gut sind sie nur für dünne Stifte mit $d/\lambda \ll 1$. Mit dieser Einschränkung für dünne Stifte können aber auch die Besselfunktionen in Gl. (10.83) durch die ersten Glieder ihrer Nullpunktsentwicklungen ersetzt werden. Man erhält

$$\mathrm{Im}\langle s_p, s_p\rangle = C\left(\ln\frac{4b}{\pi d} - 2 + 2S\right).$$

Für den Leerlaufwiderstand nach (10.74) ergibt sich schließlich

$$\frac{X_b + 2X_a}{Z_0} \approx \frac{b}{\lambda_g}\left[\ln\frac{4b}{\pi d} - 2 + 2S\right] \quad . \tag{10.84}$$

Zur Berechnung des Kurzschlußwiderstandes entsprechend Bild 10.12c kann die jetzt gegensymmetrische Stromverteilung auf dem Stift durch

Kurzschlußwiderstand

$$\underline{J}_{Ap}^{(s)} = \vec{u}_y \sin\varphi$$

angenähert werden. Jedenfalls verschwindet der induzierte Strom in der elektrisch leitenden Symmetrieebene, weil dort auch das ungestörte elektrische Feld null ist. Als stationärer Ausdruck dient hier Gl.(10.75). Die Rechnung wird ähnlich durchgeführt wie beim Leerlaufwiderstand. Sie hat folgendes Ergebnis

$$\frac{X_b}{Z_0} = -\frac{b}{\lambda_g}\left(\frac{\pi d}{b}\right)^2 \quad . \tag{10.85}$$

Die T-Ersatzschaltung des Stiftes besteht nach diesen Formeln aus *Querinduktivität* und *Längskapazitäten* entsprechend Bild 10.16. Bei dünnen Stiften überwiegt die Wirkung der Querinduktivität.

Bild 10.15

T-Ersatzschaltung eines induktiven Stiftes im Rechteckhohlleiter

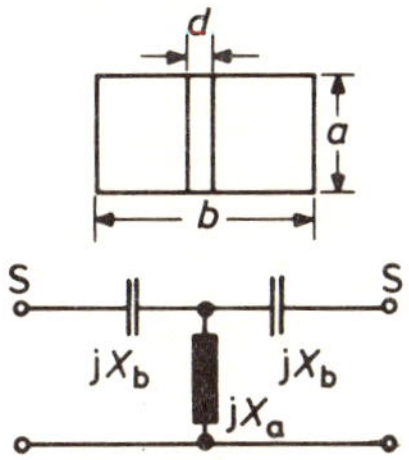

10.6 Blenden in Hohlleitern

Noch größere Bedeutung als Stifte haben metallische Blenden in Hohlleitern entsprechend Bild 10.17. Auch sie dienen u.a. als *Abstimm-* und *Anpassungselemente* und zum Aufbau von *Filterschaltungen*.

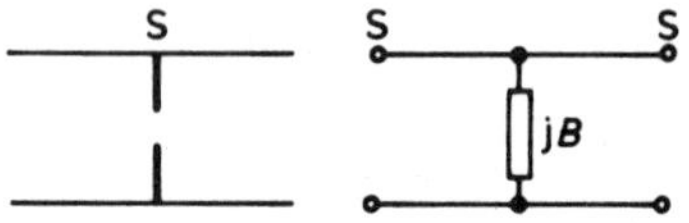

Bild 10.17
Hohlleiterblende mit Ersatzschaltung

Wenn sich nur die Grundwelle im Hohlleiter ausbreiten kann, gibt es für die Blende eine Vierpolersatzschaltung einfach aus einem *Blindleitwert quer zur Ersatzleitung*. Längswiderstände einer symmetrischen T-Ersatzschaltung würden sich nämlich bei Kurzschluß in der Symmetrieebene zu Null ergeben. Der Blindleitwert B kann je nach Form der Blende *kapazitiv* oder *induktiv* sein. Er kann sich aber auch in Abhängigkeit von der Frequenz wie ein *Resonanzkreis* verhalten.

1. Möglichkeit

Der Blindleitwert der Blende läßt sich entsprechend Bild 10.13c und d sowie nach Gl. (10.74) aus dem Leerlaufwiderstand mit magnetisch leitender Symmetrieebene berechnen. Die Verhältnisse sind in Bild 10.18a und b noch einmal dargestellt.

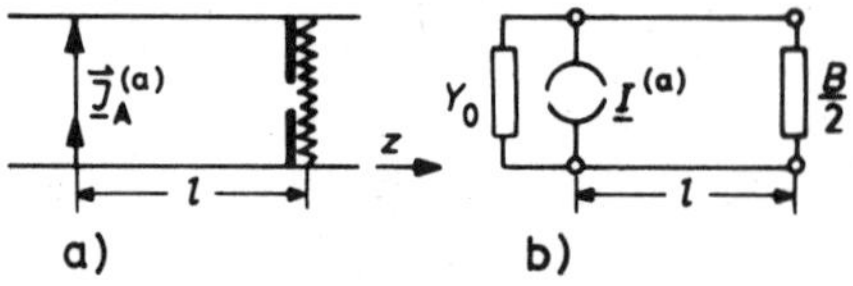

Bild 10.18
Hohlleiterblende
a) Leerlauf mit magnetischem Abschluß
b) Ersatzschaltung für den Leerlauf

Zur Annäherung der richtigen Stromverteilung auf der Blende S muß ein reeller Flächenstrom $(\underline{J}_{\mathrm{Ap}}^{(s)})_r$ angenommen und die Selbstreaktion seines Feldes mit ihm berechnet werden:

$$<s_p, s_p^{(r)}> = \iint \vec{\underline{E}}_p^{(s)} \cdot (\underline{J}_{\mathrm{Ap}}^{(s)})_r \, dA \; .$$

Aus Gl.(10.74) ergibt sich dann

$$\frac{2Y_0}{B} = -\frac{\operatorname{Im}\langle s_p, s_p^{(r)}\rangle}{\operatorname{Re}\langle s_p, s_p^{(r)}\rangle} \tag{10.86}$$

als stationärer Ausdruck für den Blendenleitwert.

2. Möglichkeit

Anstatt wie in Bild 10.18a sich den elektrischen Leiter der Blende vor dem magnetischen Leiter vorzustellen, kann man sich auch wie in Bild 10.19a den magnetischen Leiter in der Blendenöffnung vor einem durchgehenden elektrischen Leiter vorstellen.

Bild 10.19
Hohlleiterblende
a) Kurzschluß bei einer komplementären und dualen Blende
b) Ersatzschaltung für den Kurzschluß der komplementären und dualen Blende

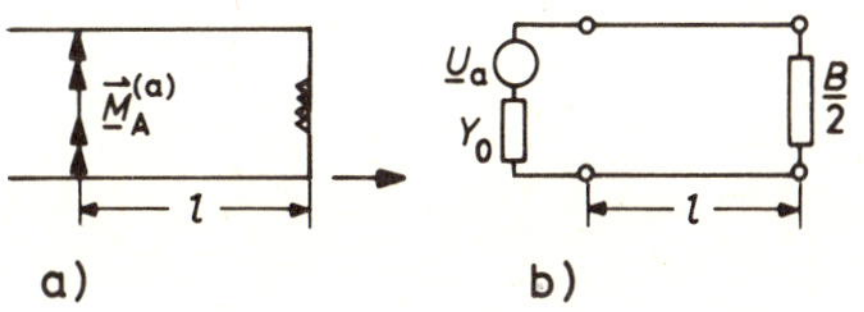

An der eigentlichen Anordnung hat sich damit nichts geändert; es gilt nach wie vor dieselbe Ersatzschaltung für den Leitungsabschluß mit $B/2$ (Bild 10.18b und 10.19b). Bild 10.19a kann nun aber auch als elektrischer Kurzschluß hinter einem magnetisch leitenden Streukörper angesehen werden. Der Kurzschlußwiderstand läßt sich dann wie in Gl.(10.75) mit Real- und Imaginärteil einer Reaktion darstellen. Insbesondere ist

$$\frac{B}{2Y_0} = \frac{\operatorname{Im}\langle s_p, s_p^{(m)}\rangle}{\operatorname{Re}\langle s_p, s_p^{(m)}\rangle} \tag{10.87}$$

ein stationärer Ausdruck, in dem magnetische Flächenströme $\underline{\vec{M}}_{Ap}^{(s)}$ auf dem magnetischen Leiter zur Annäherung der richtigen durch das ungestörte Feld induzierten Quellenverteilung $\underline{\vec{M}}_A^{(s)}$ angenommen werden. Diese richtige Quellenverteilung ergibt sich aus dem richtigen elektrischen Feld in der Blendenöffnung in Bild 10.17 zu

$$\underline{\vec{M}}_A^{(s)} = \vec{u}_z \times \underline{\vec{E}} \quad .$$

Es kann damit also in $\langle s_p, s_p^{(m)}\rangle$ auch ein Feld $\underline{\vec{E}}_p$ in der Blendenöffnung zur Annäherung des richtigen Feldes angenommen werden. Die Selbstreaktion ist

$$\langle s_p, s_p^{(m)} \rangle = - \iint_A \vec{\underline{H}}_p^{(s)} \cdot \vec{\underline{M}}_{Ap}^{(s)} \, dA$$

$$= - \iint_A \vec{\underline{E}}_p \times \vec{\underline{H}}_p^{(s)} \cdot \vec{u}_z \, dA$$

und, weil $\vec{\underline{M}}_{Ap}^{(s)}$ und also auch $\vec{\underline{E}}_p$ für Gl.(10.75) reell angenommen werden müssen,

$$\langle s_p, s_p^{(m)} \rangle = \left(- \iint_A \vec{\underline{E}}_p \times \vec{\underline{H}}_p^{(s)*} \cdot \vec{u}_z \, da\right)^* = P_p^* . \qquad (10.88)$$

$\underline{H}_p^{(s)}$ ist das Feld, welches im kurzgeschlossenen Hohlleiter durch $\underline{M}_{Ap}^{(s)}$ angeregt wird. P_p ist die von $\underline{M}_{Ap}^{(s)}$ gelieferte komplexe Leistung. Der Blendenleitwert ergibt sich nun einfach aus dem Verhältnis von Blind- zu Wirkleistung bei der Feldverteilung $\underline{E}_p$ in der Blende.

Mit den Gln.(10.86) und (10.87) haben wir zwei verschiedene Möglichkeiten, den Blendenleitwert näherungsweise zu berechnen. Es läßt sich zeigen, daß beide stationäre Ausdrücke *positiv definit* sind. Das Extremum bei dem richtigen Wert ist damit in beiden Fällen ein Minimum. Näherungswerte für B aus Gl.(10.86) sind darum immer kleiner als der richtige Wert, während sich aus Gl.(10.87) Näherungswerte für B ergeben, die immer größer als der richtige Wert sind. Man kann also mit den Gln.(10.86) und (10.87) untere und obere Schranken für den richtigen Wert finden.

Beispiel

Als Beispiel untersuchen wir ein Blende im Rechteckhohlleiter, die senkrecht zum elektrischen Feld der Grundwelle zylindrisch ist (Bild 10.20).

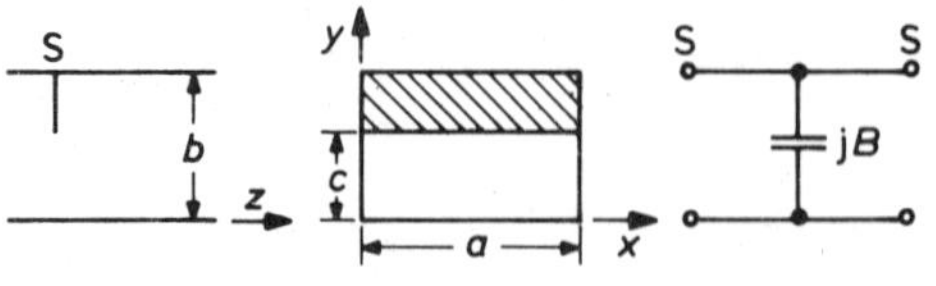

Bild 10.20
Kapazitive Blende
mit Ersatzschaltung

Diese Blende gehört zu der Klasse der *kapazitiven Streukörper*. Ihr Ersatzleitwert ist kapazitiv. Das Feld ist TE_x. Das tangentiale elektrische Feld in der Blendenebene hat nur eine Komponente

$$\underline{E}_y \bigg|_{z=0} = \begin{cases} f(y)\,\sin\frac{\pi x}{a} & y < c \\ 0 & y > c\ . \end{cases} \qquad (10.89)$$

Die Verteilung $f(y)$ ist nicht bekannt. Für sie müssen *geeignete Annahmen* getroffen werden.

Die komplexe Leistung, die bei dieser Feldverteilung in der Blendenebene in Längsrichtung läuft, kann durch Entwicklung nach den Eigenwellen und Summierung der Leistungen aller Eigenwellen berechnet werden. Für die vorliegenden Verhältnisse eines H_x-Feldes wurde diese Rechnung schon einmal durchgeführt, und zwar im Abschnitt 7.1 für eine Stoßstelle im Rechteckhohlleiter. Weil dort nur H_x-Wellen angeregt werden, wurde das Feld nicht nach den H- und E-Wellen entwickelt, sondern viel einfacher nach den H_x-Wellen. Für die komplexe Leistung ist gemäß Gl.(7.10)

$$P = \sum_{n=0}^{\infty} Y_{1n}^{*} \left|\underline{E}_{1n}\right|^{2} \frac{ab}{2\varepsilon_n}$$

wobei die Wellen $(1,n)$ mit den *Fourierkoeffizienten*

$$\underline{E}_{1n} = \frac{\varepsilon_n}{b} \int_0^c f(y)\,\cos\frac{n\pi y}{b}\,dy$$

angeregt werden. Y_{1n} ist der Wellenleitwert der TE_x-Welle $(1,n)$

$$Y_{1n} = j\,\frac{k^2 - (\frac{\pi}{a})^2}{\omega\mu\gamma_{1n}} = j\,\frac{2\,b\,Y_{10}}{\lambda_g\sqrt{n^2 - (\frac{2b}{\lambda a})^2}}$$

mit Y_{10} und λ_g als Wellenleitwert und Ausbreitungswellenlänge der Grundwelle. Da nur die Grundwelle ausbreitungsfähig sein soll, ist nur Y_{10} *reell*. Alle anderen Wellenleitwerte sind *imaginär*.

Der stationäre Ausdruck (10.87) für den Leerlaufleitwert der Blende folgt aus dem Verhältnis von Blindleistung in den Oberwellen zur Wirkleistung in der Grundwelle

$$\frac{B}{2\,Y_{10}} = \frac{\sum_{n=1}^{\infty} |Y_{1n}|\ |E_{1n}|^2}{2\,Y_{1o}\,|E_{1o}|^2} .$$

Wenn hier die Formeln für Wellenleitwerte und Anregungskoeffizienten eingesetzt werden, ergibt sich

$$\frac{B}{Y_{10}} = \frac{8b}{\lambda_g} \frac{\sum_{n=1}^{\infty} \frac{1}{\sqrt{n^2-(2b/\lambda_g)^2}} \left[\int_o^c f(y)\ \cos\frac{n\pi y}{b}\ dy\right]^2}{\left[\int_o^c f(y)\ dy\right]^2} . \tag{10.90}$$

Zur Auswertung dieser stationären Formel muß eine Verteilung $f(y)$ in der Blendenöffnung angenommen werden. Eine einfache aber auch recht grobe Näherung ist

$$f\ (y) = \text{konst.}$$

Dafür ist

$$\frac{B}{Y_{10}} = \frac{8b}{\lambda_g} \sum_{n=1}^{\infty} \frac{\sin^2 \frac{n\pi c}{b}}{(\frac{n\pi c}{b})^2 \sqrt{n^2 - (\frac{2b}{\lambda_g})^2}} . \tag{10.91}$$

Der Blendenleitwert ist in dieser Näherung doppelt so groß wie eine Näherung mit gleichen Annahmen für den kapazitiven Leitwert eines entsprechenden Querschnittsprunges, Gl.(7.12).

Um aus Gl.(10.90) eine bessere Näherung zu erhalten, kann man für $f(y)$ eine *Linearkombination* von geeigneten Funktionen mit *Variationskoeffizienten* ansetzen und nach *Ritz* verfahren. Eine gute Näherung ergibt sich auch, wenn für $f(y)$ die statische Feldverteilung eingesetzt wird, wie man sie durch *konforme Abbildung* erhält.

ÜBUNGSAUFGABEN ZUM LERNZYKLUS 13B

Ohne Unterlagen

1 Welcher *experimentellen* Methode entspricht das in diesem Lernzyklus dargestellte Verfahren zur *Berechnung* des Ersatzschaltbildes eines Streukörpers im Hohlleiter?

2 Schreiben Sie einen stationären Ausdruck mit Reaktionen für den Leerlaufwiderstand eines Streukörpers im Hohlleiter hin! Erläutern Sie die Symbole!

3 Skizzieren Sie einen induktiven Stift und eine kapazitive Blende im Rechteckhohlleiter sowie die T-Ersatzschaltung dazu!

LERNZYKLUS 13C

LERNZIELE

Nach dem Durcharbeiten des Lernzyklus 13C sollen Sie in der Lage sein,

- zu erläutern, was man unter einem Koppelloch versteht;
- ein Verfahren zu beschreiben, nach dem man durch Koppellöcher verursachte Überkopplungen und Feldverzerrungen berechnen kann;
- die Verkopplungen von Eigenwellen in zwei Hohlleitern durch ein Koppelloch in der gemeinsamen Seitenwand zu berechnen.

10.7 Lochkopplung

Anwendung

Hohlleiter und *Hohlraumresonatoren* können gegenseitig und untereinander durch Löcher in gemeinsamen Trennwänden verkoppelt werden. Solche Lochkopplung kann wie in Bild 10.21 durch die *Seitenwände* zweier Hohlleiter erfolgen. Es können aber auch zwei Hohlleiter aneinanderstoßen und durch Löcher in einer gemeinsamen *Stirnfläche* verbunden werden. Schließlich kann ein Hohlleiter mit seiner Stirnfläche auf die Seitenwand eines anderen stoßen und hier durch Koppellöcher verbunden werden. Entsprechend viele verschiedene Möglichkeiten bestehen zur Verkopplung von Hohlleitern mit Hohlraumresonatoren und zur Kopplung von Hohlraumresonatoren untereinander.

Bild 10.21

Lochkopplung zwischen Hohlleitern
a) Koppelloch in gemeinsamer Seitenwand
b) Kopplloch in gemeinsamer Stirnwand
d) Koppelloch mit einem seitlich anstoßenden Hohlleiter

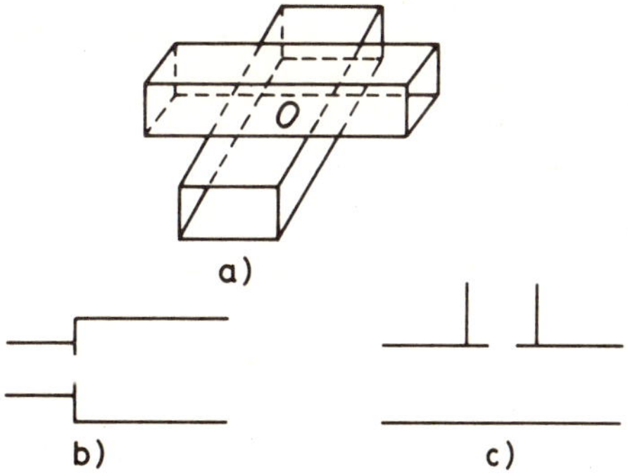

Solche Löcher in den Wänden von Hohlleitern oder Hohlraumresonatoren können diese aber auch zum *freien Raum* öffnen. Sie dienen dann als Elemente von *Antennen* zur Ausstrahlung oder zum Empfang elektromagnetischer Energie.

Begriffsbestimmung

Koppellöcher sollen hier von den früher besprochenen Hohlleiterblenden unterschieden werden, und zwar sollen alle Öffnungen als Koppellöcher bezeichnet werden, wenn sie so *klein* sind, daß die ungestörten Feldverteilungen über ihren Bereich als *homogen* angenommen werden dürfen.

Praktisch bedeutet das meistens, daß diese Koppellöcher klein gegen die freie Wellenlänge der erregenden Schwingung oder Welle sein müssen. Für Öffnungen, die in diesem Sinne klein sind, läßt sich eine viel allgmeinere und genauere Theorie entwickeln, als das bei Hohlleiterblenden möglich ist.

Die Lochkopplung ist ein wichtiges *Schaltmittel* in Mikrowellenkreisen. Sie kommt u.a. in *Richtkopplern* und *Filterschaltungen*, in Schaltungen zur *Trennung und Umwandlung von Eigenwellen* und in *Antennen* vor. Die Theorie der Lochkopplung soll hier zunächst auf Koppellöcher zwischen Hohlleitern angewendet werden. Später wird auch noch die Lochkopplung zwischen Hohlleitern und Resonatoren behandelt.

Ein Loch, das klein gegen die freie Wellenlänge ist, ist auch klein gegen die Querschnittsabmessungen der Hohlleiter. Es kann darum unabhängig von der jeweiligen Hohlleiteranordnung zunächst die Feldverteilung in der Umgebung eines kleinen Loches in einem ebenen metallischen Schirm wie in Bild 10.22a und b untersucht werden.

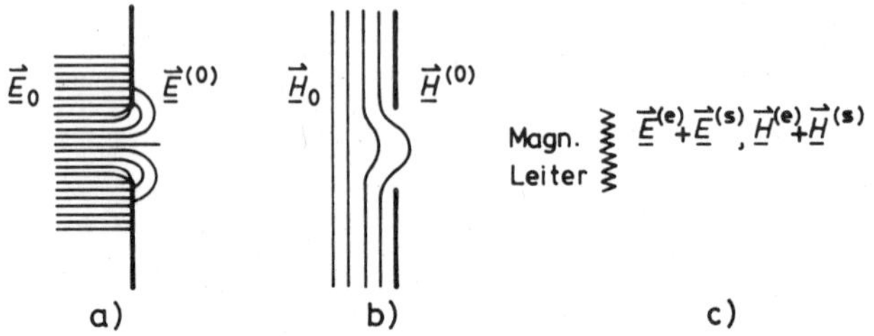

Bild 10.22

Loch im ebenen elektrisch leitenden Schirm
a) Erregung durch homogenes elektrisches Feld
b) Erregung durch homogenes magnetisches Feld
c) Komplementärer magnetisch leitender Schirm

Die ungestörte Feldverteilung ohne Loch auf der einen Seite des Schirmes wird für die Umgebung des Loches als homogen angenommen. Sie besteht entweder aus einem elektrischen Feld $\underline{\vec{E}}_0$ senkrecht zum Schirm oder aus einem magnetischen Feld $\underline{\vec{H}}_0$ parallel zum Schirm oder aber auch aus einer Überlagerung beider Felder. Ein elektrisches Feld wird wie in Bild 10.22a durch das Loch hindurchgreifen und auf der anderen Seite ein Feld $\underline{\vec{E}}^{(0)}$ erzeugen. Ein magnetisches Feld wird wie in Bild 10.22b durchgreifen und $\underline{\vec{H}}^{(0)}$ erzeugen.

Zur Berechnung der Feldverteilungen $\underline{\vec{E}}^{(0)}$ und $\underline{\vec{H}}^{(0)}$ bedienen wir uns des *Babinetschen Prinzips* aus Abschnitt 9.8. Die Quellen, welche bei geschlossenem Schirm mit ihren Bildquellen die ungestörten Verteilungen $\underline{\vec{E}}_0$ bzw. $\underline{\vec{H}}_0$ anregen, erzeugen im *freien Raum*, also ohne die *Bildquellen*, das einfallende Feld

$$\underline{\vec{E}}^{(e)} = \frac{1}{2}\,\underline{\vec{E}}_0 \qquad \text{bzw.} \qquad \underline{\vec{H}}^{(e)} = \frac{1}{2}\,\underline{\vec{H}}_0 \;. \tag{10.92}$$

Von diesen Feldern werden auf dem zum Loch *komplementären* magnetischen Leiter in

Bild 10.22c *magnetische Ströme* induziert. Diese magnetischen Ströme erzeugen ihrerseits Streufelder $\vec{\underline{E}}^{(s)}$ bzw. $\vec{\underline{H}}^{(s)}$. Nach dem Babinetschen Prinzip (9.64) gilt

$$\vec{\underline{E}}^{(0)} = - \vec{\underline{E}}^{(s)} \quad \text{bzw.} \quad \vec{\underline{H}}^{(0)} = - \vec{\underline{H}}^{(s)} \; . \qquad (10.93)$$

Da die Koppellöcher *klein* sind, brauchen für die Streufelder $\vec{\underline{E}}^{(s)}$ und $\vec{\underline{H}}^{(s)}$ nur die *statischen Lösungen* gefunden zu werden. Es genügen also hier die Lösungen der *Laplaceschen Gleichung* für den magnetischen Leiter senkrecht zu einem homogenen elektrischen Feld bzw. parallel zu einem homogenen magnetischen Feld.

Für runde und auch für elliptische Löcher gibt es exakte Lösungen. Eine elliptische Platte ist nämlich der Grenzfall eines sehr flachen Ellipsoides.

Für das allgemeine Ellipsoid mit homogenem ε und μ im homogenen Feld (Bild 10.23) liefern aber die *Elektrostatik* bzw. die *Magnetostatik* exakte Lösungen.

Bild 10.23
Allgemeines Ellipsoid im homogenen Feld

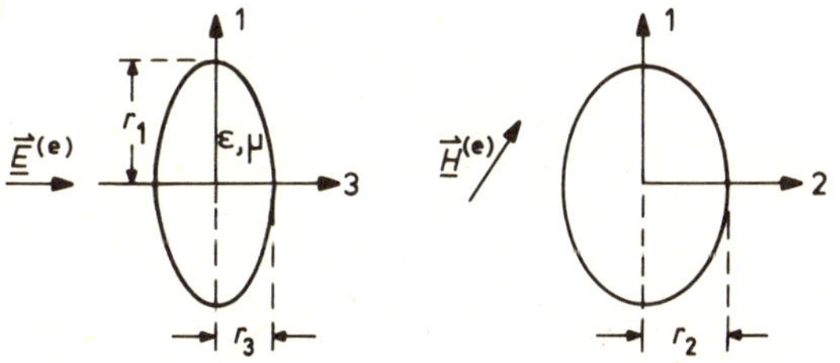

Dielektrisches Ellipsoid im elektrischen Feld

Zunächst bedienen wir uns der Lösung für das *dielektrische Ellipsoid im homogenen elektrischen Feld*. Wird ein allgemeines Ellipsoid in ein homogenes Feld gebracht, dann ändert das Feld im Innern zwar sein Größe und Richtung, es bleibt aber *homogen*. Das Ellipsoid wird homogen polarisiert. Das Feld im Innern behält sogar seine Richtung bei, wenn eine der Hauptachsen des Ellipsoides parallel zum ursprünglichen Feld ist. In diesem Falle hat die homogene Polarisierung $\vec{\underline{P}}$ dieselbe Richtung wie das ungestörte Feld $\vec{\underline{E}}^{(e)}$. Ihre Größe ist

$$\underline{P} = \underline{D} - \varepsilon_0 \underline{E} \qquad (10.94)$$

mit $\underline{E} = \underline{E}^{(e)} - \underline{E}^{(p)}$ als wirkliches Feld im Inneren, aus $\underline{E}^{(e)}$ vermindert um das Feld $\underline{E}^{(p)}$, wie es durch die Polarisierung erzeugt wird, und $\underline{D} = \varepsilon\underline{E}$ als wirkliche elektrische Verschiebung im Inneren. Das Feld $\underline{E}^{(p)}$ eines mit $\underline{P}$ homogen polarisierten Ellipsoides ergibt sich als Lösung der *Poissonschen Gleichung* aus dem entsprechenden *Potentialintegral* zu:

$$\underline{E}^{(p)} = \frac{L_n}{\varepsilon_0} \underline{P} \tag{10.95}$$

mit

$$L_n = \frac{r_1 r_2 r_3}{2} \int_0^\infty \frac{ds}{(s+r_n^2)\left[(s+r_1^2)(s+r_2^2)(s+r_3^2)\right]^{1/2}} \, . \tag{10.96}$$

Dabei sind r_1, r_2 und r_3 die halben Hauptachsen des Ellipsoides. Der Index n kennzeichnet die Hauptachse parallel zum ungestörten Feld. L_n wird als Entpolarisierungsfaktor bezeichnet, denn nach Maßgabe von L_n wirkt die Polarisierung dem ursprünglichen Feld im Innern entgegen.

$\underline{E}^{(p)}$ von Gl.(10.95) in Gl.(10.94) eingesetzt und nach $\underline{P}$ aufgelöst ergibt

$$\underline{P} = \frac{\varepsilon_0 \underline{E}^{(e)}}{L_n + \dfrac{\varepsilon_0}{\varepsilon - \varepsilon_0}} \, .$$

Über das Volumen $V = \frac{4}{3}\pi \cdot r_1 \cdot r_2 \cdot r_3$ des Ellipsoides integriert, ergibt die homogene Polarisierung ein *Dipolmoment* der Größe $\underline{P}V$.

Außerhalb des Ellipsoides in genügend großem Abstand erzeugt die Polarisierung das Feld $\underline{\vec{E}}^{(s)}$ eines Dipols vom Moment $\underline{P}V$ im Mittelpunkt des Ellipsoides, das sich dem ungestörten einfallenden Feld $\underline{\vec{E}}^{(e)}$ überlagert. Dem Dipolmoment entspricht ein Stromelement des Momentes

$$\underline{I}l = j\omega\underline{P}V = \frac{j\omega\varepsilon_0 \underline{E}^{(e)} V}{L_n + \dfrac{\varepsilon_0}{\varepsilon - \varepsilon_0}} \, , \tag{10.97}$$

wie es sich aus der Änderung der Polarisierung mit der Zeit ergibt. Das Ellipsoid im homogenen Feld wirkt also in genügend großem Abstand wie ein Stromelement des Momentes (10.97).

Das äquivalente Stromelement eines magnetisch leitenden Ellipsoides ergibt sich aus Gl. (10.97) mit $\varepsilon = 0$. Dann ist nämlich im Innern des Ellipsoides $\underline{D} = 0$, und es verschwindet mit $\underline{D}$ auch die Normalkomponente von $\underline{E}$ auf dem Ellipsoid. Die Randbedingungen des magnetischen Leiters werden also erfüllt.

$$\underline{I}l = j\omega\varepsilon_0 \underline{E}^{(e)} \frac{V}{L_n - 1} \qquad (10.98)$$

1) Magnetisch leitendes Ellipsoid im elektrischen Feld

Bevor diese Formel für die elliptische Platte ausgewertet wird, soll auch noch die entsprechende Formel für ein Ellipsoid im homogenen *Magnetfeld* angegeben werden. Hier geht man von einem allgemeinen Ellipsoid der Permeabilität μ aus. *Dual* zum dielektrischen Ellipsoid im elektrischen Feld wird auch das magnetische Ellipsoid im homogenen Magnetfeld homogen magnetisiert. Außerhalb des Ellipsoides in genügend großem Abstand wirkt diese Magnetisierung wie ein magnetischer Dipol im Mittelpunkt des Ellipsoides. Das Feld des magnetischen Dipols bzw. des entsprechenden magnetischen Stromelementes überlagert sich dem umgestörten, einfallenden Feld $\underline{\vec{H}}^{(e)}$. Dual zu Gl.(10.97) gilt für die Stärke des magnetischen Stromelementes

$$\underline{K}l = \frac{j\omega\mu_0 \underline{H}^{(e)} V}{L_n + \frac{\mu_0}{\mu - \mu_0}} \quad .$$

L_n ist hier der Entmagnetisierungsfaktor des Ellipsoides für ein Feld in Richtung der Hauptachse n. Berechnet wird er auch hier aus Gl.(10.96).

Das äquivalente Stromelement eines *vollkommenen* magnetischen Leiters erhält man durch den Grenzübergang $\mu \to \infty$. Dann verschwindet nämlich das homogene Feld im Inneren, weil ja die Normalkomponente der Induktion $\mu\underline{\vec{H}}$ am Rand endlich sein muß. Die Tangentialkomponente von $\underline{\vec{H}}$ muß aber am Rand stetig sein. Mit $\underline{\vec{H}}$ im Inneren verschwindet also auch die Tangentialkomponente von $\underline{\vec{H}}$ außen auf dem Ellipsoid. Die Randbedingungen des vollkommenen magnetischen Leiters werden damit erfüllt. Das äquivalente Stromelement des magnetisch leitenden Ellipsoides ist bei Magnetisierung parallel zur Hauptachse n

$$\underline{K}l = j\omega\mu_0 \underline{H}^{(e)} \frac{V}{L_n} \quad . \qquad (10.99)$$

2) Magnetisch leitendes Ellipsoid im magnetischen Feld

Die beiden Formeln (10.98) und (10.99) sollen nun für die *elliptische Platte* ausgewertet werden. Wir lassen $r_3 \to 0$ gehen, erhalten also die elliptische Platte als Grenzfall eines Ellipsoides, dessen Achse r_3 parallel zum elektrischen Feld ist und bei dem das magnetische Feld in der Ebene von r_1 und r_2 liegt.

Kreisplatte

Eine geschlossene Lösung des Integrals mit elementaren Funktionen gibt es nur für $r_1 = r_2$, also für Kreisplatten. Mit $r_1 = r_2 = r$ und $r_3 = 0$ ist

$$\frac{L_1}{V} = \frac{L_2}{V} = \frac{3}{8\pi} \int_0^\infty \frac{ds}{\sqrt{s}(s+r^2)^2} .$$

Es wird die neue Integrationsvariable t gemäß $s = t^2$ eingeführt. Damit ist

$$\frac{L_1}{V} = \frac{3}{4\pi} \int_0^\infty \frac{dt}{(t^2+r^2)^2} = \frac{3}{16r^3} . \qquad (10.100)$$

Um auch den Entmagnetisierungfaktor L_3 senkrecht zur Platte zu bestimmen, bedenken wir, daß die Summe aller dreier Faktoren beim allgemeinen Ellipsoid

$$L_1+L_2+L_3 = \frac{r_1r_2r_3}{2} \int_0^\infty \frac{(s+r_2^2)(s+r_3^2) + (s+r_3^2)(s+r_1^2) + (s+r_1^2)(s+r_2^2)}{u^3} ds$$

ist, mit

$$u^2 = (s+r_1^2)(s+r_2^2)(s+r_3^2) .$$

Nach der *Produktregel für die Differentiation* ist der Zähler des Integranden $2u\,du$. Mit u als neuer Integrationsvariablen und den neuen Integrationsgrenzen ist darum

$$L_1 + L_2 + L_3 = \frac{r_1r_2r_3}{2} \int_{r_1r_2r_3}^\infty \frac{2du}{u^2} = 1 . \qquad (10.101)$$

Die Summe der Entmagnetisierungsfaktoren eines allgemeinen Ellipsoides ist eins. Bei der Kreisplatte ist darum

$$\frac{L_3 - 1}{V} = - \frac{L_1 + L_2}{V} = - \frac{3}{8r^3} \, . \qquad (10.102)$$

Elliptische Platte

Für die elliptische Platte wird auch das Integral (10.96) elliptisch. Von der Rückführung dieses Integrales auf Normalformen sollen hier nur die Ergebnisse zusammengestellt werden. Für $r_1 > r_2$ ist

$$\frac{L_1}{V} = \frac{3}{4\pi r_1^3 e^2} \left[K(e) - E(e)\right]$$

$$\frac{L_2}{V} = - \frac{3}{4\pi r_1^3 e^2} \left[K(e) - \frac{E(e)}{1 - e^2}\right] \qquad (10.103)$$

$$\frac{L_3 - 1}{V} = - \frac{3}{4\pi r_1^3} \frac{E(e)}{1 - e^2} \, .$$

Dabei sind $K(e)$ und $E(e)$ die vollständigen elliptischen Integrale erster und zweiter Art vom Modulus e.

$$e = \sqrt{1 - \left(\frac{r_2}{r_1}\right)^2}$$

ist die *Exzentrizität* der elliptischen Platte.

Mit den beiden verschiedenen Entmagnetisierungsfaktoren L_1 und L_2 der elliptischen Platte sind auch die äquivalenten magnetischen Stromelemente der Platte je nach Orientierung des Magnetfeldes verschieden. Zur Berechnung muß das ungestörte Magnetfeld in seine Komponenten in Richtung beider Hauptachsen zerlegt werden. Für jede Komponente muß mit dem zugehörigen Entmagnetisierungsfaktor das magnetische Stromelement berechnet werden. Das resultierende Element ist die vektorielle Summe beider Komponentenströme in der Ebene der elliptischen Platte.

Durchtretendes Feld

Wir wenden uns nun wieder dem ursprünglichen Problem zu, die Feldverteilung am Koppelloch zu bestimmen. Nach dem *Babinetschen Theorem* ist entsprechend Gl.(10.93) das Feld jenseits des Koppelloches gleich dem negativen Streufeld der magnetischen Platte. Diese Streufelder haben aber die Form von Strahlungsfeldern eines elektrischen Stromelementes senkrecht zur Platte bzw. eines magnetischen Stromelementes in der Platte.

Man kann also das Loch schließen und statt dessen die entsprechenden Stromelemente einführen. Das Moment dieser Stromelemente muß dabei allerdings *halbiert* werden, damit sie zusammen mit ihren *Bildquellen* gerade das richtige Feld erzeugen.

Mit den äquivalenten Stromquellen $-\underline{I}l/2$ bzw. $-\underline{K}l/2$ kann das durchgelassene Feld $\vec{\underline{E}}^{(0)}$, $\vec{\underline{H}}^{(0)}$ auf der dem erregenden Feld $\vec{\underline{E}}_0$ bzw. $\vec{\underline{H}}_0$ abgekehrten Seite des Schirmes einfach berechnet werden. Es bleibt nun nur noch die Feldverteilung auf der zugekehrten Seite zu bestimmen, in welche die ungestörte Verteilung $\vec{\underline{E}}_0$ bzw. $\vec{\underline{H}}_0$ durch die Wirkung des Loches übergeht.

Feldverzerrung auf der Seite der Quellen

Wir bedienen uns dazu der speziellen Form eines ganz allgemeinen *Feld-Äquivalenzsatzes*: Sind in Bild 10.24 alle Quellen links vom elektrisch leitenden Schirm, und erzeugen sie bei geschlossenem Schirm die Feldverteilung $\vec{\underline{E}}_0$, $\vec{\underline{H}}_0$, dann wird bei irgendeiner Öffnung im Schirm rechts ein Feld $\underline{E}^{(0)}$, $\underline{H}^{(0)}$ erzeugt, und links wird sich ein Feld $\vec{\underline{E}}_1$, $\vec{\underline{H}}_1$ der ungestörten Verteilung überlagern.

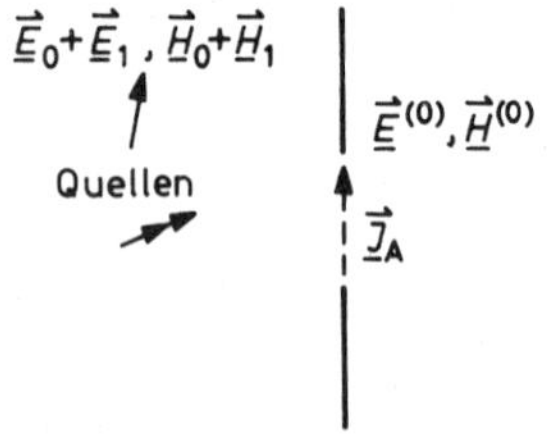

Bild 10.24

Zum Äquivalenzsatz für die symmetrischen Streufelder an einer Schirmöffnung

$\vec{\underline{E}}^{(0)}$, $\vec{\underline{H}}^{(0)}$ auf der einen Seite und $\vec{\underline{E}}_1$, $\vec{\underline{H}}_1$ auf der anderen Seite können aber auch erzeugt werden von einem Flächenstrom $\vec{\underline{J}}_A = \vec{n}\times\vec{\underline{H}}_0$ in der Öffnung, der in Gegenwart des geöffneten Schirmes strahlt. Die resultierenden Felder erfüllen nämlich alle Randbedingungen. Einmal ist $\vec{n}\times\vec{\underline{E}}_0 = 0$ auf Schirm und Öffnung und auch $\vec{n}\times\vec{\underline{E}}^{(0)} = \vec{n}\times\vec{\underline{E}}_1$ in der Öffnung.

Behauptung

Beweis

Zum anderen ist mit

$$\vec{n} \times \vec{\underline{H}}^{(0)} - \vec{n} \times \vec{\underline{H}}_1 = \vec{\underline{J}}_A = \vec{n} \times \vec{\underline{H}}_0$$

auch das resultierende magnetische Feld in der Öffnung stetig.

Nach diesem Äquivalenzsatz können die Streufelder links und rechts vom Schirm immer von ein und demselben Flächenstrom in der Öffnung erzeugt werden. Sie müssen demnach symmetrisch zum Schirm sein. Es muß insbesondere $\underline{\vec{E}}_1$ durch Spiegelung am Schirm aus $\underline{\vec{E}}^{(0)}$ hervorgehen und $\underline{\vec{H}}_1$ durch Spiegelung von $-\underline{\vec{H}}^{(0)}$.

Im Sonderfall der Lochkopplung werden darum auch $\underline{\vec{E}}_1$ und $\underline{\vec{H}}_1$ ebenso wie $\underline{\vec{E}}^{(0)}$ und $\underline{\vec{H}}^{(0)}$ Dipolfelder sein, und zwar sind ihre Quellen wie in Bild 10.25 skizziert symmetrisch bzw. gegensymmetrisch zu den äquivalenten Quellen auf der abgekehrten Seite.

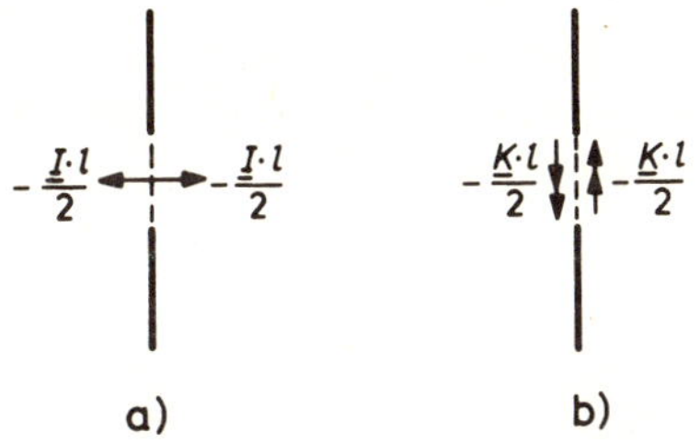

Bild 10.25

Äquivalente Stromquellen für Koppellöcher bei Erregung von links
a) elektrische Stromelemente für die Lochkopplung eines elektrischen Feldes
b) magnetische Stromelemente für die Lochkopplung eines magnetischen Feldes

Die Darstellung der Streufelder an Koppellöchern durch Strahlungsfelder äquivalenter Stromelemente ist auch im Einklang mit der physikalischen Anschauung. Tatsächlich erzeugt ein elektrisches Feld senkrecht zum Schirm, so wie es in Bild 10.22a durch das Loch hindurchgreift, auf der abgekehrten Seite das Feld eines zum Schirm senkrechten elektrischen Dipols. Das magnetische Feld in Bild 10.22b erzeugt beim Durchgreifen durch das Loch auf der abgekehrten Seite das Feld einer elektrischen Stromschleife bzw. eines magnetischen Dipoles parallel zum Schirm.

Mit den äquivalenten Stromelementen kann die Lochkopplung bei allen Hohlleiter-, Resonator- oder Strahleranordnungen berechnet werden. Bei Hohlleitern kann man insbesondere die einzelnen Eigenwellen berechnen, wie sie nach Gl.(10.47) und (10.48) durch die äquivalenten Stromelemente angeregt werden. Zur Orientierung werden dazu die drei Hauptachsen des früheren Ellipsoides als Koordinatenachsen benutzt.

Verkopplung zweier Hohlleiter

Werden z.B. zwei Hohlleiter durch ein Loch in einer gemeinsamen Seitenwand wie in Bild 10.26 miteinander verbunden, dann werden die Eigenwellen durch die Normalkomponenten

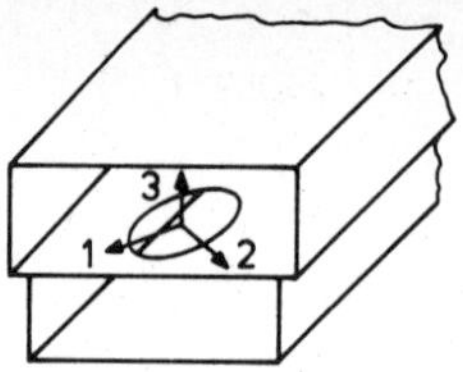

Bild 10.26

Elliptisches Koppelloch in der gemeinsamen Seitenwand zweier Hohlleiter

$\underline{E}_{n3}$ ihrer elektrischen Felder und die Tangentialkomponenten $\underline{H}_{n1}$ und $\underline{H}_{n2}$ ihrer magnetischen Felder in Richtung der Hauptachsen am Loch miteinander verkoppelt. Fällt eine in positiver Richtung laufende Eigenwelle 0 mit den Komponenten $\underline{E}_{03}$, $\underline{H}_{01}$ und $\underline{H}_{02}$ am Loch ein, so enstehen durch das Loch *im anderen Hohlleiter* Felder wie sie folgende Stromelemente an Stelle des Loches anregen:

$$- \frac{1}{2}(\underline{I}l)_3 = - j\frac{\omega}{4}\, \varepsilon_0 \frac{V}{L_3 - 1} \underline{E}_{03}$$

$$- \frac{1}{2}(\underline{K}l)_1 = - j\frac{\omega}{4}\, \mu_0 \frac{V}{L_1} \underline{H}_{01}$$

$$- \frac{1}{2}(\underline{K}l)_2 = - j\frac{\omega}{4}\, \mu_0 \frac{V}{L_2} \underline{H}_{02} \quad .$$

Nach Gl.(10.48) regen diese Stromelemente die Eigenwellen n in positiver, also gleicher Richtung wie die Eigenwelle 0 mit

$$\underline{A}_n = -j\,\frac{\omega}{8}\left[\mu_0 \frac{V}{L_1} \underline{H}_{01}\, H_{n1}^- + \mu_0 \frac{V}{L_2} \underline{H}_{02}\, H_{n2}^- - \varepsilon_0 \frac{V}{L_3 - 1} \underline{E}_{03}\, E_{n3}^-\right] \qquad (10.104)$$

an. In entgegengesetzter Richtung wird diese Eigenwelle nach Gl.(10.47) mit

$$\underline{B}_n = -j\,\frac{\omega}{8}\left[\mu_0 \frac{V}{L_1} \underline{H}_{01}\, H_{n1}^+ + \mu_0 \frac{V}{L_2} \underline{H}_{02}\, H_{n2}^+ - \varepsilon_0 \frac{V}{L_3 - 1} \underline{E}_{03}\, E_{n3}^+\right] \qquad (10.105)$$

angeregt.

Im *gleichen Hohlleiter* wie die anregende Eigenwelle 0 bestehen an Stelle des Loches die Stromelemente

$$\frac{1}{2}(\underline{Il})_3, \qquad \frac{1}{2}(\underline{Kl})_1, \qquad \frac{1}{2}(\underline{Kl})_2 \; .$$

Eine Eigenwelle m in diesem Hohlleiter wird also in positiver Richtung mit

$$\underline{A}_m = j\,\frac{\omega}{8}\left[\mu_0\,\frac{V}{L_1}\,\underline{H}_{01}\,H^-_{m1} + \mu_0\,\frac{V}{L_2}\,\underline{H}_{02}\,H^-_{m2} - \varepsilon_0\,\frac{V}{L_3-1}\,\underline{E}_{03}\,E^-_{m3}\right] \tag{10.106}$$

und in negativer Richtung mit

$$\underline{B}_m = j\,\frac{\omega}{8}\left[\mu_0\,\frac{V}{L_1}\,\underline{H}_{01}\,H^+_{m1} + \mu_0\,\frac{V}{L_2}\,\underline{H}_{02}\,H^+_{m2} - \varepsilon_0\,\frac{V}{L_3-1}\,\underline{E}_{03}\,E^+_{m3}\right] \tag{10.107}$$

angeregt.

Führt die einfallende Eigenwelle die Leistung eins, dann gelten für ihre transversalen Feldkomponenten die Formeln im Abschnitt 10.2 wie sie auch schon für die transversalen Komponenten von $E^{\pm}_n$ und $H^{\pm}_n$ in Gl.(10.47) und (10.48) gelten. Mit den so normierten Feldkomponenten beschreiben die Koeffizienten $\underline{A}_n$, $\underline{B}_n$ und $\underline{B}_m$ für alle n und m sowie $\underline{A}_m$ für $m \neq 0$ unmittelbar die Elemente der Streumatrix des Koppelloches.

Für *runde Koppellöcher* ist $L_1 = L_2$. Mit Gl.(10.100) und (10.102) lauten die Koppelkoeffizienten dann einfach

$$\begin{aligned}
\underline{A}_n &= -j\,\frac{\omega r^3}{3}\left[2\mu_0\,\vec{\underline{H}}_0\,\vec{H}^-_n + \varepsilon_0\,\underline{E}_{03}\,E^-_{n3}\right]\\
\underline{B}_n &= -j\,\frac{\omega r^3}{3}\left[2\mu_0\,\vec{\underline{H}}_0\,\vec{H}^+_n + \varepsilon_0\,\underline{E}_{03}\,E^+_{n3}\right]\\
\underline{A}_m &= +j\,\frac{\omega r^3}{3}\left[2\mu_0\,\vec{\underline{H}}_0\,\vec{H}^-_m + \varepsilon_0\,\underline{E}_{03}\,E^-_{m3}\right]\\
\underline{B}_m &= +j\,\frac{\omega r^3}{3}\left[2\mu_0\,\vec{\underline{H}}_0\,\vec{H}^+_m + \varepsilon_0\,\underline{E}_{03}\,E^+_{m3}\right]
\end{aligned} \tag{10.108}$$

ÜBUNGSAUFGABEN ZUM LERNZYKLUS 13C

Ohne Unterlagen

1 Nennen Sie einige Beispiele zur Anwendung der Lochkopplung!

2 Charakterisieren Sie das elektrische Feld im Inneren eines dielektrischen Ellipsoides, das in ein homogenes elektrisches Feld gebracht wird!

3 Geben Sie ein Formel für das Moment des Hertzschen Dipols an, der dieselben Streufelder erzeugt, wie ein rundes Koppelloch in einer elektrisch leitenden Wand im Bereich eines elektrischen Feldes.

4 Erläutern Sie, weshalb die Streufelder an einer Schirmöffnung von einem elektrischen Flächenstrom in der Öffnung erzeugt werden können!

Unterlagen gestattet

5 <u>Verkopplung von Rechteck- und Rundhohlleiterwellen</u>
Nach untenstehender Skizze wird ein Rechteckhohlleiter mit einem Rundhohlleiter verkoppelt, in dem entsprechend dem Radius R mehrere Eigenwellen ausbreitungsfähig sind. In positiver z-Richtung sei im Rechteckhohleiter eine H_{10}-Welle mit der Leistung 1 angenommen. Berechnen Sie die Amplituden der über das Koppelloch mit dem Radius r bei $z = 0$ angeregten Eigenwellen im Rundhohlleiter!

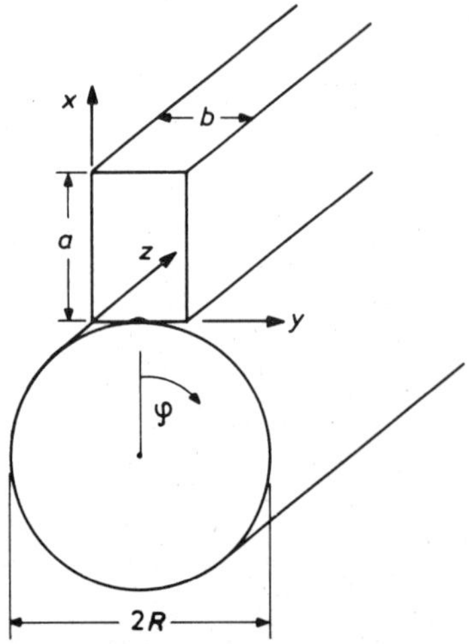

Lernzyklus 14A

LERNZIELE

Nach dem Durcharbeiten des Lernzyklus 14A sollen Sie in der Lage sein,

- ein Verfahren zu beschreiben, nach dem man die Verkopplung von Wellen in Hohlleitern mit Querschnittsänderungen in Längsrichtung prinzipiell berechnen kann;
- die dabei auftretenden Systeme von Differentialgleichungen für gewisse Problemklassen zu lösen.

11 Wellenkopplung und verallgemeinerte Leitungsgleichungen

Rückblick

In der Leitungstheorie und der Theorie der Wellenleiter haben wir bisher nur *zylindrische* Leitungen und *zylindrische* Wellenleiter behandelt. Es waren also nur Strukturen, die *in Ausbreitungsrichtung gleichförmig oder homogen* sind. Die Wellenleiter für radiale Wellen und Kugelwellen sind zwar nicht zylindrisch, aber auch sie sind im allgemeinen Sinne gleichförmig. Als maßgebende geometrische Größen sind nämlich hier die Öffnungswinkel in Ausbreitungsrichtung konstant. Alle diese Wellenleiter haben jeweils ein *System von Eigenwellen*. Bei begrenztem Querschnitt, wie z.B. in Hohlleitern, gibt es unendlich viele diskrete Eigenwellen. Sie bilden ein *vollständiges System* zur Darstellung jeder quellenfreien Feldverteilung in dem betreffenden Wellenleiter.

Die Eigenwellen breiten sich unabhängig voneinander längs des homogenen Wellenleiters aus.

Für die Spannungs- und Stromkoeffizienten jeder Eigenwelle gelten normale *Leitungsgleichungen*. Die Wellenausbreitung auf gleichförmigen oder homogenen Wellenleitern wird durch ein System voneinander unabhängiger Leitungsgleichungen beschrieben. Die Ersatzschaltung besteht aus entsprechend vielen, voneinander unabhängigen Doppelleitungen.

Praxis

Praktische Wellenleiter sind aber kaum je genau homogen. Schon allein *Fabrikationsfehler* verursachen geringe Abweichungen von der gewünschten Querschnittsform. Darüber hinaus werden oft *absichtlich* Inhomogenitäten in Wellenleiter eingefügt, die verschiedene *technische Funktionen* haben.

Beispielsweise braucht man *Übergänge* von einem Wellenleiterquerschnitt auf einen anderen oder man braucht *Krümmungen* zur Richtungsänderung. Auch begrenzte *Stoffeinsätze* im Zuge einer Leitung bilden Inhomogenitäten. Ebenso bilden *abschnittsweise miteinander verkoppelte Leitungen* inhomogene Systeme.

Aus diesen und manchen anderen Gründen muß die Theorie der homogenen Wellenleiter verallgemeinert werden. Man kann dabei unter gewissen Voraussetzungen immer noch mit den Eigenwellen im jeweiligen Wellenleiterquerschnitt rechnen. Weil aber dieser Wellenleiterquerschnitt oder die Stoffverteilung in ihm sich längs des inhomogenen Wellenleiters ändern, breiten sich die Eigenwellen nicht mehr unabhängig voneinander aus, sondern werden miteinander verkoppelt. Statt *einer* Wellengleichung für jede der Eigenwellen bzw. einem Paar von Leitungsgleichungen ergeben sich dann *Systeme* von miteinander verkoppelten Wellen- bzw. Leitungsgleichungen. Diese *verkoppelten Wellengleichungen* bzw. *verallgemeinerten Leitungsgleichungen* werden hier für ein repräsentatives, aber auch recht allgemeines Beispiel abgeleitet. Sie bilden die Grundlage der Theorie inhomogener oder verkoppelter Wellenleiter.

Die Behandlung inhomogener Wellenleiter mit den verkoppelten Wellengleichungen bzw. den verallgemeinerten Leitungsgleichungen empfiehlt sich besonders immer dann, wenn die *Inhomogenitäten* entweder *klein* sind oder sich in Ausbreitungsrichtung *nur langsam ändern.*

11.1 Wellenkopplung in inhomogenen Hohlleitern

Wir fassen einen Hohlleiter ins Auge, dessen Querschnitt sich wie in Bild 11.1a in Längsrichtung allmählich ändert. Es wird vorausgesetzt, daß seine Wände ideal leiten und daß er homogen mit Stoff gefüllt ist, μ und ε in seinem Innern also nicht vom Ort abhängen.

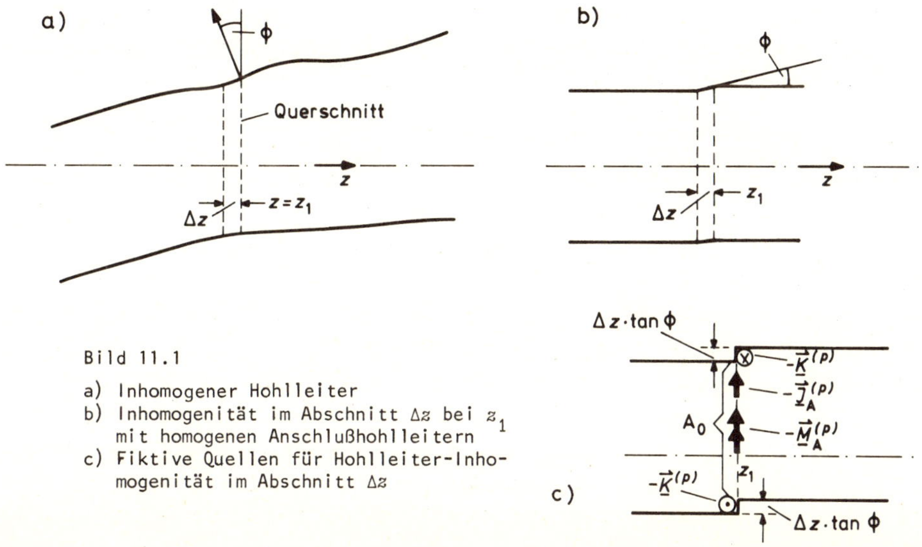

Bild 11.1

a) Inhomogener Hohlleiter
b) Inhomogenität im Abschnitt Δz bei z_1 mit homogenen Anschlußhohlleitern
c) Fiktive Quellen für Hohlleiter-Inhomogenität im Abschnitt Δz

Die Achse dieses inhomogenen Hohlleiters soll gerade und die z-Achse eines Zylinderkoordinatensystems ein, mit dem sich der längs z veränderliche Querschitt möglichst einfach beschreiben läßt. Wie der Hohlleiter bei $z = z_1$ seinen Querschnitt ändert, läßt sich mit dem Winkel ϕ beschreiben, den die Tangentialebene an jeweils einem Punkt der Hohlleiterwand mit der z-Achse bildet. In dem Längsschnitt des Bild 11.1a, der die z-Achse enthält, ist dieser Winkel bei $z = z_1$ und für einen Punkt auf dem Umfang eingetragen.

Wir *entwickeln* nun das Feld in dem inhomogenen Hohlleiter nach den Eigenwellen von jeweils demjenigen zylindrischen Wellenleiter, der den gleichen Querschnitt hat wie der inhomogene Wellenleiter an der betreffenden Stelle $z = z_1$. Weil sich der Querschnitt längs z ändert, ändern sich auch diese Eigenwellen längs z. Für den inhomogenen Hohlleiter bilden sie darum nur örtlich Eigenwellen und werden deshalb auch örtliche oder lokale Eigenwellen genannt. Sie erfüllen aber noch nicht einmal örtlich die *Randbedingungen*; dazu müßte nämlich überall auf dem Rand in dem betroffenen Querschnitt $\phi = 0$ sein. Weil sie sich längs z ändern und weil sie einzeln die Randbedingungen nicht erfüllen, verkoppelt der inhomogene Hohlleiter die Eigenwellen miteinander. Wir wollen hier diese Verkopplung berechnen.

Dazu wählen wir wie in Bild 11.1b einen kurzen Abschnitt des inhomogenen Hohlleiters zwischen $z_1-\Delta z$ und z_1 und verbinden ihn auf beiden Seiten mit zylindrischen Hohlleitern, von denen der eine den Querschnitt des inhomogenen Hohlleiters bei $z_1-\Delta z$ und der andere seinen Querschnitt bei z_1 hat. Um die *Übertragungseigenschaften* dieses kurzen inhomogenen Abschnittes zu berechnen, lassen wir die Eigenwelle der Ordnung n in dem einen zylindrischen Anschlußhohlleiter einfallen. In dem inhomogenen Abschnitt erfüllen die Felder dieser Welle die Randbedingungen nicht. Wir führen darum fiktive Quellen dergestalt ein, daß die einfallende Welle zusammen mit diesen Quellen gerade die *Randbedingungen erfüllt* und die einfallende Welle ohne Störung durch den inhomogenen Abschnitt als Eigenwelle des anderen Abschlußhohlleiters weiterläuft.

Gedankenexperiment

Damit haben wir aber die an und für sich quellenfreie Anordnung in eine *mit Quellen* geändert. Um diese *Änderung rückgängig* zu machen und wieder zu der quellenfreien Anordnung zurückzukehren, prägen wir Quellenverteilungen von gleicher Größe wie die fiktiven Quellen aber umgekehrter Richtung ein. Sie *kompensieren* dann die fiktiven Quellen. Gleichzeitig bilden sie aber auch Quellen, welche in beiden Richtungen *neue Eigenwellen anregen*. Es sind die effektiven Quellen für die Eigenwellen, in welche die einfallende Eigenwelle n Leistung streut, wenn sie den inhomogenen Hohlleiterabschnitt passiert.

Rechenerleichterung

Um die Rechnung mit diesen effektiven Quellen möglichst einfach zu gestalten, gehen wir von Bild 11.1b auf 11.1c über. Dabei ersetzen wir den *allmählichen Übergang* von einem zum anderen zylindrischen Hohlleiter durch eine zwar nur kleine aber *abrupte Stufe* zwischen beiden bei $z = z_1$. Weil wir später ohnehin den Grenzübergang $\Delta z \to 0$ vollziehen, machen wir mit dieser Vereinfachung keinen Fehler.

Die Felder der einfallenden Eigenwelle stellen wir gemäß

$$\begin{aligned} \underline{\vec{E}} &= \underline{A}_n^{(p)}(z_1)\ \exp\left[-p\gamma_n(z-z_1)\right]\vec{E}_n^{(p)}(x,y) \\ \underline{\vec{H}} &= \underline{A}_n^{(p)}(z_1)\ \exp\left[-p\gamma_n(z-z_1)\right]\vec{H}_n^{(p)}(x,y) \end{aligned} \qquad (11.1)$$

dar, wobei die transversalen Feldverteilungen $\vec{E}_n^{(p)}(x,y)$ und $\vec{H}_n^{(p)}(x,y)$ so normiert sein sollen, daß bei $z = z_1$ die von der Welle transportierte Leistung

$$P = \iint (\underline{\vec{E}} \times \underline{\vec{H}}^*)_z \, dA$$

sich bei $z = z_1$ zu

$$P = p\left|\underline{A}_n^{(p)}\right|^2$$

ergibt, wenn nur die Welle *ausbreitungsfähig* ist. γ_n ist die Ausbreitungskonstante der Welle. Für $p = +1$ fällt die Welle von links ein, breitet sich also in positiver z-Richtung aus. Der Index (p) soll in diesem Fall (+) sein und die Amplitude und Feldverteilung dieser Welle kennzeichnen. Für $p = -1$ fällt die Welle von rechts ein, und der Index (-) bezeichnet Amplitude und Feldverteilungen der in diesem Falle in negativer z-Richtung laufenden Welle.

In Bild 11.1c sollen die gleichen Querschnittskoordinaten x und y auf beiden Seiten der Stufe bei $z = z_1$ gelten. In diesen Koordinaten unterscheiden sich die transversalen Feldverteilungen $\vec{E}_n^{(p)}$ und $\vec{H}_n^{(p)}$ der Eigenwelle n für $z < z_1$ von denen der entsprechenden Eigenwelle für $z > z_1$. Die Gln.(11.1) haben darum eine *Diskontinuität* in den Feldern. Um dennoch die *Maxwell'schen Gleichungen* zu erfüllen, werden gemäß Gl.(1.17) und Gl.(1.18) die folgenden elektrischen und magnetischen *Flächenströme* bei $z = z_1$ eingeprägt.

Fiktive Quellen

$$-\vec{\underline{J}}_{A}^{(p)} = \vec{u}_z \times \left[\vec{H}_n^{(p)}(z>z_1) - \vec{H}_n^{(p)}(z<z_1)\right] \underline{A}_n^{(p)}(z_1)$$

$$-\vec{\underline{M}}_{A}^{(p)} = \left[\vec{E}_n^{(p)}(z>z_1) - \vec{E}_n^{(p)}(z<z_1)\right] \times \vec{u}_z \, \underline{A}_n^{(p)}(z_1) \qquad (11.2)$$

Diese fiktiven Quellen hängen von den Querschnittskoordinaten x und y ab. $\vec{E}_n^{(p)}(z>z_1)$ und $\vec{H}_n^{(p)}(z>z_1)$ sind die transversalen Feldverteilungen der Eigenwellenfelder der Ordnung n in Querschnitten für $z > z_1$ und $\vec{E}_n^{(p)}(z<z_1)$ sowie $\vec{H}_n^{(p)}(z<z_1)$ die entsprechenden Verteilungen in Querschnitten für $z < z_1$. Außerhalb der Hohlleiterwände verschwinden diese Felder. Innerhalb des Querschnittsteiles A_0, in dem sich beide Querschnitte dekken, sind die Eigenwellenfelder einander nahezu gleich. In diesem Bereich kann man die fiktiven Quellen durch

$$-\vec{\underline{J}}_{A}^{(p)} = \vec{u}_z \times (d\vec{H}_n^{(p)}/dz) \, \Delta z \, \underline{A}_n^{(p)}(z_1)$$

$$-\vec{\underline{M}}_{A}^{(p)} = (d\vec{E}_n^{(p)}/dz) \times \vec{u}_z \, \Delta z \, \underline{A}_n^{(p)}(z_1) \qquad (11.3)$$

darstellen. Dabei sind die Differenzen in den Eigenwellenfeldern bei $z > z_1$ und $z < z_1$ durch die ersten Glieder von *Taylorentwicklungen* nach Δz angenähert.

Am Querschnittsrand an den Stufen springt das Eigenwellenfeld von seinen endlichen Werten im Hohlleiterinneren auf null in der leitenden Wand. Hier haben demnach die fiktiven Strombeläge eine hohe Flächendichte. Dabei sind allerdings die elektrischen Flächenströme hier belanglos, denn sie sind an der leitenden Stufe parallel zu ihr eingeprägt und werden darum kurzgeschlossen. Der fiktive magnetische Flächenstrom folgt aus dem Sprung des elektrischen Eigenwellenfeldes $\vec{E}_n^{(p)}$. Seine Feldlinien stoßen senkrecht auf den Querschnittsrand, so daß $\vec{\underline{M}}_{A}^{(p)}$ parallel dazu fließt. Die Stufenhöhe beträgt $\Delta z \cdot \tan\phi$. Sie ist so klein, daß man $\vec{\underline{M}}_{A}^{(p)}$ an der Stufe durch einen *Stromfaden* der magnetischen Stromstärke

Siehe Abschnitt 1.13!

$$-\vec{\underline{K}}^{(p)} = \vec{E}_n^{(p)} \times \vec{u}_z \, \tan\phi \, \Delta z \, \underline{A}_n^{(p)}(z_1) \qquad (11.4)$$

ersetzen kann.

Um von der Anordnung mit den fiktiven Quellen nach Gl.(11.3) und (11.4) wieder zur eigentlichen quellenfreien Anordnung zurückzukehren, kompensieren wir die fiktiven Quellen mit den effektiven Quellen $\underline{\vec{J}}_A^{(p)}$, $\underline{\vec{M}}_A^{(p)}$ und $\underline{\vec{K}}^{(p)}$ gleicher Größe aber entgegengesetzter Richtung. Diese *effektiven Quellen* regen Eigenwellen an, die nach beiden Seiten von der Stoßstelle weglaufen. Nach Gl.(10.47) und Gl.(10.48) werden diese Eigenwellen mit folgenden Amplituden angeregt

$$\Delta \underline{A}_m^{(q)}(z_1) = \frac{q}{2}\left[\iint (\underline{\vec{H}}_m^{(-q)}\underline{\vec{M}}_A^{(p)} - \underline{\vec{E}}_m^{(-q)}\underline{\vec{J}}_A^{(p)})\mathrm{d}A + \oint_L \underline{\vec{K}}^{(p)}\underline{\vec{H}}_m^{(-q)}\,\mathrm{d}L\right] \tag{11.5}$$

Wenn hier für (q) der Index (+) und deshalb auch für $(-q)$ der Index (-) steht, handelt es sich um die Anregung von Eigenwellen in positiver z-Richtung; für sie ist $q = 1$ zu setzen. Andernfalls, wenn (-) für (q) steht und (+) für $(-q)$ und dabei $q = -1$ ist, handelt es sich um die Anregung von Eigenwellen, die in negativer z-Richtung laufen.

Daß wir die Gln.(10.47) und (10.48), die an und für sich nur für einen homogenen Hohlleiter mit eingeprägten Quellen gelten, hier auf den Hohlleiter mit der Stoßstelle anwenden, ist zwar nicht ganz korrekt; der Fehler, den wir damit aber bei der Berechnung der Eigenwellenanregung gemäß Gl.(11.5) machen, ist von zweiter Ordung in Δz und verschwindet beim jetzt folgenden Grenzübergang $\Delta z \to 0$.

Bei diesem Grenzübergang wird aus $\Delta\underline{A}_m^{(q)}/\Delta z$ der Differentialquotient $\mathrm{d}\underline{A}_m^{(q)}/\mathrm{d}z$, welcher sich mit Gl.(11.5) und (11.3) in der Form Grenzübergang $\Delta z \to 0$

$$\mathrm{d}\underline{A}_m^{(q)}/\mathrm{d}z = \varkappa_{mn}^{(q,p)}\,\underline{A}_n^{(p)}$$

schreiben läßt mit

$$\varkappa_{mn}^{(q,p)} = \frac{q}{2}\iint\left(\frac{\mathrm{d}\underline{\vec{H}}_n^{(p)}}{\mathrm{d}z}\times\underline{\vec{E}}_m^{(-q)} - \underline{\vec{H}}_m^{(-q)}\times\frac{\mathrm{d}\underline{\vec{E}}_n^{(p)}}{\mathrm{d}z}\right)\vec{u}_z\,\mathrm{d}A$$

$$-\frac{q}{2}\oint_L\left(\underline{\vec{H}}_m^{(-q)}\times\underline{\vec{E}}_n^{(p)}\right)\vec{u}_z\tan\phi\,\mathrm{d}L\;. \tag{11.6}$$

$\varkappa_{mn}^{(q,p)}$ stellt hier einen Koppelkoeffizienten dar, mit dem die Welle n in pz-Richtung mit der Welle m in qz-Richtung verkoppelt wird. Je größer er ist, um so stärker sind diese beiden Wellen verkoppelt und um so mehr ändert sich bei einer bestimmten Amplitude $\underline{A}_n^{(p)}$ der Welle n die Amplitude $\underline{A}_m^{(q)}$ der Welle m längs des inhomogenen Hohlleiters. Neben dieser Änderung von $\underline{A}_m^{(q)}$ durch Verkopplung mit anderen Wellen im inhomogenen Hohlleiter, ändert sich $\underline{A}_m^{(q)}$ aber auch nach Maßgabe seiner Ausbreitungskonstanten γ_m. Sowohl diese Änderung als auch die Verkopplung durch Inhomogenitäten erfaßt das folgende System von Differentialgleichungen für alle lokalen Eigenwellen des inhomogenen Hohlleiters.

$$\frac{d}{dz}\begin{bmatrix} \underline{A}_1^{(+)} \\ \underline{A}_2^{(+)} \\ \vdots \\ \underline{A}_1^{(-)} \\ \underline{A}_2^{(-)} \\ \vdots \end{bmatrix} = \begin{bmatrix} -\gamma_1+\varkappa_{11}^{(++)} & \varkappa_{12}^{(++)} & \dots & \varkappa_{11}^{(+-)} & \varkappa_{12}^{(+-)} & \dots \\ \varkappa_{21}^{(++)} & -\gamma_2+\varkappa_{22}^{(++)} & \dots & \varkappa_{21}^{(+-)} & \varkappa_{22}^{(+-)} & \dots \\ \vdots & \vdots & & \vdots & \vdots & \\ \varkappa_{11}^{(-+)} & \varkappa_{12}^{(-+)} & \dots & \gamma_1+\varkappa_{11}^{(--)} & \varkappa_{12}^{(--)} & \dots \\ \varkappa_{21}^{(-+)} & \varkappa_{22}^{(-+)} & \dots & \varkappa_{21}^{(--)} & \gamma_2+\varkappa_{22}^{(--)} & \dots \\ \vdots & \vdots & & \vdots & \vdots & \end{bmatrix} \begin{bmatrix} \underline{A}_1^{(+)} \\ \underline{A}_2^{(+)} \\ \vdots \\ \underline{A}_1^{(-)} \\ \underline{A}_2^{(-)} \\ \vdots \end{bmatrix} \qquad (11.7)$$

Im homogenen Hohlleiter verschwinden alle Koppelkoeffizienten $\varkappa$; hier breiten sich die vor- und rücklaufenden Komponenten aller Eigenwellen unabhängig voneinander aus, und die Amplituden einer jeden Eigenwelle erfüllen die beiden Wellengleichungen

$$d\underline{A}_m^{(+)}/dz = -\gamma_m \underline{A}_m^{(+)} ; \qquad d\underline{A}_m^{(-)}/dz = \gamma_m \underline{A}_m^{(-)} .$$

Im Gegensatz dazu verkoppelt das System (11.7) alle Eigenwellenamplituden miteinander. Es heißt darum das System der <u>verkoppelten Wellengleichungen</u>. Die Verkopplung der Wellen ist um so stärker je inhomogener der Hohlleiter ist, denn dann ist in den Koppelkoeffizienten (11.6) sowohl $\tan\phi$ größer als auch die Änderung der lokalen Eigenwellenfelder längs z gemäß $d\vec{E}_n^{(p)}/dz$ und $d\vec{H}_n^{(p)}/dz$.

In dem Koppelkoeffizienten $\varkappa_{mn}^{(q,p)}$ nach Gl.(11.6) lassen sich die Feldverteilungen $\vec{E}_m^{(q)}$ und $\vec{H}_m^{(q)}$ bzw. $\vec{E}_n^{(p)}$ und $\vec{H}_n^{(p)}$ der lokalen Eigenwellen auch durch die zugehörigen <u>Eigenvektoren</u> $\vec{e}_m$ und $\vec{h}_m$ sowie $\vec{e}_n$ und $\vec{h}_n$ nach Gl.(10.24) bzw. (10.25) ausdrücken. Dazu bedenken wir, daß in den Integranden von Gl.(11.6) nur die Komponenten der Vektorprodukte in Ausbreitungsrichtung eingehen und darum nur die *transversalen* Eigenwellenfelder eine Rolle spielen. Nach Gl.(10.23) und (10.37) hängen die transversalen Eigenwellenfelder folgendermaßen mit den zugehörigen Eigenvektoren zusammen:

$$\vec{E}_{tm}^{(+)} = \vec{E}_{tm}^{(-)} = \sqrt{Z_m}\,\vec{e}_m$$

$$\vec{H}_{tm}^{(+)} = -\vec{H}_{tm}^{(-)} = \vec{h}_m/\sqrt{Z_m} = (\vec{u}_z \times \vec{e}_m)/\sqrt{Z_m} \quad . \tag{11.8}$$

Zusammenhang mit den transversalen Eigenvektoren

Dabei ist Z_m der Wellenwiderstand der Eigenwelle gemäß den Gln.(10.32) bzw. (10.33). Wenn mit den Gln.(11.8) in Gl.(11.6) gerechnet wird, ist zu bedenken, daß sich für die lokalen Eigenwellen in dem inhomogenen Hohlleiter nicht nur $\vec{e}_m$ und $\vec{h}_m$ längs z ändern, sondern auch Z_m.

Mit den Eigenvektoren in Gl.(11.8) ergibt sich für das Randintegral im Koppelkoeffizienten

$$-\frac{q}{2}\oint (\vec{H}_m^{(-q)} \times \vec{E}_n^{(p)})\,\vec{u}_z \tan\phi \, dL = -\frac{1}{2}\sqrt{\frac{Z_n}{Z_m}}\oint \vec{e}_m \cdot \vec{e}_n \tan\phi \, dL \; .$$

Um dieses Integral umzuformen, bedenken wir, daß in den Zylinderkoordinaten ρ,φ,z des Bildes 11.2 die Wand des inhomogenen Hohlleiters sich durch den Radius $R(\varphi,z)$ als Funktion von φ und z darstellen läßt. Damit ist $\tan\phi = \partial R/\partial z$.

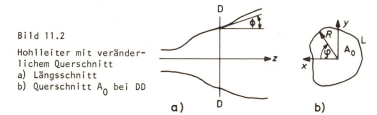

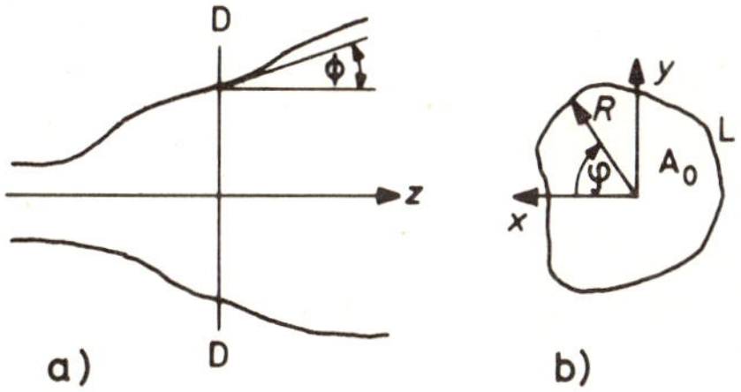

Bild 11.2
Hohlleiter mit veränderlichem Querschnitt
a) Längsschnitt
b) Querschnitt A_0 bei DD

Wenn nun eine Funktion $F(\rho,\varphi,z)$ über den Querschnitt A_0 des Hohlleiters also von $\rho = 0$ bis $\rho = R(\varphi,z)$ und von $\varphi = 0$ bis $\varphi = 2\pi$ integriert wird, so ist ihre Ableitung nach z

$$\frac{d}{dz}\int_0^{2\pi}\int_0^{R(\varphi,z)} F(\rho,\varphi,z)\,\rho\,d\rho\,d\varphi = \int_0^{2\pi}\left[\frac{d}{dz}\int_0^{R(\varphi,z)} F(\rho,\varphi,z)\,\rho\,d\rho\right]d\varphi$$

$$= \iint_{A_0}\frac{\partial F}{\partial z}\,dA + \int_0^{2\pi}\frac{\partial R}{\partial z}\,F(R(\varphi,z),\varphi,z)\,R\,d\varphi \; .$$

Wählen wir hier $F(\rho,\varphi,z) = \vec{e}_m \cdot \vec{e}_n$, so verschwindet die linke Seite dieser Gleichung, weil die Eigenvektoren gemäß Gl.(10.26) normiert und gemäß Gl.(10.41), (10.42) und (10.43) zueinander orthogonal sind. Deshalb ergibt sich für das Randintegral im Koppelkoeffizienten

$$-\frac{q}{2}\oint\left(\vec{H}_m^{(-q)} \times \vec{E}_n^{(p)}\right)\vec{u}_z \tan\phi \, dL = \frac{1}{2}\sqrt{\frac{Z_n}{Z_m}}\iint_{A_0}\frac{\partial}{\partial z}(\vec{e}_m \cdot \vec{e}_n)\, dA \,.$$

Drückt man nun auch in den Querschnittsintegralen der Koppelkoeffizienten (11.6) die Eigenwellenfelder gemäß Gl.(11.8) durch ihre Eigenvektoren aus, so ergibt sich für die Verkopplung verschiedener lokaler Eigenwellen $m \neq n$

$$\varkappa_{mn}^{(q,p)} = \frac{1}{2}\left(C_{mn}\sqrt{Z_n/Z_m} - qpC_{nm}\sqrt{Z_m/Z_n}\right) \qquad (11.9)$$

und für die Verkopplung einer Eigenwelle m mit ihrer in Gegenrichtung laufenden Komponente

$$\varkappa_{mm}^{(-q,q)} = C_{mm} - \frac{1}{\sqrt{Z_m}}\frac{d\sqrt{Z_m}}{dz} \,. \qquad (11.10)$$

Dagegen ist $\varkappa_{mm}^{(p,p)} = 0$, so daß in den diagonalen Positionen der Koppelmatrix von Gl. (11.7) durch die Inhomogenität keine zusätzlichen Elemente entstehen und hier nur die Ausbreitungskonstante γ_m der lokalen Eigenwellen vorkommen.

Die Faktoren C_{mn} sind durch

$$C_{mn} = \iint_{A_0} \vec{e}_n \cdot \frac{d\vec{e}_m}{dz}\, dA \qquad (11.11)$$

gegeben und werden Koppelfaktoren genannt. Verschiedene Eigenwellen werden nach Maßgabe dieser C_{mn} miteinander verkoppelt. Die Verkopplung gegenläufiger Komponenten der gleichen Eigenwellen stellt eine *Reflexion* dar. Die entsprechenden Koppelkoeffizienten gemäß Gl.(11.10) sind also *Reflexionsdichtekoeffizienten*. In ihnen spielt nicht nur der jeweilige Koppelfaktor C_{mn} eine Rolle, sondern auch die Änderung des Wellenwiderstandes längs z.

In Abschnitt 10.1 haben wir die Wellenausbreitung in zylindrischen d.h. homogenen Hohlleitern nicht nur mit den Amplituden

$$\underline{A}_m^{(+)} = \underline{A}_m \exp(-\gamma_m z)$$

und (11.12)

$$\underline{A}_m^{(-)} = \underline{B}_m \exp(\gamma_m z)$$

vor- und rücklaufender Eigenwellen m dargestellt sondern auch mit den *Spannungs-* und *Stromkoeffizienten* dieser Eigenwellen $\underline{U}_m$ und $\underline{I}_m$. Gemäß den Gln.(10.37) hängen sie mit den Amplituden der vor- und rücklaufenden Komponenten der jeweiligen Eigenwelle folgendermaßen zusammen

$$\underline{U}_m = \sqrt{Z_m}\,(\underline{A}_m^{(+)} + \underline{A}_m^{(-)})$$

(11.13)

$$\underline{I}_m = (\underline{A}_m^{(+)} - \underline{A}_m^{(-)})/\sqrt{Z_m} \quad .$$

Im homogenen Hohlleiter breiten sich die Eigenwellen ohne gegenseitige Kopplung unabhängig voneinander aus. Für die Spannungs- und Stromkoeffizienten gelten dann die Differentialgleichungen der Doppelleitung

$$\mathrm{d}\underline{U}_m/\mathrm{d}z = -\gamma_m Z_m \underline{I}_m$$

(11.14)

$$\mathrm{d}\underline{I}_m/\mathrm{d}z = -(\gamma_m/Z_m)\,\underline{U}_m \quad .$$

Wir wollen nun auch für den inhomogenen Hohlleiter mit den Spannungs- und Stromkoeffizienten rechnen und lösen dazu Gl.(11.13) nach $\underline{A}_m^{(+)}$ und $\underline{A}_m^{(-)}$ auf:

$$\underline{A}_m^{(+)} = (\underline{U}_m/\sqrt{Z_m} + \underline{I}_m\sqrt{Z_m})/2$$

$$\underline{A}_m^{(-)} = (\underline{U}_m/\sqrt{Z_m} - \underline{I}_m\sqrt{Z_m})/2 \quad .$$

Wenn wir damit in Gl.(11.7) die Wellenamplituden durch ihre Spannungs- und Stromkoeffizienten ausdrücken und außerdem für die Koppelkoeffizienten die Gln.(11.9) und (11.10) einführen, ergibt sich folgendes System von verkoppelten Differentialgleichungen.

$$\frac{d}{dz}\begin{bmatrix} \underline{U}_1 \\ \underline{U}_2 \\ \vdots \\ \underline{I}_1 \\ \underline{I}_2 \\ \vdots \end{bmatrix} = \begin{bmatrix} C_{11} & C_{12} & \cdots & -\gamma_1 Z_1 & 0 & \cdots \\ C_{21} & C_{22} & \cdots & 0 & -\gamma_2 Z_2 & \cdots \\ \vdots & \vdots & & \vdots & \vdots & \\ -\gamma_1/Z_1 & 0 & \cdots & -C_{11} & -C_{21} & \cdots \\ 0 & -\gamma_2/Z_2 & \cdots & -C_{12} & -C_{22} & \cdots \\ \vdots & \vdots & & \vdots & \vdots & \end{bmatrix} \begin{bmatrix} \underline{U}_1 \\ \underline{U}_2 \\ \vdots \\ \underline{I}_1 \\ \underline{I}_2 \\ \vdots \end{bmatrix} \qquad (11.15)$$

Wenn die Koppelfaktoren C_{mn} nach Gl.(11.11) verschwinden, der Wellenleiter also *homogen* ist, zerfällt dieses System in voneinander unabhängige Differentialgleichungen gemäß Gl.(11.14), den gewöhnlichen *Leitungsgleichungen*. Sonst aber, für *inhomogene* Hohlleiter mit von null verschiedenen Koppelfaktoren werden diese Leitungsgleichungen miteinander verkoppelt. Weil sie in diesem Sinne eine allgemeinere Form der gewöhnlichen Leitungsgleichungen darstellen, heißen sie verallgemeinerte Leitungsgleichungen. Gl.(11.15) insbesondere ist das System der verallgemeinerten Leitungsgleichungen für den inhomogenen Hohlleiter.

Rückblick

Verkoppelte Leitungsgleichungen ähnlich wie Gl.(11.15) ergaben sich für Mehrfachleitungssysteme in Abschnitt 6.1 des Buches 'Elektromagnetische Wellen auf Leitungen'. Sie haben die Form

$$\frac{d}{dz}\begin{bmatrix} \underline{U}_1 \\ \underline{U}_2 \\ \vdots \\ \underline{I}_1 \\ \underline{I}_2 \\ \vdots \end{bmatrix} = \begin{bmatrix} 0 & 0 & \cdots & -Z'_{11} & -Z'_{12} & \cdots \\ 0 & 0 & \cdots & -Z'_{12} & -Z'_{22} & \cdots \\ \vdots & \vdots & & \vdots & \vdots & \\ -Y'_{11} & -Y'_{12} & \cdots & 0 & 0 & \cdots \\ -Y'_{12} & -Y'_{22} & \cdots & 0 & 0 & \cdots \\ \vdots & \vdots & & \vdots & \vdots & \end{bmatrix} \begin{bmatrix} \underline{U}_1 \\ \underline{U}_2 \\ \vdots \\ \underline{I}_1 \\ \underline{I}_2 \\ \vdots \end{bmatrix} \qquad (11.16)$$

In ihnen ist jede Spannungsänderung $d\underline{U}_m/dz$ längs z nach Maßgabe der Elemente Z'_{mn} mit allen Strömen $\underline{I}_n$ verkoppelt, aber nicht mit den Spannungen. Andererseits ist jede Stromänderung $d\underline{I}_m/dz$ nach Maßgabe der Elemente $\underline{Y}'_{mn}$ mit allen Spannungen verkoppelt, aber nicht mit den Strömen.

Im Gegensatz dazu verkoppeln die verallgemeinerten Leitungsgleichungen (11.15) für den inhomogenen Hohlleiter die Änderungen der Spannungskoeffizienten längs z nur mit den Stromkoeffizienten der jeweils gleichen Eigenwelle nach Maßgabe von $\gamma_m Z_m$, aber außerdem auch mit den Spannungskoeffizienten aller Eigenwellen nach Maßgabe von C_{mn}. Ebenso verkoppelt dieses Gleichungssystem die Änderung der Stromkoeffizienten längs z nur mit den Spannungskoeffizienten der jeweils gleichen Eigenwelle aber mit allen Stromkoeffizienten.

Verallgemeinerung

Gl.(11.15) ebenso wie Gl.(11.16) sind deshalb offenbar nur spezielle Formen der verallgemeinerten Leitungsgleichungen. Im allgemeinsten Fall werden sowohl alle Spannungsänderungen längs z als auch alle Stromänderungen mit allen Spannungen und Strömen verkoppelt.

Für ein homogenes System von *Mehrfachleitungen* sind darüber hinaus alle Längsimpedanzbeläge $\underline{Z}'_{mn}$ und alle Queradmittanzbeläge $\underline{Y}'_{mn}$ von z unabhängig. Es handelt sich dann bei Gl.(11.16) um ein *System linearer Differentialgleichungen erster Ordnung mit konstanten Koeffizienten.* Beim *inhomogenen Hohlleiter* ändern sich alle Elemente der Koppelmatrix von Gl.(11.15) mit z. Dieses ist also ein *Differentialgleichungssystem mit variablen Koeffizienten.*

Anwendungen

Bei inhomogenen Hochfrequenz-Wellenleitern, und wenn solche Wellenleiter kontinuierlich miteinander verkoppelt werden, ebenso wie bei entsprechenden Anordnungen optischer Wellenleiter rechnet man meist mit den hin- und rücklaufenden Komponenten der Eigenwellen. Man arbeitet dann mit den *verkoppelten Wellengleichungen* und nicht mit den verallgemeinerten Leitungsgleichungen. Wenn aber beispielsweise im inhomogenen Hohlleiter eine der verkoppelten lokalen Eigenwellen m an die *Ausbreitungsgrenze* kommt, wo ihre Grenzwellenzahl k_{cm} gleich der Wellenzahl k wird, verschwindet im Falle einer E-Welle ihr Wellenwiderstand Z_m bzw. wächst im Falle einer H-Welle über alle Grenzen. Dann ergeben sich auch für die entsprechenden Koppelkoeffizienten (11.9) und (11.10) Polstellen in solchen *'Grenzquerschnitten'* des inhomogenen Hohlleiters. In diesem Falle transformiert man auf die *verallgemeinerten Leitungsgleichungen* und rechnet mit den Spannungs- und Stromkoeffizienten der lokalen Eigenwellen. Die Elemente der Koppelmatrix von Gl.(11.15) verhalten sich auch in den Grenzquerschnitten regulär.

11.2 Lösungen der gekoppelten Wellengleichungen

Die Maxwellschen Gleichungen, von denen man bei jedem elektromagnetischen Problem ausgeht, bilden ein System von *partiellen* Differentialgleichungen für die Feldkomponenten. Mit den gekoppelten Wellengleichungen ist demgegenüber das Wellenausbreitungsproblem darauf zurückgeführt, ein System linearer, *gewöhnlicher* Differentialgleichungen mit veränderlichen Koeffizienten zu lösen. Wenn auch solche Systeme im allgemeinen nicht geschlossen lösbar sind, so gibt es doch numerische Methoden, die mit Hilfe von Rechenautomaten in vielen Fällen zum Ziel führen. Hier sollen nur die Lösungen für drei spezielle Problemklassen behandelt werden, zu deren Beschreibung sich verallgemeinerte Leitungsgleichungen besonders gut eignen. Es sind dies

1. Probleme, bei denen die *Koppelkoeffizienten* zwischen den verschiedenen Eigenwellen, also alle $\varkappa_{mn}^{(q,p)}$ mit $m \neq n$ *sehr klein* sind, ebenso wie die Koppelkoeffizienten $\varkappa_{mm}^{(q,-q)}$ zwischen den vor- und rücklaufenden Komponenten ein und derselben Eigenwelle. Die diagonalen Elemente γ_m und $-\gamma_m$ der Koppelmatrix in Gl.(11.7), d.h. die Ausbreitungskonstanten der lokalen Eigenwellen sollen dagegen in dieser ersten Problemklasse beliebig sein können.

2. Probleme, bei denen alle *Koppelkoeffizienten* $\varkappa_{mn}^{(q,p)}$ ebenso wie die Ausbreitungskonstanten γ_m wenigstens *abschnittsweise konstant* sind.

3. Probleme, bei denen nur *entartete Eigenwellen* also lokale Eigenwellen m und n mit $\gamma_m = \gamma_n$ miteinander in Wechselwirkung treten und bei denen für ihre Koppelkoeffizienten $\varkappa_{mn} = \varkappa_{nm}$ gilt.

Wir wollen uns bei den Lösungen zu diesen verschiedenen Problemklassen immer auf die Wechselwirkung zwischen nur zwei verschiedenen Komponenten beschränken, also nur ein System von jeweils zwei Differentialgleichungen lösen. Die beiden Komponenten können zu lokalen Eigenwellen gehören, die in gleicher Richtung laufen, es können aber auch entgegengesetzt laufende Komponenten sein, z.B. $\underline{A}_m^{(+)}$ und $\underline{A}_m^{(-)}$. Die Verallgemeinerung auf Wechselwirkung zwischen mehr Komponenten und damit Systemen mit mehr Gleichungen ist in Matrizenschreibweise offensichtlich.

Bei zwei Komponenten lauten die verkoppelten Wellengleichungen

$$\frac{d}{dz}\begin{bmatrix} \underline{A}_1 \\ \underline{A}_2 \end{bmatrix} = \begin{bmatrix} -\gamma_1 & \varkappa_{12} \\ \varkappa_{21} & -\gamma_2 \end{bmatrix} \begin{bmatrix} \underline{A}_1 \\ \underline{A}_2 \end{bmatrix} . \tag{11.17}$$

Die Elemente der Hauptdiagonalen in der Koppelmatrix sind Ausbreitungskonstanten. Abseits von der Hauptdiagonalen stehen die eigentlichen Koppelkoeffizienten. Alle Elemente der Koppelmatrix hängen im allgemeinen von z ab.

Bei den Problemen der ersten Klasse sind die Koppelkoeffizienten sehr klein, die lokalen Eigenwellen sind also nur *schwach verkoppelt*. Praktisch ist die Wechselwirkung zwischen lokalen Eigenwellen gering, wenn der Wellenleiter beispielsweise nahezu homogen ist. Die Koppelmatrix in Gl.(11.17) ist dann *fast* diagonal. *1. Klasse*

Die Lösung bei *rein* diagonaler Koppelmatrix lautet

$$\begin{aligned} \underline{A}_1 &= \underline{W}_1 \exp(-\int_0^z \gamma_1 \, dz') \\ \underline{A}_2 &= \underline{W}_2 \exp(-\int_0^z \gamma_2 \, dz') \end{aligned} \tag{11.18}$$

mit $\underline{W}_1$ und $\underline{W}_2$ als *Integrationskonstanten*, die durch Anfangsbedingungen bestimmt werden.

Für eine Lösung bei fast diagonaler Kopplungsmatrix werden $\underline{W}_1$ und $\underline{W}_2$ als *neue Variable* aufgefaßt. Nach Substitution von Gl.(11.18) in Gl.(11.17) müssen sie folgenden Gleichungen genügen:

$$\frac{d}{dz}\begin{bmatrix} \underline{W}_1 \\ \underline{W}_2 \end{bmatrix} = \begin{bmatrix} 0 & \varkappa_{12} \exp(\int_0^z (\gamma_1-\gamma_2) dz') \\ \varkappa_{21} \exp(\int_0^z (\gamma_2-\gamma_1) dz') & 0 \end{bmatrix} \begin{bmatrix} \underline{W}_1 \\ \underline{W}_2 \end{bmatrix} . \tag{11.19}$$

Die neue Koppelmatrix hat nur noch sehr kleine Elemente. Die Differentialgleichungen (11.19) können darum durch *schrittweise Näherung* integriert werden. Im ersten Schritt werden rechts $\underline{W}_1(0)$ und $\underline{W}_2(0)$ eingesetzt und es wird integriert:

$$\begin{bmatrix} \underline{W}_1(z) \\ \underline{W}_2(z) \end{bmatrix} = \begin{bmatrix} 1 & \int_0^z \varkappa_{12} \exp\left(\int_0^{z'} (\gamma_1-\gamma_2)\,dz''\right) dz' \\ \int_0^z \varkappa_{21} \exp\left(\int_0^{z'} (\gamma_2-\gamma_1)\,dz''\right) dz' & 1 \end{bmatrix} \begin{bmatrix} \underline{W}_1(0) \\ \underline{W}_2(0) \end{bmatrix}. \tag{11.20}$$

Im zweiten Schritt werden diese Funktionen $\underline{W}_1(z)$ und $\underline{W}_2(z)$ rechts in Gl.(11.19) eingesetzt und es wird wieder integriert:

$$\begin{bmatrix} \underline{W}_1(z) \\ \underline{W}_2(z) \end{bmatrix} = \begin{bmatrix} 1+\int_0^z \varkappa_{12} \exp\left(\int_0^{z'} (\gamma_1-\gamma_2)\,dz''\right) \int_0^{z'} \varkappa_{21} \exp\left(\int_0^{z''} (\gamma_2-\gamma_1)\,dz'''\right) dz''\, dz' & \int_0^z \varkappa_{12} \exp\left(\int_0^{z'} (\gamma_1-\gamma_2)\,dz''\right) dz' \\ \int_0^z \varkappa_{21} \exp\left(\int_0^{z'} (\gamma_2-\gamma_1)\,dz''\right) dz' & 1+\int_0^z \varkappa_{21} \exp\left(\int_0^{z'} (\gamma_2-\gamma_1)\,dz''\right) \int_0^{z'} \varkappa_{12} \exp\left(\int_0^{z''} (\gamma_1-\gamma_2)\,dz'''\right) dz''\, dz' \end{bmatrix} \begin{bmatrix} \underline{W}_1(0) \\ \underline{W}_2(0) \end{bmatrix}. \tag{11.21}$$

Die *Iteration* kann offensichtlich in dieser Weise fortgesetzt werden. Für praktische Berechnungen sind aber weitere Schritte meist nicht erforderlich.

Aus Gl.(11.18) folgt für die Anfangswerte

$$\begin{aligned} \underline{A}_1(0) &= \underline{W}_1(0) \\ \underline{A}_2(0) &= \underline{W}_2(0) \quad . \end{aligned} \tag{11.22}$$

Mit den Gln.(11.18), (11.21) und (11.22) lassen sich dann $\underline{A}_1(z)$ und $\underline{A}_2(z)$ durch ihre Anfangswerte $\underline{A}_1(0)$ und $\underline{A}_2(0)$ darstellen. Man erhält so die *Kettenmatrix* des inhomogenen Wellenleiters für jeden Abschnitt $z = 0$ bis $z = L$:

$$\begin{bmatrix} \underline{A}_1(L) \\ \underline{A}_2(L) \end{bmatrix} = \begin{bmatrix} T_{11} & T_{12} \\ T_{21} & T_{22} \end{bmatrix} \begin{bmatrix} \underline{A}_1(0) \\ \underline{A}_2(0) \end{bmatrix} \quad . \tag{11.23}$$

Auf Grund der Gln.(11.18) und (11.21) sind die Elemente der Kettenmatrix

$$\begin{aligned}
T_{11} &= \exp\left(-\int_0^L \gamma_1 dz\right)\left[1 + \int_0^L \varkappa_{12} \exp\left(\int_0^z (\gamma_1-\gamma_2) dz'\right) \int_0^z \varkappa_{21} \exp\left(\int_0^{z'} (\gamma_2-\gamma_1) dz''\right) dz'\, dz\right] \\
T_{12} &= \exp\left(-\int_0^L \gamma_1 dz\right)\left[\int_0^L \varkappa_{12} \exp\left(\int_0^z (\gamma_1-\gamma_2) dz'\right) dz\right] \\
T_{21} &= \exp\left(-\int_0^L \gamma_2 dz\right)\left[\int_0^L \varkappa_{21} \exp\left(\int_0^z (\gamma_2-\gamma_1) dz'\right) dz\right] \\
T_{22} &= \exp\left(-\int_0^L \gamma_2 dz\right)\left[1 + \int_0^L \varkappa_{21} \exp\left(\int_0^z (\gamma_2-\gamma_1) dz\right) \int_0^z \varkappa_{12} \exp\left(\int_0^{z'} (\gamma_1-\gamma_2) dz''\right) dz'\, dz\right] .
\end{aligned} \tag{11.24}$$

In den rechteckigen Klammern von T_{12} und T_{21} stehen die sog. Koppelintegrale. Sie bestimmen, wie stark eine lokale Eigenwelle durch die Verkopplung mit einer anderen lokalen Eigenwelle in dem inhomogenen Hohlleiter der Länge L angeregt wird. Dabei überträgt die anregende Eigenwelle einen Teil ihrer Leistung auf die angeregten Eigenwellen und ändert damit ihre Amplitude. Die Integralterme in T_{11} und T_{22} bestimmen diese Amplitudenänderung.

In *verlustlosen* Wellenleitern haben die lokalen Eigenwellen *rein imaginäre Ausbreitungskonstanten* $\gamma_m = j\beta_m$, während die *Koppelkoeffizienten* nach Gl.(11.9) und (11.10) dann *rein reell* sind. Unter diesen Bedingungen sind die Faktoren $\exp\left(j\int_0^z(\beta_m-\beta_n)dz\right)$ vom Betrage eins und drehen um so schneller in der Phase, je mehr die verkoppelten Eigenwellen sich in ihren Phasenkonstanten unterscheiden. Dadurch gibt es destruktive Interferenz, und lokale Eigenwellen tauschen bei gleicher Verkopplung um so weniger Leistung miteinander aus, je mehr sie sich in ihren Phasenkonstanten unterscheiden.

2. Klasse

In der zweiten Klasse von Problemen sollen alle Koppelkoeffizienten *abschnittsweise konstant* sein. Dazu gehören Wellenleiter, die *abschnittsweise homogen* sind. Die verkoppelten Wellengleichungen bilden hier ein System von gewöhnlichen, linearen Differentialgleichungen mit *konstanten* Koeffizienten. Solche Systeme lassen sich immer durch einen *Exponentialansatz* lösen.

Hier soll zur Lösung so verfahren werden, wie bei den Mehrfachleitungen des Buches 'Elektromagnetische Wellen auf Leitungen'. Das System der gekoppelten Differentialgleichungen wird durch Transformation des Amplitudenvektors $[\underline{A}]$ mit der *Eigenvektormatrix* $[\underline{V}]$ gemäß

$$\begin{bmatrix} \underline{A}_1 \\ \underline{A}_2 \end{bmatrix} = \begin{bmatrix} V_{11} & V_{12} \\ V_{21} & V_{22} \end{bmatrix} \begin{bmatrix} \underline{W}_1 \\ \underline{W}_2 \end{bmatrix} \tag{11.25}$$

auf ein ungekoppeltes System für den neuen Amplitudenvektor $[\underline{W}]$ zurückgeführt:

$$\frac{d}{dz}\begin{bmatrix} \underline{W}_1 \\ \underline{W}_2 \end{bmatrix} = -\begin{bmatrix} D_1 & 0 \\ 0 & D_2 \end{bmatrix} \begin{bmatrix} \underline{W}_1 \\ \underline{W}_2 \end{bmatrix} \tag{11.26}$$

Die Elemente der neuen Diagonalmatrix $[D]$ sind die Wurzeln der charakteristischen Gleichung

$$\begin{vmatrix} D-\gamma_1 & \varkappa_{12} \\ \varkappa_{21} & D-\gamma_2 \end{vmatrix} = 0 \qquad (11.27)$$

der Koppelmatrix. Die Elemente der Eigenvektormatrix $[V]$ ergeben sich aus den *Adjunkten* $q_{mn}^{(i)}$ zu den Elementen (m,n) dieser Determinanten gemäß

$$V_{ni} = \frac{q_{mn}^{(i)}}{\sqrt{\sum_n (q_{mn}^{(i)})^2}} \; . \qquad (11.28)$$

Der Index m ist dabei beliebig, er muß nur für die Berechnung aller Elemente V_{ni} einer Spalte i derselbe sein. Im Falle der beiden verkoppelten Wellen in den Gln.(11.25), (11.26) und (11.27) lauten die Elemente der Eigenvektormatrix nach Gl.(11.28), wenn durchweg m = 1 gewählt wird

$$V_{11} = \frac{D_1 - \gamma_2}{\sqrt{\varkappa_{21}^2 + (D_1-\gamma_2)^2}} \qquad V_{12} = \frac{D_2 - \gamma_2}{\sqrt{\varkappa_{21}^2 + (D_2-\gamma_2)^2}}$$

$$V_{21} = \frac{-\varkappa_{21}}{\sqrt{\varkappa_{21}^2 + (D_1-\gamma_2)^2}} \qquad V_{22} = \frac{-\varkappa_{21}}{\sqrt{\varkappa_{21}^2 + (D_2-\gamma_2)^2}} \qquad (11.29)$$

Für die Amplituden $|\underline{W}|$ nach der Transformation (11.25) gilt das ungekoppelte Gleichungssystem (11.26). Sie sind die Amplituden der Eigenwellen des gekoppelten Systems. Die Eigenwellen des gekoppelten Systems breiten sich im gekoppelten System unabhängig voneinander aus, ebenso wie im ungekoppelten System die Eigenwellen der Amplituden $[\underline{A}]$ unabhängig voneinander wandern.

Durch die lineare Transformation (11.25) geht man von den Eigenwellen $[\underline{A}]$ des ungekoppelten Systems auf die Eigenwellen $[\underline{W}]$ des gekoppelten Systems über. Die Lösung von Gl.(11.26) für die Eigenwellen des gekoppelten Systems ist mit den Anfangswerten $\underline{W}_1(0)$ und $\underline{W}_2(0)$

$$\begin{bmatrix} \underline{W}_1(z) \\ \underline{W}_2(z) \end{bmatrix} = \begin{bmatrix} e^{-D_1 z} & 0 \\ 0 & e^{-D_2 z} \end{bmatrix} \begin{bmatrix} \underline{W}_1(0) \\ \underline{W}_2(0) \end{bmatrix} , \qquad (11.30)$$

abgekürzt

$$\left[\underline{W}(z)\right] = \left[e^{-Dz}\right]\left[\underline{W}(0)\right] .$$

Geht man nun wieder auf die Eigenwellen des ungekoppelten Systems zurück

$$\begin{aligned} \left[\underline{A}(z)\right] &= \left[V\right]\left[\underline{W}(z)\right] \\ &= \left[V\right]\left[e^{-Dz}\right]\left[\underline{W}(0)\right] \qquad (11.31) \\ &= \left[V\right]\left[e^{-Dz}\right]\left[V\right]^{-1}\left[\underline{A}(0)\right] , \end{aligned}$$

so ergibt sich die *Kettenmatrix* des homogen gestörten oder homogen gekoppelten Wellenleiterabschnittes zu

$$\left[T\right] = \left[V\right]\left[e^{-Dz}\right]\left[V\right]^{-1} . \qquad (11.32)$$

Auf diese Lösung kommen wir zurück, wenn wir im nächsten Abschnitt *gekoppelte Wellenleiter* und *Richtkoppler* behandeln.

3. Klasse

In der dritten Klasse von Problemen soll nur die Wechselwirkung zwischen Eigenwellen eine Rolle spielen, die miteinander *entartet* sind. In der Koppelmatrix sind also die Elemente der Hauptdiagonalen einander gleich:

$$\gamma_1 = \gamma_2 = \gamma . \qquad (11.33)$$

Außerdem können die anderen Elemente zwar groß sein und sich beliebig ändern, die Koppelmatrix soll aber *symmetrisch* sein.

$$\varkappa_{12} = \varkappa_{21} = \varkappa \tag{11.34}$$

Praktisch treten diese Verhältnisse bei *gekoppelten Wellenleitern* und *Richtkopplern* auf. Wir kommen auf solche Anordnungen im nächsten Abschnitt zu sprechen.

Die Elemente der Eigenvektormatrix $[V]$ sind im allgemeinen Funktionen von z, da ja auch die Elemente der Koppelmatrix von z abhängen. Unter den Bedingungen (11.33) und (11.34) dagegen lautet die Eigenvektormatrix (11.29)

$$[V] = \frac{1}{\sqrt{2}} \begin{bmatrix} 1 & -1 \\ -1 & -1 \end{bmatrix} .$$

Sie ist in diesem Sonderfall von z unabhängig. Damit läßt sich das Differentialgleichungssystem nun auch für z-abhängige γ und $\varkappa$ *diagonalisieren*. Nach der Transformation

$$\begin{bmatrix} \underline{A}_1 \\ \underline{A}_2 \end{bmatrix} = \frac{1}{\sqrt{2}} \begin{bmatrix} 1 & -1 \\ -1 & -1 \end{bmatrix} \begin{bmatrix} \underline{W}_1 \\ \underline{W}_2 \end{bmatrix} \tag{11.35}$$

müssen die Amplituden $\underline{W}$ der Eigenwellen des gekoppelten Systems den ungekoppelten Differentialgleichungen

$$\frac{d}{dz} \begin{bmatrix} \underline{W}_1 \\ \underline{W}_2 \end{bmatrix} = - \begin{bmatrix} \gamma+\varkappa & 0 \\ 0 & \gamma-\varkappa \end{bmatrix} \begin{bmatrix} \underline{W}_1 \\ \underline{W}_2 \end{bmatrix} \tag{11.36}$$

genügen.

Durch Integration von Gl.(11.36) ergibt sich

$$\begin{bmatrix} \underline{W}_1(z) \\ \underline{W}_2(z) \end{bmatrix} = \begin{bmatrix} e^{-g-K} & 0 \\ 0 & e^{-g+K} \end{bmatrix} \begin{bmatrix} \underline{W}_1(0) \\ \underline{W}_2(0) \end{bmatrix} \tag{11.37}$$

mit

$$g = \int_0^z \gamma \, dz \text{ und } K = \int_0^z \varkappa \, dz \ . \tag{11.38}$$

Es läßt sich nun wieder die Kettenmatrix $[T]$ berechnen, die entsprechend

$$[\underline{A}(z)] = [T]\,[\underline{A}(0)] \tag{11.39}$$

den Zusammenhang zwischen Eingangs- und Ausgangsamplituden der Eigenwellen in den ungekoppelten Wellenleitern gibt. Nach den Gln.(11.32) und (11.35) ist

$$T = \begin{bmatrix} 1 & -1 \\ -1 & -1 \end{bmatrix} \begin{bmatrix} e^{-g-K} & 0 \\ 0 & e^{-g+K} \end{bmatrix} \begin{bmatrix} 1 & -1 \\ -1 & -1 \end{bmatrix}^{-1}$$

$$= e^{-g} \begin{bmatrix} \cosh K & \sinh K \\ \sinh K & \cosh K \end{bmatrix} \ . \tag{11.40}$$

Auch diese Lösung soll am Beispiel gekoppelter Wellenleiter für Richtkoppler im nächsten Abschnitt ausgewertet werden.

ÜBUNGSAUFGABEN ZUM LERNZYKLUS 14A

Ohne Unterlagen

1 Nennen Sie einige praktische Probleme, die mit den verkoppelten Wellengleichungen oder den verallgemeinerten Leitungsgleichungen berechnet werden können!

2 Beschreiben Sie ausführlich mit Worten, wie man die Anregung von Wellen in Hohlleitern bei Querschnittsänderungen auf die Anregung durch effektive Quellen zurückführen kann!

3 Schreiben Sie eine Formel auf, gemäß der sich die Koppelfaktoren zwischen Eigenwellen aus den transversalen Eigenvektoren ergeben.

4 Geben Sie die prinzipiellen Formen der verallgemeinerten Leitungsgleichungen an für

a) Hohlleiter mit Querschnittsänderungen;

b) Mehrfachleitungssysteme;

c) den allgemeinsten Fall.

5 Beschreiben Sie mit Worten und Formeln, wie die verkoppelten Wellengleichungen für zwei Komponenten gelöst werden können,

a) wenn die Ausbreitungskonstanten beliebig, die Koppelkoeffizienten aber sehr klein sind;

b) wenn die Koppelkoeffizienten konstant sind;

c) wenn die Ausbreitungskonstanten gleich sind und die Koppelmatrix symmetrisch ist.

Unterlagen gestattet

6 Rechteckhohlleiter mit Schmalseitenänderung

Für eine Anpaßschaltung soll einseitig die Schmalseite eines X-Band-Hohlleiters (22,86 mm x 10,16 mm) in einem Hohlleiterübergang allmählich auf 1/10 ihres Wertes verringert werden, während die Breitseite unverändert bleibt. Durch eine solche Querschnittsänderung wird bei einer einfallenden vorlaufenden Komponente auch eine rücklaufende Komponente der allein ausbreitungsfähigen H_{10}-Welle angeregt werden. Für Frequenzen $f > 1{,}2f_c$ (f_c = Grenzfrequenz) soll die rücklaufende Komponente um wenigstens 20 dB gegenüber der vorlaufenden Komponente gedämpft sein. Entwerfen Sie einen entsprechenden Übergang! Gehen Sie dabei wie umseitig beschrieben vor!

a) Berechnen Sie den Koppelkoeffizienten zwischen vor- und rücklaufender Komponente der H_{10}-Welle, der durch den von null verschiedenen Wert von db/dz verursacht wird!

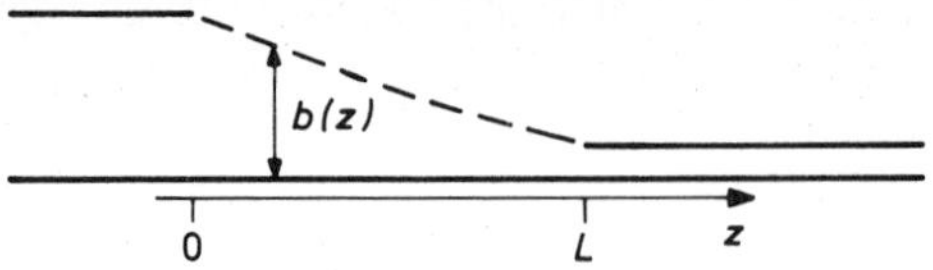

b) Berechnen Sie, wie stark bei $z = L$ die rücklaufende Komponente angeregt ist, wenn bei $z = 0$ die vorlaufende Komponente einfällt und $\varkappa_{11}^{(-,+)}$ sehr klein ist, aber sonst einen beliebigen Verlauf hat.

c) Nehmen Sie an, daß der Koppelkoeffizient für $0 \leqq z \leqq L$ konstant ist. Berechnen Sie dafür und für die oben angegebenen Forderungen die nötige Länge L und die Funktion $b(z)$!

Lernzyklus 14B

LERNZIELE

Nach dem Durcharbeiten des Lernzyklus 14B sollen Sie in der Lage sein,

- zu erläutern, wie man die Verkopplung zwischen Eigenwellen verschiedener Wellenleiter berechnen kann, wenn sie sich gegenseitig beeinflussen;
- praktische Fälle zu nennen, wo eine solche Beeinflussung stört oder ausgenutzt wird;
- das Zustandekommen der Richtwirkung in einem Richtkoppler zu erläutern.

11.3 Gekoppelte Wellenleiter und Richtkoppler

In inhomogenen Wellenleitern läßt sich die Wellenausbreitung an Hand der *verkoppelten Wellengleichungen* oder der *verallgemeinerten Leitungsgleichungen* mit den *lokalen Eigenwellen* beschreiben, die miteinander koppeln, weil sie jede für sich die Randbedingungen zwar im homogenen Wellenleiter nicht aber mehr im inhomogenen Wellenleiter erfüllen. Solche Wellenkopplung gibt es nun nicht nur zwischen den lokalen Eigenwellen ein und desselben Wellenleiters; sie tritt auch zwischen den Eigenwellen *verschiedener* Wellenleiter auf, wenn der erste Wellenleiter in der Nähe des zweiten liegt und deshalb den zweiten Wellenleiter so verändert, daß seine Eigenwellen jede für sich die Randbedingungen der kombinierten Anordnung nicht mehr erfüllen.

Beispiel

Ein typisches Beispiel sind parallel laufende optische Wellenleiter, wie die *Glasfasern* im Bündel eines Glasfaserkabels oder parallele *optische Streifenleiter* auf einem gemeinsamen Substrat. Die *quergedämpften Felder* der Eigenwellen eines der nebeneinander liegenden Wellenleiter reichen bis zu dem anderen Wellenleiter, wodurch die Eigenwellen miteinander koppeln. Ein anderes Beispiel sind *parallele Hohlleiter* mit einer gemeinsamen Seitenwand, in der eine Reihe von Löchern die Eigenwellen miteinander verkoppeln. Bei einer genügend dichten Folge von Löchern wirkt die Lochreihe wie eine kontinuierliche Kopplung.

Anwendungen

Durch die Verkopplung von Eigenwellen paralleler Wellenleiter wird Leistung von einer Eigenwelle eines der Wellenleiter auf Eigenwellen der anderen Wellenleiter übertragen. Dadurch kann die Funktion der Anordnung beeinträchtigt werden. Beispielsweise führt die Verkopplung einzelner Glasfasern in einem Bündel zu störendem Nebensprechen. In manchen Anwendungen werden Wellenleiter aber auch absichtlich miteinander verkoppelt, um einen bestimmten Teil der Leistung in der Eigenwelle des einen Wellenleiters auf eine Eigenwelle des anderen Wellenleiters zu übertragen. Solche Wellenleiterkoppler braucht man beispielsweise, um die Leistung, die ein Wellenleiter führt, mit Hilfe eines zweiten Wellenleiters zu überwachen oder um eine bestimmte Eigenwelle eines Wellenleiters mit einer Eigenwelle eines anderen Wellenleiters anzuregen.

Um störendes Nebensprechen zwischen Wellenleitern zu vermeiden bzw. Wellenleiterkoppler für die jeweilige Anwendung richtig zu bemessen, muß die Wechselwirkung zwischen den betreffenden Eigenwellen der gekoppelten Wellenleiter untersucht und die zwischen ihnen ausgetauschte Leistung berechnet werden. Wir fassen dazu die beiden homogenen Wellenleiter a und b in Bild 11.3 ins Auge, die, angefangen bei $z = 0$ bis $z = L$ parallel zueinander verlaufen und deren Eigenwellen auf dieser Strecke miteinander koppeln.

Berechnung der Verkopplung

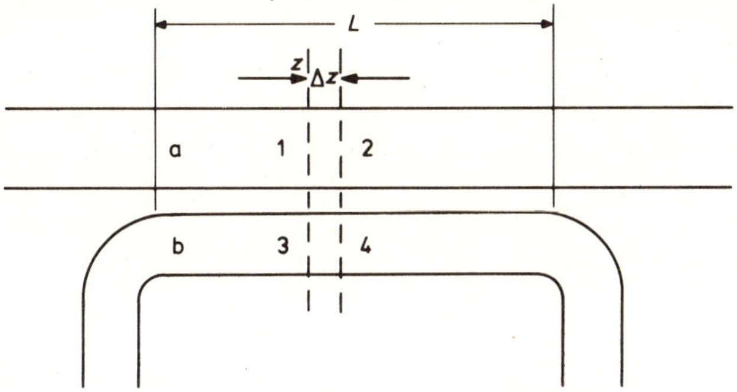

Bild 11.3
Verkoppelte Wellenleiter

Wie schon bei den Lösungen der verkoppelten Wellengleichungen im vorhergehenden Abschnitt wollen wir auch hier jeweils nur die Wechselwirkung zwischen zwei Eigenwellen betrachten, und zwar die der Eigenwelle a im Wellenleiter a mit der Eigenwelle b im Wellenleiter b. Dabei sollen beide Wellen vorerst in positiver z-Richtung laufen. Die verkoppelten Wellengleichungen lauten in diesem Falle

Wellen in gleicher Richtung

$$\mathrm{d}\underline{A}_a/\mathrm{d}z = -\gamma_a \underline{A}_a + \varkappa_{ab} \underline{A}_b$$

$$\mathrm{d}\underline{A}_b/\mathrm{d}z = \varkappa_{ba} \underline{A}_a - \gamma_b \underline{A}_b \quad . \qquad (11.41)$$

Es wird hier angenommen, daß in den Ausbreitungskonstanten γ_a und γ_b der Eigenwellen irgendwelche Terme $\varkappa_{aa}$ bzw. $\varkappa_{bb}$, wie sie durch die Verkopplung im allgemeinen verursacht werden, mit berücksichtigt sind.

Eine einfache Beziehung zwischen $\varkappa_{ab}$ und $\varkappa_{ba}$ läßt sich aus der Symmetrie der Anordnung finden, wenn Reziprozität gilt. Wir betrachten dazu den kurzen Abschnitt Δz der gekoppelten Wellenleiter in Bild 11.3 mit den Zugängen 1 und 2 im Wellenleiter a sowie 3 und 4 im Wellenleiter b.

Beziehung zwischen $\varkappa_{ab}$ und $\varkappa_{ba}$

Eine Welle a, die mit der Amplitude $\underline{A}_{a1}$ am Zugang 1 einfällt, regt aufgrund von Gl. (11.41) die Welle b am Zugang 4 in positiver z-Richtung mit der Amplitude

$$\varkappa_{ba} \cdot \Delta z\ \underline{A}_{a1}$$

an. Mit gleicher Amplitude regt bei *Reziprozität* aber auch eine Welle b, die mit $\underline{A}_{b4} = \underline{A}_{a1}$ am Zugang 4 einfällt, die Welle a am Zugang 1 an. Wegen der *Symmetrie* regt dann aber auch eine am Zugang 3 mit $\underline{A}_{b3} = \underline{A}_{a1}$ einfallende Welle die Welle a im Zugang 2 mit eben dieser Amplitude an. Es gilt also dafür

$$\underline{A}_{a2} = \varkappa_{ab}\ \Delta z\ \underline{A}_{a1} = \varkappa_{ba}\ \Delta z\ \underline{A}_{a1}$$

d.h. (11.42)

Verschiedene Wellenleiter mit gleichsinnig laufenden Wellen

$$\varkappa_{ab} = \varkappa_{ba}$$

Wegen *Reziprozität* und weil die gekoppelten Wellenleiter in Längsrichtung *homogen* sind, ist also die Koppelmatrix symmetrisch. Dabei kann sich die Kopplung selbst aber durchaus noch mit z ändern. $\varkappa_{ab}$ und $\varkappa_{ba}$ hängen dann zwar von z ab, sind aber immer noch einander gleich.

Sind die gekoppelten Wellenleiter außerdem verlustlos, so haben die Wellen *rein imaginäre Ausbreitungskonstanten*

$$\gamma_a = j\beta_a \qquad \gamma_b = j\beta_b \quad .$$

Wenn die Wellen a und b bei 1 bzw. 3 mit den Amplituden $\underline{A}_{a1}$ bzw. $\underline{A}_{b3}$ einfallen, so treten sie aufgrund von Gl.(11.41) für $\Delta z \to 0$ bei 2 und 4 mit folgenden Amplituden aus

$$\underline{A}_{a2} = \underline{A}_{a1}\ e^{-j\beta_a dz} + \varkappa_{ab}\ dz\ \underline{A}_{b3}$$

$$\underline{A}_{b4} = \underline{A}_{b3}\ e^{-j\beta_b dz} + \varkappa_{ba}\ dz\ \underline{A}_{a1} \quad .$$

Weil dabei keine Leistung verloren geht, muß

$$|\underline{A}_{a1}|^2 + |\underline{A}_{b3}|^2 = |\underline{A}_{a2}|^2 + |\underline{A}_{b4}|^2$$

sein, woraus

$$\underline{A}_{a1}\underline{A}^*_{b3}\cdot(\varkappa^*_{ab} + \varkappa_{ba}) + \underline{A}^*_{a1}\underline{A}_{b3}\cdot(\varkappa_{ab} + \varkappa^*_{ba}) = 0$$

folgt. Diese Bedingung wird für beliebige Phasoren $\underline{A}_{a1}$ und $\underline{A}_{b3}$ nur durch

$$\varkappa_{ba} = -\varkappa^*_{ab} \qquad (11.43)$$

Wellen in gleicher Richtung

erfüllt. Bei Verkopplung von zwei Wellen in verlustlosen Wellenleitern ist der eine Koppelkoeffizient gleich dem Negativen des konjugiert Komplexen vom anderen.

Im Falle der Verkopplung gleichsinnig laufender Wellen in homogenen Wellenleitern folgt daraus zusammen mit Gl.(11.42), daß die Koppelkoeffizienten rein imaginär sind

$$\varkappa_{ba} = \varkappa_{ab} = -\mathrm{j}c \qquad \mathbf{(11.44)}$$

Wir haben es dann also mit folgendem System von verkoppelten Wellengleichungen zu tun

$$\begin{aligned} \mathrm{d}\underline{A}_a/\mathrm{d}z &= -\mathrm{j}\beta_a\underline{A}_a - \mathrm{j}c\underline{A}_b \\ \mathrm{d}\underline{A}_b/\mathrm{d}z &= -\mathrm{j}c\underline{A}_a - \mathrm{j}\beta_b\underline{A}_b \; . \end{aligned} \qquad (11.45)$$

Ein entsprechendes System mit rein imaginärer aber gegensymmetrischer Koppelmatrix ergibt sich aus ähnlichen Überlegungen für die Verkopplung von gegeneinander laufenden Wellen in homogenen verlustlosen Wellenleitern. Läuft die Welle a in positiver z-Richtung, so koppelt sie mit der in negativer z-Richtung laufenden Welle b gemäß

Wellen in Gegenrichtung

$$d\underline{A}_a/dz = -j\beta_a\underline{A}_a - jc^{(-)}\underline{A}_b^{(-)}$$

$$d\underline{A}_b^{(-)}/dz = jc^{(-)}\underline{A}_a + j\beta_b\underline{A}_b^{(-)} . \tag{11.46}$$

Die Übungsaufgabe 14B/5 wird zeigen, wie diese Form der Koppelmatrix zustandekommt.

z-unabhängige Kopplung

Bei konstanter Kopplung mit Koppelkoeffizienten, die längs der Koppelstrecke von z unabhängig sind, gehören die Gln.(11.45) und (11.46) zur *zweiten Problemklasse* des vorhergehenden Abschnittes. Wir lösen sie, indem wir von den Eigenwellen a und b der einzelnen Wellenleiter auf die Eigenwellen der verkoppelten Wellenleiter transformieren. Die charakteristische Gleichung (11.27) von (11.45) lautet

Gleichsinnige Wellen

$$(\beta_a - \beta)(\beta_b - \beta) = c^2 . \tag{11.47}$$

Diese quadratische Gleichung für die Eigenwerte β hat die beiden Lösungen

$$\beta_{1,2} = (\beta_a + \beta_b)/2 \pm \sqrt{(\beta_a - \beta_b)^2/4 + c^2}. \tag{11.48}$$

Diese beiden Eigenwerte bilden die Phasenkonstanten der Eigenwellen des verkoppelten Systems. Die Elemente (11.29) der Eigenvektormatrix lauten hier

$$V_{11} = \frac{\beta_1 - \beta_b}{\sqrt{c^2 + (\beta_1 - \beta_b)^2}} \qquad V_{12} = \frac{\beta_2 - \beta_b}{\sqrt{c^2 + (\beta_2 - \beta_b)^2}}$$

$$V_{21} = \frac{c}{\sqrt{c^2 + (\beta_1 - \beta_b)^2}} \qquad V_{22} = \frac{c}{\sqrt{c^2 + (\beta_2 - \beta_b)^2}} . \tag{11.49}$$

Wenn die beiden Eigenwellen der verkoppelten Wellenleiter bei $z = 0$ mit den Amplituden $\underline{W}_1$ und $\underline{W}_2$ angeregt werden, haben die Eigenwellen der einzelnen Wellenleiter entlang des Kopplers die Amplituden

$$\underline{A}_\mathrm{a} = V_{11}\underline{W}_1 \exp(-\mathrm{j}\beta_1 z) + V_{12}\underline{W}_2 \exp(-\mathrm{j}\beta_2 z)$$

$$\underline{A}_\mathrm{b} = V_{21}\underline{W}_1 \exp(-\mathrm{j}\beta_1 z) + V_{22}\underline{W}_2 \exp(-\mathrm{j}\beta_2 z) \ . \qquad (11.50)$$

Unter den Anfangsbedingungen

$$A_\mathrm{a}(0) = 1 \qquad A_\mathrm{b}(0) = 0 \qquad (11.51)$$

fällt nur die Welle a ein und zwar mit der Leistung eins. Unter diesen Bedingungen ergeben sich aus Gl.(11.50) folgende Amplituden der Wellen a und b entlang des Kopplers

$$A_\mathrm{a} = \frac{1}{2}\left(1 + \Delta\beta/\sqrt{\Delta\beta^2+c^2}\right)\exp(-\mathrm{j}\beta_1 z) + \frac{1}{2}\left(1 - \Delta\beta/\sqrt{\Delta\beta^2+c^2}\right)\exp(-\mathrm{j}\beta_2 z)$$

$$A_\mathrm{b} = \left[c/\left(2\sqrt{\Delta\beta^2+c^2}\right)\right]\exp(-\mathrm{j}\beta_1 z) - \left[c/\left(2\sqrt{\Delta\beta^2+c^2}\right)\right]\exp(-\mathrm{j}\beta_2 z) \qquad (11.52)$$

mit $\Delta\beta = (\beta_\mathrm{a}-\beta_\mathrm{b})/2$ als halber Differenz zwischen den Phasenkonstanten der Wellen a und b. Die Leistung $P_\mathrm{a} = |\underline{A}_\mathrm{a}|^2$ in der Welle a ändert sich entlang der Koppelstrecke gemäß Leistungsverteilungen

$$P_\mathrm{a} = \cos^2\left(z\sqrt{c^2+\Delta\beta^2}\right) + \left[\Delta\beta^2/(c^2+\Delta\beta^2)\right]\sin^2\left(z\sqrt{c^2+\Delta\beta^2}\right) \ ; \qquad (11.53)$$

dabei überträgt sie die Leistung

$$P_\mathrm{b} = \left[c^2/(c^2+\Delta\beta^2)\right]\sin^2\left(z\sqrt{c^2+\Delta\beta^2}\right) \qquad (11.54)$$

auf die Welle b im Wellenleiter b. Bild 11.4 zeigt diese Leistungsanteile als Funktion der effektiven Koppellänge cz für drei verschiedene Werte des Verhältnisse $\Delta\beta/c$. Wenn

$$c \ll |\Delta\beta| \qquad (11.55)$$

ist, koppelt die Welle a immer nur einen kleinen Teil ihrer Leistung auf die Welle b

Schwache Kopplung

über. Die Kopplung ist also unter dieser Bedingung nur schwach, und es ergibt sich für die Leistung der einfallenden Welle a

$$P_a \approx 1 - (c/\Delta\beta)^2 \sin^2(\Delta\beta z) \ ,$$

während die Leistung in der Welle b gemäß

$$P_b \approx (c/\Delta\beta)^2 \sin^2(\Delta\beta z)$$

längs z schwankt.

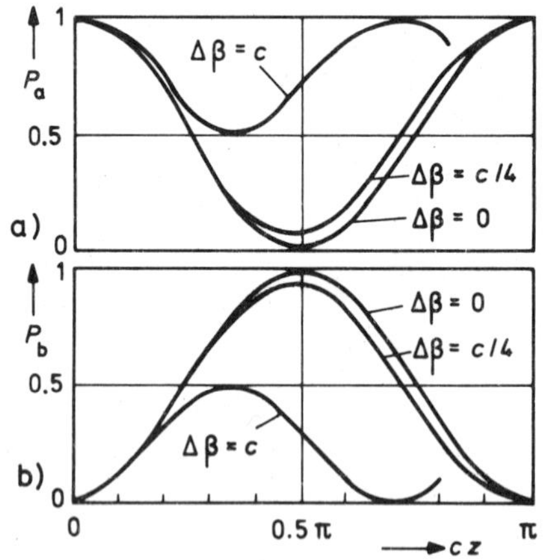

Bild 11.4

Leistungsumwandlung längs homogen gekoppelter Wellenleiter. c: Koppelkoeffizient, $2\Delta\beta$: Differenz in den Phasenkonstanten

Am kleinsten ist die Leistung der einfallenden Welle a unter der Bedingung *schwacher Kopplung* bei

$$\Delta\beta z = (p + 1/2)\pi \quad \text{mit } p = 0,1,2,3,...$$

Sie beträgt hier

$$P_{a\,min} = 1 - (c/\Delta\beta)^2 \ . \qquad (11.56)$$

Ihre Differenz gegenüber der einfallenden Leistung von $P_a = 1$ erscheint an diesen Stellen in der Welle b.

$$P_{b\,max} \simeq (c/\Delta\beta)^2 \qquad (11.57)$$

Diese Art schwacher Kopplung ist typisch für eine *unbeabsichtigte* Wechselwirkung zwischen parallelen Wellenleitern; unerwünschtes *Übersprechen* und *Leistungsverluste* sind die Folgen. Die Gln.(11.56) und (11.57) stellen die Maximalwerte für Leistungsverluste und Übersprechen dar. An Hand dieser Gleichungen lassen sich Grenzwerte von $(c/\Delta\beta)$ feststellen, die für bestimmte Verluste oder Übersprechen toleriert werden können.

Wenn beide Wellen die gleiche Phasenkonstante haben, also

$$\Delta\beta = 0 \qquad (11.58) \qquad \text{Gleiche Phasenkonstanten}$$

ist, ergibt sich aus Gl.(11.53) und (11.54)

$$P_a = \cos^2 cz$$
$$\qquad\qquad (11.59)$$
$$P_b = \sin^2 cz \;.$$

Unter der Bedingung (11.58) laufen beide Wellen *phasensynchron* durch die Koppelstrecke. Die von der Welle a in der Welle b längs z angeregten Amplitudenbeiträge addieren sich ständig in der Phase. Durch diese <u>konstruktive Interferenz</u> überträgt sich schließlich die ganze in der Welle a einfallende Leistung auf die Welle b und zwar bei noch so kleinem Koppelkoeffizienten c, wenn nur die Koppelstrecke genügend lang ist. Die kürzeste Entfernung entlang der Koppelstrecke, bei der im Falle von $\Delta\beta = 0$ die Leistung vollständig übergewechselt ist, beträgt

$$z = \pi/(2c) \;. \qquad (11.60)$$

Ein Wellenleiterkoppler für vollständige Leistungswandlung vom einen zum anderen Wellenleiter muß also gerade $L = \pi/(2c)$ lang sein. Über diese Entfernung hinaus wird die Leistung von der Welle a in die Welle b zurückgewandelt. Bei

$$z = \pi/c \qquad (11.61)$$

Analogie

führt die Welle a wieder die ganze Leistung, und der Zyklus der Leistungsumwandlung beginnt darüber hinaus von Neuem. Die Erscheinung entspricht dem vollständigen Austausch von Schwingungsenergie zwischen *gekoppelten Pendeln*, welche die gleiche Resonanzfrequenz haben. Den Phasenkonstanten der gekoppelten Wellen entsprechen dabei die Resonanzfrequenzen der gekoppelten Pendel und der Längskoordinate z entspricht die Zeit.

Kopplerentwurf

Bei manchen Anwendungen von gekoppelten Wellenleitern soll nur ein bestimmter Teil der Leistung vom einen auf den anderen Wellenleiter übertragen werden. Dabei soll dann auch meist die gewünschte Leistungsteilung möglichst unempfindlich gegenüber Änderungen in den Kopplergrößen und der Frequenz sein, so daß seine Toleranzen nicht zu eng sein müssen und er über ein breites Frequenzband die Leistung richtig teilt. Um diesen Forderungen entgegenzukommen, wählen wir als Arbeitspunkt des Kopplers dasjenige Wertepaar der effektiven Koppelstärke cz und des Verhältnisse $\Delta\beta/c$, bei dem die gewünschte Leistungsteilung $P_b = p$ gerade im Maximum von P_b in Bild 11.4 erreicht wird. Dazu muß in Gl. (11.54) das Argument der Sinusfunktion $z\sqrt{c^2+\Delta\beta^2} = \pi/2$ sein und $c^2/(c^2+\Delta\beta^2) = p$. Der Koppler muß also ein Verhältnis

$$(\Delta\beta/c)^2 = \frac{1}{p} - 1 \qquad (11.62)$$

haben und

$$L = \pi/(2\sqrt{c^2+\Delta\beta^2}) \qquad (11.63)$$

lang sein.

Richtwirkung

Wellenleiterkoppler der hier behandelten Art haben als vorteilhafte Eigenschaft eine ausgeprägte Richtwirkung. Wir erklären uns diese Richtwirkung an Hand von Bild 11.3. Eine Welle a, die im Wellenleiter a in positiver z-Richtung eintritt, regt von der mit ihr verkoppelten Welle b im Wellenleiter b hauptsächlich die Komponente an, die in gleicher Richtung also auch in positiver z-Richtung wandert. Die Welle b in entgegengesetzter Richtung hat die Phasenkonstante $\beta_b^{(-)} = -\beta_b$ und damit die sehr große Differenz $2\Delta\beta = \beta_a+\beta_b$ gegenüber der anregenden Welle a. Darüber hinaus ist der Koppelkoeffizient $c^{(-)}$ für die Verkopplung der entgegengesetzt zueinander laufenden Wellen a und b oft kleiner als der Koppelkoeffizient c für die in gleicher Richtung laufenden Wellen a und b. Die Wechselwirkung zwischen den entgegengesetzt zueinander laufenden Wellen erfüllt wegen der großen Differenz $2\Delta\beta$ die Bedingung (11.55) für schwache Kopplung. Gemäß Gl.(11.57) wird selbst maximal nur sehr wenig Leistung auf die rückwärts laufende Welle übertragen. Darum heißt diese Anordnung gekoppelter Wellenleiter auch Richtkoppler. Als charakteristische Größe des Richtkopplers wird oft seine Richtwirkung oder Direktivität D angegeben. Es ist das Verhältnis der in Welle b in vorwärts Richtung übergekoppelten Leistung zur Leistung in dieser Welle in Rückwärtsrichtung

$$D = P_\mathrm{b}(l)/P_\mathrm{b}^{(-)}(0) \quad . \tag{11.64}$$

Wenn für die Wechselwirkung mit den vorwärts- und rückwärtslaufenden Wellen b die Bedingung (11.55) für schwache Kopplung gilt und wenn $L = \pi/|\beta_\mathrm{a}-\beta_\mathrm{b}|$ gewählt wird, um gemäß Gl.(11.57) die vorwärtslaufende Welle mit maximaler Leistung anzuregen, dann ist bei $|c^{(-)}| \leqq |c|$ die Richtwirkung

$$D \geqq (\beta_\mathrm{a}+\beta_\mathrm{b})/|\beta_\mathrm{a}-\beta_\mathrm{b}| \quad . \tag{11.65}$$

In gekoppelten Wellenleitern haben die beiden Wellen a und b, zwischen denen Leistung ausgetauscht werden soll, entweder die gleichen Phasenkonstanten, oder sie unterscheiden sich darin nur wenig. Ihre Richtwirkung (11.64) ist dann sehr hoch, und sie verdienen den Namen Richtkoppler mit Fug und Recht. Im Richtkoppler des Bildes 11.5 teilt sich die in Arm 1 einfallende Leistung auf die Arme 2 und 4 auf.

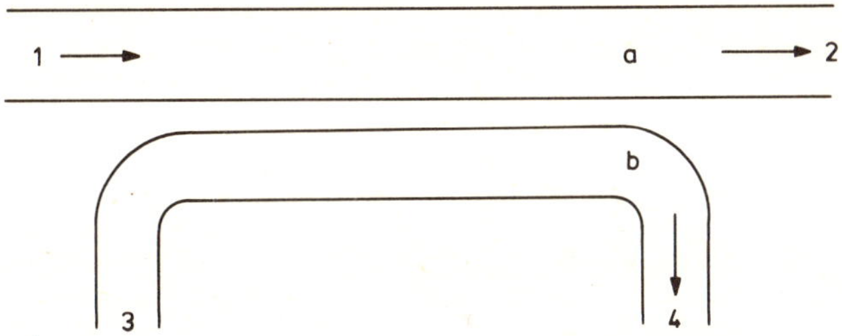

Bild 11.5
Leistungsfluß im Richtkoppler

Am Ausgang des Armes 3 erscheint bei hoher Richtwirkung nur ganz wenig Leistung. Mit solch einem Richtkoppler läßt sich also an den Toren des Wellenleiters b beobachten, welche Leistungen der Wellenleiter a in der einen bzw. der anderen Richtung führt. Bei

Anwendungsmöglichkeit

einem Richtkoppler mit wenig Leistungsumwandlung von a nach b ist das Verhältnis der Ausgangsamplituden am Arm 3 und Arm 4 gleich dem Betrage des Reflexionskoeffizienten am Ausgang von Arm 2.

Hohlleiter

Bei der Wechselwirkung gekoppelter Wellen spielt neben der Differenz $2\Delta\beta$ ihrer Phasenkonstanten der Koppelkoeffizient c eine entscheidende Rolle. Hohlleiter werden meist durch eine *Reihe von Löchern* in einer gemeinsamen Seitenwand miteinander verbunden. Jedes Loch verkoppelt die Wellen des einen Hohlleiters mit denen des anderen. Hat eine Welle a am Loch die Amplitude $\underline{A}_a$, so läßt sich die in der Welle b im anderen Hohlleiter dadurch angeregte Amplitude nach den Ergebnissen der Theorie der Lochkopplung in der Form

$$\Delta\underline{A}_b = j\,K\,\underline{A}_a \tag{11.68}$$

schreiben, wobei wir den Faktor K je nach Größe und Form des Loches und nach Art der verkoppelten Hohlleiterwellen wie in den Gln.(10.104) bis (10.108) berechnen. Wenn die Löcher genügend dicht beieinander liegen, so wirken sie wie eine kontinuierliche Kopplung. Bei einem Abstand der Löcher Δz ist dann

$$c = K/\Delta z \tag{11.67}$$

der Koppelkoeffizient dieser kontinuierlichen Kopplung.

Optischer Wellenleiter beliebiger Querschnittsform

Immer mehr praktische Bedeutung gewinnt auch die Verkopplung optischer Wellenleiter über die *quergedämpften Felder* ihrer Eigenwellen. Um die Koppelkoeffizienten dafür zu berechnen, betrachten wir die beiden gekoppelten Wellenleiter des Bildes 11.6 in dem kurzen Abschnitt der Länge Δz.

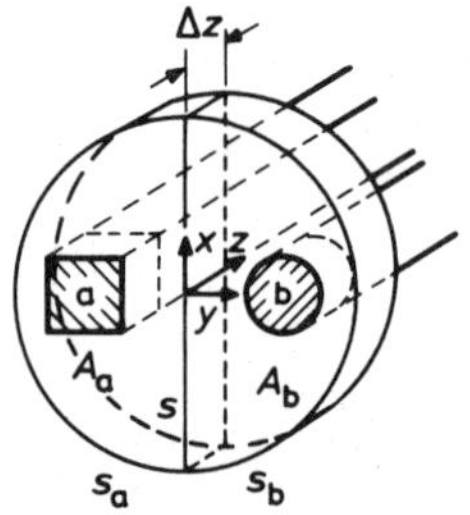

Bild 11.6

Abschnitt gekoppelter Wellenleiter, auf den das Reziprozitätstheorem angewandt wird, um den Koppelkoeffizienten zu berechnen

Mit $\underline{\vec{E}}_a$ und $\underline{\vec{H}}_a$ bezeichnen wir die Felder einer Welle a im Wellenleiter a ohne den anderen Wellenleiter b. Diese Felder hängen gemäß $\exp(-j\beta_a z)$ von z ab. Durch Verkopplung mit der Welle b des anderen Wellenleiters entsteht ein Paar von Eigenwellen (1) und (2) des verkoppelten Systems mit den Phasenkonstanten β_1 und β_2 nach Gl.(11.48). $\underline{\vec{E}}_1^{(-)}$ und $\underline{\vec{H}}_1^{(-)}$ sollen die Felder einer dieser Eigenwellen sein; und zwar soll sie in Rückwärtsrichtung laufen, also gemäß $\exp(j\beta_1 z)$ von z abhängen. Wenn der Wellenleiter b die Welle a des Wellenleiters a nur wenig beeinflußt, lösen $\underline{\vec{E}}_a$ und $\underline{\vec{H}}_a$ die *Maxwellschen Gleichungen* in der Nähe des Wellenleiters a näherungsweise. $\underline{\vec{E}}_a$ und $\underline{\vec{H}}_a$ sowie $\underline{\vec{E}}_1^{(-)}$ und $\underline{\vec{H}}_1^{(-)}$ stellen dann nahe dem Wellenleiter a zwei verschiedene Lösungen der Maxwellschen Gleichungen dar, für die das *Reziprozitätstheorem* (1.83) gilt

$$\mathrm{div}(\underline{\vec{E}}_a \times \underline{\vec{H}}_1^{(-)} - \underline{\vec{E}}_1^{(-)} \times \underline{\vec{H}}_a) = 0 \ . \qquad (11.68)$$

Wenn wir diesen Ausdruck über diejenige Hälfte des Zylinderabschnittes in Bild 11.6 integrieren, durch den der Wellenleiter a stößt, und dabei $\Delta z \to 0$ gehen lassen, erhalten wir

$$j(\beta_a - \beta_1) \iint_{A_a} (\underline{\vec{E}}_a \times \underline{\vec{H}}_1^{(-)} - \underline{\vec{E}}_1^{(-)} \times \underline{\vec{H}}_a)\, \vec{u}_z \, dA = \int_{s_a} (\underline{\vec{E}}_a \times \underline{\vec{H}}_1^{(-)} - \underline{\vec{E}}_1^{(-)} \times \underline{\vec{H}}_a)\, d\vec{s}_a \qquad (11.69)$$

mit $d\vec{s}_a$ als Vektor der Größe ds_a, welcher senkrecht auf dem Integrationsweg s_a steht und nach außen zeigt. Die entsprechende Integration mit den Feldern der Welle b auf dem Wellenleiter b über die andere Hälfte des Zylinderabschnittes in Bild 11.6 ergibt

$$j(\beta_b - \beta_1) \iint_{A_b} (\underline{\vec{E}}_b \times \underline{\vec{H}}_1^{(-)} - \underline{\vec{E}}_1^{(-)} \times \underline{\vec{H}}_b)\, \vec{u}_z \, dA = \int_{s_b} (\underline{\vec{E}}_b \times \underline{\vec{H}}_1^{(-)} - \underline{\vec{E}}_1^{(-)} \times \underline{\vec{H}}_b)\, d\vec{s}_b \ . \qquad (11.70)$$

Wir brauchen nun nur noch Gl.(11.69) mit Gl.(11.70) zu multiplizieren und erhalten einen Ausdruck für $(\beta_a - \beta_1)(\beta_b - \beta_1)$, der aufgrund der charakteristischen Gleichung (11.47) auch für c^2 gilt. Um aber diesen Ausdruck auszuwerten, müssen wir die Felder $\underline{\vec{E}}_1^{(-)}$ und $\underline{\vec{H}}_1^{(-)}$ der Eigenwelle des verkoppelten Systems kennen. Eine Möglichkeit, diese Felder wenigstens näherungsweise darzustellen, bietet die *Linearkombination* der Eigenwellenfelder jedes einzelnen Wellenleiters:

$$\underline{\vec{E}}_1^{(-)} = \underline{\vec{E}}_a^{(-)} + b\, \underline{\vec{E}}_b^{(-)} \qquad \underline{\vec{H}}_1^{(-)} = \underline{\vec{H}}_a^{(-)} + b\, \underline{\vec{H}}_b^{(-)} \ . \qquad (11.71)$$

Mit dieser Darstellung machen wir keinen größeren Fehler als schon mit $\underline{\vec{E}}_a$ und $\underline{\vec{H}}_a$ als Näherungslösung der Feldgleichungen im Reziprozitätstheorem (11.68). Der Faktor b in der Linearkombination (11.71) spielt im Endergebnis keine Rolle und braucht darum hier nicht bestimmt zu werden. Wir führen den Ansatz (11.71) in die Querschnitts- und Randintegrale von Gl.(11.69) und (11.70) ein, vernachlässigen aber in den Querschnittsintegralen alle gemischten Produkte von Feldern a mit Feldern b; denn $\underline{\vec{E}}_b$ und $\underline{\vec{H}}_b$ sind überall dort klein, wo $\underline{\vec{E}}_a$ und $\underline{\vec{H}}_a$ merkliche Größen haben, und umgekehrt gilt entsprechendes. Dadurch vereinfachen sich die Querschnittsintegrale in Gl.(11.69) zu

$$P_a' = \int_{A_a} (\underline{\vec{E}}_a \times \underline{\vec{H}}_a^{(-)} - \underline{\vec{E}}_a^{(-)} \times \underline{\vec{H}}_a)\, \vec{u}_z \, dA \tag{11.72}$$

und in Gl.(11.70) zu

$$P_b' = b \int_{A_b} (\underline{\vec{E}}_b \times \underline{\vec{H}}_b^{(-)} - \underline{\vec{E}}_b^{(-)} \times \underline{\vec{H}}_b)\, \vec{u}_z \, dA \ . \tag{11.73}$$

$z = 0$

Diese Integrale lassen sich sogar noch weiter vereinfachen, wenn man die Felder der vorwärts laufenden Eigenwellen bei $z = 0$ mit ihren transversalen Vektoren und den longitudinalen Komponenten darstellt

$$\underline{\vec{E}} = \underline{\vec{E}}_t + \vec{u}_z \underline{E}_z$$

$$\underline{\vec{H}} = \underline{\vec{H}}_t + \vec{u}_z \underline{H}_z \ .$$

Wenn die gleiche Welle rückwärts läuft, hat sie bei $z = 0$ die Felder

$$\underline{\vec{E}}^{(-)} = \underline{\vec{E}}_t - \vec{u}_z \underline{E}_z$$

$$\underline{\vec{H}}^{(-)} = -\underline{\vec{H}}_t + \vec{u}_z \underline{H}_z \ .$$

Damit lauten die Querschnittsintegrale

$$P'_a = 2 \int_A (\underline{\vec{E}}_a \times \underline{\vec{H}}_a)\, \vec{u}_z \, dA$$

$$P'_b = 2b \int_A (\underline{\vec{E}}_b \times \underline{\vec{H}}_b)\, \vec{u}_z \, dA \,. \qquad (11.74)$$

Hier haben wir jedes der Integrale über den ganzen Querschnitt des gekoppelten Systems ausgedehnt. Die Felder der Welle a sind nämlich im Querschnittsteil A_b sehr klein und ebenso wie die Felder der Welle b im Querschnittsteil A_a. Außerdem dehnen wir jetzt den Rand von A unbegrenzt aus; die Felder in den Randintegralen der Gln.(11.69) und (11.70) tragen dann nur noch auf der Trennungslinie s zwischen den Wellenleitern bei. Mit dem Ansatz (11.71) in diesen Linienintegralen verschwinden alle Beiträge von Vektorprodukten der $\underline{\vec{E}}_a$ und $\underline{\vec{H}}_a$ mit den $\underline{\vec{E}}_a^{(-)}$ und $\underline{\vec{H}}_a^{(-)}$ ebenso wie die der $\underline{\vec{E}}_b$ und $\underline{\vec{H}}_b$ mit den $\underline{\vec{E}}_b^{(-)}$ und $\underline{\vec{H}}_b^{(-)}$. Für diese Beiträge allein würde nämlich die Reziprozität auf Beziehungen der Art (11.69) und (11.70) führen aber mit $\beta_1 = \beta_a$ bzw. $\beta_1 = \beta_b$, und so die linken Seiten dieser Beziehungen null sein. Es tragen also nur gemischte Produkte zu den Linienintegralen bei. Im Einzelnen erhalten wir für die rechte Seite von Gl.(11.69)

$$c_a = b \int_s (\underline{E}_{bx}\underline{H}_{az} + \underline{E}_{bz}\underline{H}_{ax} - \underline{E}_{ax}\underline{H}_{bz} - \underline{E}_{az}\underline{H}_{bx})\, ds$$

und für die rechte Seite von Gl.(11.70)

$$c_b = \int_s (\underline{E}_{bx}\underline{H}_{az} + \underline{E}_{bz}\underline{H}_{ax} - \underline{E}_{ax}\underline{H}_{bz} - \underline{E}_{az}\underline{H}_{bx})\, ds \,. \qquad (11.75)$$

Damit läßt sich nun aus der charakteristischen Gleichung (11.47) für die Eigenwellen des gekoppelten Systems der Koppelkoeffizient gemäß

$$c = c_b / (2j \sqrt{P_a P_b}) \qquad (11.76)$$

berechnen mit

$$P_{a,b} = \int_A (\underline{\vec{E}}_{a,b} \times \underline{\vec{H}}_{a,b})\, \vec{u}_z \, dA \; . \tag{11.77}$$

Wenn man die Felder der beiden Wellen a und b der einzelnen Wellenleiter kennt, kann man sowohl Gl.(11.75) als auch Gl.(11.77) auswerten. P_a und P_b werden allein durch die transversalen Komponenten dieser Felder bestimmt. Für optische Wellenleiter mit *Totalreflexion* oder *Strahlführung* an nur *kleinen* Brechzahlunterschieden haben die Beispiele der Streifen und Fasern im Kapitel 5 gezeigt, daß bei ihren Eigenwellen $\underline{\vec{E}}_t$ und $\underline{\vec{H}}_t$ die gleiche und über den Querschnitt konstante Phase haben. Für sie stellt Gl.(11.77) die von der jeweiligen Eigenwelle *geführte Leistung* dar. Rechnet man mit Eigenwellenfeldern, die hinsichtlich ihrer Leistung normiert sind, für die also $P_a = P_b = 1$ ist, so gilt einfach

$$c = c_b / \, 2\,j \; . \tag{11.78}$$

Der Koppelkoeffizient wird hauptsächlich durch die Feldstärke der quergedämpften Eigenwellenfelder auf der Trennungslinie s bestimmt. Um die für den jeweils gewünschten Leistungsaustausch erforderliche Kopplung zu erhalten, müssen die Felder auf der Trennungslinie entsprechend stark sein. Optische Wellenleiter müssen deshalb in Kopplern *sehr dicht* zusammen liegen.

Spezialisierung

Als repräsentatives Beispiel eines optischen Wellenleiterkopplers fassen wir den Streifenleiterkoppler in Bild 11.7 ins Auge. EH_{ml}-Wellen in jedem Streifen entstehen aus E_m-Filmwellen, die sich im Streifen unter einem bestimmten Winkel zur z-Achse ausbreiten und an den Streifenseiten totalreflektiert werden.

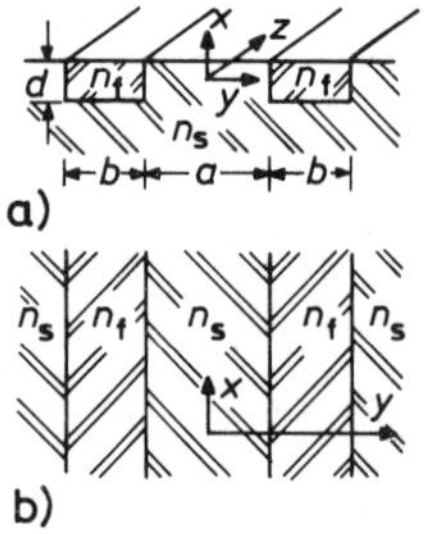

Bild 11.7

Gekoppelte Streifen und äquivalente Filmkopplung
a) Kopplung von versenkten Streifenleitern
b) Kopplung symmetrischer Filmwellenleiter

Dabei erfüllen sie eine Phasenbedingung, unter der sie sich nach Reflexion an beiden Seiten phasenrichtig mit sich selbst überlagern. Aus dieser Phasenbedingung ergibt sich die charakteristische Gleichung (5.17). Hinsichtlich der Totalreflexion an den Streifenseiten entsprechen die EH_{ml}-Wellen in ihren Feldern und transversalen Ausbreitungskonstanten den H_l-Wellen eines *symmetrischen Filmes* der Dicke b und Brechzahl n_f in einem Stoff der Brechzahl n_s. Wir berechnen darum zunächst die Kopplung zwischen H_l-Wellen symmetrischer Filme, die gemäß Bild 11.7b den Abstand a voneinander haben. Ihre Felder folgen aus Gl.(3.99) mit Gl.(3.91) bzw. (3.97). Wenn wir diese Felder hinsichtlich der geführten Leistung normieren und die entsprechenden Komponenten im Abstand $a/2$ von der Filmgrenze in Gl.(11.75) einsetzen, ergibt sich aus Gl.(11.78) ein und derselbe Ausdruck für den Koppelkoeffizient zwischen H_l-Wellen der gleichen Ordnung l, gleichgültig ob l gerade oder ungerade ist. Er lautet

$$c = \frac{2vu^2 \exp(-va/b)}{\beta b^2 (u^2 + v^2)(1 + 2/v)} \quad . \tag{11.79}$$

Hierin sind u das *transversale Phasenmaß*, v das transversale *Dämpfungsmaß* und β die *Phasenkonstante* der H_l-Welle im symmetrischen Film der Dicke b. Sie hängen mit dem *Filmparameter* $V = kb\sqrt{n_f^2 - n_s^2}$ und dem *Phasenparameter* B der H_l-Welle folgendermaßen zusammen

$$u = V\sqrt{1 - B}$$

$$v = V\sqrt{B} \tag{11.80}$$

$$\beta^2/k^2 = n_s^2 + B(n_f^2 - n_s^2)$$

Die EH_{ml}-Wellen in jedem der gekoppelten Streifen von Bild 11.7a entsprechen in der y-Abhängigkeit ihrer Felder den genannten H_l-Wellen. Wir können darum ihre Koppelkoeffizienten aus Gl.(11.79) berechnen, wenn wir u durch $2u_s$, v durch $2v_s$ und β durch β_z ersetzen, also durch die entsprechenden Parameter der EH_{ml}-Streifenwelle. Die Gln.(5.15) geben den Zusammenhang zwischen diesen Größen. Mit diesen Substitutionen lautet der Koppelkoeffizient zwischen zwei EH_{ml}-Wellen gleicher Ordnungen m und l

$$c = \frac{4v_s u_s^2 \exp(-2v_s a/b)}{\beta_z b^2 (u_s^2 + v_s^2)(1 + 1/v_s)} \quad . \tag{11.81}$$

Diese Beziehung ebenso wie auch schon die Gl.(11.79) für die Kopplung von H_l-Wellen in parallelen Filmen zeigen, wie wegen der Querdämpfung der Koppelfelder der Koppelkoeffizient exponentiell mit a abnimmt und zwar um so mehr je höher die Querdämpfung $\alpha_y = 2v_s/b$ ist. Von der Dicke d der Streifen hängt der Koppelkoeffizient (11.81) nur insofern ab, als das β_z der jeweiligen EH_{ml}-Welle sich mit d ändert. Bild 11.8 zeigt den Koppelkoeffizienten nach Gl.(11.81) für EH_{m0}-Wellen gleicher Ordnung m.

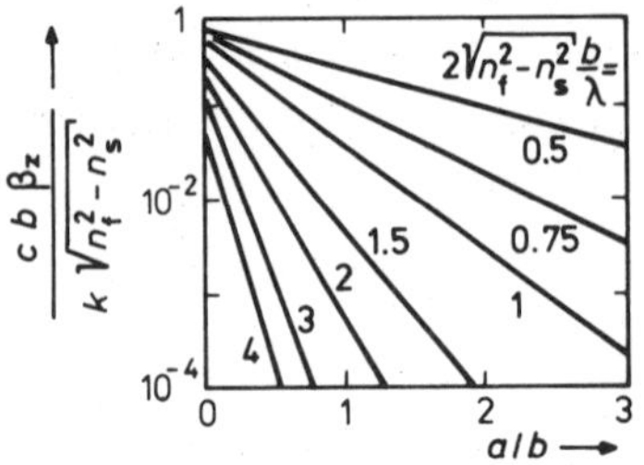

Bild 11.8

Kopplung von EH_{m0}-Wellen gleicher Ordnung m in versenkten Streifen für $(n_f-n_s) \ll n_f$

Weil in diesem Diagramm $cb\beta_z/k\sqrt{n_f-n_s}$ als Funktion von a/b dargestellt ist, gelten die Kurven für EH_{m0}-Wellen beliebiger Ordnung m. Die Ordnung m der Streifenwellen macht sich in der gegenwärtigen Näherung nur in der Phasenkonstanten β_z bemerkbar.

Nach Bild 11.8 schwächt sich die Kopplung nicht nur mit zunehmendem Streifenabstand sondern auch mit zunehmendem Streifenparameter $V_s = (kb/2)\sqrt{n_f^2-n_s^2}$. Wenn V_s wächst, nimmt nämlich die Querdämpfung α_y der Koppelfelder zu, so daß sie zwischen den Streifen mehr abklingen.

Zahlenbeispiel

Als repräsentatives Beispiel wählen wir parallellaufende Streifen mit $n_f = 1{,}5$, $n_f/n_s = 1{,}01$ und $b = 2d$. Bei $V_s = (kb/2)\sqrt{n_f^2-n_s^2} = 3\pi/8$ führt jeder der Streifen nur die Grundwelle in ihren beiden Polarisationen HE_{00} und EH_{00}. Für $V_s = 3\pi/8$ und $b = 2d$ sind die Streifen $d = 1{,}77\cdot\lambda$ dick und $b = 3{,}54\cdot\lambda$ breit. Sie sollen im Abstand einer halben Streifenbreite liegen ($a = b/2$). Unter diesen Bedingungen beträgt die EH_{00}-Kopplung $c = 0{,}002/\lambda$. Um die ganze Leistung von einem Streifen auf den anderen zu übertragen, muß der Koppler $l_c = 770\cdot\lambda$ lang sein. In einem solchen Wellenleiterkoppler für volle oder nahezu volle Umkopplung müssen die gekoppelten Wellen möglichst *phasensynchron* wandern. Außerdem müssen die Streifen über die ganze Kopplerlänge dicht beieinander liegen, damit die Wellen genügend stark miteinander koppeln.

ÜBUNGSAUFGABEN ZUM LERNZYKLUS 14B

1 Nennen Sie einige praktisch vorkommende Fälle, in denen parallele Wellenleiter miteinander koppeln! *Ohne Unterlagen*

2 Aus welchen drei grundsätzlichen Voraussetzungen läßt sich die Bedingung $\varkappa_{ba} = \varkappa_{ab} = jc$ für gleichsinnig laufende Wellen in gekoppelten Wellenleitern ableiten?

3 Welcher Leistungsanteil kann maximal übertragen werden, wenn zwei Wellen miteinander koppeln, die gleiche Phasenkonstanten haben?

4 Erläutern Sie, wie die Richtwirkung bei verkoppelten Wellenleitern zustande kommt!

5 Allgemeine Gesetzmäßigkeiten bei Koppelkoeffizienten *Unterlagen gestattet*

Im Lehrtext wurden für die Koppelkoeffizienten $\varkappa_{ab}$ und $\varkappa_{ba}$ zwischen gleichsinnig laufenden Wellen in nebeneinander verlaufenden verlustlosen Wellenleitern allgemeine Beziehungen abgeleitet. Die Gl.(11.42) folgte aus Reziprozität und Symmetrie, die Gl.(11.43) aus der Leistungsbilanz! Leiten Sie entsprechende Beziehungen für gegensinnig laufende Wellen her!

Lernzyklus 15A

LERNZIELE

Nach dem Durcharbeiten des Lernzyklus 15A sollen Sie in der Lage sein,

- für Hohlraumresonatoren einfache Ersatzschaltungen mit konzentrierten Elementen anzugeben;
- Anwendungen für Hohlraumresonatoren zu nennen;
- den Unterschied zwischen *freien Schwingungen* und *erzwungenen Schwingungen* zu erläutern;
- mit Worten und Formeln zu beschreiben, wie man die Eigenschaften von idealen und von praktischen Hohlraumresonatoren berechnen kann.

12 Hohlraumresonatoren

Hohlraumresonatoren übernehmen bei sehr hohen Frequenzen die Aufgaben der *Resonanzkreise* aus konzentrierten Elementen. Sie finden entsprechende Anwendung in Filterschaltungen, Frequenzmessern, Oszillatoren und Verstärkern, also überall dort, wo bei tieferen Frequenzen Schaltungen aus Induktivitäten und Kapazitäten eingesetzt werden.

Rückblick

Mit den Doppelleitungsresonatoren, den Rechteck- und Zylinderresonatoren und den Resonatoren aus Abschnitten radialer Leitungen haben wir schon die einfachsten Formen von Hohlraumresonatoren kenngelernt. Wir haben auch die Eigenschwingungen dieser Resonatoren berechnet und festgestellt, daß sie viele gemeinsame Eigenschaften haben, die unabhängig von der speziellen Form des Hohlraumes sind.

Auch bei den Eigenwellen homogener Wellenleiter hatten wir viele gemeinsame Eigenschaften festgestellt und sie in den Abschnitten 10.1 und 10.2 mit einer allgemeinen Theorie zusammengefaßt. Entsprechend soll hier auch eine *allgemeine Theorie der Hohlraumresonatoren* entwickelt werden.

12.1 Die Eigenschwingungen von Hohlraumresonatoren

Ein Hohlraumresonator ist ganz allgemein ein von leitenden Wänden A berandetes Volumen V (Bild 12.1). Ist der Resonator *quellenfrei* und mit *verlustlosem Stoff* ohne Leitfähigkeit gefüllt, so lauten die Feldgleichungen bei beliebiger Zeitabhängigkeit

$$-\operatorname{rot}\vec{E} = \mu \frac{\partial \vec{H}}{\partial t} \qquad \operatorname{rot}\vec{H} = \varepsilon \frac{\partial \vec{E}}{\partial t} \quad . \tag{12.1}$$

Die Feldvektoren $\vec{E}$ und $\vec{H}$ sind hier allgemeine Zeitfunktionen.

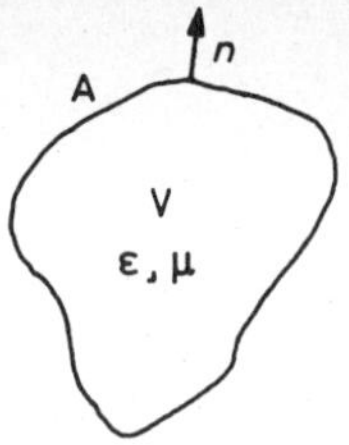

Bild 12.1
Hohlraumresonator

Wir wollen nämlich nicht nur *erzwungene Schwingungen* des Resonators im stationären Zustand, sondern auch freie Schwingungen untersuchen, die durch praktisch unvermeidliche Energieverluste abklingen.

Hohlraumresonatoren werden "ideal" genannt, wenn die Stoffüllung *verlustlos* ist und die Wände *ideal leiten*. In den Feldgleichungen (12.1) ist schon eine verlustlose Stofffüllung vorausgesetzt, denn weder Leitungsströme noch Verlustkomponenten dielektrischer oder magnetischer Art erscheinen in diesen Gleichungen. In idealen Hohlraumresonatoren geht weder Energie als Wärme verloren, noch tritt welche durch die Berandung hindurch.

Idealer Hohlraumresonator

Die Summe der im elektrischen Feld und im magnetischen Feld gespeicherten Energien muß also zeitlich konstant sein.

Die Randbedingungen des idealen Hohlraumresonators sind

$$\vec{n} \times \vec{E} = 0 \,, \qquad \vec{n} \cdot \vec{H} = 0 \quad \text{auf A.} \tag{12.2}$$

Eingeschwungener Zustand

Zur Lösung von Gl.(12.1) wird für die Abhängigkeit von der Zeit ein Exponentialansatz mit $e^{j\omega t}$ gemacht. Gleichung (12.1) erhält dann mit $\partial/\partial t = j\omega$ die gleiche Form wie die Feldgleichungen des eingeschwungenen Zustandes, wenn für $\vec{E}$ und $\vec{H}$ nur die Phasoren $\underline{\vec{E}}$ und $\underline{\vec{H}}$ der elektrischen und magnetischen Feldkomponenten eingesetzt werden. Die Beträge dieser komplexen Zeiger sollen hier wieder Effektivwerte bezeichnen. Zusammen mit den Randbedingungen (12.2) stellen die Gleichungen (12.1) jetzt ein Randwert- oder Eigenwertproblem in den *drei* Raumkoordinaten dar, ähnlich wie sich bei den Wellenleitern für jeden Querschnitt ein *zwei*dimensionales Eigenwertproblem ergibt.

Als Eigenfrequenzen ω_i bezeichnet man die Eigenwerte des Problems, also diejenigen

Werte von ω, für die Gl.(12.1) unter den Randbedingungen (12.2) lösbar ist. Es soll also Feldverteilungen $\vec{E}_i$, $\vec{H}_i$ geben, die den Gleichungen

$$-\operatorname{rot}\vec{E}_i = j\omega_i\mu\vec{H}_i \quad ; \quad \operatorname{rot}\vec{H}_i = j\omega_i\varepsilon\vec{E}_i \tag{12.3}$$

genügen. Sie stellen mit dem Zeitfaktor $e^{j\omega_i t}$ die Eigenschwingungen des Hohlraumresonators dar. Die gekoppelten Differentialgleichungen *erster* Ordnung in Gl.(12.3) kann man dabei auch durch eine der beiden Differentialgleichungen *zweiter* Ordnung

$$\begin{aligned} \operatorname{rot}\left(\frac{1}{\mu}\operatorname{rot}\vec{E}_i\right) - \omega_i^2\varepsilon\vec{E}_i &= 0 \\ \operatorname{rot}\left(\frac{1}{\varepsilon}\operatorname{rot}\vec{H}_i\right) - \omega_i^2\mu\vec{H}_i &= 0 \end{aligned} \tag{12.4}$$

ersetzen.

Zunächst stellen wir hier ohne Beweis fest, was auch für zylindrische Hohlleiter gilt: Ähnlich wie jeder zylindrische Hohlleiter unendlich viele Eigenwellen mit diskreten Werten für die Ausbreitungskonstante hat, hat auch jeder Hohlraumresonator *unendlich viele Eigenschwingungen* mit diskreten Eigenfrequenzen ω_i. Die Feldverteilungen $\vec{E}_i$, $\vec{H}_i$ aller Eigenschwingungen bilden zusammen ein *vollständiges System*. Durch Überlagerung dieser Feldverteilungen läßt sich jede überhaupt mögliche quellenfreie Feldverteilung im Hohlraum darstellen. Auch in dieser Beziehung entsprechen also die Eigenschwingungen den Eigenwellen der Wellenleiter mit ihren diskreten Eigenwerten. Eigenschwingungsspektren von Hohlraumresonatoren, die sich durch ebene, zylindrische oder sphärische Wellenfunktionen darstellen lassen, haben wir schon kennengelernt.

Für zwei verschiedene Eigenfrequenzen ω_i und ω_k eines Hohlraumresonators sind $\vec{E}_i$ und $\vec{E}_k^*$ zueinander *orthogonal* und ebenso $\vec{H}_i$ und $\vec{H}_k^*$. *Behauptung*

Aus *Beweis*

$$\operatorname{div}(\vec{E}_i \times \vec{H}_k^*) = \vec{H}_k^* \cdot \operatorname{rot}\vec{E}_i - \vec{E}_i \cdot \operatorname{rot}\vec{H}_k^*$$ Aus der Mathematik

folgt nämlich mit Gl.(12.3)

$$\mathrm{div}(\vec{E}_i \times \vec{H}_k^*) = -j\omega_i \mu \vec{H}_i \vec{H}_k^* + j\omega_k \varepsilon \vec{E}_i \vec{E}_k^* \quad .$$

Entsprechend ist

$$\mathrm{div}(\vec{E}_k^* \times \vec{H}_i) = j\omega_k \mu \vec{H}_i \vec{H}_k^* - j\omega_i \varepsilon \vec{E}_i \vec{E}_k^* \quad .$$

Werden diese Gleichungen über das ganze Volumen des Hohlraumresonators integriert, und wird auf der linken Seite der *Gaußsche Satz* angewandt, so verschwinden diese linken Seiten wegen der Randbedingungen. Es gilt also

$$-\omega_i \cdot \iiint_V \mu \vec{H}_i \vec{H}_k^* \, dV + \omega_k \cdot \iiint_V \varepsilon \vec{E}_i \vec{E}_k^* \, dV = 0$$

und

$$-\omega_k \cdot \iiint_V \mu \vec{H}_i \vec{H}_k^* \, dV + \omega_i \cdot \iiint_V \varepsilon \vec{E}_i \vec{E}_k^* \, dV = 0 \quad .$$

Für $\omega_i \neq \omega_k$ werden beide Gleichungen nur erfüllt, wenn sowohl

$$\iiint_V \mu \vec{H}_i \vec{H}_k^* \, dV = 0 \quad \text{als auch} \quad \iiint_V \varepsilon \vec{E}_i \vec{E}_k^* \, dV = 0 \tag{12.5}$$

ist. Für $i = k$ muß

$$\iiint_V \mu |H_i|^2 dV = \iiint_V \varepsilon |E_i|^2 dV \tag{12.6}$$

sein. Hier stellt jedes Volumenintegral das Doppelte der über die Dauer einer Schwingungsperiode gemittelten im elektrischen bzw. magnetischen Feld *gespeicherten Energie* dar.

Wenn im idealen Hohlraumresonator nur *eine* Eigenschwingung besteht, sind entsprechend

$$W_{ie} = W_{im} = \frac{1}{2} W_i$$

Gespeicherte Energien

diese mittleren Feldenergien einander gleich und gleich der Hälfte der insgesamt gespeicherten Energie.

Ebenso wie die Eigenwellen eines Wellenleiters bilden auch die Eigenschwingungen des Resonators ein vollständiges System. Jede quellenfreie Feldverteilung im Hohlraum mit beliebiger Zeitabhängigkeit kann durch eine Reihe von Eigenschwingungen dargestellt werden

$$\vec{E} = \sum_i a_i \vec{E}_i \qquad \vec{H} = \sum_i b_i \vec{H}_i \quad . \tag{12.7}$$

Beliebige Zeitabhängigkeit

Für die Entwicklungkoeffizienten gilt auf Grund der Orthogonalität einfach

$$a_i = \frac{\iiint\limits_V \varepsilon \vec{E}\, \vec{E}_i^* \, dV}{W_i}$$

$$b_i = \frac{\iiint\limits_V \mu \vec{H}\, \vec{H}_i^* \, dV}{W_i} \quad . \tag{12.8}$$

a_i und b_i sind Funktionen der Zeit. Bei den für Gl.(12.7) vorausgesetzten freien Schwingungen haben sie rein harmonische Zeitabhängigkeit der jeweiligen Eigenfrequenz ω_i.

Die im Hohlraum gespeicherte Energie ist

$$W = \frac{1}{2} \iiint\limits_V (\varepsilon |\vec{E}|^2 + \mu |\vec{H}|^2) dV \quad . \tag{12.9}$$

Infolge der Orthogonalität (12.5) ist die gespeicherte Energie auch

$$W = \frac{1}{2}\sum_i(|a_i|^2 + |b_i|^2)W_i \quad , \tag{12.10}$$

also gleich der Summe der Feldenergien jeder Eigenschwingung.

Verluste

Gegenüber dem idealen Hohlraumresonator sind *praktische Resonatoren nicht verlustfrei.* Die Stoffüllung hat beispielsweise *dielektrische Verluste*, und die Wände haben nur *endliche Leitfähigkeit*. Die Eigenschwingungen sind nicht mehr ungedämpft, sondern klingen durch die Verluste ab. Als Maß für die *Eigenschwingungsdämpfung* hatten wir schon früher in Gl.(3.75) den Güte- oder Qualitätsfaktor eingeführt.

$$Q = 2\pi \frac{\text{gespeicherte Energie}}{\text{Energieverlust pro Schwingungsperiode}} = \omega_i \frac{W_i}{-\mathrm{d}W_i/\mathrm{d}t} \tag{12.11}$$

Die Gesamtgüte setzt sich je nach Ursache der Verluste aus verschiedenen Gütefaktoren zusammen. Wenn der Resonator mit einem homogenen Dielektrikum gefüllt ist und die Wandinnenfläche überall die gleiche Leitfähigkeit hat, ergibt sich mit der *Güte des Dielektrikums* (3.76) aus

$$\frac{1}{Q_\mathrm{d}} = \frac{\varepsilon''}{\varepsilon'} = \tan\delta \tag{12.12}$$

und dem Gütefaktor aus den *Wandverlusten* (3.77)

$$\frac{1}{Q_\mathrm{w}} = R_\mathrm{A} \frac{\oint\!\!\oint_\mathrm{A} |H_i|^2 \,\mathrm{d}A}{\omega_i W_i} \tag{12.13}$$

die *Gesamtgüte* aus

$$\frac{1}{Q} = \frac{1}{Q_\mathrm{d}} + \frac{1}{Q_\mathrm{w}} \quad . \tag{12.14}$$

12.2 Erzwungene Schwingungen in Hohlraumresonatoren

Bei der praktischen Anwendung von Hohlraumresonatoren in Filtern oder in Oszillator- und Verstärkerschaltungen werden sie durch Quellenverteilungen im Innern oder durch Öffnungen in der Berandung *dauernd angeregt*

Es bestehen dann nicht die *freien Eigenschwingungen*, welche exponentiell mit der Zeit abklingen, sondern durch die Anregung werden Schwingungen erzwungen. Bei *sinusförmiger Anregung* stellt sich ein *stationärer Zustand* bei der Anregungsfrequenz ein.

Es sollen hier nur Resonatoren betrachtet werden, die mit homogenem Stoff der Permeabilität μ und einem bei dielektrischen Verlusten komplexen ε gefüllt sind. Gemäß Bild 12.2 sollen als Quellen sowohl elektrische als auch magnetische Ströme vorkommen. Quellen

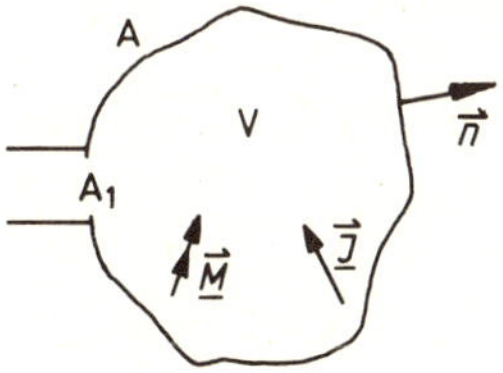

Bild 12.2

Hohlraumresonator angeregt durch Quellen und Öffnungen

Die magnetischen Ströme $\underline{\vec{M}}$ sind dabei immer nur als äquivalente Quellen anzusehen, während die elektrischen Ströme $\underline{\vec{J}}$ auch wirkliche Quellen sein können. $\underline{\vec{J}}$ kann z.B. die Dichte eines *Leitungsstromes einer Koppelschleife* oder einer *Dipolantenne* im Hohlraum sein. Es kann aber auch die Wechselkomponente der *Konvektionsstromdichte eines Elektronenstrahles* sein, wie er in Elektronenröhren vorkommt.

Außer durch Quellen $\underline{\vec{J}}$ und $\underline{\vec{M}}$ im *Innern* soll der Hohlraum durch *Öffnungen* A_1 z.B. von Wellenleitern angeregt werden. Es soll dabei angenommen werden, daß die Tangentialkomponente $\underline{\vec{E}}_t = \vec{n}\times\underline{\vec{E}}$ des elektrischen Feldes in der Öffnung A_1 bekannt ist.

Sowohl Quellen als auch Öffnungen können dem Hohlraum nicht nur *Energie zuführen*, sondern bei entsprechender Phasenlage des Feldes den erzwungenen Schwingungen auch *Energie entziehen*.

Die Feldgleichungen für den eingeschwungenen Zustand lauten

$$- \operatorname{rot} \underline{\vec{E}} = j\omega\mu \underline{\vec{H}} + \underline{\vec{M}} \tag{12.15}$$

$$\operatorname{rot} \underline{\vec{H}} = j\omega\varepsilon \underline{\vec{E}} + \underline{\vec{J}} \quad . \tag{12.16}$$

Im Gegensatz zu $\vec{E}$ und $\vec{H}$ in Gl.(12.1) sind die Komponenten von $\underline{\vec{E}}$ und $\underline{\vec{H}}$ in Gl.(12.15) und (12.16) jetzt wieder die komplexen Phasoren der Feldvektoren, ebenso wie die Komponenten von $\underline{\vec{M}}$ und $\underline{\vec{J}}$ die komplexen Phasoren der Quellenverteilungen sind. $\underline{\vec{E}}$ und $\underline{\vec{H}}$ können wie in Gl.(12.7) und (12.8) entwickelt werden:

Feldentwicklung

$$\underline{\vec{E}} = \sum_i \underline{a}_i \vec{E}_i \qquad \underline{\vec{H}} = \sum_i \underline{b}_i \vec{H}_i \quad . \tag{12.17}$$

Dabei sind $\vec{E}_i$ und $\vec{H}_i$ die Amplituden der Eigenschwingungen des idealen Resonators ohne den Zeitfaktor $e^{j\omega_i t}$. Sie werden als Eigenfunktionen bezeichnet. Die Eigenfunktionen wollen wir entsprechend

$$\mu \iiint_V |H_i|^2 dV = \varepsilon' \varepsilon_0 \iiint_V |E_i|^2 dV = 1 \tag{12.18}$$

normieren. Sie sollen also die Energie $W_i = 1$ enthalten. Damit ergibt sich für die Entwicklungskoeffizienten $\underline{a}_i$ und $\underline{b}_i$ ähnlich wie in Gl.(12.8)

$$\begin{aligned} \underline{a}_i &= \varepsilon' \varepsilon_0 \iiint_V \underline{\vec{E}}\, \vec{E}_i^* \, dV \\ \underline{b}_i &= \mu \iiint_V \underline{\vec{H}}\, \vec{H}_i^* \, dV \quad . \end{aligned} \tag{12.19}$$

Eine Entwicklung nach den Eigenfunktionen ist unter bestimmten Voraussetzungen auch für die Quellenverteilungen möglich, und zwar ist es zweckmäßig, $\underline{\vec{J}}$ nach den elektrischen Eigenfunktionen $\vec{E}_i$ und $\underline{\vec{M}}$ nach den magnetischen Eigenfunktionen $\vec{H}_i$ zu entwickeln

$$\underline{\vec{J}} = \sum_i \underline{c}_i \vec{E}_i \qquad \underline{\vec{M}} = \sum_i \underline{d}_i \vec{H}_i$$

Entwicklung der Quellen

mit (12.20)

$$\underline{c}_i = \varepsilon' \varepsilon_0 \iiint_V \underline{\vec{J}}\, \vec{E}_i^* dV \qquad \underline{d}_i = \mu \iiint_V \underline{\vec{M}}\, \vec{H}_i^* dV \ .$$

Die Entwicklungskoeffizienten $\underline{a}_i$, $\underline{b}_i$, $\underline{c}_i$ und $\underline{d}_i$ sind jetzt zeitunabhängige, komplexe Phasoren.

Beide Entwicklungen (12.17) und (12.20) sind genau genommen unvollständig, denn mit den Eigenfunktionen $\vec{E}_i$ und $\vec{H}_i$ lassen sich nur Lösungen der quellen*freien* Feldgleichungen vollständig darstellen. Praktisch lassen sich aber mit diesen zwar unvollständigen Entwicklungen nahezu alle wichtigen Erscheinungen erfassen. Die erste Feldgleichung (12.15) wird nun mit $\vec{H}_i^*$ skalar multiliziert und die zweite (12.16) mit $\vec{E}_i^*$. Für die linken Seiten erhält man danach mit Gl.(12.3)

$$-\vec{H}_i^* \operatorname{rot}\underline{\vec{E}} = -\operatorname{div}(\underline{\vec{E}} \times \vec{H}_i^*) - \underline{\vec{E}} \operatorname{rot}\vec{H}_i^* = -\operatorname{div}(\underline{\vec{E}} \times \vec{H}_i^*) + j\omega_i \varepsilon' \varepsilon_0 \underline{\vec{E}}\, \vec{E}_i^*$$

$$\vec{E}_i^* \operatorname{rot}\underline{\vec{H}} = -\operatorname{div}(\vec{E}_i^* \times \underline{\vec{H}}) + \underline{\vec{H}} \operatorname{rot}\vec{E}_i^* = -\operatorname{div}(\vec{E}_i^* \times \underline{\vec{H}}) + j\omega_i \mu \underline{\vec{H}}\, \vec{H}_i^* \ .$$

Nach Integration über V folgt aus den Feldgleichungen

$$-\iint_A (\underline{\vec{E}} \times \vec{H}_i^*)\vec{n}\ dA + j\omega_i \underline{a}_i = +j\omega \underline{b}_i + \frac{1}{\mu}\underline{d}_i \qquad (12.21)$$

$$-\iint_A (\vec{E}_i^* \times \underline{\vec{H}})\vec{n}\ dA + j\omega_i \underline{b}_i = \frac{1}{\varepsilon' \varepsilon_0}(j\omega\varepsilon \underline{a}_i + \underline{c}_i) \ . \qquad (12.22)$$

Auf A verschwindet die Tangentialkomponente von $\vec{E}_i$. Die Tangentialkomponente von $\underline{\vec{E}}$ ist auf dem Teil $(A-A_1)$ der Wand wegen *endlicher Leitfähigkeit* endlich. Da aber für die Wand ein guter Leiter vorausgesetzt werden kann mit dem Wellenwiderstand

$$\eta_W = \sqrt{\frac{\mu_W}{\varepsilon_W}} = (1+j)R_A \ , \qquad (12.23)$$

gilt für die Tangentialkomponenten von $\underline{\vec{E}}$ und $\underline{\vec{H}}$ an der Wand näherungsweise folgende Beziehung

$$\underline{\vec{E}}_t = \eta_W(\underline{\vec{H}}_t \times \vec{n}) = (1+j)R_A \underline{\vec{H}}_t \times \vec{n} \quad .$$

Damit wird

$$\iint\limits_{A-A_1} (\underline{\vec{E}} \times \vec{H}_i^*)\vec{n}\, \mathrm{d}a = (1+j)R_A \iint\limits_{A-A_1} \underline{\vec{H}}\, \vec{H}_i^*\, \mathrm{d}A$$
$$= (1+j)R_A \sum_k \underline{b}_k \iint\limits_{A-A_1} \vec{H}_k \vec{H}_i^*\, \mathrm{d}A \quad . \qquad (12.24)$$

Im geöffneten Teil A_1 der Wand ist $\underline{\vec{E}}_t$ voraussetzungsgemäß bekannt. Damit ist auch das Integral in Gl.(12.21) über den Teil A_1 von A bekannt. Wir kürzen es ab gemäß

$$\iint\limits_{A_1} (\underline{\vec{E}} \times \vec{H}_i^*)\vec{n}\, \mathrm{d}A = \underline{g}_i \quad . \qquad (12.25)$$

Anstelle von Gl.(12.21) und (12.22) erhält man damit

$$j\omega_i \underline{a}_i - j\omega \underline{b}_i = \underline{g}_i + \frac{1}{\mu}\underline{d}_i + (1+j)R_A \sum_k \underline{b}_k \iint\limits_{A-A_1} \vec{H}_k \vec{H}_i^*\, \mathrm{d}A \qquad (12.26)$$

$$j\omega \frac{\varepsilon}{\varepsilon' \varepsilon_0}\, \underline{a}_i - j\omega_i \underline{b}_i = -\frac{\underline{c}_i}{\varepsilon' \varepsilon_0} \quad . \qquad (12.27)$$

Bei einer vorgegebenen Quellenverteilung und vorgegebenem $\underline{\vec{E}}_t$ in den Öffnungen A_1 sind die Koeffizienten $\underline{c}_i$, $\underline{d}_i$ und $\underline{g}_i$ bekannt. Die Gleichungen (12.26) und (12.27) bilden dann ein System von linearen Gleichungen für die unbekannten Anregungskoeffizienten $\underline{a}_i$ und $\underline{b}_i$. Man kann nun Gl.(12.27) nach $\underline{a}_i$ auflösen und in Gl.(12.26) einsetzen. Gl. (12.26) stellt dann aber immer noch ein *System von unendlich vielen Gleichungen* für die *Unbekannten* $\underline{b}_i$ dar, denn in der Summe der *Wandverluste* auf der rechten Seite sind im allgemeinen alle $\underline{b}_k$ enthalten.

Praktisch werden Resonatoren immer so erregt, daß nur *wenige* Eigenschwingungen vorherrschen, und sie allein die Wandverluste bestimmen. Oft besteht die erzwungene Schwingung im wesentlichen sogar nur aus *einer* Eigenschwingung, die durch Wandverluste und dielektrische Verluste etwas gestört wird. Es brauchen dann nur die Verluste dieser einen vorherrschenden Eigenschwingung berücksichtigt zu werden. *Vereinfachung*

Ist es z.B. die k-te Eigenschwingung, so lauten die Gln.(12.26) und (12.27) vereinfacht

$$j\omega_i \underline{a}_i - j\omega\left[1 + (1-j)\frac{\omega_k}{\omega}\,\frac{\delta_{ik}}{Q_w}\right]\underline{b}_i = \underline{g}_i + \frac{1}{\mu}\,\underline{d}_i \tag{12.28}$$

$$j\omega\left[1 - j\frac{\delta_{ik}}{Q_d}\right]\underline{a}_i - j\omega_i \underline{b}_i = -\frac{\underline{c}_i}{\varepsilon'\varepsilon_0}\;. \tag{12.29}$$

Dabei sind die Güteformeln (12.12) und (12.13) für die dielektrische und die Wandstromdämpfung benutzt worden.

Diese Gleichungen lassen sich nun einfach nach den $\underline{a}_i$ und $\underline{b}_i$ auflösen. Z.B. ist

$$\underline{b}_i = \frac{1}{j\omega}\;\frac{\frac{\omega}{\omega_i}(\underline{g}_i + \frac{1}{\mu}\underline{d}_i)(1 - j\frac{\delta_{ik}}{Q_d}) + \frac{1}{\varepsilon'\varepsilon_0}\underline{c}_i}{\frac{\omega_i}{\omega} - \frac{\omega}{\omega_i}\left[1 - j\,\frac{\delta_{ik}}{Q_d}\right]\left[1 + (1-j)\frac{\omega_k}{\omega}\,\frac{\delta_{ik}}{Q_w}\right]}\;. \tag{12.30}$$

Da praktische Gütefaktoren immer sehr groß sind, gilt näherungsweise

$$\underline{b}_i \approx \frac{1}{j\omega}\;\frac{\frac{\omega}{\omega_i}(\underline{g}_i + \frac{1}{\mu}\underline{d}_i) + \frac{1}{\varepsilon'\varepsilon_0}\underline{c}_i}{\frac{\omega_i}{\omega} - \frac{\omega}{\omega_i} + \delta_{ik}(\frac{j}{Q} - \frac{1}{Q_w})}\;. \tag{12.31}$$

Der Koeffizient $\underline{b}_k$ für die in der erzwungenen Schwingung vorherrschende Eigenschwingung k zeigt in Abhängigkeit von der Frequenz die typischen *Resonanzeigenschaften*:

$$\underline{b}_k \approx \frac{1}{j\omega}\;\frac{\frac{\omega}{\omega_k}(\underline{g}_k + \frac{1}{\mu}\underline{d}_k) + \frac{1}{\varepsilon'\varepsilon_0}\underline{c}_k}{\frac{\omega_k}{\omega} - \frac{\omega}{\omega_k} + (\frac{j}{Q} - \frac{1}{Q_w})}\;. \tag{12.32}$$

Er nimmt seinen größten Wert

$$\left|\underline{b}_k\right|_{max} \simeq Q \left| \frac{\underline{g}_k + \frac{1}{\mu}\underline{d}_k}{\omega_k} + \frac{\underline{c}_k}{\varepsilon' \varepsilon_0 \omega} \right|$$

bei der Resonanzfrequenz

$$\omega_r \simeq \omega_k \left(1 - \frac{1}{2Q_w}\right) \tag{12.33}$$

an, wenn also der Realteil des Nenners in Gl.(12.32) verschwindet. $|\underline{b}_k|$ sinkt auf das $1/\sqrt{2}$-fache des maximalen Wertes, wenn ω um

$$\Delta\omega = \frac{\omega_k}{2Q}$$

verschoben wird. Die Halbwertsbreite der Resonanzkurve ist demnach

$$2\Delta\omega = \frac{\omega_k}{Q} \ . \tag{12.34}$$

Freie Schwingungen

Das Gleichungssystem (12.28) und (12.29) kann auch zur Untersuchung der *freien* Schwingungen des Resonators ohne äußere Anregung dienen.

Mit $\underline{g}_i = \underline{d}_i = \underline{c}_i = 0$ bilden die Gln.(12.28) und (12.29) ein *homogenes System linearer Gleichungen. Von Null verschiedene Lösungen für* $\underline{a}_i$ *und* $\underline{b}_i$ *sind nur möglich, wenn die Koeffizientendeterminante verschwindet.* Für große Gütefaktoren ergibt sich als Nullstelle der Koeffizientendeterminante bei $\omega \simeq \omega_k$ die Frequenz

$$\omega = \omega_k \left(1 - \frac{1}{2Q_w} + j\frac{1}{2Q}\right) \ . \tag{12.35}$$

Sie hat einen komplexen Wert, der im exponentiellen Zeitfaktor

$$e^{j\omega t} = e^{-\omega_k t/2Q} \cdot e^{j\omega_k (1 - 1/2Q_w) t} \tag{12.36}$$

eine *gedämpfte Schwingung* beschreibt mit der *Kreisfrequenz* $\omega_k(1 - 1/2Q_w)$ und der *Abkling-konstanten* $\omega_k/2Q$.

Übungsaufgaben zum Lernzyklus 15A

Ohne Unterlagen

1 Welche einfachen Schaltungen mit konzentrierten Elementen ersetzt man bei sehr hohen Frequenzen durch Hohlraumresonatoren?

2 Erläutern Sie den Unterschied zwischen *freien Schwingungen* und *erzwungenen Schwingungen*!

3 Wie groß ist das Verhältnis von der im zeitlichen Mittel gespeicherten magnetischen Energie zu der im zeitlichen Mittel gespeicherten elektrischen Energie einer Eigenschwingung eines idealen Hohlraumresonators?

4 Wie setzt sich in einem idealen Hohlraumresonator die gesamte gespeicherte Energie aus den Energien der einzelnen Eigenschwingungen zusammen?

5 Nennen Sie zwei mögliche Verlustursachen eines praktischen Hohlraumresonators!

6 Schreiben Sie Formeln hin, die die Orthogonalität der Felder verschiedener Eigenschwingungen im idealen Hohlraumresonator ausdrücken!

Unterlagen gestattet

7 Normierte Eigenfunktionen des Rechteckresonators
Berechnen Sie für einen Rechteckresonator mit den Abmessungen a, b und c in x-, y- und z-Richtung die normierten Eigenfunktionen $\vec{E}_i$ und $\vec{H}_i$!

Lernzyklus 15B

LERNZIELE

Nach dem Durcharbeiten des Lernzyklus 15B sollen Sie in der Lage sein,

- ein Ersatzschaltbild anzugeben für einen Hohlraumresonator, der durch eine Leiterschleife angekoppelt wird;
- die Elemente diese Ersatzschaltbildes für gewisse Anordnungen zu berechnen;
- ein Berechnungsverfahren für Hohlraumresonatoren mit Lochkopplung zu erläutern.

12.3 Schleifenkopplung im Hohlraumresonator

Von Doppelleitungen können Hohlraumresonatoren beispielsweise durch *Schleifen* angeregt werden. Nach Bild 12.3 endet dabei der Innenleiter einer Koaxialleitung mit einer Schleife im Hohlraum.

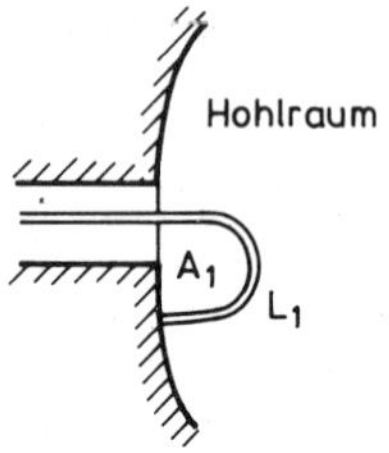

Bild 12.3
Koppelschleife im Hohlraumresonator

Die Schleife läuft längs L_1 und schließt die Fläche A_1 ein. Der Strom $\underline{I}$ in dieser Schleife kann als elektrische Stromquelle entsprechend Gl.(12.20) nach den Eigenfunktionen $\vec{E}_i$ entwickelt werden.

Die Entwicklungskoeffizienten sind

$$\underline{c}_i = \varepsilon'\varepsilon_0 \iiint\limits_V \underline{\vec{J}}\, \vec{E}_i^* \, dV = \varepsilon'\varepsilon_0\, \underline{I} \int\limits_{L_1} \vec{E}_i^* \, d\vec{l} \; .$$

Auf das Schleifenintegral längs L_1 läßt sich der *Stokessche Integralsatz* anwenden:

$$\underline{c}_i = \varepsilon'\varepsilon_0\, \underline{I} \iint\limits_{A_1} \mathrm{rot}\vec{E}_i^* \, d\vec{A} = j\omega_i\mu\, \varepsilon'\varepsilon_0\, \underline{I} \iint\limits_{A_1} \vec{H}_i^* \, d\vec{A} \; . \tag{12.37}$$

Für die Entwicklung der erzwungenen Schwingungen nach den Eigenfunktionen entsprechend Gl.(12.31) ergeben sich folgende Entwicklungskoeffizienten

Entwicklungskoeffizienten

$$\underline{b}_i = \frac{1}{j\omega\varepsilon'\varepsilon_0} \frac{\underline{c}_i}{\frac{\omega_i}{\omega} - \frac{\omega}{\omega_i} + \delta_{ik}\left(\frac{j}{Q} - \frac{1}{Q_w}\right)} = \mu \frac{\omega_i}{\omega} \frac{\underline{I} \iint\limits_A \vec{H}_i^* \, d\vec{A}}{\frac{\omega_i}{\omega} - \frac{\omega}{\omega_i} + \delta_{ik}\left(\frac{j}{Q} - \frac{1}{Q_w}\right)} \tag{12.38}$$

Der Schleifenstrom $\underline{I}$ regt also erzwungene Schwingungen an, deren Feldverteilungen sich mit den Entwicklungskoeffizienten $\underline{b}_i$ durch die Eigenfunktionen $\vec{H}_i$ des Hohlraumes darstellen lassen.

Andererseits wird ein Feld im Hohlraum, das die Schleife durchsetzt, in ihr eine Spannung induzieren. Nach dem *Induktionsgesetz* ist diese Spannung gleich der zeitlichen Änderung des magnetischen Induktionsflusses durch die Schleifenfläche:

$$\underline{U} = j\omega\mu \iint\limits_{A_1} \underline{\vec{H}}\, d\vec{A} \quad .$$

Gegenspannung

Die Entwicklung von $\underline{\vec{H}}$ nach den Eigenfunktionen ergibt

$$\underline{U} = j\omega\mu \sum_i \underline{b}_i \iint\limits_{A_1} \vec{H}_i\, d\vec{A} \quad . \tag{12.39}$$

Wenn hier die Entwicklungskoeffizienten aus Gl.(12.38) für das Feld eines Schleifenstromes $\underline{I}$ eingesetzt werden, erhält man die durch den Schleifenstrom selbst induzierte Spannung und als Verhältnis beider den *Eingangswiderstand des Hohlraumes*

$$Z_s = \frac{\underline{U}}{\underline{I}} = j\mu^2 \sum_i \frac{\omega_i \left| \iint\limits_{A_1} \vec{H}_i\, d\vec{A} \right|^2}{\frac{\omega_i}{\omega} - \frac{\omega}{\omega_i} + \delta_{ik}\left(\frac{j}{Q} - \frac{1}{Q_w}\right)} \quad . \tag{12.40}$$

Eingangswiderstand

Der Eingangswiderstand wird demnach durch eine Summe dargestellt, von der sich jedes Glied wie der Widerstand eines *Parallelresonanzkreises* aus konzentrierten Elementen R, L und C verhält. Solch ein Parallelresonanzkreis hat nämlich den Leitwert

Vergleich mit konzentrierten Elementen

$$Y = \frac{1}{\omega_r L}\left[j\left(\frac{\omega}{\omega_r} - \frac{\omega_r}{\omega}\right) + \frac{1}{Q}\right] \tag{12.41}$$

mit der *Resonanzfrequenz*

$$\omega_r = \frac{1}{\sqrt{LC}} \tag{12.42}$$

und dem *Gütefaktor*

$$Q = R\sqrt{\frac{C}{L}} \; . \tag{12.43}$$

Im Vergleich dazu hat jedes Glied der Summe (12.40) den Kehrwert

$$Y_i = \frac{1}{\omega_i \mu^2 \left| \iint\limits_{A_1} \vec{H}_i \, d\vec{A} \right|^2} \left[j\left(\frac{\omega}{\omega_i} - \frac{\omega_i}{\omega}\right) + j\frac{\delta_{ik}}{Q_w} + \frac{\delta_{ik}}{Q} \right]. \tag{12.44}$$

Wird hier für $i = k$ das Glied $\frac{1}{Q_w}$ in der Umgebung $\omega \approx \omega_i$ durch eine Verschiebung

$$\Delta\omega = -\frac{\omega_i}{2Q_w} \tag{12.45}$$

von ω_i berücksichtigt, dann entsprechen die Gln.(12.41) und (12.44) einander vollkommen. Der Eingangswiderstand an der Koppelschleife eines Hohlraumresonators läßt sich also durch die *Reihenschaltung unendlich vieler Parallelresonanzkreise* darstellen. Jedem Resonanzkreis entspricht eine Eigenschwingung i, gekennzeichnet durch ihre Eigenfrequenz ω_i und ihre Eigenfunktion $\vec{H}_i$.

In der Ersatzschaltung des Bild 12.4 sind die einzelnen Schwingkreise alle mit gleichem *Schwingwiderstand*

$$\sqrt{\frac{L}{C}} = \eta = \sqrt{\frac{\mu}{\varepsilon}} \tag{12.46}$$

gewählt, und mittels idealer Übertrager alle in Reihe geschaltet.

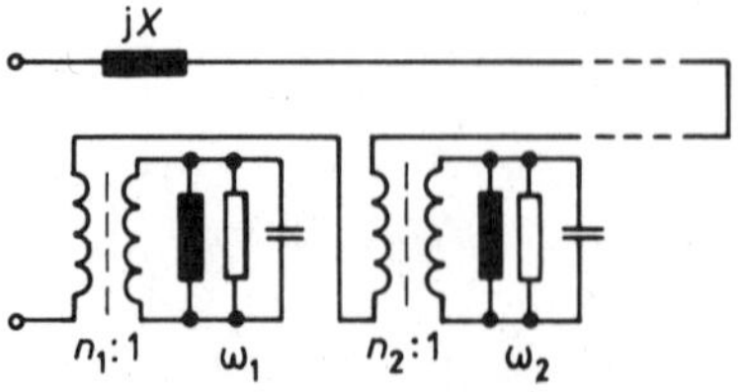

Bild 12.4

Ersatzschaltbild für den Eingangswiderstand an der Koppelschleife eines Hohlraumresonators

Das Windungsverhältnis der einzelnen Übertrager trägt der Koppelstärke Rechnung mit dem jede Eigenschwingung durch die Schleife angeregt wird. Aus dem Vergleich von Gl. (12.44) mit

$$Y_i = \frac{1}{n_i^2 n} \left[j\left(\frac{\omega}{\omega_i} - \frac{\omega_i}{\omega}\right) + j\frac{\delta_{ik}}{Q_w} + \frac{\delta_{ik}}{Q} \right]$$

folgt für das Windungsverhältnis

$$n_i^2 = k_i \, \mu \left| \iint_{A_1} \vec{H}_i \, dA \right|^2 \qquad (12.47)$$

mit der Wellenzahl $k_i = \omega_i \sqrt{\mu\varepsilon}$.

In der Ersatzschaltung erscheint primär in Reihe mit den Übertragern noch ein Blindwiderstand X. Er wird durch die *Selbstinduktivität der Schleife* verursacht, ist aber in der allgemeinen Beziehung (12.40) für den Eingangswiderstand nicht enthalten.

Selbstinduktivität

Die Entwicklung der Quellen- und Feldverteilung ist in dieser Hinsicht unvollständig. Die Eigenfunktionen dieser Entwicklung eignen sich nur zur vollständigen Darstellung quellenfreier elektromagnetischer Felder. Die statischen Felder oder Nahfelder in unmittelbarer Umgebung der Quellen erfaßt diese Entwicklung nicht. Alle Effekte, die diese Nahfelder verursachen, werden damit vernachlässigt. So erscheint auch die Selbstinduktivität der Schleife nicht in Gl.(12.40).

Bei der praktischen Anwendung von Hohlraumresonatoren spielen aber die Nahfelder meistens keine Rolle. Man arbeitet hier immer im Bereich der Resonanzfrequenzen von Eigenschwingungen. Für den Eingangswiderstand sind dann jeweils diejenigen Glieder in der Summe (12.40) maßgebend, welche eine Resonanzfrequenz ω_i in der Nähe der Anregungsfrequenz haben.

Im Hohlraumresonator mit Koppelschleife können ebenso wie im vollkommen abgeschlossenen Hohlraum *freie Schwingungen* bestehen. Im einfachsten Fall wird im Hohlraum nur *eine* Eigenschwingung als freie Schwingung angeregt. Bedingt durch Verluste klingt sie exponentiell ab. Verluste gibt es jetzt aber nicht nur im Dielektrikum und in der Wand. Auch die Koppelschleife entzieht der freien Schwingung Energie und führt sie ihrem Abschlußwiderstand zu. Durch die Koppelschleife wird also jetzt dem Resonator keine Energie zugeführt, sondern entzogen.

Freie Schwingungen

Zur Berechnung der freien Schwingungen muß das den Gleichungen (12.28) und (12.29) entsprechende homogene System untersucht werden. Insbesondere müssen die Nullstellen seiner Koeffizientendeterminante bestimmt werden.

Wir können dazu gleich von Gl.(12.40) ausgehen. Die charakteristische Gleichung für nichttriviale Lösungen des homogenen Systemes in der Umgebung $\omega \simeq \omega_k$ lautet:

$$j\mu^2 \sum_i \frac{\omega_i \left| \iint_{A_1} \vec{H}_i \, d\vec{A} \right|^2}{\frac{\omega_i}{\omega} - \frac{\omega}{\omega_i} + \delta_{ik}\left(\frac{j}{Q} - \frac{1}{Q_w}\right)} + Z = 0 \ . \qquad (12.48)$$

$Z = -Z_s$ ist der Abschlußwiderstand der Koppelschleife vom Hohlraumresonator gesehen. Mit

$$Z' = Z + j\mu^2 \sum_{i \neq k} \frac{\omega_i \left| \iint_{A_1} \vec{H}_i \, d\vec{A} \right|^2}{\omega_i/\omega - \omega/\omega_i} \qquad (12.49)$$

wird aus Gl.(12.48)

$$j\mu^2 \frac{\omega_k \left| \iint_{A_1} \vec{H}_k \, d\vec{A} \right|^2}{\frac{\omega_k}{\omega} - \frac{\omega}{\omega_k} + \frac{j}{Q} - \frac{1}{Q_w}} + Z' = 0 \ .$$

Zur Berechnung der neuen Eigenfrequenz kann in der Summe von Gl.(12.49) $\omega = \omega_k$ gesetzt werden, denn die neue Eigenfrequenz wird nicht sehr verschieden von ω_k sein, sich aber deutlich von den anderen ω_i unterscheiden.

Diese neue Eigenfrequenz des durch die Koppelschleife mit Z' belasteten Resonators ergibt sich somit aus:

$$\frac{\omega_k}{\omega} - \frac{\omega}{\omega_k} = \frac{1}{Q_w} - j\left(\frac{1}{Q} + \mu^2 \frac{\omega_k \left| \iint_{A_1} \vec{H}_k \, d\vec{A} \right|^2}{Z'}\right).$$

$$= \frac{1}{Q_w} + n_k^2 \eta \, \mathrm{Im}(1/Z') - j\left(\frac{1}{Q} + n_k^2 \eta \, \mathrm{Re}(1/Z')\right) \ . \qquad (12.50)$$

Der Wirkanteil von $1/Z'$ dämpft die Eigenschwingung zusätzlich zur Dämpfung durch die Verluste in der Wand und im Dielektrikum. In diesem Zusammenhang wird Q auch als Leerlaufgüte des Resonators bezeichnet und

$$Q_{\mathrm{ext}} = 1/\ n_k^2 \eta \ \mathrm{Re}(1/Z') \tag{12.51}$$

als externe Güte. Die meßbare Halbwertsbreite $2\Delta\omega$ des Resonators wird in einer solchen Schaltung bestimmt durch die Güte unter Last Q_{L} gemäß

$$2\Delta\omega \approx \frac{\omega}{Q_{\mathrm{L}}}$$

mit

$$\frac{1}{Q_{\mathrm{L}}} = \frac{1}{Q} + \frac{1}{Q_{\mathrm{ext}}} \tag{12.52}$$

Mit größer werdendem Koppelfaktor

$$\beta_{\mathrm{e}} = Q/Q_{\mathrm{ext}} = Q n_k^2 \eta \mathrm{Re}(1/Z') \tag{12.53}$$

wird die belastete Güte Q_{L} gegenüber der Leerlaufgüte Q immer kleiner. Für $\beta_{\mathrm{e}} < 1$ wird die Kopplung als *unterkritisch*, für $\beta_{\mathrm{e}} = 1$ als *kritisch* und für $\beta_{\mathrm{e}} > 1$ als *überkritisch* bezeichnet.

Der Blindanteil von $1/Z'$ in Gl.(12.50) verstimmt die freie Schwingung in ihrer Frequenz gegenüber der Eigenfrequenz ohne Schleife. Für diese Verstimmung ist nach Gl.(12.49) nicht nur der Abschlußwiderstand Z der Koppelschleife ausschlaggebend, sondern auch die Schleifenkopplung mit den anderen Eigenschwingungen entsprechend der Summe in Gl.(12.49).

In den meisten Anwendungen hat der Hohlraumresonator zwei oder mehr Zugänge, beispielsweise in einer Filterschaltung einen Eingang und einen Ausgang. In den Hohlleiterresonatoren von *Halbleiteroszillatoren* bildet die Verkopplung mit dem aktiven Halbleiterelement einen Zugang, während die Verbindung mit einem Wellenleiter zur Leistungsabnahme einen weiteren Zugang darstellt.

Zwei Koppelschleifen

Es sollen hier zwei Koppelschleifen im Hohlraumresonator untersucht werden. Die Verallgemeinerung auf mehr als zwei Koppelschleifen oder Zugänge ist danach offensichtlich.

Mit zwei Koppelschleifen bildet der Resonator einen Vierpol. Spannung und Strom in den Koppelschleifen sind linear voneinander abhängig. Die Vierpolgleichungen lauten beispielsweise in Widerstandsform

$$\begin{aligned} \underline{U}_1 &= Z_{11}\underline{I}_1 + Z_{12}\underline{I}_2 \\ \underline{U}_2 &= Z_{21}\underline{I}_1 + Z_{22}\underline{I}_2 \quad . \end{aligned} \tag{12.54}$$

Wenn der Hohlraumresonator den Voraussetzungen des Reziprozitätsgesetzes entspricht, ist die Widerstandsmatrix symmetrisch bezüglich der Hauptdiagonalen:

$$Z_{12} = Z_{21} \quad . \tag{12.55}$$

Die Elemente der Hauptdiagonalen sind als *Leerlaufwiderstände* einfach die Eingangswiderstände der jeweiligen Koppelschleife, wie sie schon in Gl.(12.40) berechnet wurden. Fließt nämlich in jeweils der anderen Koppelschleife kein Strom, so ist sie wirkungslos und hat auf den Eingangswiderstand der ersten Schleife keinen Einfluß.

Die *Kernwiderstände* der Widerstandsmatrix beschreiben die Wechselwirkung zwischen den Koppelschleifen. Fließt in der Schleife 1 der Strom $\underline{I}_1$, so werden erzwungene Schwingungen angeregt. Entsprechend Gl.(12.38) lassen sie sich mit den Koeffizienten

$$\underline{b}_{i1} = \mu \frac{\omega_i}{\omega} \frac{\underline{I}_1 \iint\limits_{A_1} \vec{H}_i^* \, d\vec{A}}{\frac{\omega_i}{\omega} - \frac{\omega}{\omega_i} + \delta_{ik}\left(\frac{j}{Q} - \frac{1}{Q_W}\right)} \tag{12.56}$$

nach den Eigenfunktionen entwickeln. In der Koppelschleife 2 soll kein Strom fließen ($\underline{I}_2 = 0$). Durch die von $\underline{I}_1$ erzwungenen Schwingungen wird in 2 die Spannung

$$\underline{U}_2 = j\omega\mu \sum_i \underline{b}_{i1} \iint\limits_{A_2} \vec{H}_i \, d\vec{A} \tag{12.57}$$

induziert. Aus Gl.(12.56) und Gl.(12.57) folgt

$$Z_{12} = Z_{21} = \left.\frac{\underline{U}_2}{\underline{I}_1}\right|_{\underline{I}_2=0}$$

$$= j\mu^2 \sum_i \omega_i \frac{\left|\iint\limits_{A_1} \vec{H}_i \, d\vec{A} \iint\limits_{A_2} \vec{H}_i \, d\vec{A}\right|}{\frac{\omega_i}{\omega} - \frac{\omega}{\omega_i} + \delta_{ik}\left(\frac{j}{Q} - \frac{1}{Q_w}\right)} \qquad (12.58)$$

Nur wenn ω in den Bereich einer Eigenfrequenz ω_i kommt, nehmen die Kernwiderstände größere Werte an. Die Wechselwirkung zwischen den Koppelschleifen geschieht über die Eigenschwingungen des Resonators. Nur wenn eine Eigenschwingung stark angeregt wird, ist auch die Wechselwirkung kräftig.

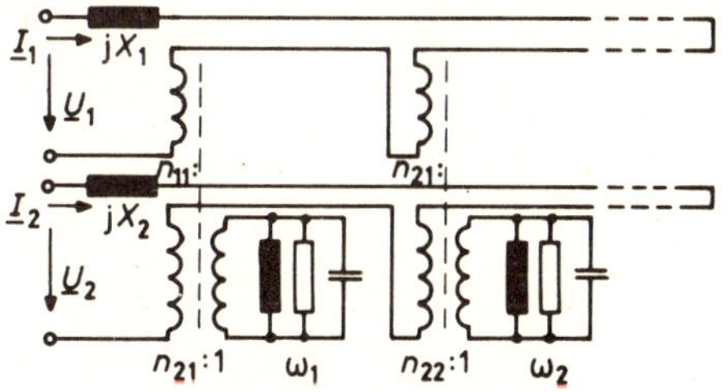

Bild 12.5
Ersatzschaltung für einen Hohlraumresonator mit zwei Koppelschleifen

Die Ersatzschaltung von Bild 12.4 für den Resonator mit einer Koppelschleife kann wie in Bild 12.5 für mehrere Koppelschleifen verallgemeinert werden. Auch hier bedingen die Nahfelder der Koppelschleifen zwar eine Selbstinduktivität, sie klingen aber bei kleinen Schleifen in einiger Entfernung so schnell ab, daß über sie kaum eine Wechselwirkung zwischen den Schleifen stattfindet. In Gl.(12.58) ist die Wirkung der Nahfelder jedenfalls nicht berücksichtigt.

Die Güte unter Last der betrachteten Resonanz eines Hohlraumresonators mit zwei Koppelschleifen wird durch die äußere Beschaltung an beiden Schleifen beeinflußt. Q_L ergibt sich aus

$$\frac{1}{Q_L} = \frac{1}{Q} + \frac{1}{Q_{ext1}} + \frac{1}{Q_{ext2}} , \qquad (12.59)$$

wobei Q_{ext_1} und Q_{ext_2} analog zu den Gln.(12.51) und (12.49) zu berechnen sind.

12.4 Hohlraumresonator mit Lochkopplung

Hohlleiter werden mit Hohlraumresonatoren normalerweise durch Öffnungen in gemeinsamen Trennwänden verbunden. Zur Berechnung der Wechselwirkung in dem allgemeinen Fall einer *großen Öffnung* kann das tangentiale elektrische Feld in der Öffnung einerseits nach den *Eigenwellen des Hohlleiters*, andererseits wie in Gl.(12.25) nach den *Eigenfunktionen des Hohlraumresonators* entwickelt werden. Wenn man die Feldverteilung in der Öffnung angenähert kennt, läßt sich so auch die Verkopplung näherungsweise berechnen. Für eine *Variationsrechnung* lassen sich stationäre Ausdrücke finden.

Bei vielen praktischen Problemen sind die *Koppelöffnungen* aber *klein* gegen die freie Wellenlänge der anregenden Schwingung. Sie entsprechen dann den früher behandelten *Koppellöchern*. Ihre Wirkung läßt sich wieder durch elekrische bzw. magnetische Stromelemente darstellen. Bei elliptischen und runden Koppellöchern gelten für die äquivalenten Stromelemente die Gleichungen (10.98) und (10.99) mit (10.100) und (10.102) bzw. (10.103).

Einfaches Beispiel

Wie man zur Bestimmung der Wechselwirkung im allgemeinen vorzugehen hat, erkennen wir schon an einem verhältnismäßig einfachen Beispiel. Entsprechend Bild 12.6 soll ein Hohlraumresonator mit einem durchgehenden Hohlleiter durch ein elliptisches Loch in der Seitenwand verbunden werden, dessen Hauptachse 1 parallel zur Längsachse des Hohlleiters ist.

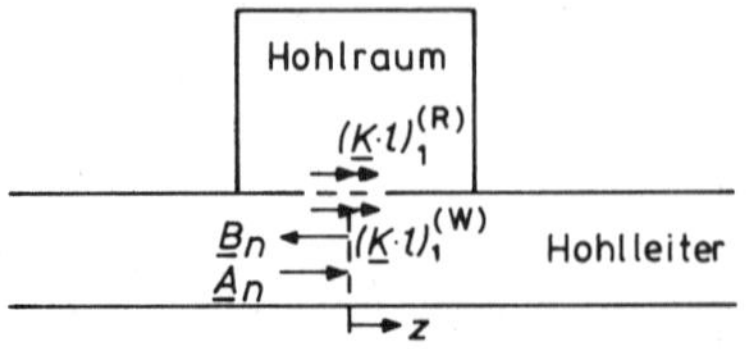

Bild 12.6
Hohlraumresonator mit Lochkopplung

Die Eigenwellen des Hohlleiters sollen am Loch *nur magnetische Felder* haben, und diese magnetischen Felder sollen nur aus Längskomponenten bestehen, also alle parallel zur Hauptachse 1 des elliptischen Loches sein. Diese Verhältnisse liegen beispielsweise vor, wenn ein elliptisches Loch in der Schmalseite eines Rechteckhohlleiters mit seiner Hauptachse 1 parallel zur Längsrichtung des Hohlleiters ist und nur die *Grundwelle im Hohlleiter* eine Rolle spielt.

Das Wellenleiterfeld (W) am Loch besteht gemäß

$$\underline{H}_1^{(W)} = \sum_n \underline{H}_{n1}^{(H)} \qquad (12.60)$$

Im Hohlleiter

aus den Längskomponenten der H-Wellen (H). Mit

$$\underline{H}_{n1}^{(H)} = \frac{k_{cn}^2}{j\omega\mu} T^{(H)} \sqrt{Z_n} \, (\underline{A}_n + \underline{B}_n) \qquad (12.61)$$

aus Gl.(10.9) und Gl.(10.7), und mit der Abkürzung

$$C_n = \frac{k_{cn}^2}{j\omega\mu} T^{(H)} \sqrt{Z_n} \qquad (12.62)$$

läßt sich das Hohlleiterfeld im Loch gemäß

$$\underline{H}_1^{(W)} = \sum_n C_n \, (\underline{A}_n + \underline{B}_n) \qquad (12.63)$$

schreiben und somit durch die Amplituden der vor- und rücklaufenden Komponenten einer jeden Eigenwelle darstellen.

Das Resonatorfeld (R) am Koppelloch kann entsprechend

$$\underline{H}_1^{(R)} = \sum_i \underline{b}_i \, H_{i1} \qquad (12.64)$$

Im Hohlraum

nach den Eigenfunktionen $\vec{H}_i$ des Resonators entwickelt werden.

Im Hohlraumresonator wird an Stelle des Koppelloches die *magnetische Stromquelle*

$$(\underline{Kl})_1^{(R)} = -j \, \frac{\omega}{4} \, \mu \, \frac{V}{L_1} (\underline{H}_1^{(W)} - \underline{H}_1^{(R)}) \qquad (12.65)$$

Magnetischer Dipol

angenommen. Sie beschreibt den *Durchgriff* des Wellenleiterfeldes $\underline{H}_1^{(W)}$ in den Resonator hinein sowie die Rückwirkung des Resonatorfeldes $\underline{H}_1^{(R)}$. Mit den Entwicklungen (12.63) und (12.64) ist

$$(\underline{K}l)_1^{(R)} = -\,j\,\frac{\omega}{4}\,\mu\,\frac{V}{L_1}\left(\sum_n C_n(\underline{A}_n + \underline{B}_n) - \sum_i \underline{b}_i\,H_{i1}\right) . \tag{12.66}$$

Die Quellenverteilung $(\underline{K}l)_1^{(R)}$ wird nun entsprechend Gl.(12.20) nach den Eigenfunktionen H_l des Resonators entwickelt. Die Ordnung dieser Eigenfunktionen wird hier mit l statt i bezeichnet, weil i schon für die Entwicklung von $H_1^{(R)}$ in Gl.(12.64) benutzt wird. Die Entwicklungskoeffizienten sind

$$\begin{aligned} \underline{d}_l &= \mu\,(\underline{K}l)_1^{(R)} H_{l1}^* \\ &= -j\,\frac{\omega}{4}\,\mu^2\,\frac{V}{L_1}\left[\sum_n C_n(\underline{A}_n + \underline{B}_n) - \sum_i b_i\,H_{i1}\right] H_{l1}^* . \end{aligned} \tag{12.67}$$

Ebenso werden die durch $(\underline{K}l)_1^{(R)}$ im Resonator erzwungenen Schwingungen nach den Eigenfunktionen entwickelt. Ihre Entwicklungskoeffizienten sind nach Gl.(12.31)

$$\begin{aligned} \underline{b}_l &\simeq \frac{1}{j\omega_l\mu}\,\frac{\underline{d}_l}{\dfrac{\omega_l}{\omega} - \dfrac{\omega}{\omega_l} + \delta_{lk}\left(\dfrac{j}{Q} - \dfrac{1}{Q_W}\right)} \\ &\simeq -\frac{\omega}{\omega_l}\,\frac{\mu}{4}\,\frac{V}{L_1}\,\frac{\left[\sum_n C_n(\underline{A}_n + \underline{B}_n) - \sum_i \underline{b}_i\,H_{i1}\right] H_{l1}^*}{\dfrac{\omega_l}{\omega} - \dfrac{\omega}{\omega_l} + \delta_{lk}\left(\dfrac{j}{Q} - \dfrac{1}{Q_W}\right)} . \end{aligned} \tag{12.68}$$

Die Koeffizienten $\underline{b}_l$ erscheinen auf beiden Seiten von Gl.(12.68). Die Gesamtheit aller dieser Beziehungen für $\underline{b}_l$ bildet ein System linearer Gleichungen. Wenn nur endlich viele Eigenfunktionen in der Entwicklung berücksichtigt zu werden brauchen, kann das System nach den $\underline{b}_l$ aufgelöst werden.

Vereinfachungen

Praktisch dominiert meistens diejenige Eigenschwingung, für welche $\omega_k \simeq \omega$ ist. Werden alle anderen Eigenschwingungen vernachlässigt, so folgt aus Gl.(12.68)

$$\underline{b}_k \approx - \frac{\sum\limits_n C_n(\underline{A}_n + \underline{B}_n)\, H^*_{k1}}{\frac{\omega_k}{\omega}\frac{4}{\mu}\frac{L_1}{V}\left(\frac{\omega_k}{\omega} - \frac{\omega}{\omega_k} + \frac{\mathrm{j}}{Q} - \frac{1}{Q_\mathrm{w}}\right) - \left|H_{k1}\right|^2} \quad . \tag{12.69}$$

Im Hohlleiter wird an Stelle des Loches die Stromquelle

Im Hohlleiter

$$(\underline{Kl})^{(\mathrm{W})}_1 = \mathrm{j}\,\frac{\omega}{4}\,\mu\,\frac{V}{L_1}\left[\underline{H}^{(\mathrm{W})}_1 - \underline{H}^{(\mathrm{R})}_1\right] \tag{12.70}$$

angenommen. Sie beschreibt die Rückwirkung des Wellenleiterfeldes $\underline{H}^{(\mathrm{W})}_1$ am Loch und den Durchgriff des Resonatorfeldes $\underline{H}^{(\mathrm{R})}_1$ durch das Loch.

Mit den Feldentwicklungen nach Gl.(12.63) und Gl.(12.64) ist

$$(\underline{Kl})^{(\mathrm{W})} = \mathrm{j}\,\frac{\omega}{4}\,\mu\,\frac{V}{L_1}\left[\sum_n C_n(\underline{A}_n + \underline{B}_n) - \sum_i \underline{b}_i\, H_{i1}\right]. \tag{12.71}$$

Nach Gleichung (10.47) werden durch diese Stromquelle rücklaufende Wellen der Amplituden

$$\underline{B}_m = \mathrm{j}\,\frac{\omega}{8}\,\mu\,\frac{V}{L_1}\left[\sum_n C_n(\underline{A}_n + \underline{B}_n) - \sum_i \underline{b}_i\, H_{i1}\right] H^+_m \tag{12.72}$$

angeregt. Werden die Koeffizienten $\underline{b}_i$ aus Gl.(12.68) bestimmt und hier eingesetzt, so entsteht ein System linearer Gleichungen für die Amplituden $\underline{B}_m$ der rücklaufenden Wellen.

Wenn im Hohlleiter nur die Grundwelle einfällt, ist in Gl.(12.72) nur $\underline{A}_1$ von Null verschieden. Sind darüber hinaus alle anderen Hohlleiterwellen im Sperrbereich, so bleiben ihre Amplituden normalerweise so klein, daß von allen $\underline{B}_n$ in Gl.(12.72) nur $\underline{B}_1$ berücksichtigt zu werden braucht. Spielt außerdem nur die Wechselwirkung mit der Eigenschwingung bei $\omega_k \approx \omega$ eine Rolle, so gilt an Stelle von Gl.(12.69)

$$\underline{b}_k = - \frac{C_1(\underline{A}_1 + \underline{B}_1)\, H^*_{k1}}{\frac{\omega_k}{\omega}\frac{4}{\mu}\frac{L_1}{V}\left(\frac{\omega_k}{\omega} - \frac{\omega}{\omega_k} + \frac{\mathrm{j}}{Q} - \frac{1}{Q_\mathrm{w}}\right) - \left|H_{k1}\right|^2} \tag{12.73}$$

und in der zweiten Summe von Gl.(12.72) braucht auch nur das Glied mit $\underline{b}_k$ berücksichtigt zu werden:

$$\underline{B}_1 = \mathrm{j}\,\frac{\omega}{8}\,\mu\,\frac{V}{L_1}\left[C_1(\underline{A}_1 + \underline{B}_1) - \underline{b}_k\,H_{k1}\right]H_1^+ \quad . \tag{12.74}$$

Wird hier $\underline{b}_k$ von Gl.(12.73) eingesetzt und nach $\underline{B}_1$ aufgelöst, so erhält man schließlich die Amplitude der reflektierten Welle in expliziter Form:

$$\underline{B}_1 = \frac{\mathrm{j}\,\frac{\omega}{8}\,\mu\,\frac{V}{L_1}\,C_1\,H_1^+\cdot(1+\frac{1}{N})}{1 - \mathrm{j}\,\frac{\omega}{8}\,\mu\,\frac{V}{L_1}\,C_1\,H_1^+\,(1+\frac{1}{N})}\,\underline{A}_1 \quad . \tag{12.75}$$

Dabei ist

$$N = \frac{\omega_k}{\omega}\,\frac{4}{\mu}\,\frac{L_1}{V}\,\frac{1}{|H_{k1}|^2}\,\left(\frac{\omega_k}{\omega} - \frac{\omega}{\omega_k} + \frac{\mathrm{j}}{Q} - \frac{1}{Q_\mathrm{w}}\right) - 1 \tag{12.76}$$

zur Abkürzung des Nenners in Gl.(12.73) geschrieben.

Für $\underline{A}_1 = 1$ ergibt sich aus Gl.(12.75) der *Reflexionskoeffizient* am Koppelloch im Hohlleiter, d.h. das Element S_{11} der Vierpol-Streumatrix. Das Element S_{21} dieser Streumatrix ergibt sich aus der *Stetigkeit* von $\underline{A}_1 + \underline{B}_1$ am Koppelloch.

N nimmt in der Umgebung von $\omega \approx \omega_k$ seinen kleinsten Wert an, wenn nämlich sein Realteil verschwindet. Für einen genügend hohen Gütefaktor Q des Resonators ist N dann überhaupt so klein, daß sich Gl.(12.75) zu

$$\underline{B}_1 = -\underline{A}_1$$

vereinfacht. Das Koppelloch wirkt unter diesen Bedingungen wie ein Kurzschluß der Ersatzleitung ($S_{11} = -1$; $S_{21} = 0$). In der Nähe der Resonanzfrequenz gilt für den Rechteckhohlleiter mit Lochkopplung in der Seitenwand zu einem Resonator die *Leitungsersatzschaltung* in Bild 12.7.

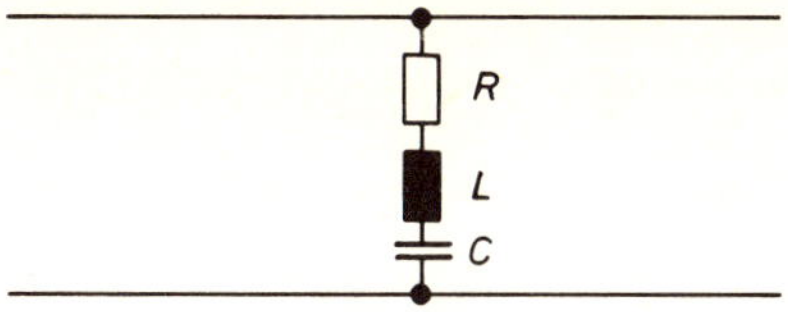

Bild 12.7

Leitungsersatzschaltung eines Rechteckhohlleiters mit Lochkopplung in der Seitenwand zu einem Hohlraumresonator

Der Hohlleiter wird in ihr durch die Ersatzschaltung der Hohlleiter-Grundwelle nach Bild 10.3a dargestellt. Der Hohlraumresonator wirkt nahe der Resonanzfrequenz irgend einer seiner durch das Koppelloch angeregten Eigenschwingungen wie ein Reihenresonanzkreis, der die Ersatzleitung überbrückt.

Übungsaufgaben zum Lernzyklus 15B

Ohne Unterlagen

1 Schreiben Sie eine Formel für den Eingangswiderstand einer Leiterschleife in einem Hohlraumresonator auf!

2 Erläutern Sie, wie man diese Formel herleiten kann!

3 Zeichnen Sie ein Ersatzschaltbild auf, das sich aus dieser Formel ableiten läßt!

4 Erläutern Sie, wie sich die Anregung eines Hohlraumresonators durch ein Koppelloch hindurch berechnen läßt!

5 Zeichnen Sie eine Leitungsersatzschaltung für einen im einwelligen Bereich betriebenen Rechteckhohlleiter, an den durch ein Loch in der Schmalseite ein Hohlraumresonator angekoppelt ist! Wie groß ist der Reflexionskoeffizient für eine einfallende Hohlleiterwelle am Koppelloch bei genügend großem Gütefaktor Q des Resonators?

Unterlagen gestattet

6 <u>Eingangswiderstand einer Antenne im Hohlraumresonator</u>

Eine elektrisch ideal leitende Antenne beliebiger Form in einem Hohlraumresonator wird gemäß nebenstehender Abbildung mit einer Koaxialleitung gespeist. Berechnen Sie den Fußpunktwiderstand am Ende der Koaxialleitung mit Hilfe des stationären Ausdruckes (9.72).

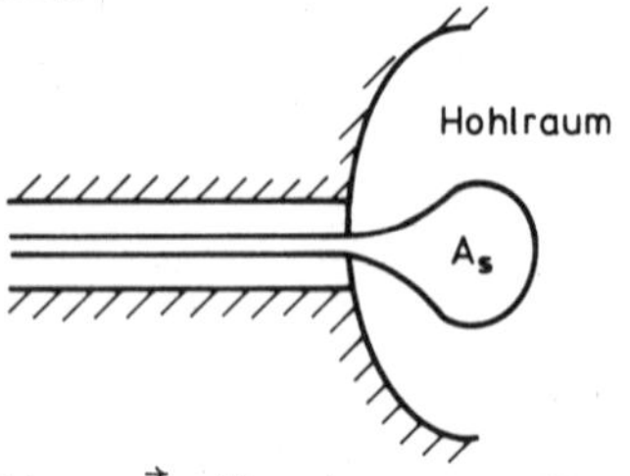

a) Berechnen Sie die Koeffizienten $\underline{a}_i$ der Eigenfunktionen $\vec{E}_i$ für eine angenommene Probestromverteilung $\vec{J}_p^{(A)}$ auf der Oberfläche A_s in Abwesenheit der Antenne und bei einer Kreisfrequenz $\omega \simeq \omega_k$.

b) Geben Sie einen stationären Ausdruck für den Eingangswiderstand der Antenne an!

7 <u>Leistungsaufteilung an einem Transmissionsresonator</u>

An einem Hohlraumresonator mit zwei Koppelschleifen fällt am Anschluß 1 auf einer Leitung mit dem reellen Wellenwiderstand Z_1 eine Welle mit der Leistung P_0 ein. Am Anschluß 2 ist ein Verbraucher mit dem rein reellen Widerstand R_2 angeschlossen. Es sind im Bereich einer Resonanz die am Anschluß 1 reflektierte Leistung, die im Resonator in Wärme umgesetzte Leistung und die in den Widerstand R_2 transmittierte Leistung in Abhängigkeit von den Koppelfaktoren β_e an beiden Anschlüssen und von der Frequenz zu berechnen.

a) Zeichnen Sie, ausgehend von Bild 12.5, die Ersatzschaltung! Berücksichtigen Sie dabei nur den Einfluß der einen Eigenschwingung, deren Resonanz in dem zu untersuchenden Frequenzbereich liegt! Vernachlässigen Sie die Selbstinduktivitäten der Schleifen und nehmen Sie an, daß der Innenwiderstand des Generators an die Leitung angepaßt ist!

b) Ersetzen Sie die Übertrager in der Ersatzschaltung durch eine transformierte Quelle und durch transformierte Widerstände!

c) Berechnen Sie die einfallende Leistung P_0, sowie die im Resonator umgesetzte Leistung P_v, die transmittierte Leistung P_t und die reflektierte Leistung P_r im Verhältnis zu P_0! Verwenden Sie dabei die Abkürzungen des Lehrtextes!

Lernzyklus 16A

LERNZIELE

Nach dem Durcharbeiten des Lernzyklus 16A sollen Sie in der Lage sein,

- den Begriff *gyrotrop* zu erläutern;
- anzugeben, wie man aus linear polarisierten Wellen zirkular polarisierte erzeugen kann;
- die Wellenausbreitung in Plasmen, insbesondere die der Funkwellen in der Ionosphäre zu beschreiben.

13 Wellen in gyrotropen Medien

Begriffsbestimmungen

Stoffe, bei denen die physikalischen Eigenschaften nicht von der Richtung abhängen, heißen isotrop. Wenn ein Stoff hinsichtlich seiner dielektrischen Eigenschaften isotrop ist, besteht zwischen der Verschiebungsdichte $\vec{D}$ und der elektrischen Feldstärke $\vec{E}$ ein Zusammenhang, der unabhängig von der Richtung ist. In Feldstärkebereichen, in denen der *dielektrisch isotrope* Stoff sich *linear* verhält, gilt folgende Beziehung zwischen $\vec{D}$ und $\vec{E}$

$$\vec{D} = \varepsilon \vec{E} \quad , \tag{13.1}$$

wobei die skalare Größe ε die *Dielektrizitätskonstante* des isotropen Stoffes darstellt.

Entsprechend wird in einem *magnetisch isotropen* Stoff im linearen Feldstärkebereich die magnetische Flußdichte $\vec{B}$ mit der magnetischen Feldstärke $\vec{H}$ durch

$$\vec{B} = \mu \vec{H} \tag{13.2}$$

verknüpft. Dabei ist die skalare Größe μ die *Permeabilität* des isotropen Stoffes. In dielektrisch bzw. magnetisch isotropen Stoffen haben also $\vec{D}$ und $\vec{E}$ bzw. $\vec{B}$ und $\vec{H}$ immer die gleiche Richtung.

Anders sieht es in anisotropen Stoffen aus. Solange die Feldstärken im linearen Bereich bleiben, werden in ihnen $\vec{D}$ und $\vec{E}$ bzw. $\vec{B}$ und $\vec{H}$ durch *Tensoren zweiter Stufe* untereinander verknüpft. Im *dielektrisch anisotropen Stoff* hängt entsprechend

$$\begin{aligned} D_x &= \varepsilon_{xx} E_x + \varepsilon_{xy} E_y + \varepsilon_{xz} E_z \\ D_y &= \varepsilon_{yx} E_x + \varepsilon_{yy} E_y + \varepsilon_{yz} E_z \\ D_z &= \varepsilon_{zx} E_x + \varepsilon_{zy} E_y + \varepsilon_{zz} E_z \end{aligned} \tag{13.3}$$

jede rechtwinklige Komponente des Vektors der Verschiebungsdichte $\vec{D}$ von jeder Komponente des elektrischen Feldvektors $\vec{E}$ ab.

Die Matrix der Stoffkonstanten

$$[\varepsilon] = \begin{bmatrix} \varepsilon_{xx} & \varepsilon_{xy} & \varepsilon_{xz} \\ \varepsilon_{yx} & \varepsilon_{yy} & \varepsilon_{yz} \\ \varepsilon_{zx} & \varepsilon_{zy} & \varepsilon_{zz} \end{bmatrix} \tag{13.4}$$

ist der Dielektrizitätstensor. Ein *magnetisch anisotroper* Stoff wird durch den Permeabilitätstensor

$$[\mu] = \begin{bmatrix} \mu_{xx} & \mu_{xy} & \mu_{xz} \\ \mu_{yx} & \mu_{yy} & \mu_{yz} \\ \mu_{zx} & \mu_{zy} & \mu_{zz} \end{bmatrix} \tag{13.5}$$

charakterisiert.

Gyrotrope Medien sind eine spezielle Klasse von anisotropen Stoffen. Die Verknüpfung zwischen $\vec{D}$ und $\vec{E}$ bzw. $\vec{B}$ und $\vec{H}$ ist bei ihnen zwar auch tensoriell aber von so besonderer Natur, daß gewisse, zirkular polarisierte Komponenten dieser Feldvektoren wieder durch skalare Konstanten verknüpft werden. Weil also zirkular polarisierte Felder schon bei der Definition gyrotroper Medien eine Rolle spielen, wollen wir hier zunächst solche Felder besprechen und erst in den dann folgenden Abschnitten die wichtigsten Arten gyrotroper Medien untersuchen.

13.1 Zirkular polarisierte Wellen

Eine homogene, ebene Welle, die sich in z-Richtung ausbreitet, hat die komplexen Feldvektoren

$$\vec{E} = \vec{u}_x \, E \, e^{j\omega t - jkz}$$

$$\vec{H} = \vec{u}_y \, \frac{1}{\eta} \, E \, e^{j\omega t - jkz} \tag{13.6}$$

mit $\eta = \sqrt{\mu/\varepsilon}$ als Wellenwiderstand des Stoffes und seiner Wellenzahl $k = \omega\sqrt{\mu\varepsilon}$. Man nennt eine solche Welle linear polarisiert, denn jeder der Feldvektoren hat in irgendeinem Punkte im Raum zu allen Zeiten die gleiche Richtung. Als Polarisationsebene bezeichnet man die Ebene, die von dem elektrischen Feldvektor $\vec{E}$ und der Wellennormalen aufgespannt wird. In Gl.(13.6) ist es die xz-Ebene.

Wenn der Welle (13.6) eine andere linear polarisierte Welle überlagert wird, die sich in derselben Richtung ausbreitet und die gleiche Amplitude hat, bei der aber entsprechende Feldvektoren senkrecht zu Gl.(13.6) sind und in der zeitlichen Phase um 90^0 verschoben sind, entsteht

$$\vec{E} = (\vec{u}_x E + j\vec{u}_y E)\cdot e^{j(\omega t - kz)} \quad ;$$

$$\vec{H} = (\vec{u}_y E - j\vec{u}_x E)\, \frac{1}{\eta}\, e^{j(\omega t - kz)} \quad . \tag{13.7}$$

Komplexe Zeiger

Diese komplexen Zeiger beschreiben ein Feld mit der momentanen elektrischen Feldstärke

$$\vec{E} = \vec{u}_x E\cdot\cos(\omega t - kz) \; - \; \vec{u}_y E\cdot\sin(\omega t - kz) \quad .$$

Momentanwert

Wenn die y-Komponente null ist, hat die x-Komponente gerade ihr Maximum und umgekehrt. Der Betrag des Vektors ist

$$|\vec{E}| = \sqrt{E_x^2 + E_y^2} = E \,,$$

also zu allen Zeiten konstant. Wie in Bild 13.1 skizziert rotiert $\vec{E}$ in der xy-Ebene bei konstanter Amplitude mit der Winkelgeschwindigkeit ω.

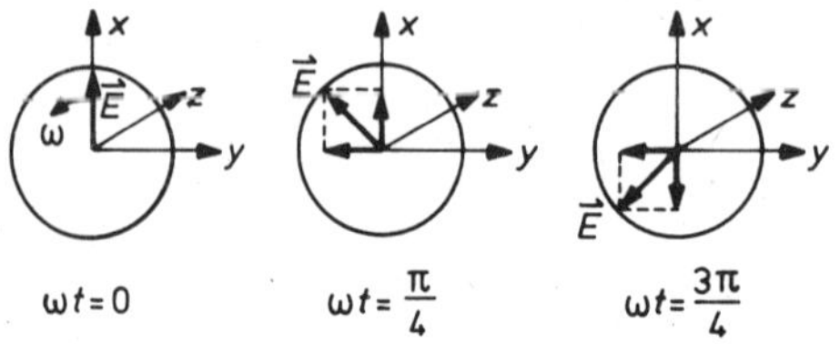

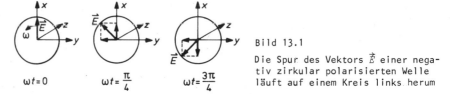

Bild 13.1
Die Spur des Vektors $\vec{E}$ einer negativ zirkular polarisierten Welle läuft auf einem Kreis links herum

Die Spitze des Vektors beschreibt dabei einen Kreis. Man nennt die resultierende Welle (13.7) zirkular polarisiert. Je nachdem ob der Vektor in Ausbreitungsrichtung also hier in positiver z-Richtung gesehen *rechts* oder *links* herum dreht, bezeichnet man den Drehsinn der zirkularen Polarisation als *positiv* oder *negativ*.

Durch Gl.(13.7) wird wie in Bild 13.1 skizziert eine negativ zirkular polarisierte Welle dargestellt. Zur Erzeugung von zirkular polarisierten Wellen aus Wellen mit linearer Polarisation dienen doppelbrechende Medien oder doppelbrechende Strukturen.

Man nennt einen Stoff doppelbrechend, wenn er für zwei verschiedene Polarisationen verschiedene Eigenschaften hat, wenn also sein Brechungsindex

$$n = \sqrt{\frac{\varepsilon}{\varepsilon_0}\,\frac{\mu}{\mu_0}} \qquad (13.8)$$

für verschiedene Polarisationsrichtungen verschiedene Werte hat. Beispielsweise ist ein dielektrisch anisotroper Stoff mit dem diagonalen Dielektrizitätstensor

$$\begin{bmatrix} \varepsilon_{xx} & 0 & 0 \\ 0 & \varepsilon_{yy} & 0 \\ 0 & 0 & \varepsilon_{zz} \end{bmatrix} \qquad (13.9)$$

doppelbrechend für homogene, ebene Wellen, die in einer der Koordinatenrichtungen linear polarisiert sind. Eine in x-Richtung linear polarisierte Welle sieht in ihm den Brechungsindex

$$n_x = \sqrt{\frac{\varepsilon_{xx}}{\varepsilon_0}} \tag{13.10}$$

und hat die Phasengeschwindigkeit

$$v_x = c\sqrt{\frac{\varepsilon_0}{\varepsilon_{xx}}} \quad . \tag{13.11}$$

Eine in y-Richtung linear polarisierte Welle dagegen sieht in ihm den Brechungsindex

$$n_y = \sqrt{\frac{\varepsilon_{yy}}{\varepsilon_0}} \tag{13.12}$$

und hat die Phasengeschwindigkeit

$$v_y = c\sqrt{\frac{\varepsilon_0}{\varepsilon_{yy}}} \quad . \tag{13.13}$$

Wir haben hierbei angenommen, daß in dem dielektrisch anisotropen Stoff homogene, ebene Wellen bestehen können. Man kann sich leicht davon überzeugen, daß in x- bzw. y-Richtung linear polarisierte ebene Wellen tatsächlich Lösungen der Maxwellschen Gleichungen sind, auch wenn in diesen Gleichungen die skalare Dielektrizitätskonstante durch den diagonalen Dielektrizitätstensor ersetzt wird.

Erzeugung zirkular polarisierter Wellen

Um eine linear polarisierte Welle in eine Welle mit zirkularer Polarisation zu wandeln, läßt man sie auf den doppelbrechenden Stoff mit einer Polarisationsrichtung auffallen, die in der xy-Ebene liegt und um 45^0 gegen die x-Achse geneigt ist (Bild 13.2).

Gemäß

$$\vec{E} = \frac{E}{\sqrt{2}}\,\vec{u}_x + \frac{E}{\sqrt{2}}\,\vec{u}_y \tag{13.14}$$

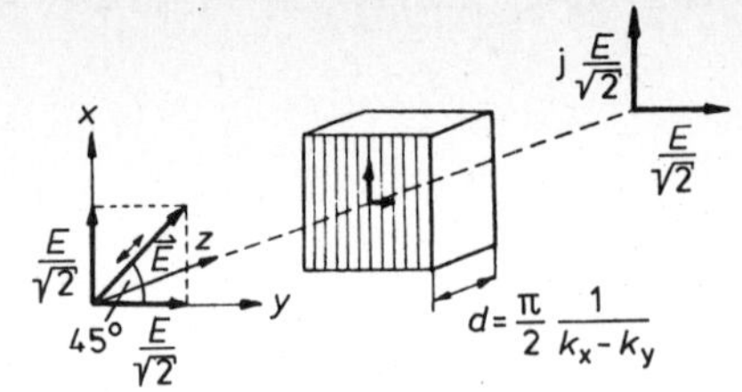

Bild 13.2
λ/4-Platte zur Umwandlung einer linear polarisierten Welle in zirkulare Polarisation

läßt sie sich in x- und y-Komponenten zerlegen.

Die x-Komponente wandert mit der Phasengeschwindigkeit v_x, die y-Komponente mit der Phasengeschwindigkeit v_y. Nach einer Strecke

$$d = \frac{\pi}{2} \frac{1}{k_x - k_y} = \frac{\lambda_0}{4} \frac{1}{n_x - n_y} = \frac{\pi v_x v_y}{2\omega(v_y - v_x)} \tag{13.15}$$

im doppelbrechenden Stoff sind beide Komponenten zeitlich um $\pi/2$ gegeneinander phasenverschoben. Sie überlagern sich hier zu einer zirkular polarisierten Welle.

Eine doppelbrechende Platte der Stärke d entsprechend Gl.(13.15) wandelt also bei richtiger Orientierung lineare Polarisation in zirkulare Polarisation um. Da dies gerade bei Verschiebung der Phase um 1/4 der ganzen Periode 2π geschieht, werden solche Anordnungen auch λ/4-Platten genannt.

Beispiele

Bei *optischen Frequenzen* zeigen bestimmte Kristalle genügend starke Doppelbrechung, so daß man aus ihnen λ/4-Platten herstellen kann. Doppelbrechende Medien für *Mikrowellen* werden als künstliche Dielektrika z.B. durch feine Schichten mit abwechselnd verschiedenem Brechungsindex hergestellt.

Auch in *Wellenleitern* können zirkular polarisierte Wellen vorkommen. Immer wenn zwei zueinander senkrecht linear polarisierte Eigenwellen miteinander entartet sind, bilden sie bei Überlagerung mit gleicher Amplitude aber 90° Phasenverschiebung gegeneinander eine zirkular polarisierte Welle. Die Grundwellen im quadratischen Hohlleiter und im Rundhohlleiter sind praktisch wichtige Eigenwellen, die sowohl linear als auch zirkular polarisiert sein können.

λ/4-Platten zur Wandlung von linearer in zirkulare Polarisation kann man in solchen Wellenleitern einfach herstellen indem man die Entartung über eine bestimmte axiale Länge aufhebt. Dann haben die beiden linear polarisierten Komponenten verschiedene

Phasengeschwindigkeiten, genauso wie im doppelbrechenden Stoff.

Praktisch wird die Entartung im quadratischen oder runden Hohlleiter durch Querschnittsverformung oder dielektrische Einsätze aufgehoben (Bild 13.3).

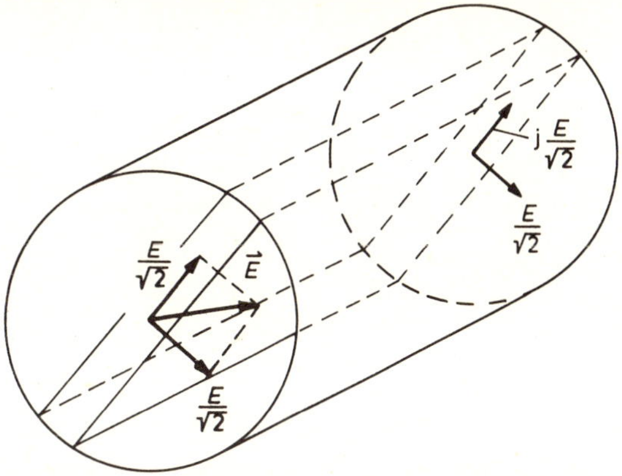

Bild 13.3
λ/4-Platte im Rundhohlleiter

Die Wirkung dieser Maßnahmen ist meist so klein, daß sie mit *Störungsverfahren* berechnet und bemessen werden kann.

13.2 Magnetisierte Plasmen

Als Plasma bezeichnet man in der Elektrotechnik normalerweise ein *ionisiertes Gas*, das in erster Näherung *keine Raumladung* besitzt, also ebenso viele positive wie negative Ladungsträger hat. Die Ladungsträger sind nahezu *frei beweglich*. Ihre Bewegungsfreiheit wird nämlich nur durch Zusammenstöße mit anderen Ladungsträgern und neutralen Molekülen des Gases behindert.

Begriffsbestimmung

Im erweiterten Sinne spricht man auch von *Plasmen in Festkörpern*, wenn nämlich die Dichte der quasifreien Ladungsträger so groß ist und sie so beweglich sind, daß ihre Wechselwirkung mit elektromagnetischen Feldern zu ähnlichen Erscheinungen führt wie bei den ionisierten Gasen.

Voraussetzungen

Genaugenommen werden in einem ionisierten Gas mit gleicher Zahl von *Elektronen* und positiven *Ionen* beide Arten von Ladungsträgern sich unter dem Einfluß elektromagnetischer Felder bewegen. Die *Ionen* sind aber so viel *träger* als die Elektronen, daß ihre Bewegung hier vernachlässigt werden kann. Es soll hier auch angenommen werden, daß das Gas so dünn ist und die Elektronendichte so gering, daß Wechselwirkungen zwischen Elektronen und Ionen und neutralen Molekülen und den Elektronen vernachlässigt werden können.

Solch ein Plasma soll einem magnetischen Gleichfeld der Flußdichte B_0 in z-Richtung ausgesetzt sein. Wenn außerdem ein elektromagnetisches Wechselfeld $\vec{E}$, $\vec{B}$ besteht, wirkt auf ein Elektron im Plasma die Kraft

$$\vec{K} = -q(\vec{E} + \vec{v} \times (\vec{B} + \vec{u}_z B_0)) \quad . \tag{13.16}$$

q ist die Elementarladung und $\vec{v}$ die Geschwindigkeit des Elektrons. Gleichung (13.16) ist eine nichtlineare Beziehung zwischen unbekannten Größen, denn es erscheint das Produkt von $\vec{v}$ und $\vec{B}$. Wir *linearisieren* diese Beziehung, indem wir das Produkt $\vec{v}\times\vec{B}$ einfach vernachlässigen. Wir beschränken uns damit auf *kleine Wechselgrößen*, denn sowohl $\vec{v}$ als auch $\vec{B}$ sollen nur Wechselgrößen sein.

Daß diese Vernachlässigung zulässig ist, sieht man leicht ein, wenn man eine homogene, ebene Welle betrachtet. In ihr ist

$$B = \mu_0 H = E/c$$

mit c als Lichtgeschwindigkeit. Die sogenannte Lorentzkraft

$$q|\vec{v} \times \vec{B}| = qE(v/c) \sin\alpha \quad ,$$

mit α als Winkel zwischen $\vec{v}$ und $\vec{E}$, ist also mindestens um den Faktor v/c kleiner als die Kraftwirkung qE des elektrischen Feldes. Die Linearisierung von Gl.(13.16) ist darum immer möglich, wenn $v \ll c$ ist. Sie gilt auf jeden Fall für kleine Wechselgrößen.

Positiv zirkular polarisiert

Die weiteren Überlegungen werden übersichtlicher, wenn wir nicht ein allgemeines, beliebig orientiertes Wechselfeld annehmen, sondern ein zirkular polarisiertes elektrisches Feld, dessen Feldvektor $\vec{E}_+$ in der (x,y)-Ebene also normal zu B_0 im positiven Sinne rotiert (Bild 13.4).

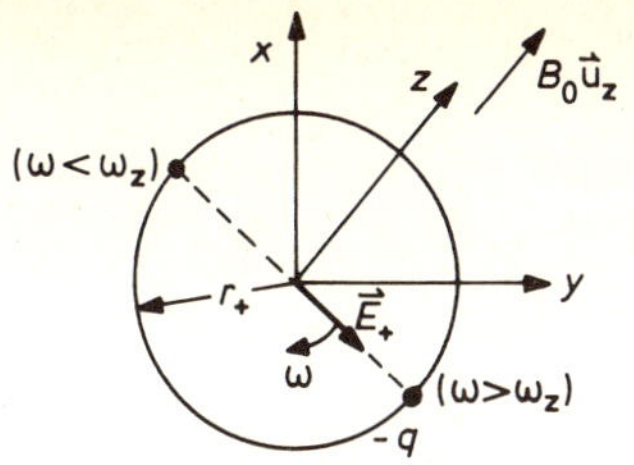

Bild 13.4

Unter dem Einfluß eines magnetischen Feldes B_0 und des dazu orthogonalen elektrischen Feldes mit zirkularer Polarisation kreist ein Elektron synchron mit $\vec{E}_+$

Die allgemeinen Zusammenhänge werden wir später auch aus diesen speziellen Verhältnissen erhalten. Auf ein Elektron wirkt das rotierende elektrische Feld $\vec{E}_+$ und das magnetische Gleichfeld B_0. Beide Kräfte liegen in der (x,y)-Ebene. Ein *stationärer Zustand* ist nur möglich, wenn alle Kräfte, die auf das Elektron wirken, im *Gleichgewicht* sind.

Dazu muß das Elektron *synchron* mit dem elektrischen Feldvektor rotieren, nur dann kann sich nämlich die nach innen gerichtete Kraft aus $-q\vec{E}_+$ und $-q\vec{v} \times B_0\vec{u}_z$ die Waage halten mit der Zentrifugalkraft

$$m_e \cdot v^2 / r_+$$

aus Elektronenmasse m_e, Elektronengeschwindigkeit v, und Radius r_+ der Kreisbahn. Es gilt für das Gleichgewicht der Kräfte

$$qE_+ + qvB_0 = m_e \cdot v^2 / r_+ \quad .$$

Mit der *Winkelgeschwindigkeit* $\omega = v/r_+$ für das rotierende Elektron ist

$$qE_+ + q\omega r_+ B_0 = m_e \cdot \omega^2 r_+ \quad .$$

ω ist auch die *Kreisfrequenz des zirkular polarisierten Feldes*. Daraus ergibt sich der Halbmesser der stabilen Kreisbahn des Elektrons zu

$$r_+ = \frac{q\,E_+}{m_e\omega^2 - q\omega B_0} = \frac{q\,E_+}{m_e(\omega^2 - \omega\omega_z)} \tag{13.17}$$

mit

$$\omega_z = qB_0/m_e \qquad (13.18)$$

als der sogenannten Zyklotronfrequenz eines Elektrons im Feld B_0. ω_z *ist die Umlauffrequenz eines Ladungsträgers im Zyklotron.* Wenn auch im Zyklotron eigentlich nur Ionen beschleunigt werden, so kann man doch wie in Gl.(13.18) für jede Art von Ladungsträgern eine Zyklotronfrequenz definieren.

Für $\omega < \omega_z$ wird r_+ negativ, dann ist das Elektron auf seiner Kreisbahn in Gegenphase zu $\vec{E}_+$. Die Kraft des elektrischen Feldes wirkt dann in gleicher Richtung wie die nunmehr schwächere Zentrifugalkraft, um der Lorentzkraft das Gleichgewicht zu halten.

Das Elektron auf seiner Kreisbahn bildet einen *elektrischen Dipol* des Momentes $-qr_+$, der entweder in Phase oder in Gegenphase mit dem elektrischen Feld rotiert. Die Summe aller Dipole von n Elektronen pro Volumeneinheit ergibt eine *elektrische Polarisierung*

$$\vec{P}_+ = -nq\vec{r}_+ = -\frac{n\,q^2\,E_+}{m_e(\omega^2 - \omega\omega_z)} ,$$

also einen Vektor, der entweder parallel oder gegenparallel zu $\vec{E}_+$ und ihm proportional ist.

Die zirkular polarisierte *Verschiebungsdichte* ist

$$\vec{D}_+ = \varepsilon_0\vec{E}_+ + \vec{P}_+ = \left(\varepsilon_0 - \frac{n\,q^2}{m_e(\omega^2 - \omega\omega_z)}\right)\vec{E}_+ . \qquad (13.19)$$

Das magnetisierte Plasma hat demnach für ein bezüglich B_0 positiv zirkular polarisiertes elektrisches Feld $\vec{E}$ eine *effektive Dielektrizitätskonstante*

$$\varepsilon_+ = \varepsilon_0\left(1 - \frac{\omega_p^2}{\omega^2 - \omega\omega_z}\right) \qquad (13.20)$$

Dabei ist mit

$$\omega_p = \sqrt{nq^2/(\varepsilon_0 m_e)}$$

die sogenannte Plasmafrequenz abgekürzt, genauer genommen die *Plasmafrequenz der Elektronen.*

Für jede Art von Ladungsträgern läßt sich mit der Ladungsträgerdichte n eine solche Plasmafrequenz definieren. Im Plasma ohne Magnetfeld ($\omega_z = 0$) verschwindet bei der Plasmafrequenz die Dielektrizitätskonstante. Man spricht hier von einer Plasmaresonanz.

Für ein elektromagnetisches Feld positiv zirkularer Polarisation ist das Medium entsprechend Gleichung (13.19) isotrop mit den Stoffkonstanten μ_0 und ε_+.

Eine homogene, ebene Welle mit dieser zirkularen Polarisation breitet sich in z-Richtung mit der *Wellenzahl*

$$k_+ = \omega\sqrt{\mu_0 \varepsilon_+} \qquad (13.21)$$

und *Phasengeschwindigkeit*

$$v_+ = c\sqrt{\varepsilon_0/\varepsilon_+} \qquad (13.22)$$

aus.

Negativ zirkular polarisiert

Rotiert das elektrische Feld im entgegengesetzten Sinne, ist es also bezüglich B_0 negativ zirkular polarisiert, so muß im stationären Zustand jedes Elektron auch in diesem Drehsinne synchron mit dem Feld kreisen. Die elektrische Feldkraft am Elektron ist nach innen gerichtet, die Lorentzkraft wirkt bei diesem Drehsinn aber nach außen. Für Kräftegleichgewicht muß

$$qE_- - qvB_0 = m_e \cdot v^2/r_- = m_e\, \omega^2 r_- \qquad (13.23)$$

sein. Als Halbmesser der stabilen Kreisbahn des Elektrons folgt daraus

$$r_- = \frac{q\,E_-}{m_e(\omega^2 + \omega\omega_z)} \quad . \qquad (13.24)$$

Jedes kreisende Elektron stellt wieder einen rotierenden Dipol dar. n Elektronen pro Volumeneinheit bilden eine negativ rotierende Polarisation

$$\vec{P}_- = - nq\vec{r}_- \; .$$

Für ein negativ zirkular polarisiertes Feld $\vec{E}_-$ wirkt demnach das magnetisierte Plasma wie ein isotroper Stoff der Dielektrizitätskonstante

$$\varepsilon_- = \varepsilon_0 \left(1 - \frac{\omega_p^2}{(\omega^2 + \omega\omega_z)}\right) \qquad (13.25)$$

Eine ebene Welle mit zirkularer Polarisation, die negativ bezüglich B_0 rotiert, breitet sich mit der *Wellenzahl*

$$k_- = \omega\sqrt{\mu_0\varepsilon_-} \qquad (13.26)$$

und der *Phasengeschwindigkeit*

$$v_- = c\sqrt{\varepsilon_0/\varepsilon_-} \qquad (13.27)$$

aus.

Linear polarisiert

Es soll nun festgestellt werden, wie sich eine linear polarisierte Welle in einem magnetisierten Plasma verhält. Überlagert man ein positiv zirkular polarisiertes Feld der Form

$$\underline{\vec{E}}_+ = \underline{E}(\vec{u}_x - j\vec{u}_y) \qquad (13.28)$$

mit einem negativ zirkular polarisierten Feld der Form

$$\vec{\underline{E}}_- = \underline{E}(\vec{u}_x + j\vec{u}_y) \qquad (13.29)$$

so ergibt sich ein in x-Richtung linear polarisiertes Feld

$$\vec{\underline{E}}_+ + \vec{\underline{E}}_- = 2\underline{E}\vec{u}_x = \underline{E}_x\vec{u}_x \; .$$

Jedes linear polarisierte Feld läßt sich demnach in zwei entgegengesetzt zirkular polarisierte Komponenten gleicher Amplitude zerlegen:

$$\underline{E}_+ = \underline{E}_- = \underline{E} = \underline{E}_x/2 \quad . \qquad (13.30)$$

Die zugehörige Verschiedungsdichte im magnetisierten Plasma finden wir aus

$$\vec{\underline{D}} = \underline{D}_+(\vec{u}_x - j\vec{u}_y) + \underline{D}_-(\vec{u}_x + j\vec{u}_y) \; ,$$

wobei $\underline{D}_+$ bzw. $\underline{D}_-$ den zirkular polarisierten Feldkomponenten $\underline{E}_+$ bzw. $\underline{E}_-$ proportional sind mit den entsprechenden Dielektrizitätskonstanten ε_+ bzw. ε_- als Proportionalitätsfaktoren.

$$\vec{\underline{D}} = (\varepsilon_+\underline{E}_+ + \varepsilon_-\underline{E}_-)\vec{u}_x + j(\varepsilon_-\underline{E}_- - \varepsilon_+\underline{E}_+)\vec{u}_y \quad . \qquad (13.31)$$

Mit Gl.(13.30) sind die linear polarisierten Komponenten der Verschiebungsdichte

$$\underline{D}_x = \frac{\varepsilon_+ + \varepsilon_-}{2}\underline{E}_x \qquad \underline{D}_y = j\,\frac{\varepsilon_- - \varepsilon_+}{2}\underline{E}_x \, . \qquad (13.32)$$

Ein in y-Richtung linear polarisiertes Feld ergibt sich aus der Differenz der Gln.(13.28) und (13.29)

$$\vec{\underline{E}}_+ - \vec{\underline{E}}_- = -j2\underline{E}\vec{u}_y = \underline{E}_y\vec{u}_y \quad .$$

In der letzten Gleichung ist dabei $\underline{E} = j\underline{E}_y/2$ gesetzt worden.

Ein in y-Richtung linear polarisiertes Feld besteht demnach aus den entgegengesetzt zirkular polarisierten Komponenten

$$\underline{E}_+ = -\underline{E}_- = j\underline{E}_y/2 \quad . \tag{13.33}$$

Aus Gl.(13.31) ergeben sich in diesem Falle die linear polarisierten Komponenten der Verschiebungsstromdichte zu

$$\underline{D}_x = j\,\frac{\varepsilon_+ - \varepsilon_-}{2}\,\underline{E}_y \; ; \; \underline{D}_y = \frac{\varepsilon_+ + \varepsilon_-}{2}\,\underline{E}_y \quad . \tag{13.34}$$

Bei einem in z-Richtung linear polarisierten Feld bleibt die Magnetisierung wirkungslos. Ein solches Feld beschleunigt die Elektronen nur in Richtung des magnetischen Gleichfeldes, so daß keine Lorentzkraft auftritt. Mit $B_0 = 0$ und $\omega_z = 0$ in Gl.(13.20) bzw. (13.25) ist die effektive Dielektrizitätskonstante für lineare Polarisation in z-Richtung einfach

$$\varepsilon_{zz} = \varepsilon_0\left(1 - \frac{\omega_p^2}{\omega^2}\right) \quad . \tag{13.35}$$

Aus den Gln.(13.32), (13.34) und (13.35) lassen sich nun die Elemente des Dielektrizitätstensors für linear polarisierte Feldkomponenten ablesen. Es ist

$$\begin{aligned}
&\varepsilon_{xx} = \frac{\varepsilon_+ + \varepsilon_-}{2} = \varepsilon_0\left(1 - \frac{\omega_p^2}{(\omega^2 - \omega_z^2)}\right); \quad \varepsilon_{xy} = -\varepsilon_{yx} \; ; \quad \varepsilon_{xz} = 0 \\
&\varepsilon_{yx} = j\,\frac{\varepsilon_- - \varepsilon_+}{2} = j\varepsilon_0\,\frac{\omega_p^2}{(\omega^2 - \omega_z^2)}\,\frac{\omega_z}{\omega}; \quad \varepsilon_{yy} = \varepsilon_{xx} \; ; \quad \varepsilon_{yz} = 0 \\
&\varepsilon_{zx} = 0 \; ; \qquad \varepsilon_{zy} = 0 \; ; \qquad \varepsilon_{zz} = \varepsilon_0\left(1 - \frac{\omega_p^2}{\omega^2}\right) \quad .
\end{aligned} \tag{13.36}$$

Der Dielektrizitätstensor ist nicht diagonal.

Dieser Dielektrizitätstensor läßt sich auch direkt aus der Bewegungsgleichung

$$m_e \frac{d\vec{v}}{dt} = \vec{K} = -q(\vec{E} + \vec{v} \times \vec{u}_z B_0) \tag{13.37}$$

ableiten. Die Einzelheiten der Elektronenbewegung werden dabei allerdings nicht so deutlich. Mit $\vec{r}$ als dem Verschiebungsvektor eines Elektrons ist

Anderer Weg

$$\vec{v} = \frac{d\vec{r}}{dt} \qquad \text{und} \qquad \frac{d\vec{v}}{dt} = \frac{d^2\vec{r}}{dt^2} \quad .$$

Im eingeschwungenen Zustand können die Komponenten von $\vec{v}$ und $\vec{r}$ durch komplexe Phasoren dargestellt werden. Zeitliche Ableitungen werden dann durch $d/dt = j\omega$ gebildet.

Durch Verschiebung der Elektronen wird das Plasma gemäß

$$\underline{\vec{P}} = -nq\underline{\vec{r}}$$

polarisiert. Anstatt für die Verschiebung läßt sich die Bewegungsgleichung (13.37) auch für die Polarisierung schreiben

$$\frac{m_e \omega^2}{nq} \underline{\vec{P}} = -q\underline{\vec{E}} + j \frac{\omega}{n} \underline{\vec{P}} \times \vec{u}_z B_0 \quad . \tag{13.38}$$

Die kartesischen Komponenten dieser Gleichung sind

$$
\begin{aligned}
\underline{P}_x - j\frac{\omega_z}{\omega}\underline{P}_y &= -\varepsilon_0\frac{\omega_p^2}{\omega^2}\underline{E}_x \\
\underline{P}_y + j\frac{\omega_z}{\omega}\underline{P}_x &= -\varepsilon_0\frac{\omega_p^2}{\omega^2}\underline{E}_y \qquad (13.39) \\
\underline{P}_z &= -\varepsilon_0\frac{\omega_p^2}{\omega^2}\underline{E}_z \quad .
\end{aligned}
$$

Nach den kartesischen Komponenten der Polarisation aufgelöst ist

$$
\begin{aligned}
\underline{P}_x\left(1 - \frac{\omega_z^2}{\omega^2}\right) &= -\varepsilon_0\frac{\omega_p^2}{\omega^2}\underline{E}_x - j\varepsilon_0\frac{\omega_z}{\omega}\frac{\omega_p^2}{\omega^2}\underline{E}_y \\
\underline{P}_y\left(1 - \frac{\omega_z^2}{\omega^2}\right) &= -\varepsilon_0\frac{\omega_p^2}{\omega^2}\underline{E}_y + j\varepsilon_0\frac{\omega_z}{\omega}\frac{\omega_p^2}{\omega^2}\underline{E}_x \quad .
\end{aligned}
\qquad (13.40)
$$

Mit der Beziehung

$$\vec{\underline{D}} = \varepsilon_0\vec{\underline{E}} + \vec{\underline{P}}$$

für die Verschiebungsdichte ergibt sich so derselbe Dielektrizitätstensor wie in Gl. (13.36).

13.3 Wellenausbreitung in der Ionosphäre

Ein für die Funktechnik sehr wichtiges Beispiel eines magnetisierten Plasmas ist die Ionosphäre im Magnetfeld der Erde. Es entsteht in den oberen Schichten der Atmosphäre, wo ihre Restgase durch ultraviolette Strahlen von der Sonne ionisiert werden.

Die Ionosphäre reicht von 80 bis 500 km Höhe über den Erdboden und hat eine Elektronendichte der Ionisation, die tages- und jahreszeitlich und je nach Aktivität der Sonnenflecken schwankt. Dabei bilden sich Schichten mit Ionisationsplasma, wie sie als typisches Beispiel die Höhenverteilung in Bild 13.5 zeigt.

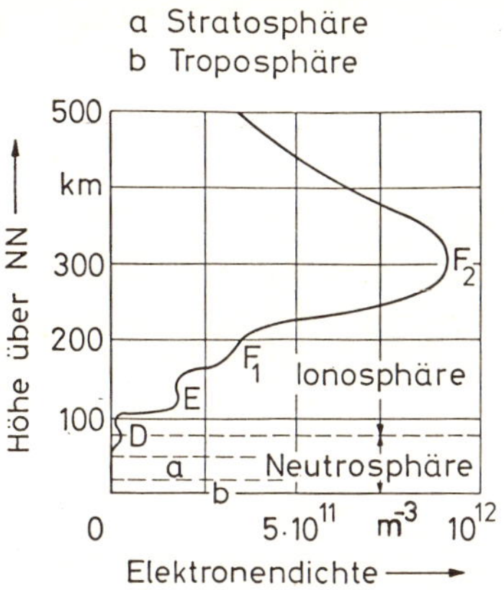

Bild 13.5

Höhenverteilung der Elektronendichte in der Ionosphäre an einem Sommertag bei erhöhter Sonnenflekkenaktivität

Dieses Bild enthält auch die Bezeichnungen D, E, F_1 und F_2 der einzelnen Schichten. Bei Sonneneinstrahlung, also tagsüber, bilden sich alle diese Schichten mehr oder weniger stark aus und absorbieren dabei die ultravioletten Sonnenstrahlen nahezu ganz. Wegen der geringen Luftdichte rekombinieren die Ladungen insbesondere in den höheren Schichten sehr langsam, so daß von der F_2-Schicht als höchster Schicht die ganze Nacht ein Rest bestehen bleibt.

Auch wegen dieser geringen Luftdichte haben die ionisierten Schichten die Eigenschaften eines zwar dünnen, aber sonst nahezu idealen Plasmas: Die Ladungsträger stoßen so selten miteinander oder mit den neutralen Molekülen des Restgases zusammen, daß sie praktisch frei beweglich sind. Außerdem gibt es im Gleichgewicht keine Raumladung, also ebenso viele positive wie negative Ladungen, von denen die positiven Ionen wenigstens 1840-mal schwerer als die Elektronen und darum viel träger sind. In einem hochfrequenten Wechselfeld bewegen sich darum nur die Elektronen.

Im Magnetfeld der Erde liegt die *Zyklotronfrequenz* der Elektronen bei etwa $f_z = 1$ MHz. Die Plasmafrequenz in den verschiedenen Schichten der Ionosphäre liegt je nach Tages- und Jahreszeit sowie je nach Aktivität der Sonnenflecken im Bereich von

$$f_p = 2 \dots 10 \text{ MHz}$$

Zirkulare Polarisation

Normalerweise ist jedenfalls in der Ionosphäre $f_p > f_z$. Unter dieser Bedingung haben die *effektiven Dielektrizitätskonstanten* für zirkulare Polarisation in Abhängigkeit von der Frequenz je eine *Nullstelle* (Bild 13.6). Bei *positiv zirkularer Polarisation* liegt diese Nullstelle bei

$$\omega_+ = \frac{\omega_z}{2} + \sqrt{\omega_p^2 + \frac{1}{4}\,\omega_z^2} \qquad (13.41)$$

und bei *negativ zirkularer Polarisation* bei

$$\omega_- = -\frac{\omega_z}{2} + \sqrt{\omega_p^2 + \frac{1}{4}\,\omega_z^2}\ . \qquad (13.42)$$

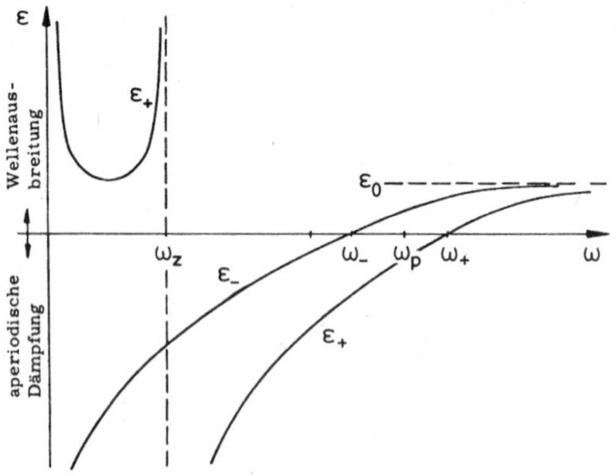

Bild 13.6
Frequenzverhalten der Dielektrizitätskonstanten für zirkular polarisierte Wellen in der Ionosphäre

Oberhalb dieser Nullstellen sind die Dielektrizitätskonstanten positiv, unterhalb sind sie bei negativ zirkularer Polarisation durchweg negativ.

Für positiv zirkulare Polarisation wird die Dielektrizitätskonstante unendlich, wenn

$$\omega = \omega_z$$

ist. Bei $\omega < \omega_z$ ist ε_+ hier dann wieder positiv.

Für lineare Polarisation in Richtung des magnetischen Gleichfeldes bzw. ganz allgemein ohne Magnetfeld liegt die Nullstelle bei der Plasmafrequenz

Lineare Polarisation

$$\omega = \omega_p \quad .$$

Wellenausbreitung ist nur bei positivem ε möglich. Bei negativem ε sind die Wellenzahl und der Wellenwiderstand imaginär. Wellen, die ein solches Medium treffen, werden *reflektiert.*

Dementsprechend reflektiert die Ionosphäre alle Wellen bei Frequenzen, die kleiner als ihre Plasmafrequenz bzw. kleiner als ω_+ aus Gl.(13.41) oder ω_- aus Gl.(13.42) sind.

Die Ausbreitungsmöglichkeit für positiv zirkulare Polarisation im Frequenzbereich

Pfeiferwellen

$$\omega < \omega_z$$

gibt Anlaß zu den sogenannten Pfeiferwellen (Whistler modes). Für sehr tiefe Frequenzen ($\omega \ll \omega_z$) ist

$$\varepsilon_+ \approx \varepsilon_0 \frac{\omega_p^2}{\omega\omega_z} \quad . \tag{13.43}$$

Positiv zirkular polarisierte Wellen, die in Richtung des magnetischen Feldes wandern, haben danach die Phasenkonstante

$$\beta_+ = \frac{\omega_p}{c}\sqrt{\frac{\omega}{\omega_z}} \quad .$$

Sie breiten sich mit der Gruppengeschwindigkeit

$$v_g^+ = 1/(d\beta/d\omega) = 2\, c\, \frac{\sqrt{\omega\omega_z}}{\omega_p}$$

aus. Die Dispersion dieser Wellen ist hier anomal, denn ε fällt mit steigendem ω, und die Gruppengeschwindigkeit ist größer als die Phasengeschwindigkeit. Mit steigender Frequenz wächst dabei die Gruppengeschwindigkeit.

Diese Pfeiferwellen werden oft durch atmosphärische Entladungen angeregt. Aus dem breiten Frequenzspektrum solcher impulsförmigen Störungen laufen die Wellen höherer Frequenz schneller als die Wellen tiefer Frequenz. Es entstehen dadurch ausgezogene Pfeiftöne von fallender Tonhöhe. Daher rührt der Name dieser Wellen. Im Langwellenbereich können auch Funksignale als Pfeiferwellen von der nördlichen zur südlichen Hemisphäre und umgekehrt übertragen werden.

Reflexion

Abgesehen von den Pfeiferwellen reflektiert die Ionosphäre im allgemeinen alle Wellen mit Frequenzen $\omega < \omega_p$ (Bild 13.7a), weil für sie die effektive Dielektrizitätskonstante negativ ist.

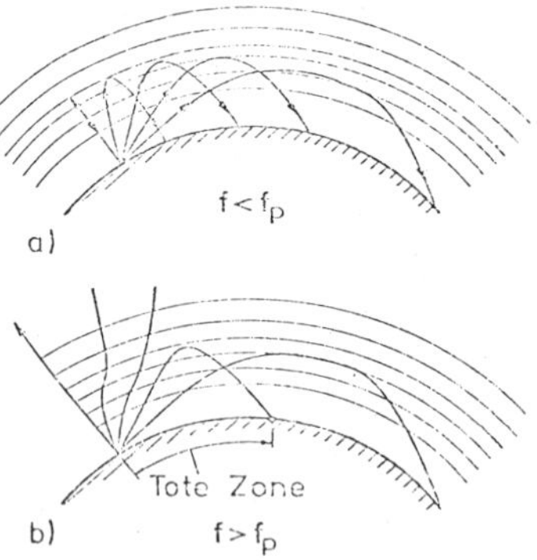

Bild 13.7
Reflexion und Brechung in der Ionosphäre

Für Wellen, deren Frequenz oberhalb der Plasmafrequenz liegt, haben die Plasmaschichten der Ionosphäre dagegen eine positive Dielektrizitätskonstante. Solange die Frequenz aber nicht sehr weit oberhalb der Plasmafrequenz liegt, ist die Dielektrizitätskonstante ortsabhängig. Wenn eine Welle in diesem Frequenzbereich von unten in die Ionosphäre eindringt, sieht sie eine mit steigender Elektronendichte kleiner werdende Brechzahl. Nach der *Strahlengleichung* (3.24) der geometrischen Optik wird die Welle in Richtung des Brechzahlgradienten abgelenkt und kann bei genügend flachem Einfall auf die Ionosphäre wieder zur Erde zurück reflektiert werden (Bild 13.7b). Bis zu dieser Grenze der Totalreflexion gibt es die in Bild 13.7b markierte tote Zone auf der Erdoberfläche, in die keine von der Ionosphäre reflektierte Welle einfällt. Die schleichende Brechung und Totalreflexion kann entsprechend Bild 13.7a auch schon bei $\omega < \omega_p$ und streifendem Einfall zu sehr langen Wegen in der Ionosphäre und großen Reichweiten bei der Funkübertragung führen. Neben Raumwellen, die nach einfacher Reflexion, also in *einem* Sprung, die

Erdoberfläche wieder erreichen, treffen in größerer Entfernung vom Sender auch Raumwellen nach mehrfacher Reflexion an Ionosphäre und Erde, also mit *mehreren* Sprüngen, die Erdoberfläche (Bild 13.8a). Mehrfachreflexion

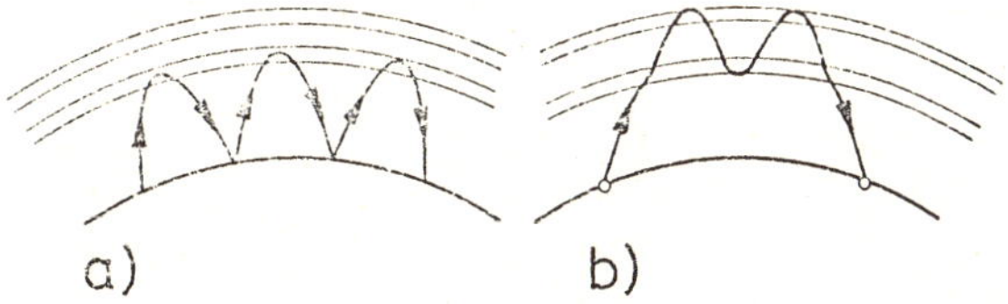

Bild 13.8
Ausbreitungswege der Raumwelle
a) Mehrfachreflexion mit drei Sprüngen
b) Mehrfachreflexion zwischen zwei Ionosphärenschichten

Schließlich kommen auch Mehrfachreflexionen zwischen den verschiedenen Schichten der Ionosphäre nach Bild 13.8b vor.

Die Raumwelle wird auf diesen Ausbreitungswegen durch zwei verschiedene Einflüsse geschwächt: Einmal nimmt ihre Strahlungsdichte nicht nur umgekehrt proportional zum Quadrat der Länge des Ausbreitungsweges ab, sondern durch Aufspreizung des Strahles bei der Brechung in der Ionosphäre *verdünnt* sich die Strahlung. Zum anderen dämpfen hauptsächlich bei Tage die unteren Schichten der Ionosphäre die Raumwelle durch *Absorption*. Während die Strahlverdünnung nicht sehr von der Frequenz abhängt, wird die Raumwelle durch Absorption um so mehr geschwächt, je niedriger ihre Frequenz ist. Diese Absorptionsdämpfung entsteht durch unelastische Zusammenstöße der Elektronen mit den Ionen oder Molekülen und führt zu einer Komponente der Wechselstromdichte, die in Phase mit $\underline{E}$ ist. Ähnlich wie in widerstandsbehafteten Leitern wird durch diesen Wirkstrom Feldenergie in Wärme umgesetzt. Mit sinkender Frequenz wird der Verschiebungsstrom $j\omega\varepsilon_0\underline{E}$ immer kleiner gegen die Wirkkomponente, so daß die Absorptionsdämpfung mit sinkender Frequenz immer mehr ins Gewicht fällt. Sie wächst schließlich so weit, daß es eine untere Frequenzgrenze gibt, bis zu der überhaupt noch eine Raumwelle empfangen werden kann. Die untere Frequenzgrenze hängt sehr von der Tages- und Jahreszeit sowie von der Sonnenfleckenaktivität ab. Insbesondere in der untersten, der D-Schicht, ist die Luft noch so dicht und damit die Stoßabsorption so hoch, daß sie die Wellen mehr dämpft als bricht. Eine durch Sonneneruption bei Sonneneinstrahlung stark ausgebildete D-Schicht kann darum sogar Kurzwellen absorbieren und die ionosphärische Wellenausbreitung auf der sonnenbeschienenen Erdhälfte ganz unterbrechen. Dämpfung

Quantitative Berechnungen der Raumwellenausbreitung in der Ionosphäre auf Grund dieser Vorstellungen sind aber nicht sehr zuverlässig. Die Ionosphäre ändert ihre Eigenschaften von Ort zu Ort ziemlich regellos und ist auch zeitlichen Schwankungen unterworfen. Man verläßt sich darum auf Beobachtungen und statistische Daten.

Schwund

Trifft die Raumwelle auf zwei verschiedenen Wegen oder zusammen mit der Bodenwelle am Empfangsort ein, so können sich beide Komponenten je nach Phasenlage addieren oder auch subtrahieren. Wegen zeitlicher Schwankungen der Übertragungswege wechselt diese Interferenz meist ständig zwischen Addition und Subtraktion, und es kommt zu *Schwunderscheinungen*. Wenn der Schwund das ganze vom Sender ausgestrahlte Frequenzband gleichmäßig erfaßt, schwankt nur die Amplitude. Solche Amplitudenschwankungen können durch Verstärkungsregelung im Empfänger weitgehend ausgeglichen werden. Schwunderscheinungen können bei den großen Wegdifferenzen zwischen Raum- und Bodenwelle oder zwischen verschiedenen Raumwellen aber auch stark von der Frequenz abhängen. Dann können bei einem modulierten Träger die Seitenbänder anders schwinden als der Träger. Dadurch entstehen Signalverzerrungen, die im Empfänger nicht mehr ausgeglichen werden können.

Übungsaufgaben zum Lernzyklus 16A

1 Erläutern Sie die Begriffe *isotrop*, *anisotrop* und *gyrotrop*! *Ohne Unterlagen*

2 Erläutern Sie, wie man mit einer $\lambda/4$-Platte zirkular polarisierte Wellen erzeugen kann!

3 Was versteht man unter einem Plasma?

4 Geben Sie Formeln für die Zyklotronfrequenz und die Plasmafrequenz sowie für die effektiven Dielektrizitätskonstanten von positiv und negativ zirkular polarisierten Wellen in einem magnetisierten Plasma an!

5 Geben Sie typische Werte für die Zyklotron- und die Plasmafrequenz der Ionosphäre an!

6 Warum werden Funkwellen bestimmter Frequenzbereiche an der Ionosphäre reflektiert?

7 Warum haben Raumwellen nachts eine geringere Dämpfung als tagsüber?

8 $\lambda/2$-Platte *Unterlagen gestattet*

Wie wird eine zirkular polarisierte Welle durch eine $\lambda/2$-Platte beeinflußt? Eine solche Platte ist eine $\lambda/4$-Platte von doppelter Dicke. Vernachlässigen Sie Reflexionen an den Grenzflächen Platte/Luft!

Lernzyklus 16B

LERNZIELE

Nach dem Durcharbeiten des Lernzyklus 16B sollen Sie in der Lage sein,

- die elektromagnetischen Eigenschaften von Ferriten anzugeben;
- zu erläutern, weshalb der Permeabilitätstensor von magnetisierten Ferriten gyrotrop ist;
- zu beschreiben, wie sich Wellen in Ferriten ausbreiten können;
- einige Mikrowellenbauteile mit Ferriten zu skizzieren, ihre Wirkungsweise zu erläutern und zum Teil sogar zu berechnen.

13.4 Gyromagnetische Stoffe

Das magnetisierte Plasma könnte als *gyroelektrischer* Stoff bezeichnet werden, denn der *Dielektrizitätstensor* ist *gyrotrop*. Die Bezeichnung gyroelektrisch wird aber kaum gebraucht. Stoffe, die einen *gyrotropen Permeabilitätstensor* haben, werden dagegen als gyromagnetisch bezeichnet. Als wirkungsvollste und praktisch wichtigste gyromagnetische Medien gelten *magnetisierte Ferrite*.

Ferrite sind ferromagnetische Stoffe. *Gewöhnliche Ferromagnetika* sind aber mit ihrer hohen elektrischen Leitfähigkeit wegen der *Wirbelstromverluste* bei hohen Frequenzen unbrauchbar. Ferrite dagegen leiten den elektrischen Strom nicht. Jedenfalls ist ihr spezifischer Widerstand 10^6 bis 10^8 Ωcm, also so hoch, daß elektromagnetische Wellen in den Ferrit eindringen, sich darin ausbreiten und mit den in ihm verteilten *magnetischen Dipolen* in Wechselwirkung treten. Stoffeigenschaften

Ferrite haben die *chemische Formel* $MeFe_2O_4$. Darin steht Me für ein zweiwertiges Metall wie Mg oder Cd oder eins der Übergangselemente Mn, Fe, Co, Ni oder Cu. Es sind auch Kombinationen dieser Elemente an der Stelle von Me möglich.

Die *relative Anfangs-Permeabilität* von Ferriten liegt für Frequenzen unter 1 kHz zwischen 10 und 3000, die *relative Dielektrizitätskonstante* zwischen

$$\frac{\varepsilon}{\varepsilon_0} = 5...25 \ .$$

Die ferromagnetischen Eigenschaften rühren von dem magnetischen Dipolmoment m des *Elektronenspins* her. Jedes Elektron hat einen *Spindrehimpuls* der Größe *Ursache*

$$d = \frac{h}{4\pi}$$

mit $h = 6{,}625 \cdot 10^{-34}$ Ws^2 als *Plancksches Wirkungsquantum*.

Wegen seiner Ladung ist mit diesem Elektronenspin ein *magnetisches Dipolmoment* der Größe

$$m = -\frac{qh}{4\pi m_e} \qquad (13.44)$$

verbunden. Die Masse des Elektrons wird hier mit m_e bezeichnet, um Verwechselungen mit dem magnetischen Moment m zu vermeiden. Da die Elementarladung negativ ist, sind Drehimpuls und Dipolmoment entgegengesetzt gerichtet.

Der Quotient beider Größen

$$\gamma_0 = -\frac{m}{d} \tag{13.45}$$

wird das gyromagnetische Verhältnis genannt.

Magnetisches Gleichfeld

Wenn das Elektron wie in Bild 13.9 mit seinem magnetischen Moment $\vec{m}$ einem *magnetischen Gleichfeld* der Flußdichte $\vec{B}_0$ ausgesetzt wird, wirkt an ihm das Drehmoment

$$\vec{t}_m = \vec{m} \times \vec{B}_0 . \tag{13.46}$$

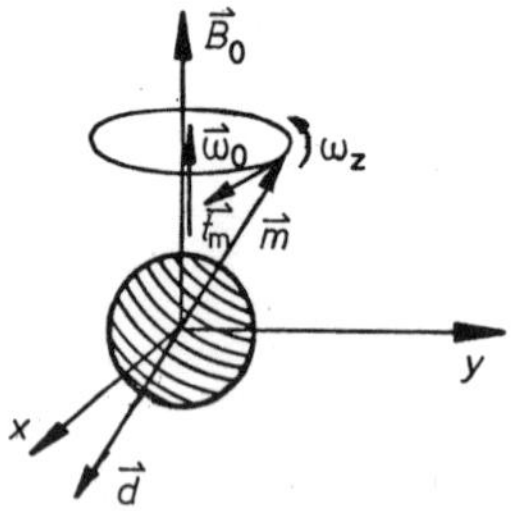

Bild 13.9
Präzession des Elektronenspins im magnetischen Feld

Es ändert sich damit der Drehimpuls $\vec{d}$, und zwar ist nach dem Newtonschen Grundgesetz die Ableitung nach der Zeit t

$$\frac{d\vec{d}}{dt} = \vec{t}_m . \tag{13.47}$$

Mit den Gln.(13.45) und (13.46) ergibt sich die *Bewegungsgleichung*

$$\frac{d\vec{m}}{dt} = \gamma_0(\vec{B}_0 \times \vec{m}) \tag{13.48}$$

für das magnetische Moment $\vec{m}$. Nach ihr vollführt $\vec{m}$ eine *Präzession* um die Richtung von $\vec{B}_0$ mit der *Winkelgeschwindigkeit*

$$\vec{\omega}_0 = \gamma_0 \vec{B}_0 \qquad (13.49)$$

In Bild 13.9 wirkt $\vec{t}_m$ entgegengesetzt zur Drehrichtung der Präzession, weil $\vec{d}$ und $\vec{m}$ zueinander entgegengesetzt sind und entsprechend Gl.(13.47) das Drehmoment $\vec{t}_m$ die zeitliche Änderung von $\vec{d}$ bedingt.

Um das Verhalten von $\vec{m}$ in einem *Wechselfeld* festzustellen, nehmen wir *dual* zur Untersuchung des gyroelektrischen Mediums zunächst ein *zirkular polarisiertes Magnetfeld* $\vec{B}_+$ zusätzlich zu $\vec{B}_0$ an. Den allgemeinsten Fall eines beliebig polarisierten Wechselfeldes werden wir daraus später konstruieren können. Mit

Zusätzliches Wechselfeld

$$\vec{B}_0 = \vec{u}_z \cdot B_0$$

hat ein senkrecht zu $\vec{B}_0$ im positiven Sinne zirkular polarisiertes Wechselfeld in Phasordarstellung den komplexen Vektor

$$\underline{\vec{B}}_+ = (\vec{u}_x - j\,\vec{u}_y)\underline{B}_+/\sqrt{2} \ .$$

$\vec{B}_+$ rotiert mit seiner Frequenz ω um die z-Achse.

Positiv zirkular polarisiert

Das *resultierende Feld* $\vec{B}_r = \vec{B}_0 + \vec{B}_+$ führt eine *Präzession* mit der Winkelgeschwindigkeit ω um $\vec{B}_0$ aus (Bild 13.10).

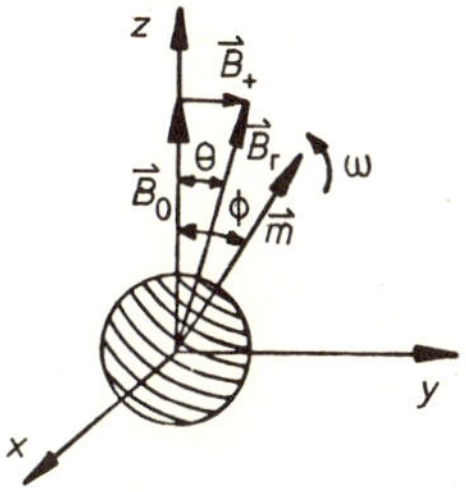

Bild 13.10
Erzwungene Präzession des Elekronenspins im positiv zirkular polarisierten Wechselfeld $\vec{B}_+$

Im *eingeschwungenen Zustand* muß $\vec{m}$ seine Präzession um $\vec{B}_0$ synchron mit $\vec{B}_+$ ausführen, denn sonst könnte kein Gleichgewicht der Drehmomente am Elektronenspin bestehen. Der Präzessionswinkel ϕ von $\vec{m}$ muß dabei größer sein als der Winkel θ von $\vec{B}_r$ gegen die z-Richtung, damit das Drehmoment von $\vec{B}_r$ an $\vec{m}$ Präzession im positiven Sinne erzeugt.

Mit $d\vec{m}/dt = \vec{\omega} \times \vec{m}$ und $\vec{B}_r$ an Stelle von $\vec{B}_o$ ergibt sich aus der Bewegungsgleichung (13.48)

$$\begin{aligned} \omega m \sin\Phi &= m\gamma_o B_r \sin(\Phi - \theta) \\ &= m\gamma_o B_r (\sin\Phi\cos\theta - \cos\Phi\sin\theta) \ . \end{aligned} \tag{13.50}$$

Dabei ist $B_r \sin\theta = B_+$ und $B_r \cos\theta = B_o$, so daß aus Gl.(13.50) für den Präzessionswinkel die Beziehung

$$\tan\Phi = \frac{\gamma_o B_+}{\omega_o - \omega} \tag{13.51}$$

folgt. Mit $\omega_o = \gamma_o B_o$ ist wieder die Winkelgeschwindigkeit (13.49) für die Präzession im Gleichfeld eingeführt.

Das magnetische Moment $\vec{m}$ hat eine Komponente

$$m_+ = m \cdot \sin\Phi \quad , \tag{13.52}$$

die in der xy-Ebene synchron mit $\vec{B}_+$ rotiert.

Die Komponente $m_s = m\cos\Phi$ in z-Richtung ist zeitlich konstant, sie bildet also ein statisches Moment.

Aus den Gln.(13.51) und (13.52) folgt

$$m_+ = m_s \frac{\gamma_o B_+}{\omega_o - \omega} \ . \tag{13.53}$$

In einem Ferrit führen eine große Zahl N Elektronen pro Volumeneinheit eine Spinbewegung aus. Bei Magnetisierung bis zur Sättigung sind diese Spins alle gleichgerichtet. Sie bilden dann ein magnetisches Moment pro Volumeneinheit, also eine Magnetisierung von

$$\vec{M} = N\vec{m} \quad . \tag{13.54}$$

Dem allgemeinen Brauch entsprechend soll der Magnetisierungsvektor hier mit $\vec{M}$ abgekürzt werden. Sonst wird in diesem Text zwar auch schon der Vektor der magnetischen Stromdichte mit $\vec{M}$ bezeichnet. Eine Verwechslung ist aber ausgeschlossen, denn in diesem Abschnitt wird nicht mit magnetischen Strömen gerechnet.

Das Feld, das im Inneren des Ferrites auf die einzelnen magnetischen Dipole wirkt, besteht aus dem von außen angelegten Feld, einem von Form und Größe des Ferrites abhängigen Entmagnetisierungsfeld und örtlichen molekularen Wechselwirkungsfeldern. Die örtlichen Wechselwirkungsfelder sind nahezu proportional zu $\vec{M}$ und ihm gleichgerichtet. Sie tragen darum nicht zum Drehmoment bei, das auf $\vec{M}$ wirkt. In diesem Drehmoment wirkt vielmehr nur das sogenannte *interne Feld* als Summe aus äußerem Feld und Entmagnetisierungsfeld.

Die zirkular polarisierte Wechselkomponente des internen Feldes erzeugt gemäß Gl.(13.53) eine zirkular polarisierte Magnetisierung

$$M_+ = \frac{\gamma M_s \cdot \mu_0 H_+}{\omega_0 - \omega} \quad . \tag{13.55}$$

Die Winkelgeschwindigkeit ω_0 der Spinpräzession im Gleichfeld wird hier durch das interne Gleichfeld H_i bestimmt.

Es gilt an Stelle von Gl.(13.49)

$$\omega_0 = \gamma \mu_0 H_i \quad . \tag{13.56}$$

Nur wenn dieses interne Gleichfeld ortsunabhängig ist, ist auch ω_0 innerhalb des Ferrites konstant. Das gyromagnetische Verhältnis γ im Ferrit ist durch die Wechselwirkung mit dem Kristallgitter etwas verschieden von dem Verhältnis γ_0 des einzelnen Elektronenspins. Dieser Unterschied ist aber für die meisten Ferrite nur klein.

Gleichung (13.55) ist eine *nichtlineare* Beziehung zwischen Magnetisierung und Magnetfeld, denn mit

$$M_s = M \cdot \cos\Phi$$

hängt die statische Magnetisierung M_s über Φ nach Gl.(13.51) vom Magnetfeld H_+ ab. Wir *linearisieren* diese Beziehung, indem wir uns auf *kleine* Wechselgrößen beschränken. Dann ist auch Φ klein und M_s ist einfach die *Sättigungsmagnetisierung*.

Die zirkular polarisierte Wechselkomponente der Flußdichte ergibt sich nun mit der internen Feldstärke H_+ und der Magnetisierung M_+ zu

$$B_+ = \mu_0(H_+ + M_+)$$

$$= \mu_0\left(1 + \frac{\gamma\mu_0 M_s}{\omega_0 - \omega}\right)H_+ \ . \qquad (13.57)$$

Für magnetische Wechselfelder dieser Polarisation hat demnach der Ferrit eine effektive Permeabilität

$$\mu_+ = \mu_0\left(1 + \frac{\gamma\mu_0 M_s}{\omega_0 - \omega}\right) \ . \qquad (13.58)$$

Er verhält sich isotrop für diese zirkular polarisierten Felder. Eine ebene, zirkular polarisierte Welle würde sich in dem Ferrit mit der Wellenzahl

$$k_+ = \omega\sqrt{\varepsilon\mu_+} \qquad (13.59)$$

ausbreiten.

Negativ zirkular polarisiert

Bei negativ zirkularer Polarisation entsprechend

$$\underline{\vec{B}}_- = (\vec{u}_x + j\,\vec{u}_y)\underline{B}_-/\sqrt{2} \qquad (13.60)$$

muß für das Gleichgewicht der Drehmomente am einzelnen Elektronenspin in Bild 13.11 der Präzessionswinkel Φ kleiner als θ sein. Nur dann kann nämlich das Drehmoment des

Feldes $\vec{B}_0 + \vec{B}_-$ zu einer Präzession des Spins im negativen Sinne führen. Die *Bewegungsgleichung* lautet jetzt

$$-\omega m \sin\Phi = -m\gamma_0 B_r \sin(\theta - \Phi) . \qquad (13.61)$$

Bild 13.11

Erzwungene Präzession des Elektronenspins im negativ zirkular polarisierten Wechselfeld $\vec{B}_-$

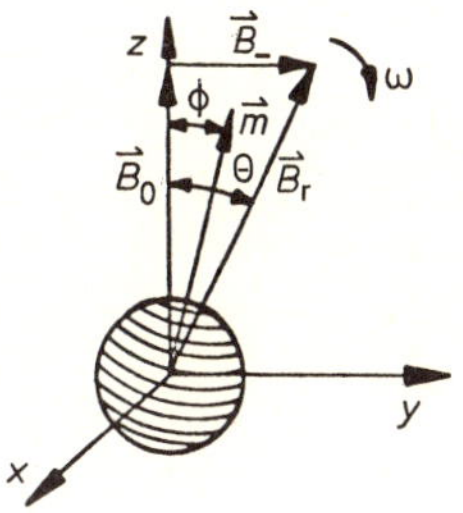

Für Φ ergibt sich hier die Beziehung

$$\tan\Phi = \frac{\gamma_0 B_-}{\omega_0 + \omega} . \qquad (13.62)$$

Die zirkular polarisierte Komponente des Dipolmomentes ist

$$m_- = m_s \tan\Phi = m_s \frac{\gamma_0 B_-}{\omega_0 + \omega} .$$

Im Ferrit mit N Dipolen pro Volumeneinheit entspricht dem eine zirkular polarisierte Magnetisierung

$$M_- = \frac{\gamma \mu_0 M_s H_-}{\omega_0 + \omega} . \qquad (13.63)$$

Es ergibt sich die zirkular polarisierte Flußdichte

$$B_- = \mu_0 (H_- + M_-) ,$$

so daß der Ferrit für diese Polarisation die effektive Permeabilität

$$\mu_- = \mu_0\left(1 + \frac{\gamma\mu_0 M_s}{\omega_0 + \omega}\right) \tag{13.64}$$

hat.

Abhängigkeit vom Gleichfeld

Die beiden effektiven Permeabilitäten μ_+ und μ_- für die zirkular polarisierten Felder sind in Bild 13.12 in Abhängigkeit von der Stärke des internen magnetischen Gleichfeldes H_i für eine konstante Frequenz ω aufgetragen.

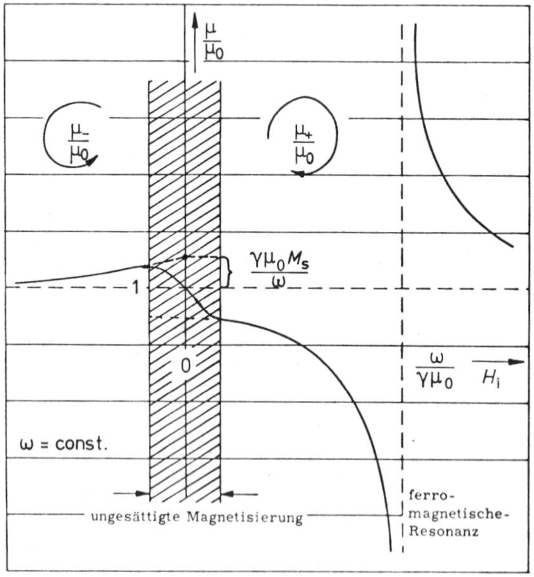

Bild 13.12

Typischer Verlauf der effektiven Permeabilitäten μ_+ und μ_- für zirkular polarisierte Felder in Abhängigkeit vom Gleichfeld H_i bei konstanter Frequenz ω. Verluste bei der Präzession sind nicht berücksichtigt.

Die Gleichungen (13.58) und (13.64) gelten nur, solange der Ferrit durch H_i bis zur Sättigung magnetisiert ist. In Bild 13.12 ist im schraffierten Bereich nicht mehr bis zur Sättigung magnetisiert. Hier verlaufen μ_+ und μ_- anders, als Gl.(13.58) und (13.64) es beschreiben.

Wenn $H_i = \omega/\gamma\mu_0$ bzw. $\omega_0 = \omega$ wird, wächst μ_+ nach Gl.(13.58) über alle Grenzen. Diese Erscheinung heißt ferromagnetische Resonanz. Bei ihr ist die Winkelgeschwindigkeit ω_0 der Präzession des Elektronenspins im Gleichfeld H_i gerade gleich der Winkelgeschwindigkeit ω des zirkular polarisierten Wechselfeldes. Die Präzession wächst unter der Kraft des Wechselfeldes unbegrenzt. Praktisch wird sie allerdings durch Verluste, die in dieser Rechnung noch nicht berücksichtigt sind, auf eine endliche Präzessionsbewegung begrenzt.

Genau so wie beim gyroelektrischen Medium der Dielektrizitätstensor läßt sich auch beim gyromagnetischen Medium ein *Permeabilitätstensor* berechnen, der die linear polarisierten rechtwinkligen Komponenten von Feldstärke und Flußdichte miteinander verknüpft. Seine Komponenten sind analog zu Gl.(13.36)

Linear polarisiert

$$\mu_{xx} = \frac{\mu_+ + \mu_-}{2} = \mu_0\left(1 + \frac{\omega_0 \gamma \mu_0 M_s}{\omega_0^2 - \omega^2}\right)$$

$$\mu_{xy} = -\mu_{yx}$$

$$\mu_{xz} = 0$$

$$\mu_{yx} = j\,\frac{\mu_- - \mu_+}{2} = -j\,\mu_0\,\frac{\omega\gamma\mu_0 M_s}{\omega_0^2 - \omega^2} \tag{13.65}$$

$$\mu_{yy} = \mu_{xx}$$

$$\mu_{yz} = 0$$

$$\mu_{zx} = 0$$

$$\mu_{zy} = 0$$

$$\mu_{zz} = \mu_0 .$$

Auch im gyromagnetischen Medium läßt sich der Permeabilitätstensor direkt aus der Bewegungsgleichung ableiten. Wir wollen dazu hier aber von etwas allgemeineren Voraussetzungen als in Gl.(13.48) ausgehen und Verluste bei der Präzession mit berücksichtigen. In Gl.(13.48) und in Bild 13.9 ist die Präzession des Elektronenspins ungedämpft. Als einziges Drehmoment wirkt hier nur $\vec{t}_m$ senkrecht zu $\vec{m}$ und $\vec{\omega}_0$, ohne die Energie des Elektronenspins zu ändern.

Mit Verlusten

In wirklichen Ferriten ist die Präzession immer *gedämpft*. Verursacht wird diese Dämpfung durch die Wechselwirkung der Elektronenspins untereinander und ihre Wechselwirkung mit dem Kristallgitter zur Herstellung eines thermischen Gleichgewichtes zwischen Spin und Gitter.

Um diese Dämpfung zu berücksichtigen, benutzt man eine *phänomenologische Theorie*. In der Bewegungsgleichung für das magnetische Moment eines einzelnen Elektronenspins $\vec{m}$ bzw. der entsprechenden Gleichung für die Magnetisierung im Ferrit

$$\frac{d\vec{M}}{dt} = \gamma\mu_0(\vec{H}_i \times \vec{M}) \qquad (13.66)$$

wird ein weiterer Drehmomentvektor $\vec{t}_\alpha$ aufgenommen, der entsprechend Bild 13.13 senkrecht zu $\vec{M}$ in Richtung auf die momentane Präzessionsachse von $\vec{M}$ wirkt, die ja in Richtung von $\vec{H}_i$ liegt.

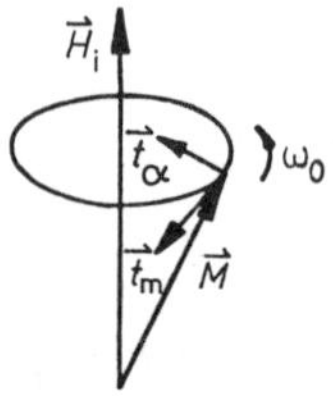

Bild 13.13
Drehmomente am Elektronenspin bei Dämpfung der Präzession

$\vec{t}_\alpha$ muß also in der Ebene von $\vec{M}$ und $\vec{H}_i$ liegen und senkrecht zu $\vec{M}$ sein. Dieses Drehmoment ist bestrebt, $\vec{M}$ mit $\vec{H}_i$ auszurichten, also die Präzession zu dämpfen. Die Größe des Dämpfungsmomentes muß phänomenologisch sowohl der Größe von $\vec{M}$ als auch der Größe von $\vec{H}_i$ proportional sein. Damit ist

$$\vec{t}_\alpha = \frac{\alpha\gamma\mu_0}{|\vec{M}|}\vec{M} \times (\vec{H}_i \times \vec{M}) \ . \qquad (13.67)$$

Der Proportionalitätsfaktor α wird durch Messung am jeweiligen Ferritmaterial bestimmt.

Die *Bewegungsgleichung mit Dämpfungsmoment* lautet

$$\frac{d\vec{M}}{dt} = \gamma\mu_0(\vec{H}_i \times \vec{M}) + \frac{\alpha\gamma\mu_0}{|\vec{M}|}\vec{M} \times (\vec{H}_i \times \vec{M}) \ . \qquad (13.68)$$

Praktisch ist das Dämpfungsmoment gegenüber dem Präzessionsmoment immer so klein, daß für $\vec{H}_i \times \vec{M}$ im Dämpfungsmoment die Beziehung (13.66) der ungedämpften Bewegung eingesetzt werden kann.

Damit ist

$$\frac{d\vec{M}}{dt} = \gamma\mu_0(\vec{H}_i \times \vec{M}) + \frac{\alpha}{|\vec{M}|}\vec{M} \times \frac{d\vec{M}}{dt} \,. \qquad (13.69)$$

Aus dieser Bewegungsgleichung soll nun der Permeabilitätstensor bestimmt werden.

Es wird wieder ein magnetisches Gleichfeld $\vec{H}_i$ in z-Richtung angenommen, dem ein Wechselfeld $\vec{H}$ überlagert ist

$$\vec{H}_i + \vec{H} = \begin{cases} H_x \\ H_y \\ H_i + H_z \end{cases} . \qquad (13.70)$$

Die Magnetisierung wird sich dann auch aus einer statischen Magnetisierung $\vec{M}_s$ in z-Richtung und einer Wechselmagnetisierung $\vec{M}$ zusammensetzen

$$\vec{M}_s + \vec{M} = \begin{cases} M_x \\ M_y \\ M_s + M_z \end{cases} . \qquad (13.71)$$

Ihre Änderung mit der Zeit läßt sich für den eingeschwungenen Zustand in Phasorendarstellung mit dem komplexen Vektor $\mathrm{j}\omega\underline{\vec{M}}$ beschreiben. Durch die Bewegungsgleichung (13.69) werden $\vec{H}_i$ und $\vec{M}$ in nichtlinearer Weise miteinander verknüpft. Zur Linearisierung dieser Verknüpfung wird angenommen, daß alle *Wechselkomponenten klein* gegen die entsprechenden Gleichfeldkomponenten sind. Wenn $\vec{H}_i + \vec{H}$ aus Gl.(13.70) und $\vec{M}_s + \vec{M}$ aus Gl.(13.71) in die Bewegungsgleichung eingesetzt werden, können dann alle Produkte von Wechselkomponenten vernachlässigt werden.

Die Komponenten der Bewegungsgleichung lauten damit in der Darstellung mit Phasoren

$$j\omega\underline{M}_x = -(\omega_0 + j\omega\alpha)\underline{M}_y + \gamma\mu_0 M_s \underline{H}_y$$

$$j\omega\underline{M}_y = (\omega_0 + j\omega\alpha)\underline{M}_x - \gamma\mu_0 M_s \underline{H}_x$$

$$j\omega\underline{M}_z = 0 \ .$$

Mit $\omega_0 = \gamma\mu_0 H_i$ ist wieder die Umlauffrequenz der Präzession im Gleichfeld abgekürzt.

Nach den Komponenten der Magnetisierung aufgelöst ergibt dieses Gleichungssystem

$$\begin{aligned} \underline{M}_x &= \chi\underline{H}_x - j\varkappa\underline{H}_y \\ \underline{M}_y &= j\varkappa\underline{H}_x + \chi\underline{H}_y \\ \underline{M}_z &= 0 \end{aligned} \tag{13.72}$$

mit

$$\chi = \frac{(\omega_0 + j\omega\alpha)\gamma\mu_0 M_s}{(\omega_0 + j\omega\alpha)^2 - \omega^2}$$

und (13.73)

$$\varkappa = \frac{-\omega\gamma\mu_0 M_s}{(\omega_0 + j\omega\alpha)^2 - \omega^2}$$

Im Hinblick auf die skalare Suszeptibilität eines isotropen Stoffes sind χ und $j\varkappa$ bzw. $-j\varkappa$ die Elemente des *Suszeptibilitätstensors* für das gyromagnetische Medium. Der *Permeabilitätstensor* ergibt sich aus der Beziehung

$$\underline{\vec{B}} = \mu_0(\underline{\vec{H}} + \underline{\vec{M}})$$

zu

$$[\mu] = \mu_0 \begin{bmatrix} 1+\chi & -j\varkappa & 0 \\ j\varkappa & 1+\chi & 0 \\ 0 & 0 & 1 \end{bmatrix} . \qquad (13.74)$$

Wenn man hier mit $\alpha = 0$ die Dämpfung vernachlässigt, erhält man den verlustfreien Permeabilitätstensor wie in Gl.(13.65).

Auch hier lassen sich *effektive Permeabilitäten* für zirkular polarisierte Felder aus

$$\mu_{xx} = (1+\chi)\mu_0 = \frac{\mu_+ + \mu_-}{2}$$

und

$$\mu_{yx} = j\varkappa\mu_0 = j\,\frac{\mu_- - \mu_+}{2}$$

berechnen. Nach μ_+ bzw. μ_- aufgelöst ist

$$\mu_+ = \mu_0(1 + \chi - \varkappa)$$
$$\mu_- = \mu_0(1 + \chi + \varkappa) \qquad (13.75)$$

mit χ und $\varkappa$ aus Gl.(13.73). Der Verlauf von μ_- in Abhängigkeit von H_i oder ω unterscheidet sich nicht wesentlich von dem μ_- bei verlustfreier Präzession nach Gl.(13.64) und Bild 13.12. Der Verlauf von μ_+ ist dagegen in der Umgebung der ferromagnetischen Resonanz ganz anders als bei verlustfreier Präzession nach Gl.(13.58) und Bild 13.12. In Bild 13.14 sind von der komplexen effektiven Permeabilität

$$\mu_+ = \mu_+' - j\mu_+'' \qquad (13.76)$$

Realteil μ_+' und *Imaginärteil* μ_+'' aufgetragen. Bedingt durch die Verluste wächst der Be-

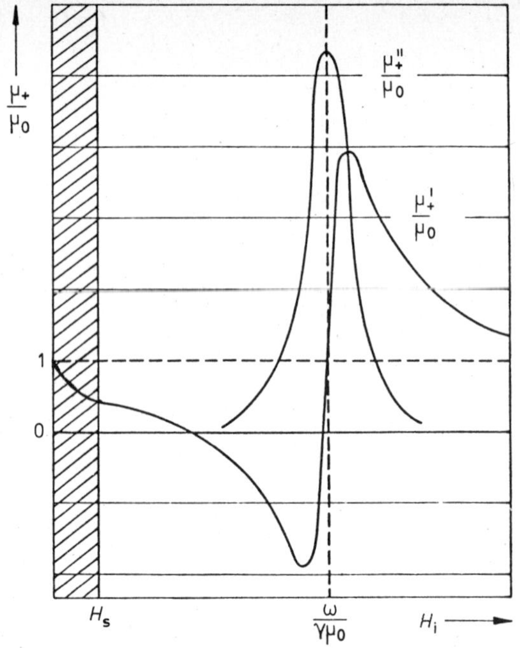

Bild 13.14

Typischer Verlauf von Real- und Imaginärteil der effektiven Permeabilität μ_+ in Abhängigkeit vom Gleichfeld H_i bei konstanter Frequenz ω

trag von μ_+ bei Resonanz jetzt nicht mehr über alle Grenzen. Es wird vielmehr eine *typische Resonanzkurve* durchlaufen, wobei μ_+'' durch eine scharfe Resonanzspitze geht, während μ_+' zwischen zwei Extremwerten durch Null geht.

13.5 WELLENAUSBREITUNG IN FERRITEN

Für elektromagnetische Wechselfelder von harmonischer Zeitabhängigkeit mit nur einer Frequenz gelten in gyromagnetischen Stoffen die *Maxwellschen Gleichungen* mit dem Permeabilitätstensor $[\mu]$:

$$
\begin{aligned}
-\operatorname{rot}\underline{\vec{E}} &= j\omega[\mu]\underline{\vec{H}} \\
\operatorname{rot}\underline{\vec{H}} &= j\omega\varepsilon\underline{\vec{E}} \quad .
\end{aligned}
\qquad (13.77)
$$

Die Komponenten von $\underline{\vec{E}}$ und $\underline{\vec{H}}$ stellen hier die Phasoren der Wechselfeldkomponenten dar. Die Amplituden dieser Wechselfelder werden dabei so klein angenommen, daß die zur Linearisierung der Gleichungen (13.55) bzw. (13.69) gemachten Voraussetzungen gelten. Auch wird angenommen, daß der Stoff bis zur Sättigung magnetisiert ist, und damit der Permeabilitätstensor durch Gl.(13.74) bzw. seine Elemente durch Gl.(13.73) bestimmt sind.

Die Lösung der Feldgleichungen für Anordnungen mit gyromagnetischen Stoffen ist im allgemeinen recht langwierig und das Ergebnis unübersichtlich. Es gibt aber einige einfache Sonderfälle, an deren Lösungen sich schon viele wesentliche Erscheinungen erkennen lassen. Diese werden im folgenden nacheinander behandelt:

13.5.1 Ausbreitung von homogenen, ebenen Wellen in Richtung der Magnetisierung

Der gyromagnetische Stoff sei unbegrenzt ausgedehnt und in z-Richtung bis zur Sättigung magnetisiert. Für magnetische Wechselfelder, die transversal zu dieser Richtung zirkular polarisiert sind, ist die effektive Permeabilität eine skalare Größe. Je nach Drehsinn der Polarisation ist es entweder μ_+ oder μ_- aus Gl.(13.75). Für solche magnetischen Wechselfelder vereinfachen sich dann auch die Maxwellschen Gleichungen (13.77) zu den gewöhnlichen Feldgleichungen mit skalarer Permeabilität.

Homogene, ebene Wellen zirkularer Polarisation, die in Richtung der Magnetisierung wandern, sind Lösungen dieser Feldgleichungen. Ihr magnetisches Feld ist nämlich transversal zur Ausbreitungsrichtung zirkular polarisiert, und die Wellen sind damit Partikularlösungen der gewöhnlichen Feldgleichungen mit μ_+ bzw. μ_-.

Bei positivem Drehsinn ist ihre Ausbreitungskonstante

$$\gamma_+ = jk_+ = j\omega\sqrt{\varepsilon\mu_+} \,, \tag{13.78}$$

bei negativem Drehsinn ist sie

$$\gamma_- = jk_- = j\omega\sqrt{\varepsilon\mu_-} \ . \qquad (13.79)$$

Die beiden Wellen wandern also verschieden schnell und werden insbesondere nahe der Resonanz unterschiedlich gedämpft.

Ein linear polarisiertes Feld läßt sich nach Gl.(13.28) und (13.29) immer aus zwei entgegengesetzt zirkular polarisierten Feldern mit gleicher Amplitude aber entgegengesetztem Drehsinn zusammensetzen. Umgekehrt kann jedes linear polarisierte Feld in zwei zirkular polarisierte Felder zerlegt werden. Eine homogene, ebene Welle, die linear polarisiert ist, läßt sich demnach in zwei zirkular polarisierte Wellen mit entgegengesetztem Drehsinn zerlegen. Diese Teilwellen breiten sich im gyromagnetischen Stoff mit μ_+ und μ_- verschiedenartig aus. Bei dämpfungsfreier Ausbreitung mit

Arbeitspunkt abseits der ferromagnetischen Resonanz, $\mu'_+ > 0$

$$\gamma_+ = j\beta_+ \qquad \text{und} \qquad \gamma_- = j\beta_-$$

setzen sie sich aber an jeder Stelle wieder zu einem linear polarisierten Feld zusammen. Es ändert sich bei der Ausbreitung nur die Richtung der linearen Polarisation.

Um die *jeweilige Polarisationsrichtung* zu berechnen, nehmen wir an, daß die homogene, ebene Welle bei $z = 0$ in y-Richtung linear polarisiert ist. Ihr magnetisches Feld soll dort

$$\underline{\vec{H}} = \underline{H}\,\vec{u}_x \qquad (13.80)$$

sein. Nach Gl.(13.28) und (13.29) läßt sie sich in zirkular polarisierte Komponenten mit positivem und negativem Drehsinn zerlegen:

$$\underline{\vec{H}}_+ = \frac{\underline{H}}{2}(\vec{u}_x - j\vec{u}_y)$$

$$\underline{\vec{H}}_- = \frac{\underline{H}}{2}(\vec{u}_x + j\vec{u}_y) \ .$$

Wenn diese Komponenten eine Strecke z gewandert sind, wird aus ihnen

$$\underline{\vec{H}}_+ = \frac{H}{2}(\vec{u}_x - j\vec{u}_y)e^{-j\beta_+ z}$$

$$\underline{\vec{H}}_- = \frac{H}{2}(\vec{u}_x + j\vec{u}_y)e^{-j\beta_- z} \quad .$$

Überlagerung dieser beiden Komponenten ergibt

$$\underline{\vec{H}} = \frac{H}{2}\left[\vec{u}_x(e^{-j\beta_+ z} + e^{-j\beta_- z}) - j\vec{u}_y(e^{-j\beta_+ z} - e^{-j\beta_- z})\right]$$

$$= \underline{H}\, e^{-j(\beta_+ + \beta_-)z/2}\left[\vec{u}_x \cos\frac{\beta_+ - \beta_-}{2}z - \vec{u}_y \sin\frac{\beta_+ - \beta_-}{2}z\right] \quad . \qquad (13.81)$$

Das ist wieder ein Feld, welches linear polarisiert ist, aber nicht mehr in x-Richtung, sondern in einer Richtung, die gegen die x-Achse um

$$\theta = \arctan\frac{\underline{H}_y}{\underline{H}_x} = \frac{\beta_- - \beta_+}{2}\, z$$

gedreht ist. θ wird dabei positiv im Sinne einer Rechtsschraube gezählt.

Mit Gl.(13.78) und (13.79) ist die Drehung der Polarisationsebene pro Weglänge in Ausbreitungsrichtung

$$\frac{\Theta}{z} = \frac{\omega}{2}\sqrt{\varepsilon}\,(\sqrt{\mu_-} - \sqrt{\mu_+}) \quad . \qquad (13.82)$$

Die linear polarisierte Welle wandert also nach Gl.(13.81) mit der effektiven Phasenkonstanten $\frac{1}{2}(\beta_+ + \beta_-)$ und dreht dabei ihre Polarisationsebene gemäß Gleichung (13.82). Die Erscheinung wird Faraday-Effekt genannt, und die Drehung der Polarisationsebene heißt Faraday-Drehung.

Auch in *gyroelektrischen* Stoffen entsteht durch die Wechselwirkung zwischen freien Ladungsträgern und dem elektrischen Feld von Wellen eine Faraday-Drehung. Man nennt sie *elektrischen Faraday-Effekt*.

Der magnetische Faraday-Effekt wurde zuerst bei Lichtwellen beobachtet. Bedeutende praktische Anwendung hat er aber erst später in Bauelementen der Mikrowellentechnik gefunden.

Wenn man eine Rechung, wie für Gleichung (13.81) in entsprechender Weise für eine homogene, ebene Welle durchführt, die in *negativer* z-Richtung wandert, findet man, daß die Polarisationsebene im entgegengesetzten Sinne bezüglich der Ausbreitungsrichtung gedreht wird wie in Gl.(13.81). Der Drehsinn von θ wird durch die Richtung der Magnetisierung bestimmt, kehrt sich also um, wenn die Welle sich entgegengesetzt ausbreitet.

Zur Veranschaulichung dieser Drehung nehmen wir in Bild 13.15 eine Schicht gyromagnetischen Stoffes an, die zwar über die Sättigung hinaus, aber nicht bis zur Resonanz magnetisiert ist.

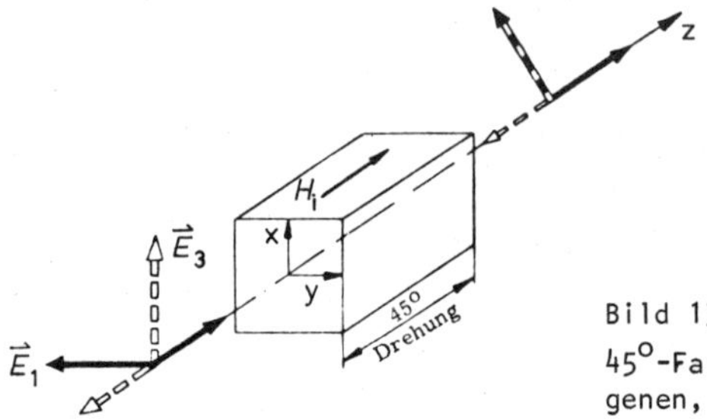

Bild 13.15
45°-Faraday-Drehung von homogenen, ebenen Wellen

Nach Bild 13.12 ist dafür $\mu_- > \mu_+$. Die Faraday-Drehung ist unter diesen Bedingungen positiv. Im Grenzfall $\omega \gg \omega_0$ und $\omega \gg \gamma\mu_0 M_s$ läßt sie sich näherungsweise aus

$$\frac{\theta}{z} = \frac{1}{2}\gamma\,\mu_0\,\sqrt{\varepsilon\mu_0}\,M_s \qquad (13.83)$$

berechnen. Die gyromagnetische Schicht soll in Ausbreitungsrichtung so dick sein, daß gerade

$$\theta = 45^0$$

wird. Wenn entsprechend Gl.(13.80) eine in y-Richtung polarisierte, ebene Welle einfällt, wird ihre Polarisationsebene durch die Schicht in Bild 13.15 um 45^0 gedreht. Läuft diese Welle mit ihrer um 45^0 geneigten Polarisationsebene im umgekehrter Richtung durch die gyromagnetische Schicht, so dreht sich die Polarisationsebene im gleichen Sinne weiter. Die rücklaufende Welle erscheint am Eingang mit Polarisation in x-Richtung.

Die ganze Anordnung ist damit *nicht reziprok*. Während nämlich in der einen Richtung die horizontale Polarisation in die 45^0-Polarisation gewandelt wird, wird in der anderen Richtung diese 45^0-Polarisation nicht wieder in horizontale, sondern in vertikale Polarisation weitergedreht.

Wenn man die gyromagnetische Schicht am Eingang durch ein Polarisationsfilter zur Absorption der vertikalen Polarisation ergänzt, ist die Anordnung in einer Richtung ganz durchlässig, während sie in der anderen Richtung vollkommen absorbiert. Schaltungen mit diesen Eigenschaften werden Richtungsleitungen oder Richtungsisolatoren genannt.

Anwendungen

Praktisch lassen sich Richtungsleitungen mit Faraday-Drehung für Mikrowellen in Wellenleitern aufbauen, die entartete Eigenwellen orthogonaler Polarisation haben. Z.B. eignet sich die H_{11}-Welle des Rundhohlleiters dazu. Die Schaltung ist in Bild 13.16 schematisch dargestellt.

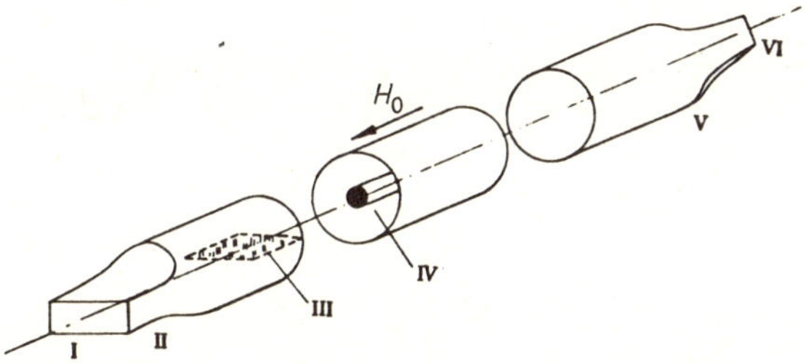

Bild 13.16

Richtungsleitung mit Faraday-Drehung

Die H_{10}-Welle in Rechteckhohlleiter (I) wird durch einen allmählichen oder auch stufenweisen Übergang (II) in die H_{11}-Welle im Rundhohlleiter übergeführt. Eine Widerstandsschicht (III) im Rundhohlleiter ist senkrecht zum elektrischen Feld der einfallenden H_{11}-Welle angeordnet und beeinflußt sie nicht. Ein koaxialer Ferritstab (IV), der in Längsrichtung magnetisiert ist, dreht die Polarisationsebene um 45^0. Es folgt ein allmählicher Übergang (V) auf einen um 45^0 gedrehten Rechteckhohlleiter (VI). In umgekehrter Richtung würde eine rücklaufende H_{11}-Welle im gleichen Sinne in ihrer Polarisation um 45^0 gedreht. Ihr elektrisches Feld ist dann parallel zur Widerstandsschicht (III); sie wird deshalb ganz absorbiert. Praktisch werden *Sperrdämpfungen* von mehr als 40 dB im ganzen Frequenzband der Grundwellenausbreitung des jeweiligen Rechteckhohlleiters erreicht, während die *Durchlaßdämpfung* in diesem Bereich kleiner als 0,5 dB bleibt.

Zur Berechnung der Wellenausbreitung im Rundhohlleiter, der teilweise mit magnetisiertem Ferrit gefüllt ist, würde man genauso vorgehen wie bei der Bestimmung der Eigenwellen in Hohlleitern mit Stoffeinsätzen. Die Rechnungen sind aber wegen der Anisotropie des Ferrites sehr verwickelt. Für einen dünnen konzentrischen Ferritstab liefert eine Störungsrechung nach Abschnitt 9.3 aber schon eine brauchbare Näherung. Zunächst ist unter diesen Bedingungen das magnetische Feld der H_{11}-Welle im Ferrit nahezu transversal. Die H_{11}-Welle läßt sich dann immer in zirkular polarisierte Komponenten zerlegen, für die jeweils nur die skalaren Permeabilitäten μ_+ bzw. μ_- wirksam sind. Damit lassen sich die Störungen in den Ausbreitungskonstanten für die zirkular polarisierten Komponenten der H_{11}-Welle nach den Störungsformeln für Hohlleiter bzw. Resonatoren mit isotropen Stoffeinsätzen berechnen.

13.5.2 Ausbreitung von homogenen, ebenen Wellen senkrecht zur Magnetisierung

Der gyromagnetische Stoff sei wieder unbegrenzt ausgedehnt und in z-Richtung magnetisiert. Die homogene, ebene Welle soll senkrecht dazu und zwar in y-Richtung wandern. Dann hängen alle Feldkomponenten nur von y gemäß $e^{-jk_y y}$ ab. Es gilt also

$$\frac{\partial}{\partial x} = 0 \; ; \qquad \frac{\partial}{\partial y} = -\, jk_y \; ; \qquad \frac{\partial}{\partial z} = 0 \; .$$

Unter diesen Bedingungen sind die Komponenten der Maxwellschen Gleichungen (13.77)

$$jk_y \underline{E}_z = j\omega\mu_0 \left[(1+\chi)\underline{H}_x - j\varkappa \underline{H}_y\right] \tag{13.84}$$

$$0 = j\omega\mu_0 \left[j\varkappa \underline{H}_x + (1+\chi)\underline{H}_y\right] \tag{13.85}$$

$$-jk_y \underline{E}_x = j\omega\mu_0 \underline{H}_z \tag{13.86}$$

$$-jk_y \underline{H}_z = j\omega\varepsilon \underline{E}_x \tag{13.87}$$

$$0 = j\omega\varepsilon \underline{E}_y \tag{13.88}$$

$$jk_y \underline{H}_x = j\omega\varepsilon \underline{E}_z \; . \tag{13.89}$$

Die Gln.(13.86) und (13.87) bilden ein homogenes System für die Komponenten $\underline{E}_x$ und $\underline{H}_z$; die Gln.(13.84), (13.85) und (13.89) bilden ein homogenes System für $\underline{E}_z$, $\underline{H}_x$ und $\underline{H}_y$. Beide Systeme sind voneinander unabhängig. $\underline{E}_y$ ist immer null. Das erstgenannte System beschreibt eine Welle, die in x-Richtung polarisiert ist. Aus seiner charakteristischen Gleichung folgt die Ausbreitungskonstante zu

$$jk_y = j\omega\sqrt{\varepsilon\mu_0} \; . \tag{13.90}$$

Diese Welle wandertalso wie in einem isotropen Medium mit den Stoffkonstanten ε und μ_0. Ihr magnetisches Wechselfeld $\underline{H}_z$ ist parallel zur Magnetisierung. Es beeinflußt darum den Elektronenspin nicht. Der Stoff hat für diese Richtung der Polarisation die skalare Permeabilität μ_0 des leeren Raumes.

Das zweitgenannte Gleichungssystem beschreibt eine Welle, die in z-Richtung polarisiert ist. Aufgrund von Gl.(13.85) ist sie nicht TEM, sondern hat ein magnetisches Feld

$$\underline{H}_y = -j\,\frac{\varkappa}{1+\chi}\,\underline{H}_x \tag{13.91}$$

in Ausbreitungsrichtung. Ihre Ausbreitungskonstante ergibt sich aus der charakteristischen Gleichung des Systemes zu

$$jk_y = j\omega\sqrt{\varepsilon\mu_0}\,\sqrt{\frac{(1+\chi)^2-\varkappa^2}{1+\chi}} \; . \tag{13.92}$$

in diesem Ausdruck wird der Faktor

$$\mu_\perp = \mu_0\,\frac{(1+\chi)^2-\varkappa^2}{1+\chi} \tag{13.93}$$

effektive Querpermeabilität genannt. Für einen verlustfreien Ferrit sind sowohl χ und $\varkappa$, als auch ε reell. Es ist dann auch $\mu_\perp$ reell, und für $\mu_\perp > 0$ ist die Ausbreitungskonstante rein imaginär. Die Welle wandert ungedämpft. Für $\mu_\perp < 0$ ist die Ausbreitungskonstante reell. Die Felder werden aperiodisch gedämpft. Einen typischen Verlauf von

$$\mu_\perp = \mu_\perp' - j\mu_\perp''$$

nach Real- und Imaginärteil getrennt in Abhängigkeit von der Stärke des magnetischen Gleichfeldes bei gedämpfter Präzession zeigt Bild 13.17. Auch hier erscheint die Dämpfungsspitze bei der ferromagnetischen Resonanz.

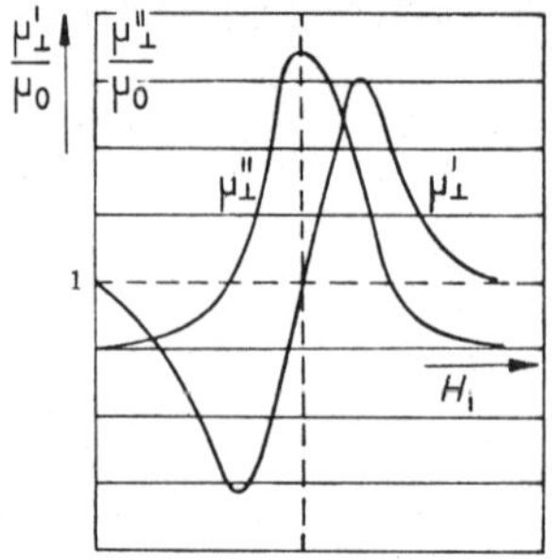

Bild 13.17

Real- und Imaginärteil der effektiven Querpermeabilität $\mu_\perp = \mu'_\perp - j\mu''_\perp$ für konstante Frequenz

13.5.3 Transversalmagnetisierte Ferrite im Rechteckhohlleiter

Bild 13.18 zeigt einen Rechteckhohlleiter mit einem dünnen Ferritstreifen parallel zur Seitenwand, der in transversaler Richtung magnetisiert ist. Mit dieser Anordnung lassen sich nichtreziproke Bauelemente und Schalter bauen.

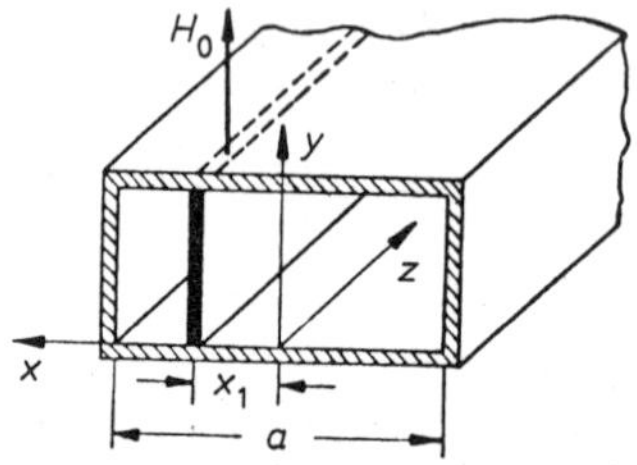

Bild 13.18

Transversal magnetisierter Ferritstreifen im zirkular polarisierten Magnetfeld der H_{10}-Welle

Die Wellenausbreitung in diesem Rechteckhohlleiter mit Ferriteinsatz kann verhältnismäßig einfach erklärt und auch näherungsweise berechnet werden. Im leeren Rechteckhohlleiter hat das magnetische Feld der Grundwelle folgende Komponenten

$$\underline{H}_x = \underline{H}_o \cos\frac{\pi x}{a}$$

$$\underline{H}_z = j \frac{\underline{H}_o}{\sqrt{(\frac{2a}{\lambda})^2 - 1}} \sin\frac{\pi x}{a} \quad .$$

Diese beiden Komponenten sind dem Betrage nach einander gleich auf folgenden longitudinalen Flächen:

$$x_{1,2} = \pm \frac{a}{\pi} \arctan\sqrt{(\frac{2a}{\lambda})^2 - 1} \quad . \qquad (13.94)$$

Da $\underline{H}_x$ und $\underline{H}_z$ um 90° gegeneinander phasenverschoben sind, ist auf diesen Flächen das magnetische Feld zirkular polarisiert.

Ein Ferritstreifen an diesen Stellen mit Magnetisierung in y-Richtung würde für dieses Feld je nach Drehsinn der Polarisation die effektive Permeabilität μ_+ bzw. μ_- haben.

Der Drehsinn der Polarisation hängt von der Ausbreitungsrichtung der Welle ab. Wenn also für die hinlaufende Welle μ_+ wirksam ist, wird für die rücklaufende Welle μ_- wirksam. Die Ausbreitungskonstanten der durch μ_+ bzw. μ_- gestörten Grundwelle lassen sich mit den Störungsverfahren berechnen.

Die Grundwelle hat in der einen Richtung eine andere Ausbreitungskonstante als in der anderen. Die Anordnung kann so als nichtreziproker Phasenschieber dienen. Um eine Richtungsleitung zu erhalten, wird das magnetische Gleichfeld auf die ferromagnetische Resonanz eingestellt. Diese Resonanz wird aber nur von der Grundwelle in einer Richtung angeregt, wenn nämlich Präzession des Elektronenspins und Feldpolarisation im gleichen Sinne drehen. Entsprechend der Resonanzspitze von μ''_+ wird die Welle stark gedämpft. In der anderen Richtung wird die Welle nahezu ohne Dämpfung durchgelassen. Die Anordnung heißt Resonanz-Richtungsleitung.

Praktisch haben Resonanz-Richtungsleitungen aber nicht immer dünne Ferritstreifen, sondern Einsätze aus dicken Ferritstäben, die mitunter noch mit dielektrischen Einsätzen, wie in Bild 13.19, verbunden werden. Dann ist zwar das magnetische Feld im Ferrit nicht mehr rein zirkular polarisiert, trotzdem ergibt sich aber mit solchen

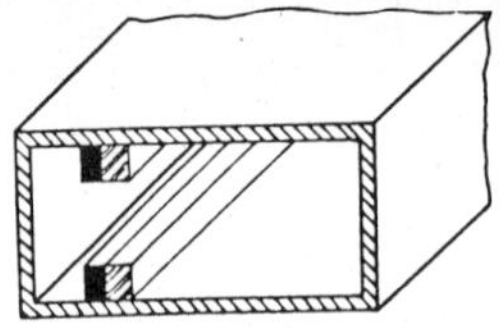

Bild 13.19

Resonanz-Richtungsleitung mit Einsätzen aus Ferriten und dielektrischem Stoff

Anordnungen eine gute Richtwirkung über breite Frequenzbänder. Durch die kombinierten Einsätze werden nämlich die Felder der Grundwelle so verzerrt, daß sie bei Ausbreitung in einer Richtung durch die ferromagnetische Resonanz stark absorbiert wird, während in der anderen Richtung der Ferrit überhaupt nicht dämpft. Durch die enge Verbindung der Ferritstäbe mit den Hohlleiterwänden wird auch die Wärme, die bei starker Absorption entsteht, gut abgeführt.

Noch direkter wird die richtungsabhängige Feldverzerrung in den sogenannten Richtungsleitungen mit Feldverdrängung ausgenutzt. Bild 13.20a zeigt die Anordnung und Bild 13.20b für die Grundwelle die verschiedenen Verteilungen der elektrischen Feldstärke über den Querschnitt für beide Ausbreitungsrichtungen.

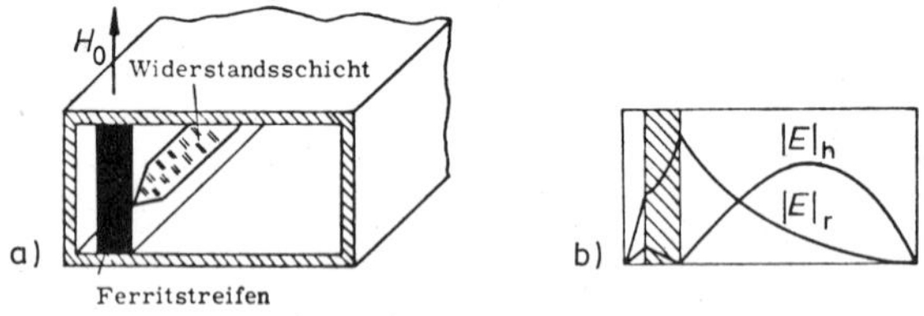

Bild 13.20

a) Richtungsleitung mit Feldverdrängung
b) Verteilung der elektrischen Felder für hinlaufende ($|\underline{E}|_h$) und rücklaufende ($|\underline{E}|_r$) Grundwelle

Der Ferritstreifen liegt parallel zur Seitenwand und ist auch in dieser Transversalrichtung magnetisiert. Er trägt auf einer Seite eine Widerstandsschicht zur Dämpfung. Der Permeabilitätstensor des quermagnetisierten Ferritstreifens beeinflußt die Feldverteilungen in unterschiedlicher Weise, je nachdem, ob sie in der einen oder der anderen Richtung wandern. Man kann nun den Ferritstreifen so bemessen, daß an einer Oberfläche das elektrische Feld für die hinlaufende Grundwelle null ist, während es für die rücklaufende Grundwelle dort beträchtliche Werte hat. Die Widerstandsschicht auf dieser Oberfläche bleibt dann für die hinlaufende Welle wirkungslos, die rücklaufende Welle wird aber stark gedämpft.

Diese Richtungsleitungen mit Feldverdrängung haben zwar eine sehr gute Richtungswirkung; sie können aber in den dünnen Widerstandsschichten ohne direkte Wärmeableitung nur wenig Leistung absorbieren.

Die Feldverzerrungen der Grundwelle in den Anordnungen von Bild 13.19 und 13.20 sind so starkt, daß sie sich nicht mehr durch Störungsverfahren aus der Grundwelle selbst berechnen lassen. Es müssen vielmehr die genauen charakteristischen Gleichungen aufgestellt werden, in denen der Permeabilitätstensor und alle Randbedingungen berücksichtigt werden. Die charakteristischen Gleichungen können dann aber nur numerisch gelöst werden. Für die Anordnung in Bild 13.20 ist diese Rechnung gut möglich. In ihr sind die Grenzschichten Koordinatenflächen und gehen von einer Wand des Hohlleiters zur anderen durch. Die Randbedingungen können deshalb mit einfachen Ansätzen für die Feldkomponenten in den verschiedenen Querschnittsbereichen erfüllt werden.

Für die Anordnungen in Bild 13.19 dagegen wäre der Aufwand für eine Rechnung zu groß. Solche Anordnungen werden durch möglichst systematische Versuchsreihen entworfen und bemessen.

13.6 Der Y-Zirkulator

Eigenschaften

Zirkulatoren sind *nichtreziproke Mehrtore*, die drei, mitunter aber auch vier Zugänge haben, so wie es die Schaltsymbole für die Anordnungen in Bild 13.21 andeuten.

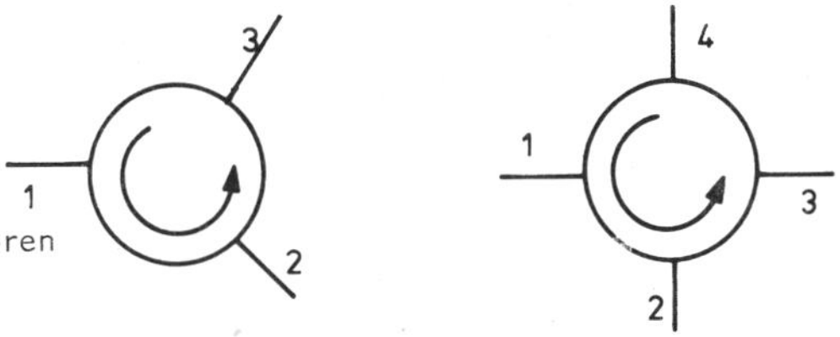

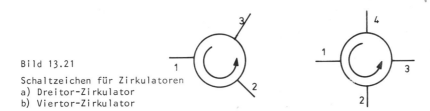

Bild 13.21
Schaltzeichen für Zirkulatoren
a) Dreitor-Zirkulator
b) Viertor-Zirkulator

Definitionsgemäß sorgt die Nichtreziprozität dafür, daß der Zirkulator von einem Zugang immer nur auf den Zugang überträgt, der im Drehsinn des Zeigers im Schaltsymbol benachbart ist. Zu den jeweils anderen Zugängen sperrt der Zirkulator. Im Idealfall sperrt der Zirkulator in diesen Richtungen vollständig, während er zwischen den im Drehsinn benachbarten Zugängen ohne Verluste überträgt.

Dementsprechend lautet die *Streumatrix* des Dreitor-Zirkulators in Bild 13.21a im Idealfall

$$[S] = \begin{bmatrix} 0 & 0 & 1 \\ 1 & 0 & 0 \\ 0 & 1 & 0 \end{bmatrix} . \tag{13.95}$$

Eine Welle, die im Tor 1 einfällt, wird also ganz zum Tor 2 übertragen, ebenso wie dieser Zirkulator ohne Verluste von Tor 2 zum Tor 3 und vom Tor 3 zum Tor 1 überträgt, aber in den anderen Richtungen nicht.

Diese nichtreziproke Übertragung stellt man mit magnetisierten Ferriteinsätzen her. Bevor wir darauf aber näher eingehen, wollen wir uns davon überzeugen, daß für die richtige Funktion des Zirkulators alle Anschlußleitungen angepaßt werden müssen. Dazu betrachten wir ein allgemeines, aber verlustloses und passives sowie lineares Dreitor mit vollkommener *geometrischer Symmetrie*. Wegen der Symmetrie lautet die Streumatrix

Beschaltung

$$[S] = \begin{bmatrix} S_{11} & S_{12} & S_{13} \\ S_{13} & S_{11} & S_{12} \\ S_{12} & S_{13} & S_{11} \end{bmatrix} . \tag{13.96}$$

Ohne Verluste ist $[S]$ *unitär*, woraus

$$|S_{11}|^2 + |S_{12}|^2 + |S_{13}|^2 = 1 \tag{13.97}$$

und

$$S_{11}S_{12}^* + S_{12}S_{13}^* + S_{13}S_{11}^* = 0 \tag{13.98}$$

folgt. Bei einem Zirkulator muß für verlustfreie Übertragung $|S_{13}| = 1$ sowie für vollkommene Sperrung $S_{12} = 0$ sein. Unter diesen Bedingungen wird Gl.(13.97) nur erfüllt, wenn gleichzeitig $S_{11} = 0$ ist, also alle Tore angepaßt sind.

Umgekehrt folgt aus der allseitigen Anpassung ($S_{11} = 0$) mit Gl.(13.97) und (13.98) auch die Streumatrix (13.95). Ein verlustloses, passives Dreitor kann also nur bei Anpassung aller drei Tore wie ein vollkommener Zirkulator wirken.

Ausführungsformen

Praktisch haben Dreitor-Zirkulatoren meistens die Form des Y-Zirkulators. Je nach Frequenzbereich wird er mit *konzentrierten Elementen*, in *Streifenleitungstechnik, auch mit koaxialen Anschlüssen* oder in *Rechteckhohlleiter-Bauweise* hergestellt. In *Mikrostriptechnik* kann der Y-Zirkulator zur Miniaturisierung in die Schaltung integriert werden. Y-Zirkulatoren werden oft auch als *Richtungsleitungen* eingesetzt, wozu einfach eines der drei Zirkulatortore reflexionsfrei abgeschlossen wird.

Funktionsprinzip

Die Funktionsweise der Y-Zirkulatoren soll hier zunächst qualitativ am Beispiel des Streifenleitungszirkulators erklärt werden, der in Bild 13.22 schematisch dargestellt ist.

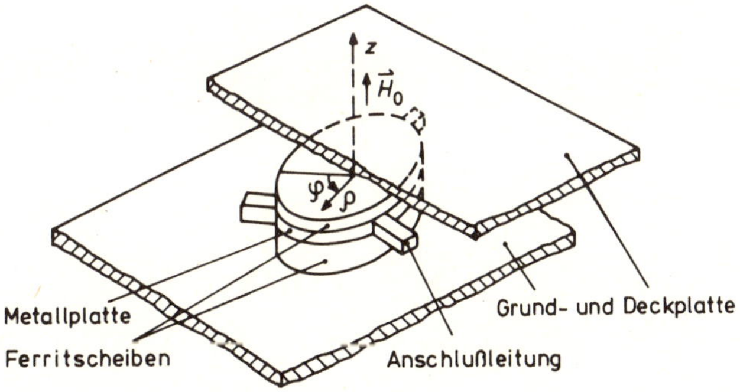

Bild 13.22
Aufbau eines Streifenleitungszirkulators

Die Ferritkörper zwischen der Metallplatte in der Mitte und der Grund- und Deckplatte stellen *Resonatoren* mit elektrisch leitenden Grundflächen und magnetisch leitenden Seitenwänden dar. Als magnetisch leitend können die Seitenwände deshalb angesehen werden, weil hier die Dielektrizitätskonstante ε_r von ihren hohen Werten im Ferrit auf $\varepsilon_r = 1$ außen herunter springt. Von den *Eigenschwingungen* des gesamten Resonators wird nun hauptsächlich nur diejenige mit der niedrigsten Resonanzfrequenz angeregt. Die Feldverteilung dieser Eigenschwingung ist für die Anregung vom Tor 1 und ohne magnetisches Gleichfeld in Bild 13.23 aufgezeichnet.

Das elektrische Feld steht senkrecht zur Ebene der Ferritscheiben, das magnetische Feld liegt in der Ebene. Die an den Toren 2 und 3 induzierten Spannungen sind gleich groß. Das magnetische Feld ist *linear polarisiert*, läßt sich aber auch in *zwei gegenläufig zirkular polarisierte* Felder zerlegen. Dazu gehört eine Aufteilung der Grundschwingung in zwei gegenläufig zirkular polarisierte Eigenschwingungen gleicher Feld-

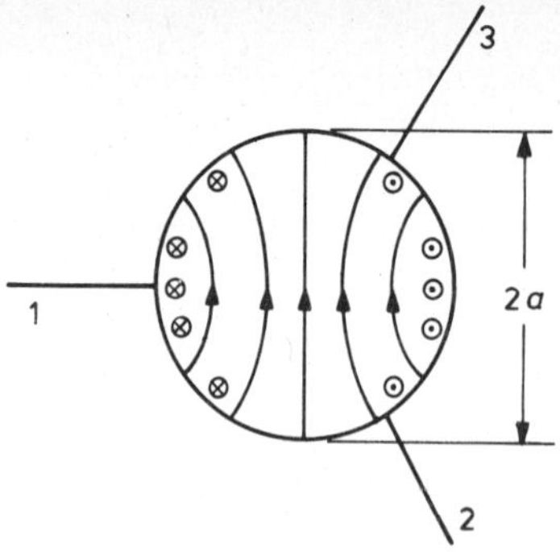

Bild 13.23

Feldbild der Grundschwingung im Ferritresonator des Y-Streifenleitungszirkulators ohne Gleichfeld

verteilung und Resonanzfrequenz. Wird nun ein *magnetisches Gleichfeld* senkrecht zur Ferritscheibe eingeschaltet, so folgt für die Permeabilitäten μ_+, μ_- und damit für die Resonanzfrequenzen der Eigenschwingungen ω_{r+}, ω_{r-}

$$\mu_+ < \mu_- \quad , \qquad \omega_{r+} > \omega_{r-} \; . \tag{13.99}$$

Die Anregungsfrequenz wird so gewählt, daß $\omega_{r+} - \omega = \omega - \omega_{r-}$ gilt. Die Phase der beiden Eigenschwingungen wird sich dann gegenüber der Anregung um gleich große, entgegengesetzte Winkel ändern.

Erläuterungen

Eine solche *Phasenverschiebung* tritt allgemein immer auf, wenn ein schwingfähiges System von außen zu erzwungenen Schwingungen angeregt wird. Die Phase zwischen der Anregungsgröße und der Schwingungsgröße ebenso wie die Amplitude der Schwingungsgröße hängen von dem Abstand zwischen der Resonanzfrequenz des Systems und der Anregungsfrequenz ab. Wird z.B. ein *elektrischer Parallelschwingkreis* mit den Elementen G, L und C (Bild 13.24), der Resonanzfrequenz $\omega_0 = 1/\sqrt{LC}$ und der Güte $Q = \omega_0 C/G$ durch einen Stromphasor $\underline{I}_0$ der Frequenz ω angeregt, so ergibt sich für den Strom durch die Kapazität $\underline{I}_c$

$$\underline{I}_c = \underline{I}_0 \frac{j \frac{\omega}{\omega_0} Q}{1 + jQ\left(\frac{\omega}{\omega_0} - \frac{\omega_0}{\omega}\right)} \; . \tag{13.100}$$

Als hier noch treffenderes Beispiel soll ein *Hohlraumresonator* betrachtet werden. In ihm läßt sich jede beliebige Feldverteilung durch eine Überlagerung aller seiner Eigenschwingungen darstellen. Die komplexen Zeiger der Feldvektoren $\underline{\vec{E}}$ und $\underline{\vec{H}}$ lassen sich nach den ortsabhängigen Feldvektoren der Eigenschwingungen $\vec{E}_i$ und $\vec{H}_i$ entwickeln mit den komplexen Entwicklungskoeffizienten $\underline{a}_i$ und $\underline{b}_i$.

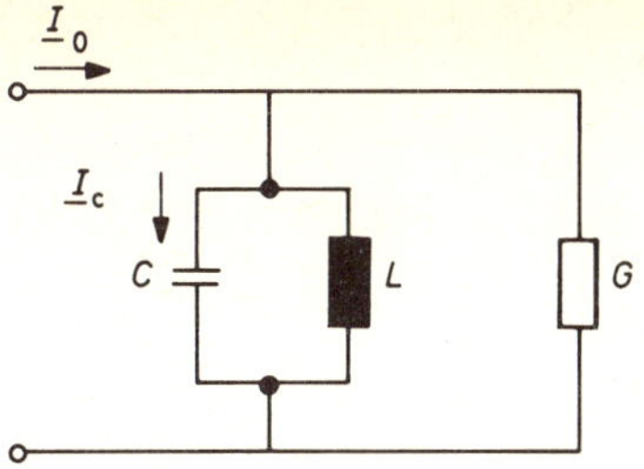

Bild 13.24
Parallelschwingkreis

$$\underline{\vec{E}} = \sum_i \underline{a}_i \vec{E}_i \qquad \underline{\vec{H}} = \sum_i \underline{b}_i \vec{H}_i \quad . \tag{13.101}$$

Praktisch werden Resonatoren meist so erregt, daß nur *die* Eigenschwingungen ins Gewicht fallen, deren Resonanzfrequenzen ω_k der Anregungsfrequenz ω am nächsten liegen. Der Koeffizient b_k der k-ten Eigenschwingung berechnet sich dann nach Gl. (12.32) zu

$$\underline{b}_k \approx \frac{1}{j\omega} \frac{\frac{\omega}{\omega_k} \underline{g}_k}{\left(\frac{\omega_k}{\omega} - \frac{\omega}{\omega_k}\right) + \frac{j}{Q}} \quad . \tag{13.102}$$

Dabei ist mit $\underline{g}_k$ der Einfluß des anregenden Feldes in Rechnung gesetzt, mit Q wird die Güte des Resonators für die k-te und $(k+1)$-te Eigenschwingung bezeichnet. Werden nun diese Eigenschwingungen so angeregt, daß $\underline{g}_k = \underline{g}_{k+1}$ und $\omega_{k+1} - \omega = \omega - \omega_k$, dann ist die Phasenverschiebung gegenüber der Anregung für die k-te Eigenschwingung entgegengesetzt gleich der für die $(k+1)$-te Eigenschwingung.

Auch beim *Ferritscheiben-Resonator* tritt die gleiche Phasenverschiebung auf. Durch das magnetische Gleichfeld wird der Unterschied der Resonanzfrequenzen so eingestellt, daß die Phasenverschiebung genau 30^0 beträgt. Dann dreht sich nämlich nach Bild 13.25 auch die Richtung des linear polarisierten Gesamtfeldes um 30^0 (Bild 13.26). *Zurück zum Problem*

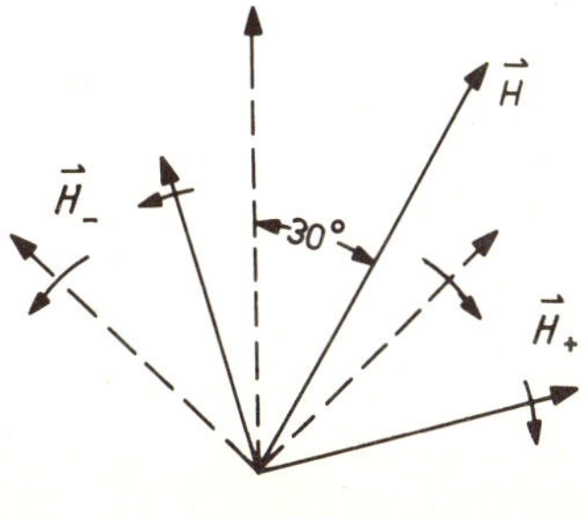

Bild 13.25
Richtungsänderung des linear polarisierten Feldes $\vec{H}$ durch Voreilen von $\vec{H}_+$ und Nacheilen von $\vec{H}_-$
– – – ohne magnetisches Gleichfeld
——— mit richtig eingestelltem magnetischen Gleichfeld

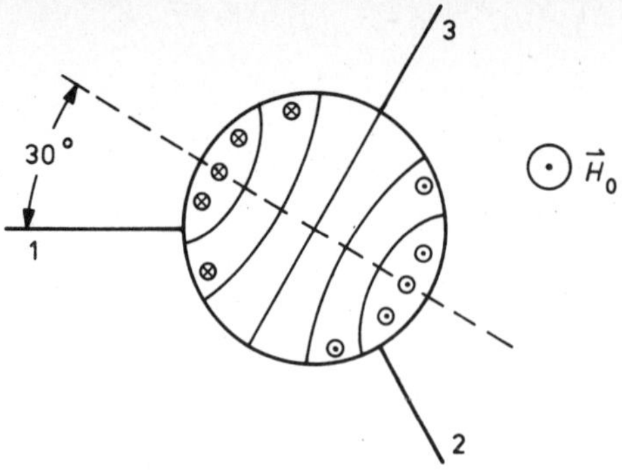

Bild 13.26
Feldbild des Y-Streifenleitungszirkulators

Am Tor 3 wird dann keine Leistung mehr ausgekoppelt, es ist also von der Anregung isoliert. Tor 1 und 2 sind dagegen miteinander verkoppelt, der Zirkulator stellt für sie einen Durchgangsresonator dar.

Der *Einfluß des Ferrits* als nichtreziprokes Medium zeigt sich vor allem darin, daß die Verschiebung der Resonanzfrequenzen ω_{r+} und ω_{r-} durch eine Änderung der Permeabilitäten μ_+ und μ_- erfolgt. Die beiden Eigenschwingungen haben daher zwar verschiedene Resonanzfrequenzen, aber räumlich doch gleiche Feldverteilungen. Nur solche zirkular polarisierten Felder können sich zu linear polarisierten Feldern überlagern.

Berechnung

Um den Ferritscheiben-Resonator für seine Grundschwingung richtig zu bemessen, ermitteln wir ihre Feldverteilung und bestimmen dafür ihre Resonanzfrequenzen. In den Zylinderkoordinaten von Bild 13.22 sind die Grundschwingungsfelder in z-Richtung konstant ($\partial/\partial z = 0$) und haben in dieser Richtung auch keine magnetische Feldkomponente. Unter diesen Bedingungen gibt es nur die Feldkomponenten $\underline{E}_z$, $\underline{H}_\rho$ und $\underline{H}_\varphi$, und $\underline{E}_z$ muß der *transversalen Wellengleichung*

$$\frac{1}{\rho}\,\frac{\partial}{\partial \rho}\left(\rho\frac{\partial \underline{E}_z}{\partial \rho}\right) + \frac{1}{\rho^2}\,\frac{\partial^2 \underline{E}_z}{\partial \varphi^2} + k_y^2 \underline{E}_z = 0 \tag{13.103}$$

genügen mit k_y aus Gl.(13.92). Die beiden Lösungen dieser Gleichung, die sich bei $\rho = 0$ *regulär* verhalten und die Umfangsordnung $n = \pm 1$ der beiden Grundschwingungen haben, lauten

$$\underline{E}_z = \underline{E}_\pm \cdot J_1(k_y\rho)\ e^{\pm j\varphi} \quad . \qquad (13.104)$$

Die Pluszeichen darin gehören zu einem Drehfeld, das sich gemäß dem Faktor exp($j\varphi$) und der Zeitabhängigkeit exp($j\omega t$) in negativer φ-Richtung dreht. Entsprechend gehören die Minuszeichen zu einem Feld, das sich in positiver φ-Richtung dreht. Die zu Gl. (13.104) gehörige φ-Komponente des magnetischen Feldes ist aus

$$\underline{H}_\varphi = \frac{-j}{\omega\mu_\perp}\left(\frac{\partial \underline{E}_z}{\partial\rho} + \frac{j\varkappa}{1+\chi}\,\frac{1}{\rho}\,\frac{\partial \underline{E}_z}{\partial\varphi}\right) \qquad (13.105)$$

zu berechnen mit $\mu_\perp$ gemäß Gl.(13.93).

Ohne Anschlußleitungen am Resonator verlangt die als vollkommen magnetisch leitend angenommene Seitenwand, daß bei $\rho = a$ ringsherum $\underline{H}_\varphi = 0$ ist. Bei dem Feld, das sich gemäß exp($j\varphi$) dreht, führt diese Randbedingung auf

$$k_y a J_0(k_y a)/J_1(k_y a) = 1 + \varkappa/(1+\chi) \qquad (13.106)$$

und bei dem Feld mit exp($-j\varphi$) auf

$$k_y a J_0(k_y a)/J_1(k_y a) = 1 - \varkappa/(1+\chi) \quad . \qquad (13.107)$$

Die Lösung dieser beiden charakteristischen Gleichungen zeigt Bild 13.27. Bei $\varkappa = 0$, also ohne Magnetisierung des Ferrites, fallen beide Resonanzen zusammen. Weil der Arbeitspunkt für den Zirkulator in der Mitte zwischen beiden Resonanzen liegen muß, gilt die Bemessungsregel

$$k_y a \approx 1{,}84 \quad . \qquad (13.108)$$

Zu beachten ist dabei, daß k_y auch vom magnetischen Gleichfeld abhängt

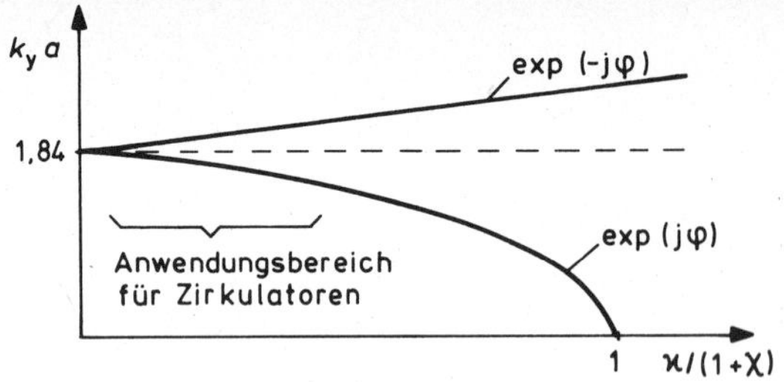

Bild 13.27

Lösung der chrakteristischen Gleichungen (13.106) und (13.107) für die Grundschwingungsresonanz im Y-Zirkulator

Widerstandsanpassung

Um nun auch noch die Widerstände zu ermitteln, an welche die Streifenleitungs-Anschlüsse anzupassen sind, fassen wir die Leitungskonfigurationen in Bild 13.28 ins Auge.

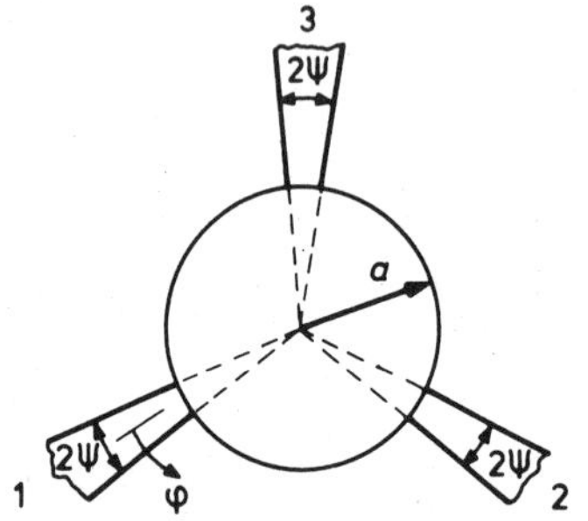

Bild 13.28

Modell für Streifenleitungs-Anschlüsse zur Berechnung der Anschlußimpedanzen

Bei $\rho = a$ sind für die Übertragung vom Tor 1 zum Tor 2 folgende Randbedingungen zu erfüllen

$$\underline{H}_\varphi = \begin{cases} \underline{H}_1 & \text{für } -\psi < \varphi < \psi \text{ und } 120^0-\psi < \varphi < 120^0+\psi \\ 0 & \text{sonst} \end{cases} \tag{13.109}$$

$$\underline{E}_z = \begin{cases} \underline{E}_1 & \text{für } \varphi = 0^0 \\ -\underline{E}_1 & \varphi = 120^0 \\ 0 & \varphi = 240^0 \; . \end{cases} \tag{13.110}$$

Mit dem Ansatz

$$\underline{E}_z = (\underline{E}_+ e^{j\varphi} + \underline{E}_- e^{-j\varphi}) J_1(k_Y \rho) \qquad (13.111)$$

entsprechend Gl.(13.104) wird Gl.(13.110) erfüllt, wenn

$$\underline{E}_+ = \underline{E}_1 (1 + j/\sqrt{3})/2J_1(k_Y a)$$

$$(13.112)$$

$$\underline{E}_- = \underline{E}_1 (1 - j/\sqrt{3})/2J_1(k_Y a)$$

sind. Die Randbedingung (13.109) für $\underline{H}_\varphi$ läßt sich über dem Umfang mit folgender Fourierreihe darstellen

$$\underline{H}_\varphi = \underline{H}_1 \left[\frac{2\psi}{\pi} + \sum_{n=1}^{\infty} \left(\frac{\sin n\psi}{n\pi} \cos n\varphi + \sqrt{3}\,\frac{\sin n\psi}{n\pi} \sin n\varphi\right)\right] . \qquad (13.113)$$

Diese Bedingung ist natürlich nur mit der Grundschwingung im Ansatz nicht zu erfüllen, denn in diesem Ansatz kommen als φ-Abhängigkeiten nur

$$\cos\varphi \text{ und } \sin\varphi \quad \text{bzw.} \quad e^{j\varphi} \text{ und } e^{-j\varphi}$$

vor. Weil aber diese Grundschwingung vorherrscht, setzen wir als erste Näherung die Koeffizienten von $\cos\varphi$ und $\sin\varphi$ in Gl.(13.113) mit den Koeffizienten gleich, die aus dem Ansatz (13.111) mit (13.112) für $\cos\varphi$ und $\sin\varphi$ folgen. Dieser Koeffizientenvergleich führt auf

$$k_Y a \, J_0(k_Y a) = J_1(k_Y a) \qquad (13.114)$$

und

$$\sqrt{3} k_Y a \, \underline{H}_1 \sin\psi = \pi \underline{E}_1 \sqrt{\varepsilon/\mu_\perp} \; \varkappa/(1 + \chi) \ . \qquad (13.115)$$

Gl.(13.114) hat die Lösung $k_Y a = 1{,}84$, so wie wir sie schon als Bemessungsvorschrift (13.108) erhielten. Aus Gl.(13.115) ergibt sich als Feldwellenwiderstand

$$Z = \underline{E}_1/\underline{H}_1 = \sin\psi\ \sqrt{\mu_\perp/\varepsilon}(1+\chi)/\varkappa\ . \tag{13.116}$$

An ihn müssen die Streifenleitungen angepaßt werden. Damit die Zirkulatorfunktion nicht nur bei einer Frequenz, sondern in einem möglichst *breiten Frequenzband* erhalten bleibt, werden die Zuleitungen als Anpassungszweitore ausgebildet.

Bei Frequenzen unterhalb von 500 MHz baut man den Y-Zirkulator mit konzentrierten Elementen, da die anderen Bauweisen zu verhältnismäßig großen Abmessungen führen würden. Er ist schematisch in Bild 13.29 dargestellt.

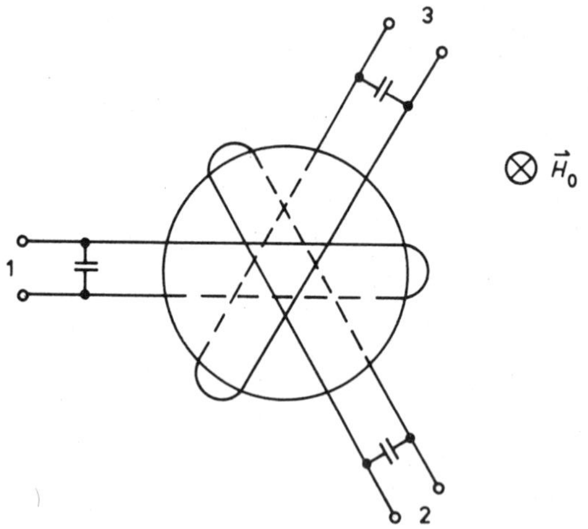

Bild 13.29
Y-Zirkulator mit konzentrierten Elementen

Die drei Parallelschwingkreise sind durch die gemeinsame Ferritscheibe als Spulenkern miteinander verkoppelt. Bei Anregung von Tor 1 ergeben sich in der Ferritscheibe wieder die gleichen Feldverteilungen wie in Bild 13.23 bzw. Bild 13.26. Zur Vergrößerung der Bandbreite werden den Anschlußtoren noch Anpassungsnetzwerke vorgeschaltet.

In Hohlleitertechnik werden Y-Zirkulatoren als symmetrische Dreitorverzweigung nach dem Prinzip in Bild 13.30 gebaut. Im Mittelpunkt der Verzweigung befindet sich ein dreieckiger oder runder Ferritkern.

Werden nur geringe Leistungen verarbeitet, so lassen sich Y-Zirkulatoren bei Frequenzen von 1 bis 18 GHz auch in Mikrostripschaltungen integrieren. Der Ferritkörper wird dazu in eine Bohrung im Keramiksubstrat eingesetzt, was allerdings Schwierigkeiten wegen der verschiedenen Wärmeausdehnung der beiden Materialien mit sich bringt. Als Substrat kann

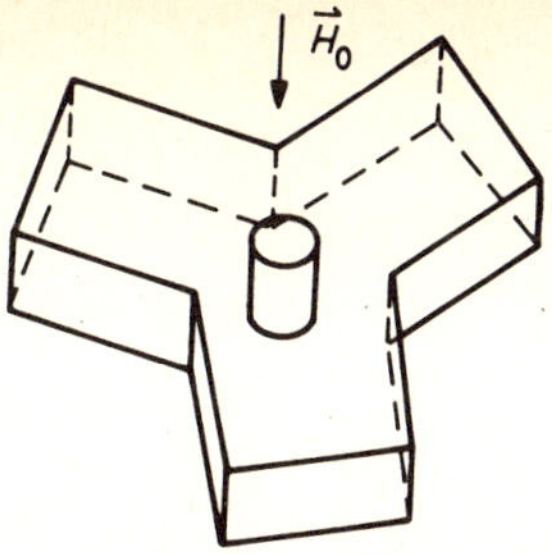

Bild 13.30
Y-Zirkulator in Hohlleitertechnik

man auch ein Material benutzen, das am Ort des Zirkulators durch Sinterung die gewünschten Ferriteigenschaften erhält.

Die technischen Daten, welche Y-Zirkulatoren haben, werden in Tabelle 13.1 mit denen anderer Hochfrequenzschaltungen mit Ferriten verglichen.

		Frequenzbereich der Anwendung	Bandbreite von ... bis	Durchlaßdämpfung von ... bis	Sperrdämpfung von ... bis	Eingangsreflexionsfaktor von ... bis
Richtungsleitung mit Faraday (Rundhohlleiter)-Drehern		6 GHz - 100 GHz	5 % - 80 %	0,5 dB - 1,0 dB	20 dB - 40 dB	≈10 %
Zirkulator mit Faraday-Drehern		6 GHz - 100 GHz	≈10 %	0,5 dB - 1,0 dB	20 dB	≈10 %
Resonanz-Richtungsleitung	a) im Rechteckhohlleiter	0,5 GHz - 60 GHz	5 % - 20 %	0,2 dB - 1,0 dB	15 dB - 60 dB	1 % - 10 %
	b) in koaxialer Technik	1 GHz - 8 GHz	5 % - 20 %	0,5 dB - 1,0 dB	≈20 dB	10 %
	c) in Streifenleitungstechnik mit quasikonzentr. Elementen	200 MHz - 1000 MHz	10 %	0,5 dB - 1,0 dB	15 dB - 20 dB	10 %
Feldverdrängungsrichtungsleitung in Hohlleiter- u. Flossenleitungstechnik		4 GHz - 37 GHz	5 % - 10%	0,1 dB - 0,3 dB	20 dB - 60 dB	3 % - 5 %
Y-Zirkulator	a) mit konzentrierten Elementen	100 MHz - 1,5 GHz	5 % - 100 %	0,4 dB - 1,0 dB	15 dB - 30 dB	3 % - 20 %
	b) in Streifenleitungstechnik mit koax. Anschlüssen	100 MHz - 15 GHz	10 % - 100 %	0,1 dB - 0,8 dB	20 dB - 35 dB	3 % - 10 %
	c) in Hohlleitertechnik	500 MHz - 220 GHz	6 % - 50 %	0,06 dB - 2 dB	15 dB - 36 dB	1,6 % - 10 %
	d) in planarer Schaltungstechnik	2 GHz - 94 GHz	1 % - 10 %	0,3 dB - 1,0 dB	20 dB	10 %

Tabelle 13.1 Daten nichtreziproker Hochfrequenzschaltungen mit Ferriten

Übungsaufgaben zum Lernzyklus 16B

Ohne Unterlagen

1 Wie groß sind im allgemeinen die relative Anfangs-Permeabilität und die relative Dielektrizitätskonstante von Ferriten?

2 Beschreiben Sie mit Worten und Skizzen, wie man den Permeabilitätstensor gyromagnetischer Stoffe berechnen kann!

3 Skizzieren Sie für zirkular polarisierte Magnetfelder in Ferriten die effektiven Permeabilitäten in Abhängigkeit von der Stärke des magnetischen Gleichfeldes!

4 Was versteht man unter dem Faraday-Effekt? Beschreiben Sie ein Mikrowellenbauteil, dessen Wirkungsweise auf diesem Effekt beruht!

5 Nennen Sie drei verschiedene Typen von Richtungsleitungen. Erläutern Sie ihre Wirkungsweise!

6 Geben Sie die Streumatrix eines idealen Zirkulators an!

7 Erläutern Sie mit Worten und Skizzen, wie ein Y-Zirkulator funktioniert!

Unterlagen gestattet

8 Eine Ausbreitungskonstante im gyromagnetischen Stoff
Leiten Sie Gl.(13.92) aus den Gln.(13.84), (13.85) und (13.89) her!

LÖSUNGEN DER ÜBUNGSAUFGABEN

Aufgaben 9A/1 bis 9A/7 siehe Lehrtext!

Lernzyklus 9A

9A/8 Hohlkugel als Resonator

Die Eigenschwingungen werden aus Vektorpotentialen $\underline{\vec{A}}$ und $\underline{\vec{F}}$ abgeleitet, die jeweils nur eine r-Komponente $\underline{\psi}$ besitzen. Für dieses $\underline{\psi}$ ist gemäß Gl.(6.15) anzusetzen

$$\underline{\psi} = \hat{R}_v(kr)\; L_v^w(\cos\vartheta)\; h(w\varphi) \; . \tag{A1}$$

Im allgemeinen sind darin $\hat{R}_v(kr)$ eine Linearkombination zweier Zylinderfunktionen halbzahliger Ordnung, $L_v^w(\cos\vartheta)$ eine Linearkombination zweier zugeordneter Kugelfunktionen und $h(w\varphi)$ eine Linearkombination zweier harmonischer Funktionen.

Weil die Hohlkugel den Punkt $r = 0$ enthält, entfällt in $\hat{R}_v(kr)$ die dort singuläre Neumannfunktion, und es bleibt

$$\hat{R}_v(kr) = \hat{J}_v(kr) \; .$$

Weil die Hohlkugel den gesamten Winkelbereich $0 \leq \varphi \leq 2\pi$ einschließt, ist, um eine eindeutige Darstellung zu erhalten, in den harmonischen Funktionen $w = m$ als ganze Zahl anzusetzen. Anstelle einer Linearkombination aus $\sin m\varphi$ und $\cos m\varphi$ soll die hier mögliche andere Darstellung "$\sin m\varphi$ *oder* $\cos m\varphi$" gewählt werden:

$$h(w\varphi) = \begin{Bmatrix} \sin m\varphi \\ \cos m\varphi \end{Bmatrix} \; .$$

Die zugeordnete Kugelfunktion $L_v^w = L_v^m$ schließlich ist als zugeordnetes Legendre-Polynom

$$L_v^w(\cos\vartheta) \;\; = P_n^m(\cos\vartheta)$$

anzusetzen, denn die Hohlkugel enthält den gesamten Winkelbereich $0 \leqq \vartheta \leqq \pi$. Die Kugelfunktionen zweiter Art $Q_v(\cos\vartheta)$ und damit auch die ihnen zugeordneten Kugelfunktionen würden bei $\vartheta = 0$ und $\vartheta = \pi$ Singularitäten ergeben. Aber auch die Kugelfunktionen erster Art $P_v(\cos\vartheta)$ und die ihnen zugeordneten dürfen nur ganzzahlige Grade $v = n$ haben; sonst sind sie bei $\vartheta = \pi$ singulär.

So wird aus Gl.(A1)

$$\underline{\psi} = \hat{J}_n(kr)\ P_n^m(\cos\vartheta) \begin{Bmatrix} \sin m\varphi \\ \cos m\varphi \end{Bmatrix}. \qquad \text{(A2)}$$

Dabei ist nur $m \leqq n$ sinnvoll; denn sonst ist $P_n^m(\cos\vartheta) = 0$.

Die Resonanzfrequenzen der Eigenwellen bestimmen sich nun daraus, daß die tangentialen elektrischen Feldkomponenten, $\underline{E}_\vartheta$ und $\underline{E}_\varphi$, bei $r = a$ verschwinden müssen.

E-Schwingungen

Für die E-Schwingungen lassen sich die Felder aus einem magnetischen Vektorpotential $\underline{\vec{A}} = \vec{u}_r \underline{A}_r$, mit $\underline{A}_r = \underline{\psi}$ aus Gl.(A2), gemäß Gl.(6.16) berechnen. Für $\underline{F}_r = 0$ sind

$$\underline{E}_\vartheta = \frac{1}{j\omega\varepsilon r}\ \frac{\partial^2 \underline{\psi}}{\partial r \partial\vartheta} \quad \text{und} \quad \underline{E}_\varphi = \frac{1}{j\omega\varepsilon r \sin\vartheta}\ \frac{\partial^2 \underline{\psi}}{\partial r \partial\varphi}\ .$$

Sie verschwinden bei $r = a$, wenn

$$\hat{J}'_n(ka) = 0$$

ist. Einige dieser Nullstellen von $\hat{J}'_n$, d.h. die Werte des Argumentes, bei denen $\hat{J}'_n$ gleich Null ist, sind in der Aufgabenstellung als u'_{np} angegeben.

$$ka = u'_{np}\ . \qquad \text{(A3)}$$

Das Potential der E_{mnp}-Schwingung ist daher

$$\underline{\psi}^{(E)}_{mnp} = \hat{J}_n\left(u'_{np}\ \frac{r}{a}\right)\ P_n^m(\cos\vartheta) \begin{Bmatrix} \sin m\varphi \\ \cos m\varphi \end{Bmatrix} \qquad \begin{matrix} m = 0,1,2\ldots \\ n = 1,2,3\ldots \\ p = 1,2,3\ldots \\ m \leqslant n\ . \end{matrix}$$

$m = n = 0$ ist nicht möglich, denn $\underline{\psi}_{00p} = \hat{J}_0(kr) = \sin kr$ würde nach Gl.(6.16) alle Feldkomponenten zu Null ergeben. Die Resonanzfrequenzen der E_{mnp}-Schwingungen ergeben sich aus Gl.(A3) mit $k = 2\pi f/c$ zu

$$f = \frac{u'_{np}c}{2\pi a} .$$

Da die Resonanzfrequenz nicht von der Ordnung m abhängt, sind mit $m < n$ die E-Schwingungen mit der niedrigsten Grenzfrequenz *dreifach entartet*. Mit Gl.(6.26) und Gl.(6.40), worin $u = \cos\vartheta$ ist, sind ihre Potentiale

$$\underline{\psi}_{011} = \hat{J}_1(u'_{11} \cdot \frac{r}{a}) \cos\vartheta \cdot 1$$

$$\underline{\psi}_{111} = \begin{cases} \hat{J}_1(u'_{11} \cdot \frac{r}{a})(-\sin\vartheta) \sin\varphi \\ \hat{J}_1(u'_{11} \cdot \frac{r}{a})(-\sin\vartheta) \cos\varphi \end{cases} \qquad \text{(A4)}$$

Für einen Kugelradius $a = 5$ cm ist ihre Resonanzfrequenz

$$f = \frac{u'_{11}c}{2\pi a} = \frac{2{,}744 \cdot 3 \cdot 10^{11}\ \text{mm/s}}{2 \cdot \pi \cdot 50\ \text{mm}} = 2{,}62\ \text{GHz}. \qquad \text{(A5)}$$

Die Felder der *H-Eigenschwingungen* lassen sich aus einem elektrischen Vektorpotential $\vec{\underline{F}} = \vec{u}_r \underline{F}_r$, mit $\underline{F}_r = \underline{\psi}$ aus Gl.(A2), gemäß Gl.(6.16) berechnen. Für $\underline{A}_r = 0$ sind

H-Schwingungen

$$\underline{E}_\vartheta = \frac{-1}{r\sin\vartheta}\frac{\partial\underline{\psi}}{\partial\varphi} \quad \text{und} \quad \underline{E}_\varphi = \frac{1}{r}\frac{\partial\underline{\psi}}{\partial\vartheta} .$$

Sie verschwinden bei $r = a$, wenn

$$\hat{J}_n(ka) = 0$$

wird. Mit den Nullstellen u_{np} der Besselfunktion von halbzahliger Ordnung wird darum das Potential der H_{mnp}-Schwingung zu

$$\underline{\psi}_{mnp}^{(H)} = \hat{J}_n(u_{np} \cdot \frac{r}{a}) \; P_n^m(\cos\vartheta) \begin{Bmatrix} \sin m\varphi \\ \cos m\varphi \end{Bmatrix} \qquad \begin{matrix} m = 0,1,2 \ldots \\ n = 1,2,3 \ldots \\ p = 1,2,3 \ldots \\ m \leq n \end{matrix}$$

$m = n = 0$ ist wieder nicht möglich, weil dann alle Feldkomponenten verschwinden würden.

Die Resonanzfrequenzen sind

$$f = \frac{u_{np} c}{2\pi a} .$$

Die H_{011}-Schwingung und die beiden H_{111}-Schwingungen verschiedener Polarisation sind die dreifach entarteten H-Eigenschwingungen niedrigster Ordnung. Ihre Potentiale ergeben sich aus Gl.(A4), wenn dort u'_{11} gegen u_{11} ausgetauscht wird.

Die Resonanzfrequenz dieser Schwingungen ist

$$f = \frac{u_{11} c}{2\pi a} = \frac{4{,}493 \cdot 3 \cdot 10^{11} \text{ mm/s}}{2 \cdot \pi \cdot 50 \text{ mm}} = 4{,}29 \text{ GHz} .$$

Grundschwingung

Da diese Resonanzfrequenz größer ist als die in Gl.(A5) sind die dreifach entarteten E-Schwingungen niedrigster Ordnung die Grundschwingungen dieses Resonators.

Lernzyklus 9B

Aufgaben 9B/1 bis 9B/5 siehe Lehrtext!

9B/6 Wellenwiderstand und Grenzradius

Für Wellen, die sich in radialer Richtung r eines Kugelkoordinatensystems (r,ϑ,φ) ausbreiten, ist die Komponente in Ausbreitungsrichtung des *komplexen Poyntingvektors* aus Gl.(2.12)

$$S_r = \underline{E}_\vartheta \cdot \underline{H}_\varphi^* .$$

Mit dem Wellenwiderstand $Z^{(+)} = \underline{E}_\vartheta / \underline{H}_\varphi$ gilt dann

$$S_r = \frac{1}{Z^{(+)*}} \cdot |\underline{E}_\vartheta|^2 = Z^{(+)*} \cdot \left| \frac{\underline{E}_\vartheta}{Z^{(+)}} \right|^2 .$$

Die Phase des Wellenwiderstandes ist also gleich der Phase von S_r. Nun ist der Realteil von S_r gleich der mittleren Energiestromdichte der Feldverteilung, und ein Imaginärteil bedeutet gespeicherte Energie. Deshalb bedeutet ein reeller Wellenwiderstand *Durchlaßbereich* und ein imaginärer Wellenwiderstand *Sperrbereich*.

Bei Wellen, die in ($-r$)-Richtung laufen und bei radialen Wellenleitern für Zylinderwellen gelten ganz entsprechende Überlegungen.

9B/7 Bemerkung zur Grundwelle der Doppelkonusleitung

Mit $P_0(\cos\vartheta) = 1$ aus (6.26) und $\hat{H}_0^{(1)}(kr) = \pm j e^{\pm jkr}$ aus Gl.(6.14) würde der Ansatz

$$\underline{A}_r = \left[\underline{A}P_0(\cos\vartheta) + \underline{B}Q_0(\cos\vartheta)\right]\begin{Bmatrix}\hat{H}_0^{(1)}(kr)\\ \hat{H}_0^{(2)}(kr)\end{Bmatrix}$$

$$= \left[\underline{A} + \underline{B}Q_0(\cos\vartheta)\right]\begin{Bmatrix}(-1)je^{jkr}\\ je^{-jkr}\end{Bmatrix}$$

über die Gl.(6.16) mit $\underline{F}_r = 0$ für die Feldkomponenten zu Ausdrücken führen, in denen der Anteil mit $\underline{A}$ verschwindet; denn dieser Anteil hängt nicht von ϑ und φ ab, so daß $\underline{E}_\vartheta = \underline{E}_\varphi = \underline{H}_\vartheta = \underline{H}_\varphi = 0$ sind; und die doppelte Ableitung nach r liefert den Vorfaktor $-k^2$, so daß, wie bei dem Anteil mit $\underline{B}$, auch $\underline{E}_r$ verschwindet.

Zur Berechnung der Feldkomponenten, und das ist ja das Ziel aller unserer Rechnungen, kann also der Term mit $P_0(\cos\vartheta)$ im Ansatz entfallen.

9B/8 Wellenwiderstände der Kugelwellen im freien Raum

Formeln für diese Wellenwiderstände sind in den oberen der Gln.(6.51) und (6.52) angegeben:

$$Z_{mn}^{(E+)} = j\eta\frac{\hat{H}_n^{(2)\prime}(kr)}{\hat{H}_n^{(2)}(kr)} \qquad \text{(A1)}$$

$$Z_{mn}^{(H+)} = -j\eta\frac{\hat{H}_n^{(2)}(kr)}{\hat{H}_n^{(2)\prime}(kr)} \quad . \qquad \text{(A2)}$$

Daraus folgt unmittelbar, daß $Z_{mn}^{(E+)} \cdot Z_{mn}^{(H+)} = \eta^2$ ist.

Zur Näherungsberechnung der Wellenwiderstände für $kr \to 0$ und ∞ ist nun für die Hankelfunktion von halbzahliger Ordnung $\hat{H}_n^{(2)}(kr)$ entsprechend Gl.(6.13) die Darstellung mit endlichen Reihen einzusetzen, deren Werte dann angenähert werden können.

Für alle Argumente gilt

$$\hat{H}_n^{(2)}(x) = \mathrm{j}^n [D_n(x) + \mathrm{j}\, C_n(x)]\, \mathrm{e}^{-\mathrm{j}x} \tag{A3}$$

mit

$$C_n(x) = \sum_{m=0}^{2m \leq n} \frac{(-1)^m (n+2m)!}{(2m)!(n-2m)!} (2x)^{-2m} \tag{A4}$$

$$D_n(x) = \sum_{m=0}^{2m \leq n-1} \frac{(-1)^m (n+2m+1)!}{(2m+1)!(n-2m-1)!} (2x)^{-(2m+1)} . \tag{A5}$$

$kr \to \infty$

Bei $kr = x \to \infty$ brauchen zunächst in den Gln.(A4) und (A5) nur die jeweils größten Exponenten von $2x$, d.h. $-2m = 0$ bzw. $-(2m+1) = -1$ berücksichtigt zu werden. Damit gilt dann

$$C_n(x) \approx 1 \; ; \quad D_n(x) \approx \frac{(n+1)!}{(n-1)!\,2x} \xrightarrow[x\to\infty]{} 0$$

und

$$\hat{H}_n^{(2)}(kr) \approx \mathrm{j}^{n+1}\, \mathrm{e}^{-\mathrm{j}kr} .$$

Die Ableitung nach dem Argument kr folgt daraus zu

$$\hat{H}^{(2)\prime}(kr) \approx -\mathrm{j}^{n+2}\, \mathrm{e}^{-\mathrm{j}kr} = \mathrm{j}^n\, \mathrm{e}^{-\mathrm{j}kr},$$

und mit den Gln.(A1) und (A2) werden die Wellenwiderstände zu

$$Z_{mn}^{(E+)} \approx \mathrm{j}\eta \frac{\mathrm{j}^n \mathrm{e}^{-\mathrm{j}kr}}{\mathrm{j}^{n+1}\, \mathrm{e}^{-\mathrm{j}kr}} = \eta$$

$$Z_{mn}^{(H+)} \approx -\mathrm{j}\eta \frac{\mathrm{j}^{n+1}\, \mathrm{e}^{-\mathrm{j}kr}}{\mathrm{j}^n\, \mathrm{e}^{-\mathrm{j}kr}} = \eta .$$

Für $kr = x \to 0$ sind in den Gln.(A4) und (A5) nur die kleinsten Exponenten von $2x$ zu berücksichtigen. Bei geraden n ist dann

$kr \to 0$

n gerade

$$C_n(x) \simeq \frac{(-1)^{n/2}\,(2n)!}{n!\;1!}\cdot(2x)^{-n},$$

$$D_n(x) \simeq \frac{(-1)^{\frac{n-2}{2}}\,(2n-1)!}{(n-1)!\;1!}\cdot(2x)^{-(n-1)}.$$

In Gl.(A3) ist damit nur $C_n(x)$ zu berücksichtigen:

$$\hat{H}_n^{(2)}(kr) \simeq \mathrm{j}^{n+1}\,\frac{(-1)^{n/2}\,(2n)!}{n!}\cdot(2kr)^{-n}\cdot\mathrm{e}^{-\mathrm{j}kr}.$$

Mit

$$\hat{H}_n^{(2)\prime}(kr) \simeq \mathrm{j}^{n+1}\,\frac{(-1)^{n/2}(2n)!}{n!}\left[(2kr)^{-n}(-\mathrm{j})\mathrm{e}^{-\mathrm{j}kr} - n\,2\,(2kr)^{-(n+1)}\mathrm{e}^{-\mathrm{j}kr}\right]$$

$$\simeq -\mathrm{j}^{n+1}\,\frac{(-1)^{n/2}(2n)!}{n!}\;2n\;(2kr)^{-(n+1)}\;\mathrm{e}^{-\mathrm{j}kr}\;.$$

wird

$$\frac{\hat{H}_n^{(2)}(kr)}{\hat{H}_n^{(2)\prime}(kr)} \simeq -\frac{kr}{n}\;.$$

Bei ungeraden Werten von n ergibt sich entsprechend

n ungerade

$$C_n(x) \simeq \frac{(-1)^{\frac{n-1}{2}}\,(2\;\;-1)!}{(n-1)!\;1!}\;(2x)^{-(n-1)}$$

$$D_n(x) \simeq \frac{(-1)^{\frac{n-1}{2}}\,(2n)!}{n!}\;(2x)^{-n}$$

und daraus ebenfalls

$$\frac{\hat{H}_n^{(2)}(kr)}{\hat{H}_n^{(2)\prime}(kr)} \simeq -\frac{kr}{n} .$$

Aus den Gln.(A1) und (A2) folgt damit bei $kr \to 0$ sowohl für gerades als auch für ungerades n

$$Z_{mn}^{(E+)} \simeq -j\,\frac{n\eta}{kr} \qquad \text{und} \qquad Z_{mn}^{(H+)} \simeq j\,\frac{\eta kr}{n} .$$

Lernzyklus 10A

Aufgaben 10A/1 bis 10A/4 siehe Lehrtext!

10A/5 Scheinwiderstand einer Antenne im Rechteckhohlleiter

Da der Strombelag $\underline{J}_{Ax}$ und die Feldstärke $\underline{E}_x$ gemäß der Aufgabenstellung als umfangsunabhängig angenommen werden sollen, ergibt sich mit $dA = \pi d\,dx$ aus Gl.(2.35)

$$Z_1 = -\frac{1}{\underline{I}_e^2} \int \vec{\underline{E}}\cdot\vec{\underline{J}}_A\, \pi d\, dx . \qquad \text{(A1)}$$

Bei einem Gesamtstrom $\underline{I}_0(\cos(k(a-x))$ an der Stelle x, ist die Flächenstromdichte, die sich ja gleichmäßig auf dem Umfang verteilt

$$\vec{\underline{J}}_A = \vec{u}_x \underline{J}_A \quad \text{mit} \quad \underline{J}_A = \frac{\underline{I}_0}{\pi d}\cos(k(a-x)) .$$

Aus den Gln. (3.64) und (7.8) ergibt sich

$$\underline{E}_x\Big|_{y=c+d/2} = \frac{\underline{I}_0}{j\omega\varepsilon} \sum_{m=0}^{\infty} \sum_{n=1}^{\infty} \underline{B}_{mn}\left(k^2-\left(\frac{m\pi}{a}\right)^2\right) \cos\frac{m\pi x}{a}\,\sin\left(n\pi \cdot \frac{c+d/2}{b}\right).$$

Dabei wurde noch ein Faktor $\underline{I}_0$ eingeführt, der im Lehrtext zu eins gesetzt war.

Mit Gl.(A1), $\underline{I}_e = \underline{I}_0 \cos ka$ und Vertauschen von Integration und Summation wird der Scheinwiderstand dann

$$Z_1 = -\frac{1}{j\omega\varepsilon \underline{I}_o \cos^2 ka} \sum_{m=0}^{\infty} \sum_{n=1}^{\infty} \underline{B}_{mn}\left(k^2-\left(\frac{m\pi}{a}\right)^2\right) \sin\left(n\pi\frac{c+d/2}{b}\right) \int_0^a \cos\frac{m\pi x}{a} \cos(k(a-x))\,dx \;. \quad \text{(A2)}$$

Das Integral darin soll mit i abgekürzt werden. Mit der Substitution $a-x = w$ wird es zu

$$i = -\int_a^0 \cos\left(\frac{m\pi}{a}(a-w)\right) \cos kw\,dw \;,$$

und mit

$$\cos\left(\frac{m\pi}{a}(a-w)\right) = (-1)^m \cos\frac{m\pi w}{a}$$

ergibt sich weiter

$$i = (-1)^m \int_0^a \cos\frac{m\pi w}{a} \cos kw\,dw \;.$$

Dieser Typ von Integral ist tabelliert, z.B. in *"Bronstein", S. 320, Nr. 346*. Damit folgt dann

$$i = (-1)^m \left[\frac{\sin\left(\left(\frac{m\pi}{a} - k\right)w\right)}{2\left(\frac{m\pi}{a} - k\right)} + \frac{\sin\left(\left(\frac{m\pi}{a} + k\right)w\right)}{2\left(\frac{m\pi}{a} + k\right)}\right]_0^a$$

und nach einfachen Umformungen

$$i = \frac{ka^2 \sin ka}{(ka)^2 - (m\pi)^2} \;.$$

Mit $\underline{B}_{mn} = \underline{J}_{mn}/(2\gamma_{mn})$ und $\underline{J}_{mn}$ wie im Lehrtext, aber wieder mit dem Vorfaktor $\underline{I}_o$ versehen, ergibt sich dann aus Gl.(A2)

$$Z_1 = \frac{-k^2 a \tan^2 a}{j\omega\varepsilon b} \sum_{m=0}^{\infty} \sum_{n=1}^{\infty} \frac{\varepsilon_m \sin(\frac{n\pi c}{b}) \sin(n\pi \frac{c+d/2}{b})}{\gamma_{mn}((ka)^2 - (m\pi)^2)} . \tag{A3}$$

Nun ist für den Hohlleitern in Bild 7.2 die H_{01}-Welle die Grundwelle. (Es ist hier nicht die H_{10}-Welle, weil hier die Seite in x-Richtung kleiner ist, als die Seite in y-Richtung.) Der Querschnitt und die Betriebsfrequenz sollen so beschaffen sein, daß nur die Grundwelle ausbreitungsfähig ist. Dann ist allein γ_{01} imaginär, und alle anderen γ_{mn} sind reell. Mit

$$Z_{mn} = j \frac{k^2 - (\frac{m\pi}{a})^2}{\omega\varepsilon\gamma_{mn}}$$

für die E_x-Wellen und $Z_1 = R_1 + jX_1$ folgt dann aus Gl.(A3) die in der Aufgabenstellung angegebene Lösung

$$jX_1 = \frac{k^2 a^3 \tan^2 a}{b} \sum_{\substack{m=0 \\ \text{außer} \\ m=0;\, n=1}}^{\infty} \sum_{n=1}^{\infty} Z_{mn}\, \varepsilon_m \sin(\frac{n\pi c}{b}) \frac{\sin(n\pi \frac{c+d/2}{b})}{((ka)^2-(m\pi)^2)^2} \tag{A4}$$

Diese Reihe ist zu vergleichen mit dem Blindwiderstand, wie er sich mit P aus Gl.(7.5) ergibt und wenn dabei $\underline{J}_{mn}$ wie im Lehrtext berechnet eingesetzt wird. Daraus folgt mit $\underline{I}_e = \cos ka$

$$jX = j \frac{\text{Im}(P)}{|\underline{I}_e|^2} = \frac{k^2 a^3 \tan^2 a}{b} \sum_{\substack{m=0 \\ \text{außer} \\ m=0;\, n=1}}^{\infty} \sum_{n=1}^{\infty} Z_{mn}\, \varepsilon_m \frac{\sin^2(\frac{n\pi c}{b})}{((ka)^2-(m\pi)^2)^2} . \tag{A5}$$

Wenn in Gl.(A4) und (A5)

$$Z_{mn} = j \frac{k^2 - (\frac{m\pi}{a})^2}{\omega\varepsilon \sqrt{(\frac{m\pi}{a})^2 + (\frac{n\pi}{b})^2 - k^2}}$$

eingesetzt wird, um die Abhängigkeit der Glieder von m und n deutlich zu machen, erkennt man, daß bei der Summation über n in Gl.(A5) nur Glieder einheitlichen Vorzeichens addiert werden. Abgesehen von den gleichmäßigen Schwankungen durch $\sin^2(n\pi c/b)$ nehmen diese Glieder bei großen n proportional zu $1/n$ ab. Die Reihe verhält sich dann also wie die divergente *harmonische Reihe*.

Plausible Konvergenzbetrachtung

Wenn jedoch in Gl.(A4) über n summiert wird, läßt sich mit

$$\sin(\frac{n\pi c}{b})\ \sin(n\pi\frac{c+d/2}{b}) = \frac{1}{2}\left\{\cos(n\pi\frac{2c-d/2}{b}) - \cos(\frac{n\pi d}{2b})\right\} \qquad \text{(A6)}$$

die Summe über n in zwei Summen trennen, deren Summanden mit zunehmenden n periodisch oszillieren und in ihrer Schwankungsamplitude abnehmen. Wenn man die endlich vielen, aufeinander folgenden Summanden *gleichen Vorzeichens* einer Reihe jeweils zu den Gliedern einer neuen Reihe zusammengefaßt, erhält man eine alternierende Reihe, von denen jedes Glied dem Betrage nach größer ist als das nächstfolgende. Nach dem *Leibnizschen Konvergenzkriterium* sind dann die beiden über Gl.(A6) entstandenen Reihen konvergent, und damit auch die Summe über n in Gl.(A4). Die übrigbleibende Summe über m *konvergiert* auf einen Grenzwert, denn für große m sind die Glieder mindestens von der Ordnung $1/m^2$ klein und die Reihe $\sum_{m=0}^{\infty} 1/m^2$ ist konvergent.

z.B. "Bronstein" S. 253

Aufgaben 10B/1 bis 10B/6 siehe Lehrtext!

Lernzyklus 10B

10B/7 Offene Parallelplattenleitung mit TE_x - TE_y-Welle

a)

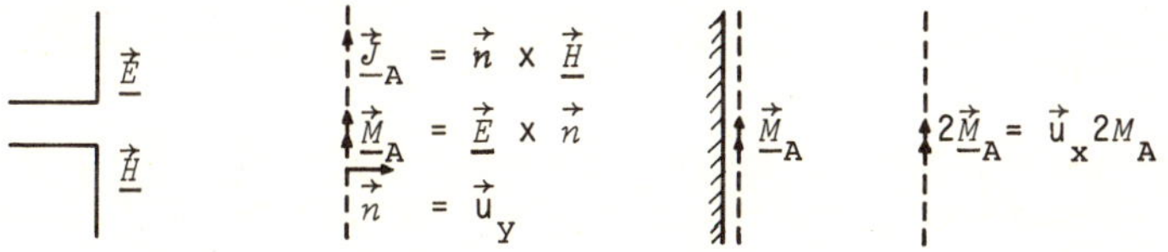

Das Strahlungfeld dieser Welle der Parallelplattenleitung könnte folgendermaßen berechnet werden:

1.) Auf einer Fläche unmittelbar vor dem Schirm und vor der Öffnung werden *Huygens-Quellen* $\vec{\underline{J}}_A$ und $\vec{\underline{M}}_A$ eingeführt, so daß der Raum links feldfrei wird.

2.) Wenn der Raum links feldfrei ist, kann die Stoffverteilung dort beliebig geändert werden, ohne das Feld rechts zu stören. Wenn der Raum links mit einem idealen Leiter angefüllt wird, wird der elektrische Strom $\vec{\underline{J}}_A$ kurzgeschlossen und braucht nicht mehr berücksichtigt zu werden. (s. Abschnitt 1.13). Es bleibt nur noch $\vec{\underline{M}}_A$.

3.) Für die Feldberechnung im rechten Halbraum kann nach der Bildtheorie der Leiter entfernt werden, wenn der magnetische Strom verdoppelt wird. Weil er dann im freien Raum strahlt, kann das elektrische Vektorpotential $\underline{\vec{F}}$ aus seiner Integraldarstellung berechnet werden.

Aus dieser Integraldarstellung für $\underline{\vec{F}}$, Gl.(1.42), folgt, daß ein magnetischer Strom in x-Richtung nur ein x-gerichtetes elektrisches Vektorpotential erzeugen kann.

b) Da die Strahleranordnung und das Feld der einfallenden Welle nicht von z abhängen, kann für die x-Komponente des Vektorpotentials $\underline{F}$ ein *einfaches* Fourierintegral angesetzt werden:

$$\underline{\psi}(x,y) = \frac{1}{2\pi} \int_{-\infty}^{\infty} \underline{f}(k_x)\, e^{jk_y y}\, e^{jk_x x}\, dk_x \ . \qquad \text{(A1)}$$

Die Fouriertransformierte von $\underline{\psi}$ ist darin

$$\bar{\underline{\psi}} = \underline{f}(k_x)\, e^{jk_y y} , \qquad \text{(A2)}$$

und es gilt

$$\bar{\underline{\psi}} = \int_{-\infty}^{\infty} \underline{\psi}(x,y)\, e^{-jk_x x}\, dx \ . \qquad \text{(A3)}$$

Um in $(+y)$-Richtung laufende bzw. abklingende Wellen zu erhalten, ist k_x gemäß Gl. (7.28) einzusetzen. Die unbekannte Funktion $\underline{f}(k_x)$ in Gl.(A1) ist zunächst aus der bei $y = 0$ vorgegebenen elektrischen Feldverteilung zu bestimmen. Dazu kann man zwei Ausdrücke für die Fouriertransformierte $\bar{\underline{E}}_z$ des elektrischen Feldes bei $y = 0$ gleichsetzen.

Der erste Ausdruck wird aus Gl.(3.66) gewonnen, in dem aber statt $\underline{E}_z$ und $\underline{\psi}$ jetzt ihre Fouriertransformierten eingesetzt werden und $\partial/\partial y$ formal durch den Faktor jk_y ersetzt wird (das folgt aus $\partial(\exp(jk_y y))/\partial y = jk_y \exp(jk_y y)$):

$$\bar{\underline{E}}_z \Big|_{y=0} = jk_y \bar{\underline{\psi}} \Big|_{y=0} = jk_y \underline{f}(k_x) \ . \qquad \text{(A4)}$$

Der zweite Ausdruck ist die Fouriertransformierte dieses Feldes selbst:

$$\bar{\underline{E}}_z\Big|_{y=0} = \int_{-\infty}^{\infty} \underline{E}_z(x)\Big|_{y=0} \, e^{-jk_x x} \, dx \, . \qquad \text{(A5)}$$

Durch Gleichsetzen der Gln.(A4) und (A5) ergibt sich

$$\underline{f}(k_x) = \frac{1}{jk_y} \int_{-\infty}^{\infty} \underline{E}_z(x)\Big|_{y=0} \, e^{-jk_x x} \, dx \, . \qquad \text{(A6)}$$

Mit der in der Aufgabenstellung vorgegebenen Feldverteilung folgt

$$\underline{f}(k_x) = \frac{\underline{E}_{z0}}{jk_y} \int_{-a/2}^{a/2} \cos\frac{\pi x}{a} \, e^{-jk_x x} \, dx \, .$$

$$\underline{f}(k_x) = \frac{\underline{E}_{z0}}{jk_y} \cdot \frac{2\pi a \cos(k_x a/2)}{\pi^2 - (k_x a)^2} \qquad \text{(A7)}$$

z.B. mit "Bronstein" S. 327, Nr. 460

Die Leistung pro Längeneinheit in z-Richtung ist

$$P = \int_{-\infty}^{\infty} \left[\underline{E}_z \cdot \underline{H}_x^*\right]_{y=0} dx \, .$$

Nach dem Satz von Parseval kann sie auch aus

$$P = \frac{1}{2\pi} \int_{-\infty}^{\infty} \left[\bar{\underline{E}}_z \cdot \bar{\underline{H}}_x^*\right]_{y=0} dk_x \qquad \text{(A8)}$$

berechnet werden. $\bar{\underline{E}}_z$ ist von den Gln.(A4) und (A7) her bekannt, und $\bar{\underline{H}}_x$ kann durch $\bar{\underline{E}}_z$ ausgedrückt werden; dann aus den Gln.(3.66) und (A4) folgt

$$\bar{\underline{H}}_x = \frac{1}{j\omega\mu}(k^2 - k_x^2)\, \underline{\psi} = \frac{1}{j\omega\mu} \cdot (k^2 - k_x^2) \frac{\bar{\underline{E}}_z}{jk_y} \, .$$

Mit der Separationsbedingung $k^2 - k_x^2 = k_y^2$ wird daraus

$$\underline{\bar{H}}_x = -\frac{k_y}{\omega\mu}\underline{\bar{E}}_z ,$$

so daß Gl.(A8) zu

$$P = -\frac{1}{2\pi\omega\mu}\cdot\int_{-\infty}^{\infty} k_y^* |\underline{\bar{E}}_z|^2\Big|_{y=0} \, dk_x \qquad \text{(A9)}$$

wird.

Die Spannung pro Längeneinheit in z-Richtung bei $x = 0$ ist $\underline{E}_{zo}$. Damit folgt der Scheinleitwert am Ende der Leitung zu

$$Y_e = \frac{P^*}{|\underline{E}_{zo}|^2} = \frac{-1}{2\pi\omega\mu|\underline{E}_{zo}|^2}\int_{-\infty}^{\infty} k^* \, |\underline{E}_z|^2\Big|_{y=0} \, dk_x \, .$$

Mit den Gln.(A4) und (A7) folgt

$$Y_e = \frac{-2\pi a^2}{\omega\mu}\cdot\int_{-\infty}^{\infty}\frac{k_y \cos^2(k_x a/2)}{(\pi^2 - (k_x a)^2)^2}\, dk_x \, .$$

Nun wird $k_x a/2 = w$ substituiert. Außerdem wird berücksichtigt, daß der Integrand *gerade* bezüglich $w = 0$ ist, so daß

$$\int_{-\infty}^{\infty} \dots \, dk_x = 2\int_{0}^{\infty} \dots \, dk_x$$

gilt, und daß die Phase des Integranden der Phase von k_y gleicht, die aus Gl.(7.28) zu ersehen ist. Damit folgen dann für den Realteil und den Imaginärteil des Scheinleitwertes

$$Y_e = G_e + jB_e$$

die in der Aufgabenstellung angegebenen Beziehungen.

Aufgaben 11A/1 bis 11A/3 siehe Lehrtext!

11A/4 Ansatz für ein Vektorpotential

Wenn Gl.(4.13),

$$\underline{\psi} = R_v(k_\rho \rho)\ h(v\varphi)\ h(k_z z),$$

unabhängig von φ und z werden soll, sind für die harmonischen Funktionen aus Gl.(3.6) die cos-Funktion oder eine der e-Funktionen auszuwählen, und dann v und k_z gleich null zu setzen. Damit gilt dann $h(v\varphi) = h(k_z z) = 1$.

Weil Wellen nur vom Stromfaden weg in $(+\rho)$-Richtung laufen können, ist für die Abhängigkeit von ρ die Hankelfunktion $H_v^{(2)}(k_\rho \rho)$ zu wählen. Darin sind $v = 0$ (s.o.) und wegen Gl.(4.7) mit $k_z = 0$

$$k_\rho = k$$

zu setzen. Mit dem zu bestimmenden, von den Koordinaten unabhängigen Phasor $\underline{C}$ ergibt sich damit der Ansatz

$$\underline{\psi} = \underline{C}\ H_0^{(2)}(k\rho)\ .$$

11A/5 Randbedingungen beim kreiszylindrischen Strombelag

Weil $\underline{\psi}_1$ und $\underline{\psi}_2$ als z-Komponenten zweier magnetischer Vektorpotentiale $\underline{\vec{A}}_1$ und $\underline{\vec{A}}_2$ angesetzt wurden, ist in beiden Bereichen überall $\underline{H}_z = 0$ und damit die Randbedingung $\underline{H}_{z1} = \underline{H}_{z2}$ bei $\rho = a$ erfüllt.

Weil $\underline{\psi}_1$ und $\underline{\psi}_2$ als unabhängig von φ angesetzt wurden, ist gemäß Gl.(4.14) in beiden Bereichen auch $\underline{E}_\varphi = 0$, so daß die Randbedingung $\underline{E}_{\varphi 1} = \underline{E}_{\varphi 2}$ bei $\rho = a$ auch schon im Ansatz erfüllt wurde.

11A/6 Entwicklung einer Fourierreihe

Die Funktion

$$\underline{M}_{Az}(\varphi) = \frac{\underline{K}}{\rho'}\,\delta(\varphi-\varphi') \qquad \text{(A1)}$$

soll in eine Fourierreihe der Form

$$\underline{M}_{Az}(\varphi) = \sum_{v} \underline{a}_v \cos(v(\varphi'-\alpha)) \cos(v(\varphi-\alpha)) \qquad \text{(A2)}$$

entwickelt werden. Mit

$$v = \frac{n\pi}{2(\pi-\alpha)}$$

$$\hat{\underline{a}}_n = \underline{a}_v \cos(v(\varphi'-\alpha))$$

$$x = (\varphi-\alpha) \text{ und } \omega = \frac{\pi}{2(\pi-\alpha)}$$

wird Gl.(A2) zu

$$\underline{M}_{Az} = \sum_{n=0}^{\infty} \hat{\underline{a}}_n \cos n\omega x \quad . \qquad \text{(A3)}$$

Diese Funktion ist *gerade in* x. Damit sie der Funktion in Gl.(A1) überhaupt gleichen kann, wird letztere über ihren Definitionsbereich $\alpha < \varphi < 2\pi-\alpha$ hinaus erweitert, so daß sie *periodisch* mit der Periodenlänge $T = 2\pi/\omega$ und *gerade* in $x = \varphi-\alpha$ wird. Dann sieht $\underline{M}_{Az}$ entlang dem abgewickelten Zylindermantel bei ρ' in einem Ausschnitt um $x = 0$ herum folgendermaßen aus:

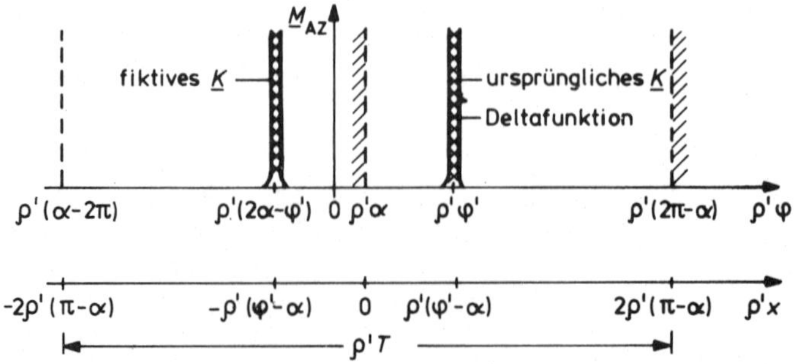

Z.B. nach "Bronstein" S. 474

Für eine solche periodische und symmetrische Funktion $\underline{M}_{Az}$ erhält man die Fouriertransformierten aus

$$\underline{\hat{a}}_n = \frac{2\varepsilon_n}{T} \int_0^{T/2} \underline{M}_{Az} \cos(n \frac{2\pi x}{T})\, dx \;;$$

(ε_n = Neumannsche Zahl).

Mit $\underline{M}_{Az}$ aus Gl.(A1) ergibt sich daraus

$$\underline{\hat{a}}_n = \frac{2\varepsilon_n}{T} \int_0^{T/2} \frac{\underline{K}}{\rho'} \delta(x+\alpha-\varphi') \cos(n \frac{2\pi x}{T})\, dx \;,$$

und mit dem, was in Abschnitt 7.1 zur Integration über ein Produkt mit Deltafunktionen gesagt wurde, gilt

$$\underline{\hat{a}}_n = \frac{2\varepsilon_n}{T} \frac{\underline{K}}{\rho'} \cos(n2\pi(\varphi'-\alpha)/T) \;.$$

Wenn hierin nun für $T = 2\pi/\omega = 4(\pi-\alpha)$ eingesetzt wird, folgt aus Gl.(A3) mit $x = \varphi-\alpha$ und $\omega = \pi/(2(\pi-\alpha))$

$$\underline{M}_{Az} = \frac{\underline{K}}{\rho'(\pi-\alpha)} \left[\frac{1}{2} + \sum_{n=1}^{\infty} \cos\frac{n\pi(\varphi'-\alpha)}{2(\pi-\alpha)} \cos\frac{n\pi(\varphi-\alpha)}{2(\pi-\alpha)} \right],$$

also die Gleichung (8.20), was zu zeigen war.

Aufgabe 11B/1 siehe Lehrtext! Lernzyklus 11B

11B/2 <u>Zylindrische Wellenfunktion als Integrand eines Fourierintegrales</u>
Die Stoffanordnung und die Stomverteilung beim Problem der Linienquelle $\underline{I}(z)$ sind rotationssymmetrisch. Deshalb sind in Gl.(4.13) $v = 0$ und damit $h(v\varphi) = 1$ zu wählen.

Weil die Wellen nur in Richtungen

$$\vec{r} = \rho\vec{u}_\rho + z\vec{u}_z$$

mit positivem ρ laufen werden, d.h. irgendwie vom Stromfaden weg, kommt für die Zylinderfunktion $R_v(k_\rho \rho)$ mit $v = 0$ nur $H_0^{(2)}(k_\rho \rho)$ in Frage. Der übrigbleibende Faktor $h(k_z z)$ wird mit der Umbenennung $w = k_z$ zu $\exp(jwz)$ gewählt. Da bei der späteren Integration positive und negative Werte von w zugelassen werden, reicht hier diese eine exp-Funktion zur Darstellung der allgemeinen Lösung der Differentialgleichung (4.3).

Mit der Separationsbedingung (4.7) läßt sich k_ρ im Argument der Hankelfunktion nun als

$$k_\rho = \sqrt{k^2 - w^2}$$

darstellen.

Der Vorfaktor $\frac{1}{2\pi}\underline{f}(w)$ schließlich ist eine noch zu bestimmende Funktion. Ihr entsprechen in Bereichen, die in z-Richtung begrenzt sind, die Koeffizienten einer Fourierreihe. Hier, wo der Bereich in z über alle Grenzen wächst, ist damit folgendes Fourierintegral anzusetzen:

$$\underline{\psi} = \frac{1}{2\pi}\int_{-\infty}^{\infty} \underline{f}(w)\, H_0^{(2)}(\rho\sqrt{k^2 - w^2})\, e^{jwz}\, dw \; .$$

11B/3 Schlitzstrahler

Die Fernfeldkomponente $\underline{E}_\varphi$ läßt sich aus Gl.(8.45) mit den Gln.(8.43) und (8.42) berechnen. Mit der in der Aufgabenstellung gegebenen Feldverteilung $\underline{E}_\varphi(a,\varphi,z)$ wird Gl.(8.42) zu

$$\bar{\underline{E}}_\varphi(a,n,w) = \frac{\underline{U}}{2\pi\alpha a}\int_{-\alpha/2}^{\alpha/2}\int_{-L/2}^{L/2} \cos\frac{\pi z}{L}\, e^{-jn\varphi}\, e^{-jwz}\, d\varphi\, dz \; . \qquad (A1)$$

Mit den Integralen

$$\int_{-\alpha/2}^{\alpha/2} e^{-jn\varphi}\, d\varphi = \frac{e^{-jn\alpha/2} - e^{jn\alpha/2}}{-jn} = \frac{2}{n}\sin\frac{n\alpha}{2}$$

und

Z.B. nach "Bronstein" S. 327, Nr. 460

$$\int_{-L/2}^{L/2} \cos\frac{\pi z}{L}\, e^{-jwz}\, dz = \left[\frac{e^{-jwz}}{-w^2 + (\pi/L)^2}\left(-jw\cos\frac{\pi z}{L} + \frac{\pi}{L}\sin\frac{\pi z}{L}\right)\right]_{-L/2}^{L/2}$$

$$= -\frac{2\pi L\cos(wL/2)}{\pi^2 - (wL)^2}$$

wird aus Gl.(A1)

$$\bar{\underline{E}}_{\varphi}(a,n,w) = \frac{UL}{a}\,\frac{2}{n\alpha}\,\sin\left(\frac{n\alpha}{2}\right)\,\frac{\cos(wL/2)}{\pi^2-(wL)^2}$$

Und durch Einsetzen in Gl.(8.45) ergibt sich mit Gl.(8.43) und $u = \sqrt{k^2-w^2} \rightarrow \sqrt{k^2-k^2\cos^2\vartheta}$ $= k\sin\vartheta$ im Fernfeld

$$\underline{E}_{\varphi} = \frac{UL}{\pi a}\,\frac{e^{-jkr}}{r}\,\frac{\cos\left(\frac{kL}{2}\cos\vartheta\right)}{\pi^2-(kL\cos\vartheta)^2}\sum_{n=-\infty}^{\infty}\frac{2}{n\alpha}\sin\frac{n\alpha}{2}\,j^n\,\frac{e^{jn\varphi}}{H_n^{(2)}(ka\sin\vartheta)}\;.$$

Aufgaben 12A/1 bis 12A/5 siehe Lehrtext!

Lernzyklus 12A

12A/6 Stab- und kugelförmige dielektrische Einsätze im Rechteckresonator

Die Verschiebung der Resonanzfrequenz läßt sich nach Gl.(9.5) mit $\Delta\varepsilon = \varepsilon_1-\varepsilon_o$ und $\Delta\mu = 0$ im Zähler sowie mit $\varepsilon = \varepsilon_o$ und $\mu = \mu_o$ im Nenner berechnen:

$$\frac{\omega-\omega_o}{\omega_o} \approx -\frac{\iiint \Delta\varepsilon\,\vec{\underline{E}}\,\vec{\underline{E}}_o^{*}\,dV}{\iiint\left(\varepsilon_o|\underline{E}_o|^2+\mu_o|\underline{H}_o|^2\right)dV}\;. \qquad \text{(A1)}$$

In Nenner steht die Summe der doppelten im zeitlichen Mittel gespeicherten elektrischen und magnetischen Energien im ungestörten Resonator. Da sie einander gleich sind (s. Abschnitt 3.6), gilt auch

$$\frac{\omega-\omega_o}{\omega_o} \approx -\frac{\iiint \Delta\varepsilon\,\vec{\underline{E}}\,\vec{\underline{E}}_o^{*}\,dV}{2\iiint\varepsilon_o|\underline{E}_o|^2\,dV}\;. \qquad \text{(A2)}$$

Es brauchen jetzt nur noch die *elektrischen* Feldkomponenten berechnet zu werden.

Die Grundschwingung für $a < b < c$ ist gemäß Abschnitt 3.6 bezüglich der z-Richtung die H_{011}-Schwingung. Ihre elektrischen Feldkomponenten ergeben sich aus Gl.(3.71) mit $m = 0$, $n = 1$, $p = 1$ und den Gln.(1.48) zu

$$\underline{E}_{ox} = \frac{\pi}{b}\sin\frac{\pi y}{b}\,\sin\frac{\pi z}{c}\;;\; \underline{E}_{oy} = 0;\; \underline{E}_{oz} = 0. \qquad \text{(A3)}$$

So ergibt sich für den Nenner von Gl.(A2)

$$2\iiint \varepsilon_o |\underline{E}_o|^2 dV = 2\varepsilon_o (\frac{\pi}{b})^2 \int_0^a\int_0^b\int_0^c \sin^2 \frac{\pi y}{b} \sin^2 \frac{\pi z}{c} \, dz dy dx .$$

Mit Gl.(A3) aus Übungsaufgabe 5B/16 wird daraus

$$2\iiint \varepsilon_o |\underline{E}_o|^2 dV = 2\varepsilon_o (\frac{\pi}{b})^2 \cdot \frac{abc}{4} . \tag{A4}$$

Der Zähler von Gl.(A2) ist für die beiden verschieden geformten Einsätze getrennt zu berechnen.

Stab:

Der dünne Stab liegt parallel zum ungestörten Feld. Dann ist das elektrische Feld im Inneren des Stabes homogen und mit Gl.(9.8) gilt

$$\vec{\underline{E}} = \vec{\underline{E}}_o \Big|_{\substack{y=b/2 \\ z=c/2}} .$$

Mit dem Volumen $A \cdot a$ des Stabes ergibt sich dann

$$\iiint \Delta\varepsilon \, \vec{\underline{E}} \, \vec{\underline{E}}_o^* \, dV = \Delta\varepsilon \cdot (\frac{\pi}{b})^2 \cdot Aa , \tag{A5}$$

und für die relative Resonanzverschiebung ergibt sich so mit den Gln.(A2), (A4) und (A5)

$$\frac{\omega - \omega_o}{\omega_o} \approx - 2 \frac{\Delta\varepsilon}{\varepsilon_o} \cdot \frac{A}{bc} . \tag{A6}$$

Kugel:

Für die kleine Kugel gilt mit Gl.(9.10)

$$\underline{\vec{E}} = \frac{3}{2+\varepsilon_1/\varepsilon_o} \cdot \underline{\vec{E}}_o \Big|_{\substack{y=b/2\\ z=c/2}} ,$$

so daß sich mit dem Kugelvolumen $\frac{\pi}{6}d^3$

$$\iiint \Delta\varepsilon \, \underline{\vec{E}} \, \underline{\vec{E}}_o^* \, dV = \frac{\Delta\varepsilon}{2+\varepsilon_1/\varepsilon_o} \cdot \left(\frac{\pi}{b}\right)^2 \frac{\pi}{2} \; d^3 \qquad \text{(A7)}$$

ergibt. So folgt aus den Gln.(A2), (A4) und (A7)

$$\frac{\omega-\omega_o}{\omega_o} \approx - \frac{\Delta\varepsilon}{2\varepsilon_o + \varepsilon_1} \; \frac{\pi d^3}{abc} \; . \qquad \text{(A8)}$$

12A/7 Rechteckresonator mit dielektrischem Wandbelag

a) Wie in Übungsaufgabe 12A/6 folgt die Verschiebung der Resonanzfrequenz aus

$$\frac{\omega-\omega_o}{\omega_o} \approx - \frac{\iiint \Delta\varepsilon \, \underline{\vec{E}} \, \underline{\vec{E}}_o^* \, dV}{2\iiint \varepsilon_o |\underline{E}_o|^2 \, dV} \; . \qquad \text{(A1)}$$

Für die H_{101}-Schwingung des ungestörten Resonators ergibt sich aus Gl.(3.71) mit $m = 1$, $n = 0$, und $p = 1$ sowie mit den Gln.(1.48), daß das elektische Feld nur eine y-Komponente hat:

$$\underline{E}_{oy} = - \frac{\pi}{a} \sin\frac{\pi z}{c} \sin\frac{\pi c}{z} \; ; \; \underline{E}_{ox}=0; \; \underline{E}_{oz}=0.$$

Der Nenner von Gl.(A1) wird damit

$$2\iiint \varepsilon_o |\underline{E}_o|^2 dV = 2\varepsilon_o \left(\frac{\pi}{a}\right)^2 \frac{abc}{4} , \qquad \text{(A2)}$$

ganz entsprechend zu Gl.(A4) aus Übungsaufgabe 12A/6.

Zur Berechnung des Zählers muß für $\underline{\vec{E}}$ wieder eine geeignete Annahme getroffen werden. Da das elektrische Feld $\underline{E}_y$ parallel zur Platte liegt, gilt nach Gl.(9.8)

$$\underline{\vec{E}} = \underline{\vec{E}}_o \quad .$$

Damit folgt

$$\iiint \Delta\varepsilon \; \underline{\vec{E}} \; \underline{\vec{E}}_o^{*} \, dV = \Delta\varepsilon \int_{a-d}^{a} \int_{0}^{b} \int_{0}^{c} \left(\frac{\pi}{a}\right)^2 \sin^2\frac{\pi x}{a} \sin^2\frac{\pi z}{c} \; dz\,dy\,dx \quad . \tag{A4}$$

Mit

$$\int_{0}^{c} \sin^2 \frac{\pi z}{c} \; dz = \frac{c}{2}$$

vereinfacht sich Gl.(A4) zu

$$\iiint \Delta\varepsilon \; \underline{\vec{E}} \; \underline{\vec{E}}_o^{*} \; dV = \Delta\varepsilon \cdot \left(\frac{\pi}{a}\right)^2 \cdot \frac{bc}{2} \cdot \int_{a-d}^{a} \sin^2 \frac{\pi x}{a} \; dx \; . \tag{A5}$$

Z.B. mit "Bronstein" S. 315, Nr. 275

Für das Integral auf der rechten Seite von Gl.(A5) erhält man

$$\int_{a-d}^{a} \sin^2 \frac{\pi x}{a} \; dx = \left[\frac{x}{2} - \frac{a}{4\pi} \sin\left(2 \; \frac{\pi x}{a}\right) \right]_{a-d}^{a}$$

$$= \frac{d}{2} + \frac{a}{4\pi} \sin\left[2 \; \frac{\pi(a-d)}{a}\right] = \frac{d}{2} - \frac{a}{4\pi} \sin\left(2 \; \pi \; \frac{d}{a}\right). \tag{A6}$$

Hier läßt sich nun für die Sinusfunktion mit dem kleinen Argument $2\pi d/a$ ihre Potenzreihenentwicklung einführen, die nach dem kubischen Glied abgebrochen werden kann. Ein Abbruch nach dem linearen Glied würde den Wert der Gl.(A6) durch Null annähern und damit wäre keine Verschiebung der Resonanzfrequenz berechenbar.

So folgt

$$\int_{a-d}^{a} \sin^2 \frac{\pi x}{a} dx \simeq \frac{d}{2} - \frac{a}{4\pi}\left[2\pi\frac{d}{a} - \frac{4}{3}\left(\frac{\pi d}{a}\right)^3\right] = \frac{\pi^2}{3} \; \frac{d^3}{a^2} \quad . \tag{A7}$$

Mit den Gln.(A1), (A2), (A5), (A7) und $\Delta\varepsilon = \varepsilon_1 - \varepsilon_0$ folgt nun

$$\frac{\omega - \omega_0}{\omega_0} \simeq - \frac{\varepsilon_1 - \varepsilon_0}{\varepsilon_0} \frac{\pi^2}{3} \left(\frac{d}{a}\right)^3 \quad . \tag{A8}$$

b) Die Gleichung (A13) aus Übungsaufgabe 6A/5

$$\beta = \beta_{10} \left[1 + \frac{\pi^2 d^3}{3 a^3} \frac{k_0^2}{\beta_{10}^2} \left(\frac{\varepsilon}{\varepsilon_0} - 1\right)\right] \tag{A9}$$

gibt die Phasenkonstante β der gestörten H_{10}-Welle im Rechteckhohlleiter an, in dem eine der Wände mit x = const. mit einem Dielektrikum der Dicke d und der Dielektrizitätskonstante ε_1 belegt ist. a ist die Querschnittsausdehnung in x-Richtung, k_0 die Wellenzahl im freien Raum und

$$\beta_{10} = k_0 \sqrt{1 - (k_c/k)^2} \tag{A10}$$

die H_{10}-Phasenkonstante im ungestörten Hohlleiter.

Wenn der Hohlleiter mit dielektrischem Wandbelag jetzt in zwei Ebenen z = const. im Abstande c voneinander kurzgeschlossen wird, erhalten wir genau die Resonatoranordnung der vorliegenden Aufgabe. Der formelmäßige Zusammenhang zwischen der Änderung der Phasenkonstante und der Resonanzfrequenzverschiebung ist durch Gl.(9.22) gegeben. Leicht umgeformt lautet sie

$$\frac{\omega - \omega_0}{\omega} \simeq - \frac{v_g}{v} \frac{\beta - \beta_{10}}{\beta_{10}} \quad . \tag{A11}$$

Mit der Grenzwellenzahl k_c der H_{10}-Welle sind darin

$$v_g = \frac{1}{\partial\beta_{10}/\partial\omega} = \frac{1}{\sqrt{\mu_0 \varepsilon_0}} \frac{1}{\partial\beta_{10}/\partial k} = \frac{1}{\sqrt{\mu_0 \varepsilon_0}} \sqrt{1 - (k_c/k)^2} \tag{A12}$$

die Gruppengeschwindigkeit und

$$v = \frac{\omega}{\beta_{10}} = \frac{k}{\sqrt{\mu_0\varepsilon_0}\,\beta_{10}} = \frac{1}{\sqrt{\mu_0\varepsilon_0}\,\sqrt{1-(k_c/k)^2}} \tag{A13}$$

die Phasengeschwindigkeit der ungestörten H_{10}-Welle.

So ergibt sich aus den Gln.(A9) bis (A13)

$$\frac{\omega-\omega_0}{\omega_0} \simeq - \frac{\varepsilon_1-\varepsilon_0}{\varepsilon_0}\,\frac{\pi^2}{3}\left(\frac{d}{a}\right)^3 , \tag{A14}$$

als dasselbe Ergebnis, wie wir es in Gl.(A8) zwar auch in einer Störungsrechung, aber auf einem anderen Wege erhalten haben.

Lernzyklus 12B

Aufgaben 12B/1 bis 12B/5 siehe Lehrtext!

12B/6 Näherungsweise Berechnung der E_{010}-Resonanzfrequenz, Teil I

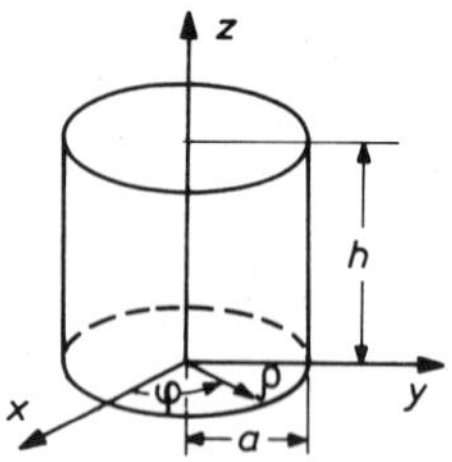

a) Das Probefeld

$$\underline{\vec{E}}_p = \vec{u}_z\,(1-\rho/a) \tag{A1}$$

erfüllt die Randbedingungen; denn es sind

$$\underline{E}_\varphi = \underline{E}_z = 0 \quad \text{bei} \quad \rho = a$$

und (A2)

$$\underline{E}_\varphi = \underline{E}_\rho = 0 \quad \text{bei} \quad z = 0 \ \text{und}\ z = h.$$

Das heißt, für das Probefeld in Gl.(A1) ist Gl.(9.36)

$$\omega_r^{\,2} = \frac{\iiint\limits_V \frac{1}{\mu}\,(\mathrm{rot}\,\underline{\vec{E}})^2 \mathrm{d}V}{\iiint\limits_V \varepsilon \underline{E}^2 \mathrm{d}V} \tag{A3}$$

mit $\underline{\vec{E}}_p$ statt $\underline{\vec{E}}$ stationär.

Mit dem rot-Operator in Zylinderkoordinaten wird mit $\mathrm{rot}\underline{\vec{E}}_p = -\vec{u}_\varphi \cdot \partial \underline{E}_{pz}/\partial\rho$ der Zähler von Gl.(A3) zu

Z.B. aus Bronstein, S. 467

$$\iiint\limits_V \frac{1}{\mu}(\mathrm{rot}\underline{\vec{E}})^2 \mathrm{d}V = \iiint\limits_V \frac{1}{\mu}\left[\mathrm{rot}(\vec{u}_z\,(1-\rho/a))\right]^2 \mathrm{d}V$$

$$= \frac{1}{\mu a^2} \int_0^h\int_0^{2\pi}\int_0^a \rho\,\mathrm{d}\rho\,\mathrm{d}\varphi\,\mathrm{d}z$$

$$= \frac{\pi h}{\mu a} \quad .$$

Für den Nenner ergibt sich

$$\iiint\limits_V \varepsilon \underline{E}^2\,\mathrm{d}V = \int_0^h\int_0^{2\pi}\int_0^a \varepsilon(1-\rho/a)^2\,\rho\,\mathrm{d}\rho\,\mathrm{d}\varphi\,\mathrm{d}z$$

$$= 2\pi h\varepsilon \int_0^a (\rho - 2\rho^2/a + \rho^3/a^2)\,\mathrm{d}\rho$$

$$= \frac{\pi h a \varepsilon}{6} \quad .$$

So wird mit Gl.(A3)

$$\omega_r = \sqrt{\frac{6}{a^2\varepsilon\mu}} = \frac{\sqrt{6}}{a\sqrt{\varepsilon\mu}} = \frac{2{,}450}{a\sqrt{\varepsilon\mu}} \tag{A4}$$

b) Auch das Probefeld

$$\underline{\vec{E}}_p = \vec{u}_z \cos\frac{\pi\rho}{2a} \tag{A5}$$

erfüllt die Randbedingungen in Gl.(A2), so daß Gl.(A3) wieder als stationärer Ausdruck anwendbar ist.

Mit

$$\operatorname{rot}\underline{\vec{E}}_p = -\vec{u}_\varphi \partial \underline{\vec{E}}_{pz}/\partial\rho = \vec{u}_\varphi \frac{\pi}{2a}\sin\frac{\pi\rho}{2a}$$

und mit

$$\xi = \pi\rho/2a$$

wird der Zähler von Gl.(A3) zu

$$\iiint_V \frac{1}{\mu}\,(\operatorname{rot}\underline{\vec{E}})^2 dV = \frac{2\pi h}{\mu}\left(\frac{\pi}{2a}\right)^2 \int_0^a \rho\sin^2\left(\frac{\pi\rho}{2a}\right)d\rho$$

$$= \frac{2\pi h}{\mu}\int_0^{\pi/2} \xi\sin^2\xi\, d\xi\ . \tag{A6}$$

Mit der partiellen Integration

$$\int_b^c uv'\,d\xi = uv\Big|_b^c - \int_b^c u'v\,d\xi$$

sowie der Zuordnung $u = \xi$, $u' = 1$, $v' = \sin^2\xi$ und

$$v = \int \sin^2\xi\, d\xi = \frac{\xi}{2} - \frac{1}{4}\sin 2\xi$$

wird das Integral in Gl.(A6) in einfachere Integrale überführt:

$$\int_0^{\pi/2} \xi \sin^2\xi \, d\xi = \left[\frac{\xi^2}{2} - \frac{\xi}{4}\sin^2\xi\right]_0^{\pi/2} - \frac{1}{2}\int_0^{\pi/2} \xi \, d\xi + \frac{1}{4}\int_0^{\pi/2} \sin 2\xi \, d\xi$$

$$= \frac{\pi^2}{16} - \frac{1}{4} \quad . \qquad \text{(A7)}$$

Damit folgt

$$\iiint_V \frac{1}{\mu}(\mathrm{rot}\,\underline{\vec{E}})^2 dV = \frac{2\pi h}{\mu} \left(\frac{\pi^2}{16} + \frac{1}{4}\right) .$$

Der Nenner von Gl.(A3) wird mit Gl.(A5) zu

$$\iiint_V \varepsilon \underline{E}^2 dV = 2\pi h \varepsilon \int_0^a \rho \cos^2\left(\frac{\pi\rho}{2a}\right) d\rho \quad .$$

Mit

$$\int_0^{\pi/2} \xi \cos^2\xi \, d\xi = \frac{\pi^2}{16} - \frac{1}{4} \quad ,$$

was sich ganz ähnlich wie Gl.(A7) ergibt, folgt

$$\iiint_V \varepsilon \underline{E}^2 dV = 2\pi h \varepsilon \left(\frac{2a}{\pi}\right)^2 \left(\frac{\pi^2}{16} - \frac{1}{4}\right) ,$$

so daß schließlich

$$\omega_r = \sqrt{\frac{1}{a^2\mu\varepsilon} \; \frac{\frac{\pi^2}{16} + \frac{1}{4}}{\frac{\pi^2}{16} - \frac{1}{4}} \cdot \frac{\pi^2}{4}} = \frac{2{,}4146}{a\sqrt{\mu\varepsilon}} \qquad \text{(A8)}$$

folgt.

c) Die Resonanzfrequenz aus Teil a) ist um 1,9 %, die aus Teil b) nur um 0,4 % zu groß. Diese ziemlich genauen Ergebnisse folgen, wie aus umseitig stehender Skizze zu erkennen ist, aus Annahmen über die Feldverteilung, die von der richtigen doch um einiges abweichen.

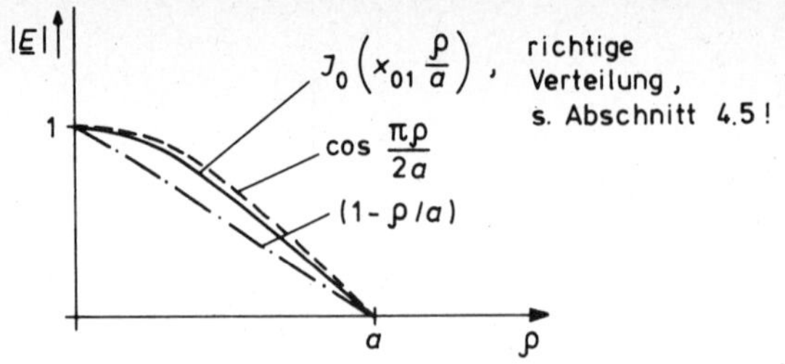

Lernzyklus 12C

Aufgaben 12C/1 bis 12C/3 siehe Lehrtext!

12C/4 Näherungsweise Berechung der E_{010}-Resonanzfrequenz, Teil II

Um festzustellen, ob das Probefeld die Randbedingungen, erfüllt, wird $\vec{\underline{E}}_p$ aus der in der Aufgabenstellung gegebenen Verteilung

$$\vec{\underline{H}}_p = \vec{u}_\varphi \, \rho \tag{A1}$$

und der Maxwellschen Gleichung

$$\vec{\underline{E}}_p = \frac{1}{j\omega\varepsilon} \mathrm{rot} \vec{\underline{H}}_p \tag{A2}$$

berechnet. Mit dem rot-Operator in Zylinderkoordinaten und Gl.(A1) ergibt sich, daß

$$\mathrm{rot}\vec{\underline{H}}_p = \vec{u}_z \cdot \frac{1}{\rho} \; \frac{\partial(\rho \cdot \rho)}{\partial \rho} = 2\vec{u}_z \tag{A3}$$

und damit auch

$$\vec{\underline{E}}_p = \vec{u}_z \; \frac{2}{j\omega\varepsilon} \tag{A4}$$

nur z-Komponenten haben. An der Zylinderwand bei $\rho = a$ ist $\vec{\underline{E}}_p$ tangential und verschwindet nicht. Deshalb wird die Randbedingung, nämlich daß das tangentiale elektrische Feld an der ideal leitenden Berandung null sein muß, von dem Ansatz in Gl.(A1) *nicht* erfüllt. Zur stationären Berechnung der Resonanzfrequenz darf deshalb Gl.(9.76) nicht, wohl aber Gl.(9.79) oder Gl.(9.81) verwendet werden. Mit Gl.(9.81) erscheint weniger Rechenaufwand erforderlich. Deshalb soll sie hier zugrunde gelegt werden:

$$\omega_r^2 = \frac{\iiint\limits_V \frac{1}{\varepsilon}(\mathrm{rot}\,\underline{\vec{H}}_p)^2 \,dV}{\iiint\limits_V \mu \underline{H}_p^2 \,dV} \quad . \qquad \text{(A5)}$$

Mit den Gln.(A1), (A3) und dem Volumenelement $dV = \rho d\rho d\varphi dz$ ergibt sich dann

$$\omega_r^2 = \frac{\frac{1}{\varepsilon}\int\limits_0^h\int\limits_0^{2\pi}\int\limits_0^a 4\rho\, d\rho\, d\varphi dz}{\mu\int\limits_0^h\int\limits_0^{2\pi}\int\limits_0^a \rho^3 d\rho\, d\varphi z} = \frac{8}{a^2\varepsilon\mu}$$

und

$$\omega_r = \frac{2\sqrt{2}}{a\sqrt{\varepsilon\mu}} = \frac{2{,}828}{a\sqrt{\varepsilon\mu}} \quad .$$

Dieser Wert ist um etwa 18 % größer als die exakte Lösung und damit ungenauer als die beiden Lösungen aus Übungsaufgabe 12B/6, die aus Probefeldern berechnet wurden, die die Randbedingungen erfüllten.

Aufgaben 13A/1 bis 13A/12 siehe Lehrtext! Lernzyklus 13A

13A/13

Aus den Gln.(10.21) und (10.22) ergibt sich

$$v_p \cdot v_g = v^2 \quad .$$

13A/14 Änderung der Bezugsebene

Die Matrix $|S|$ verbindet die herauslaufenden Wellen $|\underline{B}|$ mit den hineinlaufenden Wellen $|\underline{A}|$:

$$\begin{bmatrix} \underline{B}_1 \\ \cdot \\ \cdot \\ \cdot \\ \underline{B}_k \\ \cdot \\ \cdot \\ \cdot \\ \underline{B}_n \end{bmatrix} = \begin{bmatrix} S_{11} & \cdots & S_{1k} & \cdots & S_{1n} \\ \cdot & & \cdot & & \cdot \\ \cdot & & \cdot & & \cdot \\ \cdot & & \cdot & & \cdot \\ S_{k1} & \cdots & S_{kk} & \cdots & S_{kn} \\ \cdot & & \cdot & & \cdot \\ \cdot & & \cdot & & \cdot \\ \cdot & & \cdot & & \cdot \\ S_{n1} & \cdots & S_{nk} & \cdots & S_{nn} \end{bmatrix} \begin{bmatrix} \underline{A}_1 \\ \cdot \\ \cdot \\ \cdot \\ \underline{A}_k \\ \cdot \\ \cdot \\ \cdot \\ \underline{A}_n \end{bmatrix} \tag{A1}$$

$$[\underline{B}] = [S]\,[\underline{A}] \; . \tag{A2}$$

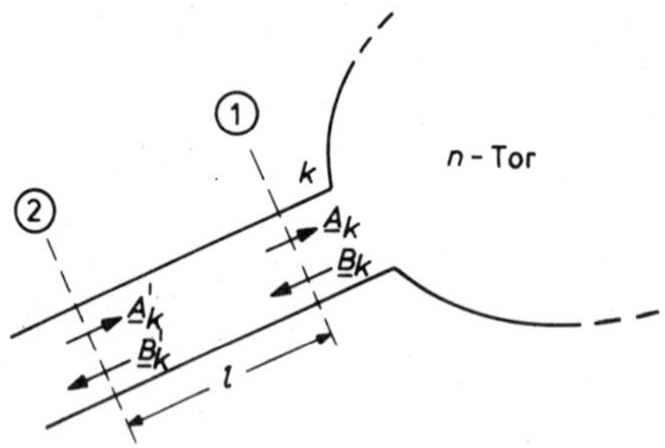

Wenn die Bezugsebene wie skizziert von 1 nach 2 verschoben wird, so gilt

$$\underline{A}_k' = \underline{A}_k \, e^{j\beta l} \tag{A3}$$

$$\underline{B}_k' = \underline{B}_k \, e^{-j\beta l} \; . \tag{A4}$$

Dabei ist β die Phasenkonstante der Welle im Arm k. Formal können alle herauslaufenden Wellen des n-Tores mit verschobener Bezugsebene am Arm k aus den ursprünglichen mit einer Matrizengleichung berechnet werden:

$$\begin{bmatrix} \underline{B}_1 \\ \cdot \\ \cdot \\ \underline{B}'_k \\ \cdot \\ \cdot \\ \cdot \\ \underline{B}_n \end{bmatrix} = \left[\Delta_1\right] \begin{bmatrix} \underline{B}_1 \\ \cdot \\ \cdot \\ \underline{B}_k \\ \cdot \\ \cdot \\ \underline{B}_n \end{bmatrix} \quad \text{mit} \quad \left[\Delta_1\right] = \begin{bmatrix} 1 & & & \cdots & 0 \\ & \ddots & & & \vdots \\ & & e^{-j\beta l} & & \\ \vdots & & & \ddots & \\ 0 & \cdots & & & 1 \end{bmatrix} . \qquad \text{(A5)}$$

$[\Delta_1]$ ist also die Einheitsmatrix mit $e^{-j\beta l}$ statt 1 am Platz k/k. Entsprechend gilt für die hineinlaufenden Wellen

$$\begin{bmatrix} \underline{A}_1 \\ \vdots \\ \underline{A}'_k \\ \vdots \\ \underline{A}_n \end{bmatrix} = [\Delta_2] \begin{bmatrix} \underline{A}_1 \\ \vdots \\ \underline{A}_k \\ \vdots \\ \underline{A}_n \end{bmatrix} \quad \text{mit} \quad [\Delta_2] = \begin{bmatrix} 1 & & \cdots & 0 \\ & \ddots & & \vdots \\ & & e^{j\beta l} & \\ \vdots & & \ddots & \\ 0 & \cdots & & 1 \end{bmatrix} \qquad \text{(A6)}$$

Wenn die Gln.(A5) und (A6) von links mit den Inversen der Matrizen $[\Delta_1]$ bzw. $[\Delta_2]$ multipliziert werden, erhält man Gleichungen für die Spaltenvektoren $[\underline{B}]$ und $[\underline{A}]$, die in Gl. (A2) eingesetzt werden können:

$$[\Delta_1]^{-1} \begin{bmatrix} \underline{B}_1 \\ \vdots \\ \underline{B}'_k \\ \vdots \\ \underline{B}_n \end{bmatrix} = [S]\,[\Delta_2]^{-1} \begin{bmatrix} \underline{A}_1 \\ \vdots \\ \underline{A}'_k \\ \vdots \\ \underline{A}_n \end{bmatrix} .$$

Von links mit $[\Delta_1]$ multipliziert ergibt sich

$$\begin{bmatrix} \underline{B}_1 \\ \vdots \\ \underline{B}'_k \\ \vdots \\ \underline{B}_n \end{bmatrix} = [\Delta_1]\,[S]\,[\Delta_2]^{-1} \begin{bmatrix} \underline{A}_1 \\ \vdots \\ \underline{A}'_k \\ \vdots \\ \underline{A}_n \end{bmatrix} ;$$

so daß die neue Streumatrix

$$[S'] = [\Delta_1][S][\Delta_2]^{-1} \tag{A7}$$

wird.

Wenn jetzt in Gl.(A7) von den Gln.(A1), (A5) und (A6) eingesetzt und die Matrizeninversion sowie die -multiplikation durchgeführt werden, ergibt sich schließlich

$$[S'] = \begin{bmatrix} S_{11} & \dots & S_{1k}e^{-j\beta l} & \dots & S_{1n} \\ \vdots & & \vdots & & \vdots \\ S_{k1}e^{-j\beta l} & \dots & S_{kk}e^{-j2\beta l} & \dots & S_{kn}e^{-j\beta l} \\ \vdots & & \vdots & & \vdots \\ S_{n1} & \dots & S_{nk}e^{-j\beta l} & \dots & S_{nn} \end{bmatrix}.$$

Die neue Streumatrix ergibt sich als aus der alten, indem die Elemente der k-ten Spalte und die der k-ten Zeile mit $e^{-j\beta l}$ multipliziert werden. S_{kk} wird dabei mit $e^{-j2\beta l}$ multipliziert.

13A/15 Doppel-T und Magisches T

a) Die Streumatrix verbindet die herauslaufenden Wellen $[\underline{A}]$ mit den hineinlaufenden Wellen $[\underline{B}]$. Für ein Viertor, das reziprok ist ($S_{ij} = S_{ji}$), gilt

$$\begin{bmatrix} \underline{B}_1 \\ \underline{B}_2 \\ \underline{B}_3 \\ \underline{B}_4 \end{bmatrix} = \begin{bmatrix} S_{11} & S_{12} & S_{13} & S_{14} \\ S_{12} & S_{22} & S_{23} & S_{24} \\ S_{13} & S_{23} & S_{33} & S_{34} \\ S_{14} & S_{24} & S_{34} & S_{44} \end{bmatrix} \begin{bmatrix} \underline{A}_1 \\ \underline{A}_2 \\ \underline{A}_3 \\ \underline{A}_4 \end{bmatrix}. \tag{A1}$$

b) Wenn nur im Arm 3 eine Welle einfällt, sind $\underline{A}_1$, $\underline{A}_2$ und $\underline{A}_4$ gleich null. Die herauslaufenden Wellen in den Armen 1 und 2 sind dann gemäß Gl.(A1)

$$\underline{B}_1 = S_{13}\underline{A}_3 \qquad \text{und} \qquad B_2 = S_{23}\underline{A}_3 \ .$$

Wenn $\underline{B}_1$ und $\underline{B}_2$ bei dieser Art der Einspeisung gleiche Amplitude und Phasenlage haben sollen, muß also gelten

$$S_{13} = S_{23} \ . \tag{A2}$$

c) Wenn nur in Arm 4 eine Welle einfällt, sind $\underline{A}_1$, $\underline{A}_2$ und $\underline{A}_3$ in Gl.(A1) gleich null. $\underline{B}_1$ und $\underline{B}_2$ sind dann

$$\underline{B}_1 = S_{14}\underline{A}_4 \qquad \text{und} \qquad \underline{B}_2 = S_{24}\underline{A}_4 \ .$$

Da $\underline{B}_1$ und $\underline{B}_2$ gleiche Amplitude mit entgegengesetzter Phasenlage haben sollen, muß

$$S_{14} = - S_{24} \tag{A3}$$

sein.

d) Das Doppel-T wird jetzt im Arm 3 mit $\underline{A}_3$ eingespeist. Dann sind zunächst herauslaufende Wellen $\underline{B}_1$, $\underline{B}_2$, $\underline{B}_3$ und $\underline{B}_4$ zu erwarten. $\underline{B}_1$ und $\underline{B}_2$ werden durch eine äußere Beschaltung jedoch reflektiert, so daß auch hineinlaufende Wellen $\underline{A}_1$ und $\underline{A}_2$ auftreten. Nur am Arm 4 soll keine Welle hineinlaufen ($\underline{A}_4 = 0$). Die hier herauslaufende Welle $\underline{B}_4$ ist eine Überlagerung mehrerer Teilwellen und ergibt sich aus Gl.(A1) zu

$$\underline{B}_4 = S_{14}\underline{A}_1 + S_{24}\underline{A}_2 + S_{34}\underline{A}_3 \ . \tag{A4}$$

Da die Arme 1 und 2 mit gleichen Reflexionsfaktoren r abgeschlossen sind, gilt

$$\underline{A}_1 = r\,\underline{B}_1 \qquad \text{und} \qquad \underline{A}_2 = r\,\underline{B}_2 \ .$$

Außerdem ist gemäß Bedingung I

$$\underline{B}_1 = \underline{B}_2 \ ,$$

so daß aus Gl.(A4)

$$\underline{B}_4 = (S_{14} + S_{24})r\underline{B}_1 + S_{34}\underline{A}_3$$

folgt. Die Klammer darin ist aber gemäß Gl.(A3) null. Es bleibt

$$\underline{B}_4 = S_{34}\underline{A}_3 \ .$$

Gemäß Aussage III ist aber $\underline{B}_4 = 0$ auch wenn $\underline{A}_3 \neq 0$ ist, so daß

$$S_{34} = 0 \qquad \text{(A5)}$$

sein muß.

e) Aus Gl.(10.59) folgt für ein Viertor mit $n = 4$

$$\begin{array}{ll}
j/k & \\
1/1 & S_{11}S^*_{11} + S_{21}S^*_{21} + S_{31}S^*_{31} + S_{41}S^*_{41} = 1 \\
1/2 & S_{11}S^*_{12} + S_{21}S^*_{22} + S_{31}S^*_{32} + S_{41}S^*_{42} = 0 \\
1/3 & S_{11}S^*_{13} + S_{21}S^*_{23} + S_{31}S^*_{33} + S_{41}S^*_{43} = 0 \\
1/4 & S_{11}S^*_{14} + S_{21}S^*_{24} + S_{31}S^*_{34} + S_{41}S^*_{44} = 0 \\
2/2 & S_{12}S^*_{12} + S_{22}S^*_{22} + S_{32}S^*_{32} + S_{42}S^*_{42} = 1 \\
2/3 & S_{12}S^*_{13} + S_{22}S^*_{23} + S_{32}S^*_{33} + S_{42}S^*_{43} = 0 \\
2/4 & S_{12}S^*_{14} + S_{22}S^*_{24} + S_{32}S^*_{34} + S_{42}S^*_{44} = 0 \\
3/3 & S_{13}S^*_{13} + S_{23}S^*_{23} + S_{33}S^*_{33} + S_{43}S^*_{43} = 1 \\
3/4 & S_{13}S^*_{14} + S_{23}S^*_{24} + S_{33}S^*_{34} + S_{43}S^*_{44} = 0 \\
4/4 & S_{14}S^*_{14} + S_{24}S^*_{24} + S_{24}S^*_{24} + S_{44}S^*_{44} = 1 \ .
\end{array} \qquad \text{(A6)}$$

Dabei wurden die Gleichungen mit j/k = 2/1, 3/1. 3/2, 4/1, 4/2 und 4/3 nicht mitgeschrieben, weil sie konjugiert komplex zu den Gleichungen mit j/k = 1/2, 1/3, 2/3, 1/4, 2/4 bzw. 3/4 sind und damit keine neue Informationen enthalten.

f) Die Gln.(A6) gelten für ein verlustloses Viertor; wenn es auch noch reziprok ist, gilt außerdem $S_{ij} = S_{ji}$. Damit, mit den Gln.(A2), (A3) und (A5) und den reell angenommenen Größen S_{13}, S_{23} und S_{14} werden die Gln.(A6) zu

$$|S_{11}|^2 + |S_{12}|^2 + |S_{13}|^2 + |S_{14}|^2 = 1 \tag{A7}$$

$$S_{11}S_{12}^* + S_{12}S_{22}^* + |S_{13}|^2 + |S_{14}|^2 = 0 \tag{A8}$$

$$S_{11} + S_{12} + S_{33}^* = 0 \tag{A9}$$

$$S_{11} - S_{12} + S_{44}^* = 0 \tag{A10}$$

$$|S_{12}|^2 + |S_{22}|^2 + |S_{13}|^2 + |S_{14}|^2 = 1 \tag{A11}$$

$$S_{12} + S_{22} + S_{33}^* = 0 \tag{A12}$$

$$S_{12} - S_{22} - S_{44}^* = 0 \tag{A13}$$

$$2S_{13}^2 + |S_{33}|^2 = 0 \tag{A14}$$

$$0 = 0 \tag{A15}$$

$$2S_{14}^2 + |S_{44}|^2 = 1 \tag{A16}$$

Aus der Differenz der Gln.(A9) und (A10) ergibt sich

$$S_{12} = \frac{S_{44}^* - S_{33}^*}{2} , \tag{A17}$$

aus ihrer Summe

$$S_{11} = - \frac{S_{33}^* + S_{44}^*}{2} . \tag{A18}$$

Aus der Differenz der Gln.(A12) und (A13) folgt

$$S_{22} = - \frac{S_{33}^* + S_{44}^*}{2} . \tag{A19}$$

Aus den Gl.(A14) und (A16) ergibt sich

$$S_{13} = \sqrt{\frac{1 - |S_{33}|^2}{2}} \tag{A20}$$

und

$$S_{14} = \sqrt{\frac{1 - |S_{44}|^2}{2}} . \tag{A21}$$

Daß die Reflexionskoeffizienten S_{11} und S_{22} gleich sind, ist nicht verwunderlich; denn aufgrund der Symmetrie im Aufbau des Doppel-T sind die Eingänge 1 und 2 gleichwertig.

g) Für den Arm 3 des Magischen T lautet die Aussage IV mit anderen Worten: Es falle am Arm 3 eine Welle ein; wenn dann die Arme 1 und 2 reflexionsfrei abgeschlossen sind, d.h. dort nur herauslaufende Wellen bestehen ($\underline{A}_1 = \underline{A}_2 = 0$), wird am Arm 3 keine Welle reflektiert ($\underline{B}_3 = 0$). Aus Gl.(A1) ergibt sich so

$$0 = \underline{B}_3 = S_{33}\underline{A}_3 + S_{34}\underline{A}_4 .$$

Gemäß Gl.(A5) ist aber $S_{34} = 0$, so daß

$$S_{33} = 0 \tag{A22}$$

folgt.

Ganz entsprechend ergibt sich auch

$$S_{44} = 0 \ . \tag{A23}$$

h) Mit den Gln.(A22) und (A23) werden die Gln.(A17) bis (A21) zu

$$S_{11} = S_{22} = S_{12} = 0$$

$$S_{13} = S_{14} = 1/\sqrt{2} \ .$$

Die komplette Streumatrix des Magischen T ist damit

$$[S] = \frac{1}{\sqrt{2}} \begin{bmatrix} 0 & 0 & 1 & 1 \\ 0 & 0 & 1 & -1 \\ 1 & 1 & 0 & 0 \\ -1 & -1 & 0 & 0 \end{bmatrix} \ .$$

13A/16 Idealer Richtkoppler

a) Ein Richtungskoppler, kurz: Richtkoppler, ist ein Viertor, das die an einem Arm einfallende Leistung nur auf zwei Arme aufteilt, während zum letzten Arm keine Leistung übertragen wird, d.h., daß dort keine herauslaufende Welle auftritt. Der Richtkoppler ist dann ideal, wenn diese Leistung nicht nur klein sondern wirklich null ist. In der Streumatrix muß dazu in jeder Spalte mindestens einer der Koeffizienten S_{ij} mit $i \neq j$ null sein.

b) Bei reflexionsfreiem Abschluß von drei Zugängen besteht nur an dem verbleibenden vierten Zugang i eine einfallende Welle. Wenn der Eingangswiderstand für diese Welle gleich dem Wellenwiderstand ist, wird keine Welle reflektiert. Es muß dann $S_{ii} = 0$ sein. Da diese Eigenschaft für alle Arme $j = 1,\ldots,4$ gelten soll, müssen alle $S_{jj} = 0$ sein.

c) Die Streumatrix lautet mit $S_{ij} = S_{ji}$

$$\begin{bmatrix} \underline{B}_1 \\ \underline{B}_2 \\ \underline{B}_3 \\ \underline{B}_4 \end{bmatrix} = \begin{bmatrix} S_{11} & S_{12} & S_{13} & S_{14} \\ S_{12} & S_{22} & S_{23} & S_{24} \\ S_{13} & S_{23} & S_{33} & S_{34} \\ S_{14} & S_{24} & S_{34} & S_{44} \end{bmatrix} \begin{bmatrix} \underline{A}_1 \\ \underline{A}_2 \\ \underline{A}_3 \\ \underline{A}_4 \end{bmatrix} .$$

d) Aus Gl.(10.59) ergeben sich folgende voneinander unabhängige Gleichungen für $j \neq k$, wobei $S_{ii} = 0$ und $S_{ij} = S_{ji}$ berücksichtigt wurde.

j/k		
1/2	$S_{13}S^*_{23} + S_{14}S^*_{24} = 0$	(A1)
1/3	$S_{12}S^*_{23} + S_{14}S^*_{34} = 0$	(A2)
1/4	$S_{12}S^*_{24} + S_{13}S^*_{34} = 0$	(A3)
2/3	$S_{12}S^*_{13} + S_{24}S^*_{34} = 0$	(A4)
2/4	$S_{12}S^*_{14} + S_{23}S^*_{34} = 0$	(A5)
3/4	$S_{13}S^*_{14} + S_{23}S^*_{24} = 0$.	(A6)

e) Jetzt werden S_{12}, S_{14} und S_{34} als positiv reell angenommen und Gl.(A2) mit S_{12} sowie das konjugiert Komplexe der Gl.(A5) mit S_{34} multipliziert:

$$S_{12}^2 S_{23}^* + S_{12}S_{14}S_{34} = 0$$

$$S_{12}S_{14}S_{34} + S_{23}^* S_{34}^2 = 0 \ .$$

Die Differenz dieser Gleichungen ergibt

$$S_{23}^*(S_{12}^2 - S_{34}^2) = 0 \ . \qquad \text{(A7)}$$

Gl.(A7) kann entweder durch $S_{12} = S_{34}$ oder durch $S_{23} = 0$ gelöst werden.

<u>1. Fall</u>: $S_{12} = S_{34} \neq 0, \ S_{23} \neq 0$ (A8)

Aus Gl.(A2) folgt damit

$$S_{23} = - S_{14} \ . \qquad \text{(A9)}$$

Aus den Gln.(A1) und (A3) ergibt sich nun mit Gl.(A9) bzw. Gl.(A8) und Teilen durch S_{14} bzw. S_{12}

$$-S_{13} + S_{24}^* = 0$$

$$S_{13} + S_{24}^* = 0 \ .$$

Daraus folgt

$$S_{13} = S_{24} = 0 \ . \qquad \text{(A10)}$$

Mit den Gln.(A8) bis (A10) wird die Streumatrix zu

$$[S] = \begin{bmatrix} 0 & S_{12} & 0 & S_{14} \\ S_{12} & 0 & -S_{14} & 0 \\ 0 & -S_{14} & 0 & S_{12} \\ S_{14} & 0 & S_{12} & 0 \end{bmatrix}$$

mit der unter a) angegebenen Eigenschaft.

2. Fall: $S_{23} = 0$ (A11)

Aus Summe und Differenz der Gl.(A3) und dem konjugiert Komplexen der Gl.(A4) ergibt sich

$$(S^*_{24} + S_{13})(S_{12} + S_{34}) = 0 \tag{A12}$$

$$(S^*_{24} - S_{13})(S_{12} - S_{34}) = 0 \ . \tag{A13}$$

Weil S_{12} und S_{34} positiv reell sind, ist Gl.(A12) nur mit

$$S_{24} = -S^*_{13} \tag{A14}$$

zu lösen. Damit ergibt sich aus Gl.(A13)

$$S_{12} = S_{34} \ . \tag{A15}$$

Die Gln.(A5) und (A6) werden mit Gl.(A11) zu

$$S_{12}S^*_{14} = 0 \tag{A16}$$

$$S_{13}S^*_{14} = 0 \ . \tag{A17}$$

Wenigstens eine der beiden Größen S_{12} oder S_{13} muß von null verschieden sein; denn die Gleichung mit $j/k = 2/2$ aus Gl.(10.59)

$$|S_{12}|^2 + |S_{22}|^2 + |S_{23}|^2 + |S_{24}|^2 = 1$$

würde mit $|S_{12}|^2 = 0$ und $|S_{24}|^2 = |S_{13}|^2 = 0$ sowie mit den Voraussetzungen $S_{22} = 0$ und $S_{23} = 0$ auf einen Widerspruch führen. Darum ergibt sich aus den Gln.(A16) und (A17)

$$S_{14} = 0 \; . \qquad \text{(A18)}$$

Die Streumatrix lautet damit

$$[S] = \begin{bmatrix} 0 & S_{12} & S_{13} & 0 \\ S_{12} & 0 & 0 & -S_{13} \\ S_{13} & 0 & 0 & S_{12} \\ 0 & -S_{13} & S_{12} & 0 \end{bmatrix}$$

mit der unter a) angegebenen Eigenschaft.

Aufgaben 13B/1 bis 13B/3 siehe Lehrtext! Lernzyklus 13B

Aufgaben 13C/1 bis 13C/4 siehe Lehrtext! Lernzyklus 13C

13C/5 Verkopplung von Rechteck- und Rundhohlleiterwellen

Die angeregten Eigenwellen $\underline{A}_{np}$ und $\underline{B}_{np}$ im Rundhohlleiter werden aus den ersten beiden der Gln.(10.108) berechnet. Am Ort des Koppelloches hat die anregende H_{10}-Welle im Rechteckhohlleiter nur ein Magnetfeld, und zwar in z-Richtung, $\underline{H}_{z0}$, so daß

$$\underline{A}_{np} = -j \, \frac{2\omega r^3}{3} \, \mu_0 \, \underline{H}_{z0} \, H^-_{znp} \qquad \text{(A1)}$$

$$\underline{B}_{np} = -j \, \frac{2\omega r^3}{3} \, \mu_0 \, \underline{H}_{z0} \, H^+_{znp} \qquad \text{(A2)}$$

gilt. Für H^-_{znp} und H^+_{znp} sind gemäß Abschnitt 10.2 die Felder von Eigenwellen n,p der Leistung 1 im Rundhohlleiter einzusetzen. Da H^-_{znp} und H^+_{znp} z-Komponenten von Magnetfeldern sind, kommen keine E_{np}-Wellen des Rundhohlleiters in Betracht. Es werden also nur H_{np}-Wellen angeregt. Aus Tabelle 10.1 folgt

$$H^{\pm}_{znp} = \frac{k^2_{cnp}}{j\omega\mu_0} T^{(H)}_{np} \underline{U}^{\pm} , \tag{A3}$$

wobei für $\underline{U}^{\pm}$ aus der oberen der Gln.(10.37) der Spannungskoeffizient der vor- bzw. rücklaufenden Welle mit den Amplituden eins, d.h. $\underline{A} = 1$, $\underline{B} = 0$ bzw. $\underline{A} = 0$, $\underline{B} = 1$, einzusetzen ist, also

$$\underline{U}^{\pm} = \sqrt{Z_{np}}\, e^{\mp j k_{znp} z} . \tag{A4}$$

Mit $T^{(H)}_{np}$ aus Gl.(10.40), ausgewertet an der Rundhohlleiterwand, wird dann Gl.(A3) zu

$$H^{\pm}_{znp} = \frac{k^2_{cnp}}{j\omega\mu_0} \sqrt{\frac{\varepsilon_n}{(x'^2_{np} - n^2)\pi}} \sqrt{Z_{np}}\, e^{\mp j k_{znp} z} \begin{Bmatrix} \sin n\varphi \\ \cos n\varphi \end{Bmatrix} . \tag{A5}$$

An der Stelle des Loches, bei $\varphi = 0$ verschwindet $\sin n\varphi$. Mit den Gln.(A1) und (A2) folgt deshalb, daß die Rundhohlleiterwellen mit $\sin n\varphi$-Orientierung nicht angeregt werden. Das Feld $\underline{H}_{z0}$ der anregenden Welle im Rechteckhohlleiter soll laut Aufgabenstellung auch auf die Leistung 1 bezogen werden. Es läßt sich entsprechend der Ableitung von Gl.(A5) berechnen, wobei die transversale Eigenfunktion der H_{10}-Welle von Gl.(10.39) anstelle von $T^{(H)}_{np}$ in Gl.(A3) eingesetzt wird. Bei $z = 0$ gilt dann mit der Phasenkonstante β der Grenzwellenzahl k_g, und dem Wellenwiderstand Z der vorlaufenden H_{10}-Welle

$$\underline{H}_{z0} = \frac{k^2_g}{j\omega\mu_0} \frac{1}{\pi} \sqrt{\frac{2a}{b}} \sqrt{Z}\, e^{-j\beta z} . \tag{A6}$$

Aus den Gln.(A1) und (A2) ergibt sich nun mit den bei $z = 0$ und $\varphi = 0$ ausgewerteten Gln.(A5) und (A6)

$$\underline{A}_{np} = \underline{B}_{np} = - \frac{2r^3}{j\omega\mu_0\pi} k_g^2 \, k_{cnp}^2 \sqrt{\frac{2a}{b} \frac{\varepsilon_n}{(x_{np}'^2 - n^2)\pi}} \, Z \, Z_{np} \; .$$

Aufgaben 14A/1 bis 14A/5 siehe Lehrtext!

Lernzyklus 14A

14A/6 Rechteckhohlleiter mit Schmalseitenänderung

a) Gemäß Gl.(11.10) ergibt sich der Koppelkoeffizient einer Eigenwelle 1 ($1 \hat{=} H_{10}$) mit ihrer in Gegenrichtung laufenden Komponente gemäß

$$\varkappa_{11}^{(+,-)} = \varkappa_{11}^{(-,+)} = C_{11} - \frac{1}{\sqrt{Z_1}} \frac{\mathrm{d}\sqrt{Z_1}}{\mathrm{d}z} \tag{A1}$$

aus dem Koppelfaktor

$$C_{11} = \int_0^b \int_0^a \vec{e}_1 \, \frac{\mathrm{d}\vec{e}_1}{\mathrm{d}z} \, \mathrm{d}x \, \mathrm{d}y \quad . \tag{A2}$$

Der Eigenvektor $\vec{e}_1$ der H_{10}-Welle ergibt sich aus den Gln.(10.24) und (10.39) zu

$$\vec{e}_1 = \vec{u}_z \times \mathrm{grad} T_{10}^{(H)}$$

$$= \vec{u}_z \times \mathrm{grad}\left(\frac{1}{\pi}\sqrt{\frac{2a}{b}} \cos\frac{\pi x}{a}\right)$$

$$= \vec{u}_z \times \vec{u}_x \cdot \frac{\partial}{\partial x}\left(\frac{1}{\pi}\sqrt{\frac{2a}{b}} \cos\frac{\pi x}{a}\right)$$

$$\vec{e}_1 = - \vec{u}_y \sqrt{\frac{2}{ab}} \sin\frac{\pi x}{a} \; . \tag{A3}$$

In Gl.(A2) wird auch die Ableitung von $\vec{e}_1$ nach z benötigt. In Gl.(A3) hängt b von z ab. So gilt

$$\frac{d\vec{e}_1}{dz} = \frac{\partial \vec{e}_1}{\partial b} \frac{db}{dz}$$

$$= - \frac{1}{2b} \frac{db}{dz} \vec{e}_1 \quad .$$

Damit ergibt sich aus Gl.(A2)

$$C_{11} = - \int_0^b \int_0^a \frac{2}{ab} \frac{1}{2b} \frac{db}{dz} \sin^2 \frac{\pi x}{a} \, dx \, dy \quad . \tag{A4}$$

a, b und db/dz hängen nicht von den Querschnittskoordinaten x und y ab. Damit hängt der gesamte Integrand nicht von y ab, und die Integration über y liefert den Faktor b. So gilt

$$C_{11} = - \frac{1}{ab} \frac{db}{dz} \int_0^a \sin^2 \frac{\pi x}{a} \, dx \quad .$$

Mit $a/2$ als Wert des Integrales ergibt sich daraus

$$C_{11} = - \frac{1}{2b} \frac{db}{dz} \quad . \tag{A5}$$

Um den Koppelkoeffizienten zu berechnen, wird nun gemäß Gl.(A1) der Feldwellenwiderstand Z_1 der H_{10}-Welle benötigt. Da dieser aber nach Gl.(10.32) aus der Phasenkonstante

$$\beta = k\sqrt{1 - (k_c/k)^2} = k\sqrt{1 - \left(\frac{\pi}{ka}\right)^2} \tag{A6}$$

gemäß

$$Z_1 = \frac{\omega\mu}{\beta} = \frac{\eta}{\sqrt{1 - \left(\frac{\pi}{ka}\right)^2}}$$

folgt und nicht von b abhängt, ist er auch unabhängig von z. So folgt für die hier betrachtete Art der Querschnittsänderung aus Gl.(A1)

$$\varkappa_{11}^{(-,+)} = \boldsymbol{C}_{11} = -\frac{1}{2b}\frac{\mathrm{d}b}{\mathrm{d}z} \,. \tag{A7}$$

b) Die Gl.(11.17) auf das vorliegende Problem übertragen, lautet

$$\frac{\mathrm{d}}{\mathrm{d}z}\begin{bmatrix}\underline{A}^{(+)}\\ \underline{A}^{(-)}\end{bmatrix} = \begin{bmatrix}-\mathrm{j}\beta & \varkappa_{11}^{(-,+)}\\ \varkappa_{11}^{(-,+)} & \mathrm{j}\beta\end{bmatrix}\begin{bmatrix}\underline{A}^{(+)}\\ \underline{A}^{(-)}\end{bmatrix} . \tag{A8}$$

Es gelten also die Zuordnungen

Gl.(11.17)	$\underline{A}_1$	$\underline{A}_2$	γ_1	γ_2	$\varkappa_{12}$	$\varkappa_{21}$
Gl.(A8)	$\underline{A}^{(+)}$	$\underline{A}^{(-)}$	$\mathrm{j}\beta$	$-\mathrm{j}\beta$	$\varkappa_{11}^{(-,+)}$	$\varkappa_{11}^{(-,+)}$.

Das Element T_{21} der Kettenmatrix in Gl.(11.23) gibt die gesuchte Überkopplung bei $z = L$ an. Aus Gl.(11.24) folgt mit den oben stehenden Zuordnungen

$$T_{21} = \exp\left(-\mathrm{j}\int_0^L \beta\,\mathrm{d}z\right)\left[\int_0^L \varkappa_{11}^{(-,+)} \exp\left(-\mathrm{j}2\int_0^z \beta\,\mathrm{d}z'\right)\,\mathrm{d}z\right].$$

Mit $\varkappa_{11}^{(-,+)}$ aus Gl.(A7) und weil β nicht von z abhängt, ergibt sich

$$T_{21} = -\frac{1}{2}\exp(-\mathrm{j}\beta L)\left[\int_0^L \frac{1}{b}\frac{\mathrm{d}b}{\mathrm{d}z}\exp(-\mathrm{j}2\beta z)\,\mathrm{d}z\right] . \tag{A9}$$

c) Aus Gl.(A9) ergibt sich bei einem z-unabhängigen Wert für $\frac{1}{b}\frac{\mathrm{d}b}{\mathrm{d}z}$ und reellem β

$$|T_{21}| = \left| \frac{1}{2b} \frac{db}{dz} \int_0^L \exp(-j2\beta z)\, dz \right|$$

$$= \left| \frac{1}{2b} \frac{db}{dz} \frac{1}{-j2\beta} \left(\exp(-j2\beta L) - 1 \right) \right|$$

$$= \left| \frac{1}{2b} \frac{db}{dz} \frac{1}{-j2\beta} \exp(-j\beta L) \left(\exp(-j\beta L) - \exp(j\beta L) \right) \right|$$

$$= \left| \frac{1}{2b} \frac{db}{dz} \frac{1}{-j2\beta} \exp(-j\beta L)(-2j \sin\beta L) \right|$$

$$|T_{21}| = - \frac{1}{2b\beta} \frac{db}{dz} \left| \sin\beta L \right| . \qquad \text{(A10)}$$

Das Minuszeichen in Gl.(A10) berücksichtigt, daß db/dz negativ ist.

Mit steigender Frequenz oberhalb f_c wächst auch β. Dabei schwankt $|\sin\beta L|$ zwischen 0 und 1. Maximalwerte von $|T_{21}|$ treten also bei $|\sin\beta L| = 1$ auf. Der Vorfaktor ist am größten, wenn β am kleinsten ist, also an der unteren Grenze des genutzten Frequenzbereiches bei $f_u = 1{,}2 f_c$. So ergibt sich aus Gl.(A10) mit Gl.(A6) und $k/k_c = f_u/f_c$ sowie $k_c = \pi/a$

$$|T_{21}|_{max} = - \frac{a}{2\pi f_u/f_c} \frac{1}{\sqrt{1 - (f_c/f_u)^2}} \frac{1}{b} \frac{db}{dz}$$

Umgeformt folgt daraus

$$\frac{1}{b} \frac{db}{dz} = - |T_{21}|_{max} \frac{2\pi}{a} \sqrt{(f_u/f_c)^2 - 1} \equiv const .$$

Der Verlauf der Funktion $b(z)$ folgt nun aus der Differentialgleichung

$$\frac{1}{b} \frac{db}{dz} = const .$$

Durch Multiplizieren mit dz können die Veränderlichen getrennt werden. Nach Integration auf beiden Seiten folgt

$$\ln\frac{b}{b_1} = z \cdot const \; . \qquad \text{(A11)}$$

Beide Seiten in den Exponenten der e-Funktion erhoben geben

$$\frac{b}{b_1} = \exp(z \cdot const)$$

oder

$$b = b_1 \exp\left(- |T_{21}|_{max} \frac{2\pi}{a} \sqrt{(f_u/f_c)^2 - 1} \cdot z \right) \; .$$

Mit $|T_{21}|_{max} = 10^{-20/20} = 0,1$ und den übrigen Zahlenwerten ergibt sich die gesuchte Funktion $b(z)$ zu

$$b = 10,16 \text{ mm} \exp\left(-0,1 \frac{2\pi}{22,86 \text{ mm}} \sqrt{(1,2)^2 - 1} \cdot z\right)$$

$$= 10,16 \text{ mm} \exp\left(-0,01823 \; z/\text{mm}\right) \; .$$

Die Länge L folgt aus der Gl.(A11) und der Bedingung, daß bei $z = L$ die Höhe b gerade gleich $b_1/10$ sein soll:

$$\ln 1/10 = L \cdot const \; .$$

Mit $const = -0,01823/\text{mm}$ ergibt sich daraus

$$L = \frac{-\ln 10}{-0,01823/\text{mm}} = 126,3 \text{ mm} \; .$$

Lernzyklus 14B

Aufgaben 14B/1 bis 14B/4 siehe Lehrtext!

14B/5 Allgemeine Gesetzmäßigkeiten bei Koppelkoeffizienten

Um zu einer Beziehung zu kommen, die Gl.(11.42) entspricht, gehen wir wieder von Bild 11.3 aus. Die Wellen a und b sollen in Gegenrichtung laufen. Dann regt die Welle a, die am Zugang a mit der Amplitude $\underline{A}_{a1}$ in $+z$-Richtung einfällt, entlang des Abschnittes Δz eine Welle b mit der Amplitude

$$\varkappa_{ba}\ \Delta z\ \underline{A}_{a1}$$

an. Die Welle b läuft durch Tor 3 heraus. Bei *Reziprozität* regt dann aber auch eine Welle b, die am Tor 3 mit der Amplitude $\underline{A}_{a1}$ in $+z$-Richtung einfällt, bei 1 eine in $-z$-Richtung laufende Welle a mit der gleichen Amplitude

$$\varkappa_{ba}\ \Delta z\ \underline{A}_{a1}$$

an. Weil die Anordnung *symmetrisch* ist, erzeugt dann auch eine bei 4 einfallende Welle b mit der Amplitude $\underline{A}_{a1}$ eine herauslaufende Welle a bei 2 mit der Amplitude

$$\varkappa_{ba}\ \Delta z\ \underline{A}_{a1}\ .$$

Dieser Fall der Einspeisung läßt sich nun auch direkt aus den verkoppelten Wellengleichungen berechnen. Wenn die obere der Gln.(11.41) mit den Anfangswerten $\underline{A}_a = 0$ und $\underline{A}_b = \underline{A}_{a1}$ in $-z$-Richtung entlang Δz aufintegriert wird, ergibt sich

$$\underline{A}_a = \varkappa_{ab}\ (-\Delta z)\ \underline{A}_{a1}\ .$$

Wenn man beide Ergebnisse gleichsetzt, folgt

$$\varkappa_{ab} = -\ \varkappa_{ba}\ . \tag{A1}$$

Die der Gl.(11.43) entsprechende Beziehung aus der Leistungsbilanz soll für gleichsinnig und gegensinnig laufende Wellen zugleich abgeleitet werden. Mit den Größen

p und q, die +1 oder -1 sein können und wie im Lehrtext die Ausbreitungsrichtung der Wellen angeben, sowie mit rein imaginären Ausbreitungskonstanten $\gamma = j\beta$ für verlustlose Anordnungen werden die Gln.(11.41) zu

$$\mathrm{d}\underline{A}_a/\mathrm{d}z = -jp\beta_a\underline{A}_a + \varkappa_{ab}\underline{A}_b$$
$$\mathrm{d}\underline{A}_b/\mathrm{d}z = \varkappa_{ba}\underline{A}_a - jq\beta_b\underline{A}_b \ . \qquad \text{(A2)}$$

Sowohl für gleichsinnig als auch gegensinnig laufende Wellen muß die durch jeden Querschnitt z transportierte Wirkleistung gleich sein.

$$0 = \frac{\mathrm{d}P}{\mathrm{d}z} = \frac{\mathrm{d}}{\mathrm{d}z}(p\underline{A}_a\underline{A}_a^* + q\underline{A}_b\underline{A}_b^*)$$

$$= p\left(\underline{A}_a\frac{\mathrm{d}\underline{A}_a^*}{\mathrm{d}z} + \underline{A}_a^*\frac{\mathrm{d}\underline{A}_a}{\mathrm{d}z}\right) + q\left(\underline{A}_b\frac{\mathrm{d}\underline{A}_b^*}{\mathrm{d}z} + \underline{A}_b^*\frac{\mathrm{d}\underline{A}_b}{\mathrm{d}z}\right) \ .$$

Für die Differentialquotienten wird nun von Gl.(A2) eingesetzt und berücksichtigt, daß β_a und β_b reell sind:

$$0 = p\left[\underline{A}_a(\cancel{jp\beta_a\underline{A}_a^*} + \varkappa_{ab}^*\underline{A}_b^*) + \underline{A}_a^*(\cancel{-jp\beta_a\underline{A}_a} + \varkappa_{ab}\underline{A}_b)\right]$$

$$+ q\left[\underline{A}_b(\varkappa_{ba}^*\underline{A}_a^* + \cancel{jq\beta_b\underline{A}_b^*}) + \underline{A}_b^*(\varkappa_{ba}\underline{A}_a - \cancel{jq\beta_b\underline{A}_b})\right]$$

$$= \underline{A}_a\underline{A}_b^*(p\varkappa_{ab}^* + q\varkappa_{ba}) + \underline{A}_a^*\underline{A}_b(p\varkappa_{ab} + q\varkappa_{ba}^*) \ .$$

Eine von $\underline{A}_a$ und $\underline{A}_b$ unabhängige Lösung gibt es nur, wenn jede der runden Klammern für sich verschwindet. Daraus folgt

$$\varkappa_{ba} = -\frac{p}{q}\varkappa_{ab}^* \ . \qquad \text{(A3)}$$

Für gleichsinnig laufende Wellen mit $p = q$ geht Gl.(A3) in Gl.(11.43) über. Für gegensinnig laufende Wellen mit $p = -q$ gilt also

$$\varkappa_{\text{ba}} = \varkappa^*_{\text{ab}} \; .$$

Mit Gl.(A1) folgt daraus, daß $\varkappa_{\text{ab}}$ und $\varkappa_{\text{ba}}$ zwar wieder rein imaginär aber entgegengesetzten Vorzeichen sind:

$$\varkappa_{\text{ba}} = -\varkappa_{\text{ab}} = \text{j}c \; .$$

Mit $p = +1$ und $q = -1$ ergibt sich so das Gleichungssystem (11.46).

Lernzyklus 15A

Aufgaben 15A/1 bis 15A/6 siehe Lehrtext!

15A/7 Normierte Eigenfunktionen des Rechteckresonators

Die Eigenfunktionen $\vec{E}_i$ und $\vec{H}_i$ sind die derart normierten Felder der Eigenschwingungen, daß sie jeweils die Energie $W_i = 1$ enthalten. Entsprechend sind in den Gln.(3.69) und (3.71) mit eingefügten Konstanten,

$$\underline{\psi}^{(\text{E})}_{mnp} = \underline{C}^{(\text{E})}_{mnp} \sin\frac{m\pi x}{a} \sin\frac{n\pi y}{b} \cos\frac{p\pi z}{c} \tag{A1}$$

mit $m = 1,2,3\ldots;\; n = 1,2,3\ldots;$
$p = 0,1,2\ldots$

$$\underline{\psi}^{(\text{H})}_{mnp} = \underline{C}^{(\text{H})}_{mnp} \cos\frac{m\pi x}{a} \cos\frac{n\pi y}{b} \sin\frac{p\pi z}{c} \tag{A2}$$

mit $m = 0,1,2\ldots;\; n = 0,1,2\ldots;$
$p = 1,2,3\ldots;$ außer $m = n = 0$,

diese Konstanten zu bestimmen und dann daraus die gesuchten Felder zu berechnen.

E_z-Schwingungen

W_i ist einfacher aus dem magnetischen Feld zu berechnen, als aus dem elektrischen, weil das magnetische keine z-Komponente hat. Nach Gl.(1.46) folgt

$$\underline{H}_{\mathrm{x}} = \frac{\partial \underline{\psi}^{(\mathrm{E})}}{\partial y} \quad ; \quad \underline{H}_{\mathrm{y}} = - \frac{\partial \underline{\psi}^{(\mathrm{E})}}{\partial x} \quad ; \quad \underline{H}_{\mathrm{z}} = 0 \quad . \tag{A3}$$

Aus Gl.(12.18) folgt nun mit den Gln.(A1) und (A3) sowie mit der Neumannschen Zahl ε_p

$$1 = \mu \iiint\limits_{\mathrm{V}} |\underline{H}_{mnp}^{(\mathrm{E})}|^2 dV = \mu \iiint\limits_{\mathrm{V}} \left(|\underline{H}_{\mathrm{x}mnp}|^2 + |\underline{H}_{\mathrm{y}mnp}|^2 \right) dV$$

$$= \mu \, |\underline{C}_{mnp}^{(\mathrm{E})}|^2 \int_0^c \int_0^b \int_0^a \Big[\left(\frac{n\pi}{b}\right)^2 \sin^2 \frac{m\pi x}{a} \cos^2 \frac{n\pi y}{b} \cos^2 \frac{p\pi z}{c}$$

$$+ \left(\frac{m\pi}{a}\right)^2 \cos^2 \frac{m\pi x}{a} \sin^2 \frac{n\pi y}{b} \cos^2 \frac{p\pi z}{c} \Big] dx \, dy \, dz$$

$$= \mu \, |\underline{C}_{mnp}^{(\mathrm{E})}|^2 \left[\left(\frac{n\pi}{b}\right)^2 \frac{a}{2} \frac{b}{2} \frac{c}{\varepsilon_p} + \left(\frac{m\pi}{a}\right)^2 \frac{a}{2} \frac{b}{2} \frac{c}{\varepsilon_p} \right]$$

$$= \mu \, |\underline{C}_{mnp}^{(\mathrm{E})}|^2 \frac{abc\pi^2}{4\varepsilon_p} \left[\left(\frac{n}{b}\right)^2 + \left(\frac{m}{a}\right)^2 \right]$$

Daraus ergibt sich nun die gesuchte Konstante. Sie wird als positiv reell gewählt. Dann folgt

$$\underline{C}_{mnp}^{(\mathrm{E})} = \frac{2\sqrt{\varepsilon_p}}{\pi \sqrt{\mu abc \left[\left(\frac{n}{b}\right)^2 + \left(\frac{m}{a}\right)^2 \right]}} \quad . \tag{A4}$$

Damit ergeben sich nun zusammen mit Gl.(A1) und Gl.(1.46) die Eigenfunktionen. Die Phasorenbezeichnung soll bei ihnen entfallen, weil sie im Grunde keine physikalisch bestehenden Wechselfelder beschreiben sondern nur als mathematische Hilfsgrößen benutzt werden:

$$\vec{H}^{(E)}_{mnp} = \underline{C}^{(E)}_{mnp} \begin{cases} \frac{n\pi}{b} \sin\frac{m\pi x}{a} \cos\frac{n\pi y}{b} \cos\frac{p\pi z}{c} \\ -\frac{m\pi}{a} \cos\frac{m\pi x}{a} \sin\frac{n\pi y}{b} \cos\frac{p\pi z}{c} \\ 0 \end{cases} \tag{A5}$$

$$\vec{E}^{(E)}_{mnp} = \frac{\underline{C}^{(E)}_{mnp}}{j\omega\varepsilon} \begin{cases} -\frac{mp\pi^2}{ac} \cos\frac{m\pi x}{a} \sin\frac{n\pi y}{b} \sin\frac{p\pi z}{c} \\ -\frac{np\pi^2}{bc} \sin\frac{m\pi x}{a} \cos\frac{n\pi y}{b} \sin\frac{p\pi z}{c} \\ \left[k^2 - (\frac{p\pi}{c})^2\right] \sin\frac{m\pi x}{a} \sin\frac{n\pi y}{b} \cos\frac{p\pi z}{c} \end{cases} \tag{A6}$$

für $m = 1,2,3\ldots;\ n = 1,2,3\ldots;\ p = 0,1,2,\ldots$

Für ω ist in Gl.(A6) die Resonanzkreisfrequenz der jeweiligen E_{mnp}-Schwingung einzusetzen.

H_z-Schwingungen:

W_i ist jetzt einfacher aus dem elektrischen Feld zu berechnen, weil dieses bei H_z-Schwingungen keine z-Komponente besitzt. Aus Gl.(1.48) folgt

$$\underline{E}_x = -\frac{\partial \underline{\psi}^{(H)}}{\partial y}\ ; \qquad \underline{E}_y = \frac{\partial \underline{\psi}^{(H)}}{\partial x}\ ; \qquad \underline{E}_z = 0\ ,$$

und mit den Gln.(12.18) und (A2) sowie mit der Dielektrizitätskonstante $\varepsilon = \varepsilon'\varepsilon_0$ ergibt sich

$$1 = \varepsilon \iiint\limits_V |\underline{E}_{mnp}^{(H)}|^2 dV = \mu \iiint\limits_V (|\underline{E}_{xmnp}|^2 + |\underline{E}_{ymnp}|^2) dV$$

$$= \varepsilon \left|\underline{C}_{mnp}^{(H)}\right|^2 \int\limits_0^c \int\limits_0^b \int\limits_0^a \left[\left(\frac{n\pi}{b}\right)^2 \cos^2\frac{m\pi x}{a} \sin^2\frac{n\pi y}{b} \sin^2\frac{p\pi z}{c} + \left(\frac{m\pi}{a}\right)^2 \sin^2\frac{m\pi x}{a} \cos^2\frac{n\pi y}{b} \sin^2\frac{p\pi z}{c} \right] dx\, dy\, dz$$

$$= \varepsilon \left|\underline{C}_{mnp}^{(H)}\right|^2 \left[\left(\frac{n\pi}{b}\right)^2 \frac{a}{\varepsilon_m} \frac{b}{2} \frac{c}{2} + \left(\frac{m\pi}{a}\right)^2 \frac{a}{2} \frac{b}{\varepsilon_n} \frac{c}{2} \right]$$

$$= \varepsilon \left|\underline{C}_{mnp}^{(H)}\right|^2 \frac{abc\pi^2}{4} \left[\frac{1}{\varepsilon_m}\left(\frac{n}{b}\right)^2 + \frac{1}{\varepsilon_n}\left(\frac{m}{a}\right)^2 \right] .$$

Wenn $\underline{C}_{mnp}^{(H)}$ auch positiv reell gewählt wird, folgt

$$\underline{C}_{mnp}^{(H)} = \frac{2}{\pi \sqrt{\varepsilon abc \left[\frac{1}{\varepsilon_m}\left(\frac{n}{b}\right)^2 + \frac{1}{\varepsilon_n}\left(\frac{m}{a}\right)^2 \right]}} . \qquad \text{(A7)}$$

Mit Gl.(1.48) ergeben sich daraus die Eigenfunktionen zu

$$\vec{\underline{E}}_{mnp}^{(H)} = \underline{C}_{mnp}^{(H)} \begin{cases} -\frac{n\pi}{b} \cos\frac{m\pi x}{a} \sin\frac{n\pi y}{b} \sin\frac{p\pi z}{c} \\ -\frac{m\pi}{a} \sin\frac{m\pi x}{a} \cos\frac{n\pi y}{b} \sin\frac{p\pi z}{c} \\ 0 \end{cases} \qquad \text{(A8)}$$

$$\vec{\underline{H}}_{mnp}^{(H)} = \frac{\underline{C}_{mnp}^{(H)}}{j\omega\mu} \begin{cases} -\frac{mp\pi^2}{ac} \sin\frac{m\pi x}{a} \cos\frac{n\pi y}{b} \cos\frac{p\pi z}{c} \\ -\frac{np\pi^2}{bc} \cos\frac{m\pi x}{a} \cos\frac{n\pi y}{b} \sin\frac{p\pi z}{c} \\ \left[k^2 - \left(\frac{p\pi}{c}\right)^2\right] \cos\frac{m\pi x}{a} \cos\frac{n\pi y}{b} \sin\frac{p\pi z}{c} \end{cases} \qquad \text{(A9)}$$

für $m = 0,1,2...$; $n = 0,1,2...$;

$p = 1,2,3...$; außer $m = n = 0$

und mit ω als Resonanzkreisfrequenz der jeweiligen H_{mnp}-Schwingung.

Lernzyklus 15B

Aufgaben 15B/1 bis 15B/5 siehe Lehrtext!

15B/6 Eingangswiderstand einer Antenne im Hohlraumresonator

a) Aus Gl.(12.20) folgt mit $\varepsilon'\varepsilon_0 = \varepsilon$ für die Anregungskoeffizienten $\underline{c}_i$

$$\underline{c}_i = \varepsilon \oiint_{A_s} \vec{\underline{J}}_p^{(A)} \vec{E}_i^{*} \, dA \; . \tag{A1}$$

Die Koeffizienten $\underline{d}_i$ sind null. Die Koeffizienten $\underline{g}_i$ sind genaugenommen nicht null, weil am Ende der Koaxialleitung über ihrem Querschnitt von null verschiedene tangentiale elektrische Felder auftreten werden. Doch dieser Effekt ist meist sehr klein. Deshalb soll er hier mit $\underline{g}_i = 0$ vernachlässigt werden. Die so vereinfachte Gleichung (12.28) wird mit ω_i multipliziert, sowie Gl.(12.29) mit

$$\omega\left[1 + (1-j)\,\frac{\omega_k}{\omega}\,\frac{\delta_{ik}}{Q_w}\right]$$

und beide Gleichung voneinander abgezogen. Nach den $\underline{a}_i$ aufgelöst und für große Güten Q_d und Q_w ergibt sich dann

$$\underline{a}_i \approx \frac{\underline{c}_i\,\frac{\omega}{\varepsilon}}{j\omega_i^2 - j\omega^2\left[1 - j\frac{\delta_{ik}}{Q_d} + (1-j)\,\frac{\omega_k}{\omega}\,\frac{\delta_{ik}}{Q_w}\right]} \; .$$

Für $i \neq k$ gilt also

$$\underline{a}_i \approx \frac{\underline{c}_i\,\omega}{j\varepsilon(\omega_i^2 - \omega^2)} \tag{A2}$$

und für $i = k$ mit $1/Q = 1/Q_w + 1/Q_d$

$$\underline{a}_k = \frac{1}{j\omega_k}\,\frac{\underline{c}_k/\varepsilon}{\frac{\omega_k}{\omega} - \frac{\omega}{\omega_k} - \frac{1}{Q_w} + \frac{j}{Q}} \; . \tag{A3}$$

b) In Gl.(9.72),

$$Z = -\frac{1}{\underline{I}_\mathrm{p}^2} \oiint_{A_\mathrm{s}} \vec{\underline{E}}_\mathrm{p}\, \vec{\underline{J}}_\mathrm{p}^{(\mathrm{A})}\, \mathrm{d}A \quad , \qquad \text{(A4)}$$

ist $\vec{\underline{E}}_\mathrm{p}$ das elektrische Feld, das von $\vec{\underline{J}}_\mathrm{p}^{(\mathrm{A})}$ in Abwesenheit der Antenne erzeugt würde. Es ergibt sich also mit der ersten der Gln.(12.17) und den berechneten Koeffizienten $\underline{a}_i$. Für den Eingangswiderstand Z folgt damit und mit den Gln.(A1) bis (A4)

$$Z = -\frac{1}{\underline{I}_\mathrm{p}^2} \oiint_{A_\mathrm{s}} \sum_i \underline{a}_i\, \vec{E}_i\, \vec{\underline{J}}_\mathrm{p}^{(\mathrm{A})}\, \mathrm{d}A$$

$$= -\frac{1}{\underline{I}_\mathrm{p}^2} \left[\frac{1}{\mathrm{j}\omega_k} \frac{\left| \oiint_{A_\mathrm{s}} \vec{E}_k\, \vec{\underline{J}}_\mathrm{p}^{(\mathrm{A})}\, \mathrm{d}A \right|^2}{\frac{\omega_k}{\omega} - \frac{\omega}{\omega_k} - \frac{1}{Q_\mathrm{w}} + \frac{\mathrm{j}}{Q}} + \sum_{i \neq k} \frac{\omega \left| \iint_{A_\mathrm{s}} \vec{E}_i\, \vec{\underline{J}}_\mathrm{p}^{(\mathrm{A})}\, \mathrm{d}A \right|^2}{\mathrm{j}(\omega_i^2 - \omega^2)} \right] .$$

15B/7 Leistungsaufteilung an einem Transmissionsresonator

a)

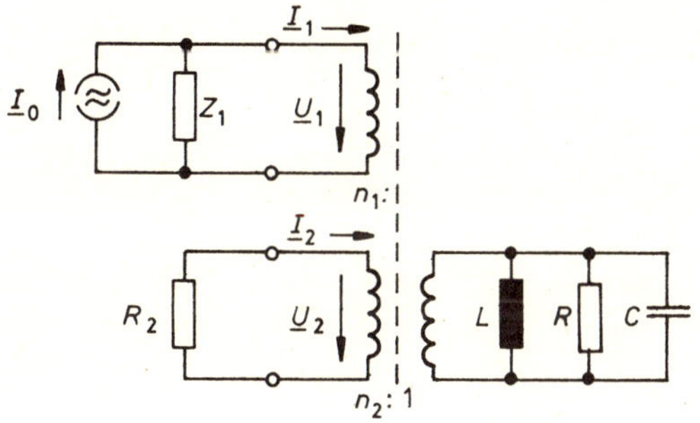

b)

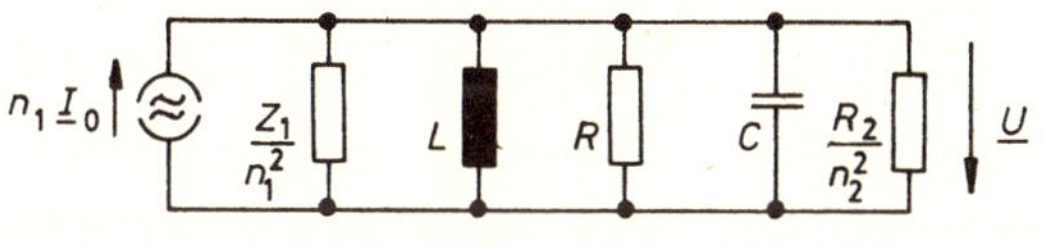

c) Die einfallende Leistung auf einer Leitung mit angepaßter Stromquelle ist die maximal verfügbare Leistung dieser Stromquelle mit Innenwiderstand Z_1; also gilt

$$P_0 = \frac{1}{4}\,|\underline{I}_0|^2 \cdot Z_1 \tag{A1}$$

Die Spannung $\underline{U}$ in der Ersatzschaltung ist

$$\underline{U} = \frac{n_1 \underline{I}_0}{\frac{n_1^2}{Z_1} + \frac{1}{j\omega L} + \frac{1}{R} + j\omega C + \frac{n_2^2}{R_2}} \ . \tag{A2}$$

Aus ihr ergeben sich die transmittierte Leistung P_t und die im Resonator umgesetzte Leistung P_v zu

$$P_t = \frac{n_2^2}{R_2}\,|\underline{U}|^2 \tag{A3}$$

und

$$P_v = \frac{1}{R}\,|\underline{U}|^2 \ . \tag{A4}$$

Dabei sollen die Abkürzungen des Lehrtextes eingeführt werden. Gemäß Gl.(12.53) gilt für die Koppelfaktoren

$$\beta_{e1} = Qn_1^2\eta/Z_1 = Q/Q_{ext_1} \tag{A5}$$

$$\beta_{e2} = Qn_2^2\eta/R_2 = Q/Q_{ext_2} \tag{A6}$$

mit $\eta = \sqrt{L/C}$ und $Q = R\sqrt{C/L}$. Die belastete Güte Q_L ergibt sich nach Gl.(12.59) dann aus

$$\frac{1}{Q_L} = \frac{1}{Q}(1 + \beta_{e1} + \beta_{e2}) \ . \tag{A7}$$

Mit der Resonanzfrequenz $\omega_0 = 1/\sqrt{LC}$ und der Verstimmung

$$v = \frac{\omega}{\omega_0} - \frac{\omega_0}{\omega} \tag{A8}$$

folgt schließlich aus den Gln.(A3), (A2) und (A1)

$$\frac{P_t}{P_0} = \frac{4\beta_{e1}\beta_{e2}}{(1+\beta_{e1}+\beta_{e2})^2 + (vQ)^2} \tag{A9}$$

sowie aus den Gln.(A4), (A2) und (A1)

$$\frac{P_v}{P_0} = \frac{4\beta_{e1}}{(1+\beta_{e1}+\beta_{e2})^2 + (vQ)^2} \tag{A10}$$

Aus der Leistungsbilanz läßt sich dann auch noch die reflektierte Leistung berechnen:

$$\frac{P_r}{P_0} = 1 - \frac{P_t}{P_0} - \frac{P_v}{P_0} = \frac{(1-\beta_{e1}+\beta_{e2})^2 + (vQ)^2}{(1+\beta_{e1}+\beta_{e2})^2 + (vQ)^2} \tag{A11}$$

Aufgaben 16A/1 bis 16A/7 siehe Lehrtext! Lernzyklus 16A

16A/8 $\lambda/2$-Platte

Die Dicke einer $\lambda/4$-Platte ist in Gl.(13.15) angegeben. Die $\lambda/2$-Platte hat die doppelte Stärke, also

$$d = \frac{\lambda_0}{2}\,\frac{1}{n_x - n_y} \tag{A1}$$

mit den Brechzahlen n_x und n_y aus den Gln.(13.10) und (13.12), sowie dem Dielektrizitätstensor des verwendeten doppelbrechenden Stoffes aus Gl.(13.9). Gemäß der Skizze soll sich die einfallende, zirkular polarisierte Welle in z-Richtung ausbreiten.

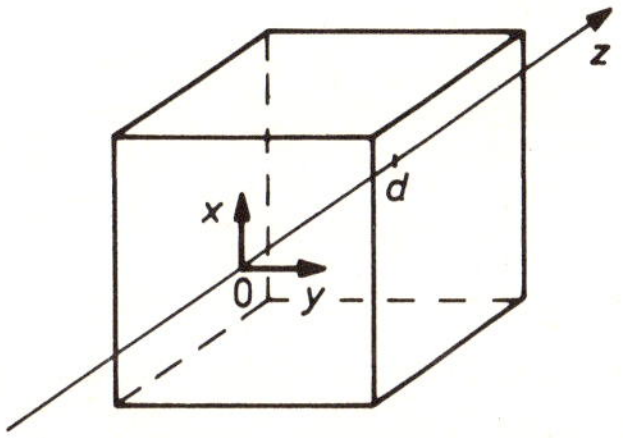

Vor der Platte soll das elektrische Feld einer *positiv* zirkular polarisierten Welle bestehen:

$$\underline{\vec{E}} = \underline{E}_0(\vec{u}_x - j\vec{u}_y)\, e^{-jk_0 z} \qquad \text{für } z \leqq 0 \quad .$$

In der Platte sind die Phasenkonstanten für die x- und y-Komponenten verschieden, so daß am Ende der Platte gilt

$$\underline{\vec{E}} = \underline{E}_0(\vec{u}_x e^{-jk_x d} - j\vec{u}_y e^{-jk_y d}) \qquad \text{für } z = d \; .$$

Die Welle, die bei $z = d$ aus der Platte austritt, breitet sich in z-Richtung dann weiter aus gemäß

$$\underline{\vec{E}} = \underline{E}_0(\vec{u}_x e^{-jk_x d} - j\vec{u}_y e^{-jk_y d})\, e^{-jk_0(z-d)} \qquad \text{für } z \geqq d \quad .$$

Mit

$$k_x = n_x k_0 \qquad \text{und} \qquad k_y = n_y k_0$$

und Ausklammern des Faktors bei $\vec{u}_x$ wird daraus

$$\underline{\vec{E}} = \underline{E}_0(\vec{u}_x - j\vec{u}_y e^{jk_0(n_x - n_y)d}) \cdot e^{-jk_0 n_x d}\, e^{-jk_0(z-d)} \quad . \tag{A2}$$

Mit Gl.(A1) und $k_0 = 2\pi/\lambda$ wird der Exponentialfaktor bei $\vec{u}_y$ zu

$$\exp(jk_0(n_x - n_y)d) = \exp(j\pi) = -1 \quad ,$$

so daß sich aus Gl.(A2)

$$\underline{\vec{E}} = \underline{E}_0(\vec{u}_x + j\vec{u}_y)\, e^{-jk_0(n_x - 1)d}\, e^{-jk_0 z}$$

ergibt.

Neben dem Ausbreitungsfaktor $\exp(-jk_0 z)$ und der zeitlich konstanten Phase gemäß $\underline{E}_0\exp(-jk_0(n_x-1)d)$ wird diese Welle vor allem durch den Faktor $(\vec{u}_x + j\vec{u}_y)$ bestimmt, der gemäß Gl.(13.7) anzeigt, daß diese Welle jetzt *negativ* zirkular polarisiert ist.

Aus einer *negativ* zirkular polarisierten Welle *vor* der Platte bei $z \leqq 0$ würde die $\lambda/2$-Platte für $z \geqq d$ entsprechend eine *positiv* zirkular polarisierte Welle machen.

Eine $\lambda/2$-Platte kehrt also den Drehsinn einer zirkular polarisierten Welle um.

Aufgaben 16B/1 bis 16B/7 siehe Lehrtext!

Lernzyklus 16B

16B/8 Eine Ausbreitungskonstante im gyromagnetischen Stoff

Die Gln.(13.84), (13.85) und (13.89) bilden das folgende homogene Gleichungssystem für die Feldkomponenten $\underline{E}_z$, $\underline{H}_x$ und $\underline{H}_y$:

$$
\begin{aligned}
-jk_y\underline{E}_z + j\omega\mu_0(1+\chi)\underline{H}_x + \omega\mu_0\varkappa\underline{H}_y &= 0\\
-\omega\mu_0\varkappa\underline{H}_x + j\omega\mu_0(1+\chi)\underline{H}_y &= 0\\
j\omega\varepsilon\underline{E}_z \qquad -jk_y\underline{H}_x \qquad &= 0 .
\end{aligned}
$$

Es hat nur dann nichttriviale Lösungen, wenn die Koeffizientendeterminante verschwindet:

$$
0 = \det = \begin{vmatrix} -jk_y & j\omega\mu_0(1+\chi) & \omega\mu_0\varkappa \\ 0 & -\omega\mu_0\varkappa & j\omega\mu_0(1+\chi) \\ j\omega\varepsilon & -jk_y & 0 \end{vmatrix} .
$$

Diese Determinante läßt sich z.B. nach der ersten Spalte entwickeln:

$$
0 = \det = -jk_y(-1)\omega\mu_0 k_y(1+\chi) + j\omega\varepsilon\left[-\omega^2\mu_0^2(1+\chi)^2 + \omega^2\mu_0^2\varkappa^2\right] .
$$

Diese Gleichung läßt sich unmittelbar nach k_y auflösen, so daß

$$k_y = \omega \sqrt{\varepsilon \mu_0} \sqrt{\frac{(1+\chi)^2 - \varkappa^2}{1+\chi}}$$

folgt, was zu zeigen war.

GLOSSAR

BABINETSCHES PRINZIP

Nach dem Babinetschen Prinzip überlagern sich das durch die Öffnung in einem elektrisch leitenden Schirm übertragene Feld mit dem an der komplementären magnetischen Scheibe gebeugten Feld zum ungestörten Feld der einfallenden Welle.

DOPPELBRECHEND

Ein Stoff ist dann doppelbrechend, wenn er für homogene, ebene Wellen mit verschiedenen Polarisationsrichtungen verschiedene Brechungsindizes zeigt.

EIGENFUNKTION

Die Eigenwellen eines homogenen Hohlleiters beliebigen Querschnitts können aus einem Vektorpotential mit nur einer Komponenten $\underline{\psi}$ in Ausbreitungsrichtung abgeleitet werden. $\underline{\psi}$ ist darstellbar als Produkt einer harmonischen Funktion der Längskoordinate mit der Eigenfunktion, oder transversalen Eigenfunktion, die nur von den transversalen Koordinaten abhängt.

EIGENVEKTOR

Aus der Eigenfunktion einer Eigenwelle im homogenen Hohlleiter beliebigen Querschnitts ergeben sich der elektrische und der magnetische Eigenvektor oder elektrische und magnetische transversale Eigenvektor. Sie haben die gleichen Verteilungen wie das transversale elektrische bzw. magnetische Feld der Eigenwelle. Die Eigenvektoren sind aber in ihrer Amplitude normiert.

ERZWUNGENE SCHWINGUNG

Wenn ein Resonator von einer äußeren Quelle sinusförmig angeregt wird, so stellt sich ein stationärer Zustand mit der Anregungsfrequenz ein. Sie zwingt sich jeder möglichen Eigenschwingung auf. Es besteht dann eine erzwungene Schwingung.

FREIE SCHWINGUNG

Wenn ein Resonator angeregt, dann aber sich selbst überlassen wird, schwingen alle einmal angeregten Eigenschwingungen mit ihren verschiedenen Eigenfrequenzen und Abklingkonstanten weiter. Da ihre Schwingfrequenzen dabei nicht von der Frequenz der ursprünglichen Anregung abhängen, nennt man sie freie Schwingungen.

GYROTROP

Gyrotrope Medien haben derartige Permeabilitäts- bzw. Dielektrizitätskonstanten, daß sie für gewisse zirkular polarisierte Komponenten der magnetischen bzw. elektrischen Feldstärke wie Skalare wirken.

RICHTUNGSLEITUNG

Eine Richtungsleitung ist ein Zweitor, das Wellen in der einen Ausbreitungsrichtung durchläßt, in der entgegengesetzten Ausbreitungsrichtung jedoch absorbiert. Richtungsleitungen werden auch *Richtungsisolatoren* oder kurz *Isolatoren* genannt.

STATIONÄRER AUSDRUCK

Ein stationärer Ausdruck ist eine Formel, die auch dann ein ziemlich genaues Ergebnis liefert, wenn für die einzusetzenden Größen nur ihre ungefähr richtigen Werte eingesetzt werden.

Störungsverfahren

Bei der Berechnung elektromagnetischer Felder in Gegenwart von Stoffverteilungen werden Störungsverfahren zweckmäßigerweise dann angewandt, wenn sich ähnliche Stoffverteilungen finden lassen, bei denen die Feldverteilung bekannt ist. Ausgehend von diesen bekannten Verteilungen werden dann mit dem Störungsverfahren der Felder charakteristische Größen bestimmt, von denen angenommen wird, daß sie bei ähnlichen Stoffverteilungen auch nur wenig voneinander abweichen.

Streumatrix

Die Streumatrix eines n-Tores ergibt die an den Armen herauslaufenden Wellen als Funktion der hineinlaufenden Wellen.

Tote Zone

Bei Frequenzen oberhalb der Plasmafrequenz werden Funkwellen an der Ionosphäre nicht mehr reflektiert, wenn sie senkrecht einfallen, sondern nur noch wenn der Einfallswinkel genügend flach ist. Darum kann ein etwa kreisförmiges Gebiet auf der Erdoberfläche um den Sender herum nicht mit den an der Ionosphäre reflektierten Wellen erreicht werden. Dieses Gebiet nennt man tote Zone.

Transmissionsmatrix

Die Transmissionsmatrix ergibt die herauslaufende und die hineinlaufende Welle am Ausgangstor eines Vierpols als Funktion der herauslaufenden und der hineinlaufenden Welle am Eingangstor. Die Transmissionsmatrix ist zweckmäßig, um das Verhalten hintereinandergeschalteter Vierpole zu berechnen.

Variationsverfahren

Bei der Berechnung elektromagnetischer Feldprobleme werden Variationsverfahren zweckmäßigerweise dann angewandt, wenn sich die Feldverteilungen ungefähr abschätzen lassen und ein geeigneter stationärer Ausdruck zur Verfügung steht. Grobe Abschätzungen können dann schon recht genaue Ergebnisse liefern.

Verallgemeinerte Leitungsgleichungen

Die verallgemeinerten Leitungsgleichungen sind ein System von Differentialgleichungen, das Verkopplung zwischen Spannungs- und Stromkoeffizienten von Eigenwellen beschreibt. Beispiele sind:

- Leiterspannungen und -ströme bei TEM-Mehrfachleitungen
- Eigenwellen bei Hohlleitern mit Querschnittsänderungen
- Eigenwellen verschiedener Wellenleiter, die miteinander koppeln.

Verkoppelte Wellengleichungen

Die verkoppelten Wellengleichungen sind ein System von Differentialgleichungen, das Verkopplung zwischen vor- und rücklaufenden Komponenten von Eigenwellen beschreibt. Die verkoppelten Wellengleichungen sind in die verallgemeinerten Leitungsgleichungen umrechenbar.

Zirkulator

Zirkulatoren sind nichtreziproke Mehrtore mit mehr als zwei Zugängen. Eine einfallende Welle an einem der Tore tritt nur an dem im Drehsinn des Zirkulators benachbarten Tor wieder aus. Im Idealfall sperrt der Zirkulator in den anderen Richtungen vollständig, während er zwischen den im Drehsinn des Zirkulators benachbarten Zugängen ohne Verluste überträgt.

SACHWÖRTERVERZEICHNIS

Die mit einem * gekennzeichneten Stichwörter sind auch im Glossar behandelt.

Hüthig

Hans-Georg Unger

Elektromagnetische Theorie für die Hochfrequenztechnik

In der Hochfrequenztechnik dienen elektromagnetische Schwingungen und Wellen zur Signalübertragung, zu Meßzwecken und zur Navigation, zur medizinischen Diagnose und Therapie sowie um Stoffe zu prüfen oder zu verarbeiten. Für diese Anwendungen muß der Elektrotechniker lernen, wie elektromagnetische Wellen ausgestrahlt, übertragen und empfangen werden. Er muß bestimmen können, wie solche Schwingungen und Wellen mit Materie in bestimmten Verteilungen wechselwirken.

Für diese praktischen Aufgaben des Hochfrequenz- und Elektrotechnikers liefert dieses Buch das theoretische Rüstzeug. Neben den wichtigsten Gesetzen der elektromagnetischen Lösungsverfahren und allgemeinen Lösungen der Maxwellschen Gleichungen für Leitung-, Strahlungs- und Beugungsprobleme behandelt.

Teil 1: Allgemeine Gesetze und Verfahren, Antennen und Funkübertragung, planare, rechteckige und zylindrische Wellenleiter

2., überarb. Auflage 1988, XII, 428 S., 146 Abb., kart.,
DM 65,—
ISBN 3-7785-1573-X

Aus dem Inhalt:

Allgemeine Eigenschaften von Feldern und Wellen im Raum · Bildtheorie · Antennen und Funkübertragung · Einfache Antennenformen · Gruppenstrahler · Wendelantennen · Ebene Wellenfunktionen · Zylindrische Wellenfunktionen · Optische Wellenleiter · Aufgaben und Lösungen.

Klaus Lunze

Einführung in die Elektrotechnik

Lehrbuch

12., durchges. Auflage 1988,
320 S., 286 Abb., geb.,
DM 52,80
ISBN 3-7785-1545-4

Behandelt werden die grundlegenden physikalischen Zusammenhänge der elektromagnetischen Erscheinungen. Der Stoff vermittelt ein Grundlagenwissen, auf das die theoretische Elektrotechnik mit den Methoden der höheren Mathematik aufbauen kann. Grundlegendes wie die Maxwell-Gleichungen und die Begriffe Wirbel- und Quellenfeld werden eingehend behandelt und mit anschaulichen Beispielen belegt. Dabei ist der didaktische Aufbau so gestaltet, daß zunächst ausgehend von den Größen Strom und Spannung – ohne die vektoriellen Feldgrößen – mit einfachen Berechnungen begonnen wird. Damit regt das Buch auch zum Selbststudium an. Während des Studiums erleichtert es dem Studenten die Arbeit und gibt ihm eine solide Basis für Vorlesung und Prüfungen.

Aus dem Inhalt:
Elektrische Stromkreise bei Gleichstrom · Berechnungsmethoden elektrischer Stromkreise · Leistungsumsatz · Energieformen · Die elektrische Feldstärke · Verschiebungsstrom · Ladungsbewegungen im Leiter und Nichtleiter · Das magnetische Feld · Induktionsgesetz · Energie und Kräfte im magnetischen Feld · Kraft auf Trennflächen.

Hüthig

Hans-Georg Unger

Elektromagnetische Wellen und Leitungen

2., überarbeitete Auflage 1986,
329 S., 96 Abb., kart, DM 58,—
ISBN 3-7785-1367-2

Die Ausbreitung von Wellen wird am Modell der elektrischen Leitung erklärt und quantitativ erfaßt. Darüber hinaus werden die wichtigsten Eigenschaften von Doppelleitungen und gekoppelten Leitungen sowie von Kettenleitern und periodischen Strukturen als auch von Hohlleitern und optischen Wellenleitern behandelt. Mit den grundsätzlichen Berechnungsverfahren für alle diese Leitungsformen erhält der Ingenieur und Physiker das theoretische Rüstzeug für die Lösung von Übertragungs- und Schaltungsproblemen mit Leitungen. Wegen der sorgfältigen didaktischen Aufbereitung des Stoffes eignet sich das Buch auch zum Selbststudium und zur selbständigen Weiterbildung.

Aus dem Inhalt:

Differentialgleichungen der Leitung und Lösung im eingeschwungenen Zustand · Widerstandstransformation, Leitungsdiagramm · Leitungskonstanten · Ersatzschaltungen, Kettenleiter und periodische Strukturen · Ausgleichsvorgänge und Impulse auf Leitungen · Mehrfachleitungen · Hohlleiter und dielektrische Wellenleiter · Aufgaben und Lösungen.

Dr. Alfred Hüthig Verlag
Im Weiher 10
6900 Heidelberg 1